はじめての

TECHNICAL MASTER 99

Android アプリ開発
Java 編

WINGS プロジェクト
山内 直　著
山田祥寛　監修

The textbook for development of applications
for the **Android platform**, easy to read.

秀和システム

はじめに

　本書は、Android環境でのプログラミングを初めて学ぶ人のための書籍です。Androidプログラミングの学習書ということで、そのコーディングに利用するJava言語については、最低限理解していることを前提としています。本書でもできるだけ細かな解説を心がけていますが、Javaそのものについてより詳しく学びたいという方は、山田祥寛著「独習Java 新版」（翔泳社）などの専門書を合わせてご覧頂くことをお勧めします。

　本書の構成と各章の目的を、以下にまとめます。

導入編（第1章：イントロダクション〜第2章：はじめてのAndroidアプリ）

　そもそもAndroidとはなんぞやというところから始まり、Androidプログラミングのための環境を準備します。また、実際にプロジェクトを作成し、簡単なアプリを作成していく過程で、Androidにおける基本的な開発の流れ、アプリの構造を理解します。

基本編（第3〜7章：ビュー開発）

　導入編で大まかな開発の流れを理解できたところで、ウィジェットやレイアウトを利用してアプリの見た目（ビュー）を開発する方法を理解します。ここでは、単に見た目だけでなく、画面から入力されたデータをどのように受け取り、どのように結果に反映させるかという点についても学びます。

応用編（第8章：インテント〜第11章：サービス開発＆アプリの公開）

　画面同士を連携させるためのインテント、SQLiteデータベース、センサー／GPSなどのハードウェアとの連携、そして、裏方の処理を担うサービスの開発など、より実践的なアプリを開発していくためのさまざまなテーマについて学びます。これらを理解する過程で、Android習得の更なるステップアップの手がかりとしてください。

　本書が、Android開発に興味を持ったあなたにとって、はじめの一歩として役立つことを心から祈っています。

＊　　＊　　＊

　なお、本書に関するサポートサイトを以下のURLで公開しています。Q＆A掲示板はじめ、サンプルのダウンロードサービス、本書に関するFAQ情報、オンライン公開記事などの情報を掲載していますので、あわせてご利用ください。

https://wings.msn.to/

　最後にはなりましたが、技術的なサポートをしていただいた監修の山田祥寛さん・奈美さん、タイトなスケジュールの中で筆者の無理を調整いただいた秀和システムの編集諸氏に心から感謝いたします。

2021年12月吉日　山内直

TECHNICAL MASTER

Contents 目 次

Contents | 目　次

Chapter 03 → ビュー開発（基本ウィジェット）

Chapter 04 → ビュー開発（ListView ／ RecyclerView）

Chapter 05 →ビュー開発（レイアウト＆複合ウィジェット）

Chapter 10 →ハードウェアの活用

Chapter 11 →サービス開発＆アプリの公開

コラム

注　意

1. 本書は、著者が独自に調査した結果を出版したものです。
2. 本書の内容については万全を期して制作しましたが、万一、ご不審な点や誤り、記入漏れなどお気付きの点がありましたら、出版元まで書面にてご連絡下さい。
3. 本書の内容に関して運用した結果の影響については、上記2項にかかわらず責任を負いかねますのでご了承下さい。
4. 本書の全部あるいは一部について、出版元から文書による許諾を得ずに複製することは、法律で禁じられています。

商 標 等

TECHNICAL MASTER

Guide 本書の読み方

動作確認環境

本書内の解説／サンプルプログラムは次の環境で開発＆動作確認しています。

- Windows 10 Pro 64ビット
- Android Studio Arctic Fox 2020.3.1
- Android 仮想デバイス（Android 11）
- 実機（Android 11）

配布サンプルについて

- 本書のサンプルプログラムは、著者が運営するサポートサイト「サーバーサイ
  ド技術の学び舎 - WINGS」（https://wings.msn.to/）－［総合**FAQ**/**訂正＆ダ
  ウンロード**］からダウンロードできます。
- ダウンロードサンプルは、以下のようなフォルダー構造となっています。

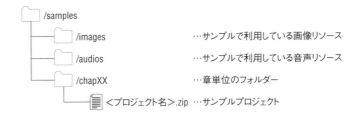

サンプルプロジェクトの利用方法

サンプルプロジェクトをAndroid Studio環境で利用するには、セクション
02-02の手順を終えた上で、以下のような手順でサンプルを起動してください。

[1] サンプルプロジェクトを解凍する

サンプルプロジェクトは、ダウンロードサンプルに/samples/chapXX/＜プロ
ジェクト名＞.zip（XXは章番号）というファイル名で保存されています。インポート
したいプロジェクトを、適当なフォルダーにあらかじめ解凍しておいてください。/＜
プロジェクト名＞という名前のフォルダーができたことを確認します。

[2] サンプルプロジェクトを開く

[Welcome to Android Studio] 画面の上部から [Open] ボタンをクリックします。既に Android Studio の開発画面を開いている場合は、メニューバーの [File] − [Open] をクリックします。

[Open File or Project] 画面が開くので、起動したいプロジェクトを選択して、[OK] ボタンをクリックします。

図1　[Open File or Project] 画面

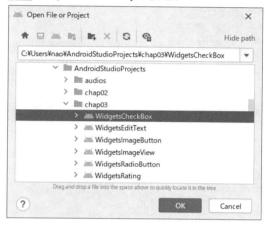

[3] プロジェクトの内容を確認する

プロジェクトを開けたら、プロジェクトウィンドウに以下のようにサンプルプロジェクトの内容が表示されていることを確認してください。

図2　プロジェクトウィンドウ

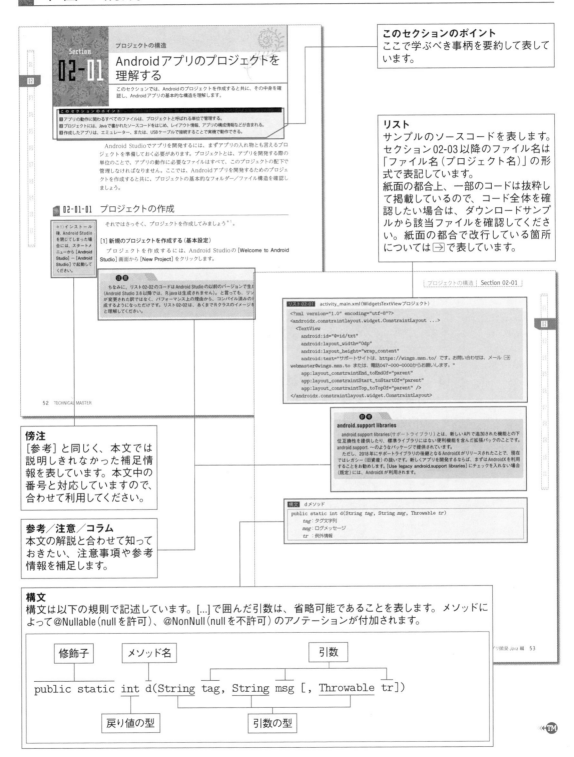

本書の構成

このセクションのポイント
ここで学ぶべき事柄を要約して表しています。

リスト
サンプルのソースコードを表します。セクション02-03以降のファイル名は「ファイル名（プロジェクト名）」の形式で表記しています。
紙面の都合上、一部のコードは抜粋して掲載しているので、コード全体を確認したい場合は、ダウンロードサンプルから該当ファイルを確認してください。紙面の都合で改行している箇所については→で表しています。

傍注
［参考］と同じく、本文では説明しきれなかった補足情報を表しています。本文中の番号と対応していますので、合わせて利用してください。

参考／注意／コラム
本文の解説と合わせて知っておきたい、注意事項や参考情報を補足します。

構文
構文は以下の規則で記述しています。[...]で囲んだ引数は、省略可能であることを表します。メソッドによって@Nullable（null を許可）、@NonNull（null を不許可）のアノテーションが付加されます。

```
public static int d(String tag, String msg [, Throwable tr])
```

修飾子　メソッド名　引数
戻り値の型　引数の型

Chapter
01 →

イントロダクション

本章では、Android アプリの開発に入っていく前に、最低限知っておきたい前提知識をおさえると共に、アプリ開発のための環境をインストールします。

はじめての Android アプリ開発 Java 編

Android・ART・バージョン

Section 01-01
Androidの概要を理解する

このセクションでは、Androidとはなにか、Androidの特徴やアーキテクチャなど、Androidの概要を学びます。

このセクションのポイント

１ Androidは、スマホ／タブレット端末に最適化されたオペレーションシステムである。
２ Androidは、Linuxベースのオペレーションシステムを基盤にしたソフトウェアの集合体である。
３ ARTは、携帯端末での動作に最適化されたJava仮想マシンである。

Android（アンドロイド）とは、一言で言うならば、スマートフォン（スマホ）やタブレット端末など、携帯情報端末のために開発されたオペレーションシステム（プラットフォーム）です。あとからも詳しく述べますが、Linuxをベースとしたオペレーションシステムを土台に、ハードウェアにアクセスするためのライブラリやアプリを動作するためのソフトウェア、そして、ブラウザーや電話、カメラなどのアプリの集合体がAndroidであると言っても良いでしょう。また、Androidを搭載した端末そのもののことをAndroidと呼ぶこともあります。

01-01-01 Androidとは？

Androidは、もともとアメリカのAndroid社によって開発が進められていたプラットフォームです。しかし、Android社は2005年にGoogle社によって買収され、その後、Google社が中心に設立した業界団体OHA（Open Handset Alliance[*1]）によって、オープンソースとして発表されました。

オープンソースとは、ソフトウェアをソースコードレベルで公開し、決められたライセンスのもとで誰でも自由に利用＆再配布できるということです。Androidを構成するほとんどのコンポーネントは、Apache v2ライセンス（https://www.apache.org/licenses/LICENSE-2.0）で提供されており、Androidそのものを利用するためになんらかの費用を誰かに支払う必要はありません。

また、Androidは、特定のハードウェアに依存しないことを目標としています。つまり、Androidを搭載しているデバイスでは異なるハードウェアであっても、同じアプリが動作するということです。

このような特長こそが短期間でのAndroidの普及を後押ししたと言って良いでしょう。日本国内での伸長も目覚ましく、ここ数年はシェアの上でもApple社のiOS端末とほぼ拮抗しています。

[*1] 携帯電話における共通ソフトウェア基盤の開発／普及を目的とした団体。日本からも、KDDIやNTTドコモ、ソフトバンクモバイルなどの企業が参加しています。

01-01-02　Androidのアーキテクチャー

　冒頭述べたように、Androidと一口に言っても、その内部はさまざまなコンポーネントで構成されています。コンポーネント群は、大きく以下のレイヤー（層）に分類できます。

図01-01　Androidの構造

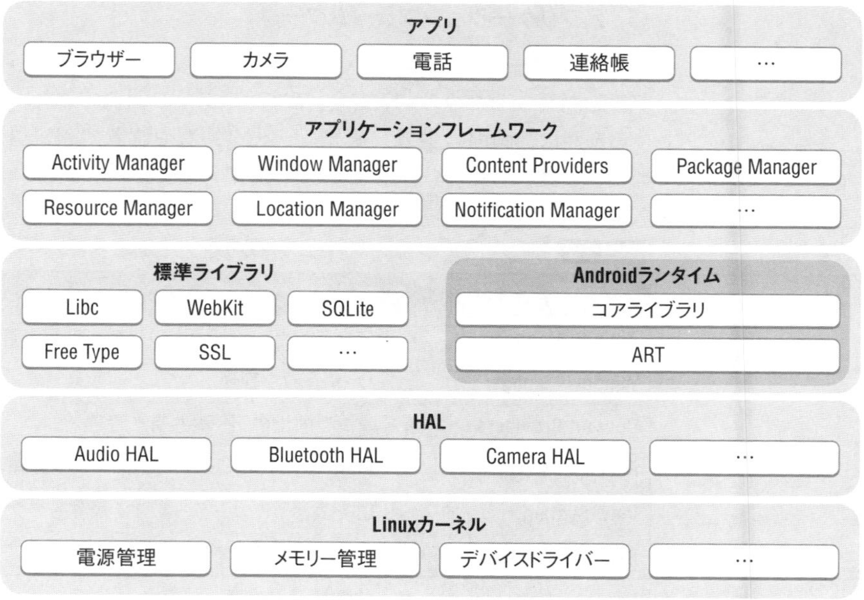

アプリ

| ブラウザー | カメラ | 電話 | 連絡帳 | … |

アプリケーションフレームワーク

| Activity Manager | Window Manager | Content Providers | Package Manager |
| Resource Manager | Location Manager | Notification Manager | … |

標準ライブラリ

| Libc | WebKit | SQLite |
| Free Type | SSL | … |

Androidランタイム

| コアライブラリ |
| ART |

HAL

| Audio HAL | Bluetooth HAL | Camera HAL | … |

Linuxカーネル

| 電源管理 | メモリー管理 | デバイスドライバー | … |

（1）Linux カーネル

　Androidは、オープンソースのオペレーションシステムであるLinuxをベースとしています。ただし、一般的なLinuxカーネル[*2]をそのまま利用しているわけではなく、モバイルデバイスでの用途に合うように変更を加えています。

　メモリー管理、電源管理、デバイス（ハードウェア）管理などを担当します。

> ＊2）オペレーションシステムの核となる部分のことです。

（2）HAL

　HAL（Hardware Abstraction Layer）は、Androidの上位レイヤー（標準ライブラリ）が、下位レイヤー（デバイスドライバーなど）の実装にとらわれることなく機能を提供できるようにするための、いわゆる橋渡し層です。ハードウェア抽象化レイヤーと呼ばれることもあります。

（3）標準ライブラリ

　Linux カーネル上で動作するネイティブなライブラリです。ハードウェアを制御す

るためのライブラリをはじめ、データベース機能を提供するSQLite、Webブラウザーの描画を司るWebKitなどが含まれます。C言語やC++などで書かれており、アプリ開発者がこのレイヤーのライブラリを直接利用することはありません。

(4) Androidランタイム

Androidアプリを実行するための環境です。Java仮想マシンとJavaコアライブラリで構成されています。詳しくは、改めて後述します。

(5) アプリケーションフレームワーク

アプリケーションフレームワーク（以降、フレームワーク）とは、文字通り、アプリを開発するための「枠組み」です。アプリを開発するために必要な機能を提供すると共に、画面の生成／破棄、データ共有や位置情報、通話、通知などを管理します。表01-01にも、主なコンポーネントをまとめておきます。

表01-01 アプリケーションフレームワークの主なコンポーネント

コンポーネント	概要
Activity Manager	アクティビティ（画面）の生成〜破棄を管理
Window Manager	ウィンドウを管理
Content Providers	アプリ同士のデータ共有を管理
Package Manager	Androidにインストールされたアプリを管理
View System	UIを表示し、ユーザーによる操作をアプリに伝達
Resource Manager	リソース情報を管理
Location Manager	位置情報を管理
Notification Manager	ステータスバーへの通知を管理

私たちは、以降、このレイヤーを利用してAndroidアプリを開発していきます。Androidアプリを学ぶということは、これらのアプリケーションフレームワークを理解することである、と言い換えても良いでしょう。アプリとネイティブな標準ライブラリとの橋渡し的な役割を担います。

(6) アプリ

*3)Google社が提供するアプリケーションストアの名称です。以前は、Androidマーケットと呼ばれていたものです。

ブラウザーや電話、カメラ、連絡帳、メールクライアントなど、エンドユーザーが利用するアプリが属するレイヤーです。デバイスに標準で提供されているアプリをはじめ、Google Play [*3] などで提供されている有償／無償のアプリ、そして、自分で作成したアプリを追加することもできます。

01-01-03 Androidの開発言語

Androidアプリを開発するには、以下の言語を利用できます。

（1）Java（ジャバ）

旧サン・マイクロシステムズ社（2010年にOracle社によって買収）が1995年に発表した、オブジェクト指向に基づくプログラミング言語です。サーバーサイド開発を中心に、家電への組み込み、デスクトップアプリなど、幅広い分野で活用されています。

Androidの初期バージョンから、開発言語として対応していたのもJavaです。

（2）Kotlin（コトリン）

Javaの統合開発環境として有名なIntelliJ IDEAの開発元JetBrainsが開発したオブジェクト指向言語です。初期バージョンのリリースは2011年7月と、ごく新しいプログラミング言語です。

2017年にGoogle I/O（Googleが毎年開催している開発者向け会議）で、GoogleがAndroidアプリ開発言語として正式に採用したことから、一躍有名になりました。

Kotlinの特徴はなんといってもシンプルであることです。Javaと比べると、格段に短いコードで同じことを表現できます。また、後出の言語であることから安全性にも配慮されており、（たとえば）Javaでよく起こりがちであったNullPointerException[4]が、Kotlinの世界では限りなく無縁になります。

*4）中身がnull（定義されていない値）である変数を利用しようとした場合に発生するエラー（例外）です。

いずれの言語を利用すべきかということですが、新しくAndroidアプリを開発するならば、Kotlinの利用をお勧めします。言語としての優位性も然ることながら、Kotlinの登場から時間も経過し、周辺のドキュメントもKotlinベースで書かれているものが増えてきました。情報収集、問題調査なども、Kotlinを利用している方がスムーズとなってきています。

ただし、Kotlinは新鋭のプログラミング言語であるゆえ、開発現場などではノウハウの蓄積が浅く、この点でアドバンテージのあるJavaを使い続けたいという向きもあります。本書は、このような方々に向けて作られています。

なお、本書の守備範囲を外れることから、Java言語そのものの基本解説は割愛します。詳細は、山田祥寛著「独習Java 新版」（翔泳社）などの専門書を併読してください。

01-01-04 Java仮想マシン

　Java仮想マシン（以降、仮想マシン）は、Java言語のスローガンとも言える「Write once, run anywhere」（一度書いたコードはどこででも動作する）を支える技術です。

　Java言語ではコンパイル時に、（たとえば）Cのような言語と違って、プラットフォーム固有のネイティブなコードを出力しません。代わりにバイトコードと呼ばれる中間コードを生成します。このバイトコードを、それぞれのプラットフォームに対応した仮想マシンがネイティブコードに変換した上で実行するのです。これによって、同じコードを異なるプラットフォームで動作できるわけです。

図01-02 Java 仮想マシン

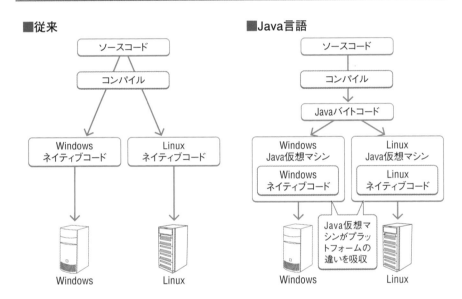

　Javaと名前は付いていますが、Kotlinで書かれたコードもまたJava仮想マシン上で動作します。

　このような言語のことをJVM言語と呼びます。コンパイルした結果が共通した中間コードとなり、同じ仮想マシン（Java Virtual Machine）上で共通して動作する、という意味です。

　共通して動作する、ということは、JavaのコードからKotlinのコードを呼び出すこともできますし、その逆も然りです。つまり、既存のJavaアプリはJavaアプリで活かしつつ、Kotlinを部分的に導入していく、ということも可能なのです。

■ ART（Android Runtime）

Androidアプリもまた、Java／Kotlinアプリの一種なので、こうした仮想マシンの上で動作します。ただし、Androidの場合は、（標準的なJava仮想マシンではなく）Googleが開発した**Dalvik（ダルビック）仮想マシン**、または**ART（Android Runtime）**が採用されています。

Dalvik仮想マシンはAndroid 5.0より前、ARTはAndroid 5.0以降で利用されている仮想マシンです。Dalvik仮想マシンでは、アプリ実行のたびにバイトコードからネイティブコードに変換していましたが、ARTではアプリを最初にインストールした時にネイティブコードに変換します[*5]。このため、ARTではDalvik仮想マシンよりも高速にアプリを実行できます。

*5）これをAOT（Ahead-Of-Time）、事前コンパイルと呼びます。

01-01-05 Androidのバージョン

Androidは、2009年4月に一般公開されたバージョン1.5以降、ごく短いスパンでバージョンアップが重ねられ、本書執筆時点での最新バージョンは12です。

以下には、Androidのバージョンの変化と主な変更点をまとめます。APIレベルとは、Androidアプリを開発するためのライブラリのバージョンのことです。利用できるAPIのバージョンはAndroidそのもののバージョンによって決まるので、アプリを開発する際には、どのバージョンのAPIを利用するのか、常に意識するようにしてください。

表01-02 Androidのバージョン

バージョン	公開	APIレベル	コードネーム	主な変更点
1.0	2008年9月	1	—	
1.1	2009年2月	2	—	不具合の修正
1.5	2009年4月	3	Cupcake	新しいソフトウェアキーボード
1.6	2009年9月	4	Donut	音声検索、ユーザー補助機能
2.0 〜 2.1	2009年10月	5 〜 7	Eclair	さまざまな画面サイズ／解像度のサポート
2.2 〜 2.2.3	2010年5月	8	Froyo	JITコンパイラ、V8（JavaScriptエンジン）の搭載
2.3 〜 2.3.7	2010年12月	9 〜 10	Gingerbread	NFC対応、センサーの強化
3.0 〜 3.2.6	2011年2月	11 〜 13	Honeycomb	タブレット最適化（専用）
4.0 〜 4.0.4	2011年10月	14 〜 15	Ice Cream Sandwich	スマホ／タブレットUIの統合
4.1 〜 4.3.1	2012年11月	16 〜 18	Jelly Bean	マルチアカウント対応
4.4 〜 4.4.4	2013年10月	19 〜 20	KitKat	フルスクリーンモード

5.0 〜 5.1.1	2014 年 10 月	21 〜 22	Lollipop	マテリアルデザイン、Android Auto対応
6.0 〜 6.0.1	2015 年 10 月	23	Marshmallow	Now on Tap、指紋認証機能
7.0 〜 7.1.2	2016 年 8 月	24 〜 25	Nougat	マルチウィンドウ
8.0 〜 8.1	2017 年 8 月	26 〜 27	Oreo	通知チャネル
9	2018 年 6 月	28	Pie	マルチカメラ
10	2019 年 9 月	29	—	ダークテーマ、5Gへの対応
11	2020 年 9 月	30	—	通知履歴、画面録画、チャットバブル
12	2021 年 10 月（予定）	31	—	Material You、スプラッシュ画面API、通知の改善

　コードネームには法則性があり、Android 1.5以降はC、D...のアルファベット順でお菓子の名前が付けられてきました。「次の名前は?」と楽しみにしていた人もいたかもしれませんが、Android 10で廃止となっています。理由は「バージョンの前後を把握しやすく、世界中の人が等しく理解できるため」とのことです[6]。

＊6）たとえばFroyo、Honeycombなどは日本人にはなじみにくいものですし、Pieはそもそもお菓子でない、という国もあります。ちなみに、廃止されなかった場合、Android 10のコードネームはQueen cakeだったそうです。

Section 01-02

Androidの開発環境を整える

このセクションでは、Androidアプリを開発するために必要な環境と、インストール方法について解説します。

このセクションのポイント

1 Android Studioは、Androidアプリ開発のための統合開発環境である。

2 Android Studioをインストールすることで、JDK、Android SDKなど、Androidアプリ開発に必要なソフトウェアをまとめて導入できる。

3 Android SDKにはエミュレーターも搭載されており、実機がなくてもアプリを実行できる。

Androidの基本を理解したところで、ここからは、本書で学習を進めていくのに必要となる環境と、そのインストール方法について説明します。手順のひとつひとつはなんら難しいものではありませんが、ステップの多さから複雑に感じるところもあるかもしれません。焦らず、順序を追って環境を整えていきましょう。

01-02-01 Androidプログラミングに必要なソフトウェア

Androidでアプリを開発／実行するには、最低限、以下のソフトウェアが必要となります。

(1) JDK (Java開発キット)

JDK(Java Development Kit) は、Javaアプリを実行するためのJava仮想マシンをはじめ、コンパイラー、クラスライブラリ、デバッガーなどを備えた開発キットです。前のセクションでも触れたように、AndroidアプリはJava ／ Kotlin言語で書かれたアプリです。開発／実行に際してもJDKが必要となります。

(2) Android Studio (統合開発環境)

Android Studio は、無償で利用できる統合開発環境(IDE：Integrated Development Environment) で、図01-03のような機能を揃えています。

2014年12月に最初の正式バージョン1.0がリリースされた、比較的新しい開発環境です。

図 01-03　Android Studio による開発画面

アプリの内容を
ツリー表示

ブレイクポイント
を設定可能

構文ハイライト表示

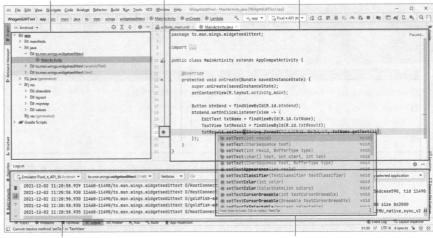

アプリの状況をログ表示

コード補完にも対応

参考

Android Studio のバージョン表記

　Android Studio のバージョン表記が 4.2 以降で変更になり、以下のような形式に改められました。

＜リリース年＞.＜IntelliJ IDEA のメジャーバージョン＞.＜Android Studio のメジャーバージョン＞

　この変更は、Android Studio のベースとなっている IntelliJ IDEA との対応関係をより明確に表現するためのようです。現在のバージョンは 2020.3.1 です。
　伴い、バージョンの新旧をよりわかりやすくするために、動物の名前に因んだコードネームも追加になっています[*1]。最初のコードネームは頭文字 A で Arctic Fox（ホッキョクギツネ）。起動時のスプラッシュ画面にも反映されています。

＊1）Android 本体でも、以前はお菓子の名前に因んだコードネームが付けられていました。

図 01-04　Android Studio の起動画面

> ということで、執筆時点でのAndroid Studioの最新バージョンは、正しくは「Arctic Fox (2020.3.1)」と表現できます。少し長いですが、より親しみやすく、以前よりも識別しやすい名前になりました。
> ちなみに、次回のコードネームはBumblebee（マルハナバチ）が予定されているようです。

(3) Android SDK（Android Software Development Kit）

Android SDKは、Androidアプリを開発するのに必要なソフトウェアです。基本的なクラスライブラリをはじめ、エミュレーター、ドキュメント、サンプルプログラム、ビルドやデバッグ／テストに必要なツールが一式含まれています。

エミュレーターとは、パソコン上でAndroidアプリを実行するためのソフトウェアです。もちろん、作成したアプリは最終的に実機で動作確認するのが鉄則ですが、開発中にいちいち実機にアプリを転送するのは面倒です。そこでパソコン上でAndroid環境を用意して、疑似的に実行するわけです。

本書でも、作成したアプリは、原則として、エミュレーター環境で動作確認しています。

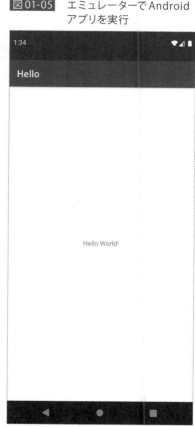

図01-05　エミュレーターでAndroidアプリを実行

*2）以前のAndroid StudioではOracle社のJDKが同梱されていましたが、バージョン2.2以降ではOpenJDKが同梱されるようになりました。

それではここからは、実際に自分の環境にAndroid Studioをインストールしていきましょう。Android Studioには、JDK*2、Android SDKも同梱されているので、ソフトウェアを別個に準備する必要はありません。

なお、以下の手順はWindows 10環境を前提にしています。異なるプラットフォーム／エディションを利用している場合には、パスやメニューの名称、一部の操作が異なる場合があるので、注意してください。

01-02-02 Android Studioのインストール方法

本書では、執筆時点での最新バージョンであるArctic Fox(2020.3.1)を前提に解説を進めます。

> **注意**
>
> Android Studioをインストールするにあたっては、あらかじめ以下の点について確認しておきましょう。
>
> **(1) Windowsのユーザー名**
>
> Windowsのユーザー名に日本語を使用している場合、あとでAndroidの実行ファイルを起動できないなどの不具合を起こすことがあります。英語表記のユーザー名を使用するようにしてください。
>
> **(2) HAXMのインストール条件**
>
> Android Studioのインストールによって、Intel HAXM(Intel Hardware Accelerated Execution Manager)が合わせてインストールされます。これは、Androidエミュレーターを高速化するためのソフトウェアです。ただし、HAXMをインストールするには、以下の準備が必要です。
>
> ・BIOSで [Virtualization Technology] を「Enable」に設定
> ・Hyper-Vを利用している場合には [Windows Hypervisor Platform] を有効化([コントロールパネル] − [プログラム] − [プログラムと機能] − [Windowsの機能の有効化または無効化] から確認)

[1] Android Studioのインストーラーを入手する

Android Studioのインストーラーは、以下のURLから入手できます。ページを開いたら、[DOWNLOAD ANDROID STUDIO] ボタンをクリックしてください。

URL　Download Android Studio and SDK tools

https://developer.android.com/studio /

図01-06 Android Studioのダウンロードページ

図01-07 [利用規約] ダイアログ

利用規約が表示されるので、[I have read and agree with above terms and conditions（上記の利用規約を読んだうえで利用規約に同意します。）] にチェックを入れ、[Download Android Studio 2020.3.1 for Windows（ダウンロードする：Android Studio（Windows用））] ボタンをクリックしてください。

[2] インストーラーを起動する

ダウンロードしたandroid-studio-2020.3.1.24-windows.exeのアイコンを

ダブルクリックし、インストーラーを起動します。ユーザーアカウント制御の画面が表示された場合は、[はい] をクリックして進めます。[Welcome to Android Studio Setup] 画面では、そのまま [Next] ボタンをクリックします。

図 01-08　[Welcome to Android Studio Setup] 画面

図 01-09　[Choose Components] 画面

[Choose Components] 画面では、インストールする機能を決定します。本書では、すべてチェックが付いている既定のまま、[Next] ボタンをクリックして先に進めます。

図 01-10 [Configuration Settings] 画面

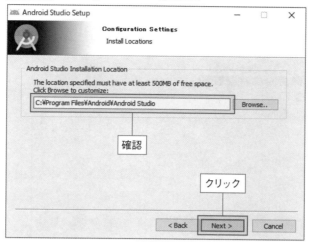

[Configuration Settings] 画面では、Android Studio本体のインストール先を指定します。本書では、既定の「C:¥Program Files¥Android¥Android Studio」のままで、[Next] ボタンをクリックします。

図 01-11 [Choose Start Menu Folder] 画面

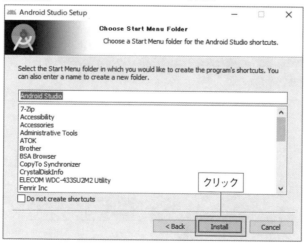

図 01-12 ［Installing］画面

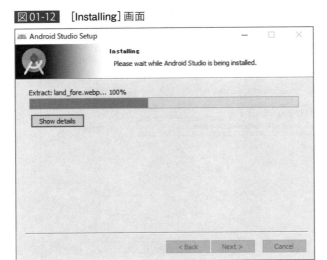

［Choose Start Menu Folder］画面では、スタートメニューへの登録先を選択します。本書では、既定のまま［Install］ボタンをクリックして、インストールを開始します。

図 01-13 ［Installation Complete］画面

図 01-14 ［Completing Android Studio Setup］画面

　インストールが終了すると、［**Installation Complete**］画面が表示されるので［**Next**］ボタンをクリックして先に進めます。最後の［**Completing Android Studio Setup**］画面では［**Start Android Studio**］（Android Studio を起動）をチェックした状態で、［**Finish**］ボタンをクリックします。

［3］Android Studio を初期設定する

　Android Studio が起動して、［**Welcome Android Studio**］画面が表示されるので、［**Next**］ボタンをクリックして進めます。先ほど［**Start Android Studio**］のチェックを外していて、そのまま起動しなかった場合は、スタートメニューから［**Android Studio**］－［**Android Studio**］から起動してください。

図 01-15　［Welcome Android Studio］画面

　Android Studioの初回起動時には、以下のように設定をインポートする画面が表示されます。本書では、既定のまま［Do not import settings］（設定をインポートしません）を選択して［OK］ボタンをクリックします。

図 01-16　［Import Android Studio Settings（クリック）］画面

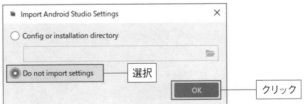

参考

Android Studio がインストール済みの場合

　Android Studio が既にインストールされている場合には、以下のような画面が表示され、過去のバージョンの設定をインポートすることもできます。

図 01-17 [Complate Installation] 画面（2）

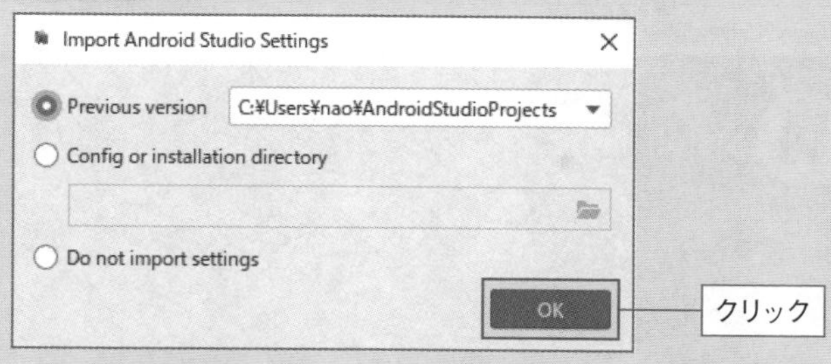

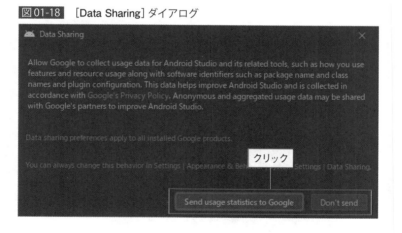

この場合、[Previous version] を選択することで、以前のバージョンで利用していた自分の設定をそのままインポートできます。

　[Data Sharing] 画面では、Google が匿名で使用状況のデータを収集することを許可するかどうかを選択します。[Send usage statistics to Google]（送信する）、または [Don't send]（送信しない）、いずれでも構いませんので選択＆クリックしてください。

図 01-18 [Data Sharing] ダイアログ

　[Install Type] 画面が表示され、インストールの種類を訊かれます。本書では [Custom]（カスタム）を選択し、[Next] ボタンをクリックします。

図 01-19 [Install Type] 画面

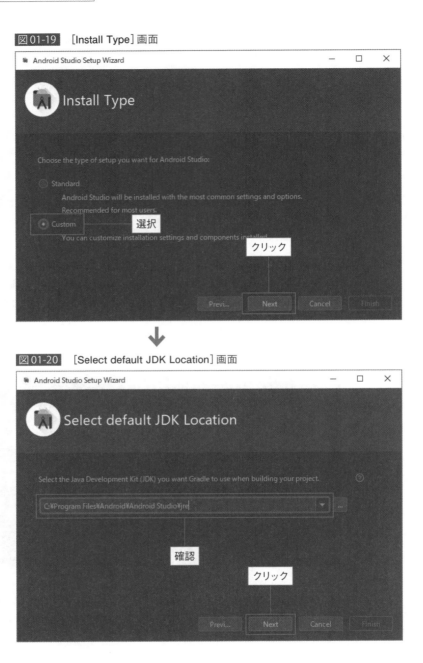

図 01-20 [Select default JDK Location] 画面

[Select default JDK Location] 画面では、使用するJDKのパスを設定します。本書では、既定の「C:¥Program Files¥Android¥Android Studio¥jre」のままで、[Next] ボタンをクリックします。

図 01-21　[Select UI Theme] 画面

[Select UI Theme] 画面では、画面のデザインを設定します。本書では、[Light] を選択し、[Next] ボタンをクリックします。

図 01-22　[SDK Components Setup] 画面

[SDK Components Setup] 画面では、インストールするコンポーネントをカスタマイズしていきます。本書では、既定のままとします。また、Android SDKのインストール先も、既定の「C:¥Users¥ <ユーザー名> ¥AppData¥Local¥Android¥Sdk」のままとし、[Next] ボタンをクリックします。

図01-23　[Emulator Settings] 画面

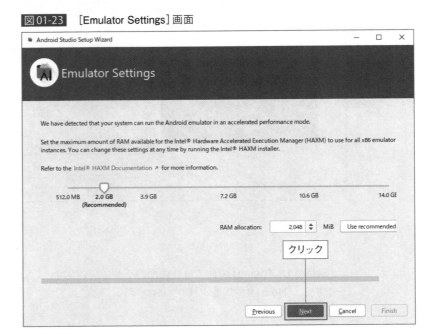

[Emulator Settings] 画面では、エミュレーターのRAMの容量を設定します。本書では、既定の [2.0GB] のまま、[Next] ボタンをクリックします。

図 01-24　［Verify Settings］画面

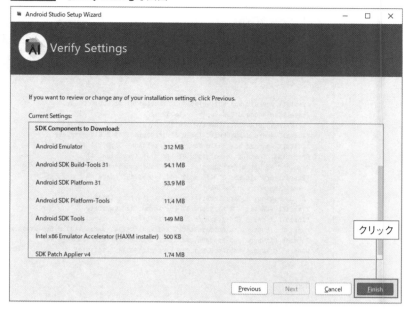

［Verify Settings］画面で現在の設定情報が表示されます。設定を確認し、特に問題なければ、そのまま［Finish］ボタンをクリックします。

図 01-25　［Downloading Components］画面（1）

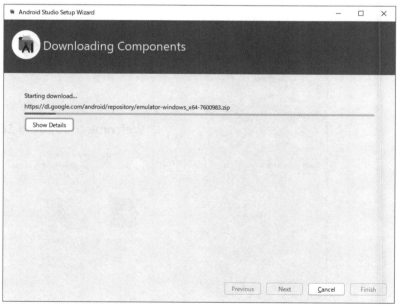

図 01-26　［Downloading Components］画面（2）

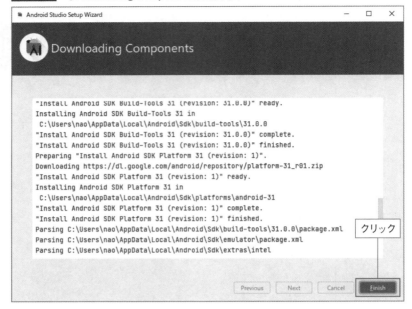

Android SDKなどのインストールが開始されるので、しばらく待ちましょう。途中で、ユーザーアカウント制御の画面が表示された場合は、[**はい**] をクリックして進めてください。すべてのダウンロードが終了すると、[**Downloading Components**] 画面の [**Finish**] ボタンがアクティブになるので、クリックします。

図 01-27　［Welcome to Android Studio］画面

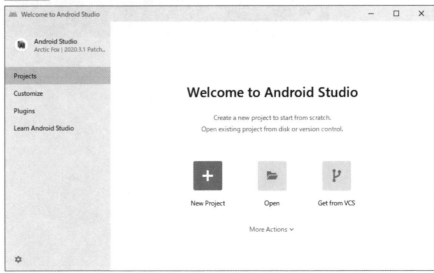

＊3）ただし、その前の終了時にプロジェクト（セクション02-01）を開いたまま、Android Studioを終了した場合には、そのまま終了時のプロジェクトが開かれます。

以上でセットアップ作業は終了です。上のような [**Welcome to Android Studio**] 画面が表示されます。この画面が、以降、Android Studioを起動した場合に最初に表示される画面となります＊3。

表01-03　[Welcome to Android Studio] 画面のメニュー＊4

メニュー項目	概要
*New Project	新規のプロジェクトを作成する
*Open	既存のプロジェクトを開く
Get from VCS	バージョン管理システムからプロジェクトをチェックアウトする
Profile or Debug APK	ビルド済APKのデバッグを行う
Import Project（Gradle, Eclipse ADT, etc.）	Eclipseなど、他の環境で作成したプロジェクトをインポートする
Import an Android Code Sample	あらかじめ用意されたAndroidのサンプルコードをインポートする
SDK Manager	Android SDKの画面を開く
AVD Manager	AVD（仮想デバイス）の設定画面を開く

＊4）「Profile or Debug APK」以降のメニューは、[More Actions] を展開することで表示されます。

まずよく利用するのは「*」の付いた項目になるはずです。具体的なプロジェクトの作成方法は第2章で改めるので、ここではメニュー項目の確認に留め、次の手順に進んでください。

［4］Android SDKのインストール状況を確認する

以上で、Androidアプリを開発するための準備は完了です。

Android SDKについては、Android Studioと一緒にインストール＆設定されているので、まずはアプリ開発者が意識する必要はありません。ここでは、念のため、Android SDKが正しくインストールされているかどうかを確認だけしておきます。

これには、[**Welcome to Android Studio**] 画面下の [**More Actions**] をクリックして [**SDK Manager**] を選択してください。

図 01-28　［Welcome to Android Studio］画面

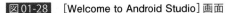

［Settings for New Projects］画面が開き、［Android SDK］の設定が表示されます。
執筆時点では、上記までの手順でAndroid 12.0 (S) がインストールされているこ
とが確認できます。

図 01-29　［Settings for New Projects］画面

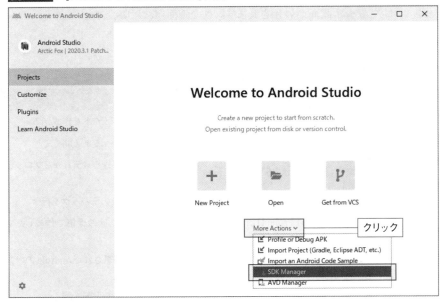

　将来的に新しいAndroidがリリースされて、追加でインストールしたいという場合などには、ここから目的のバージョンにチェックを入れて、[**OK**] ボタンをクリックしてください。

01-02-03　AVDの作成

　AVD（Android Virtual Device）とは、エミュレーターがAndroidアプリを実行する際に利用するデバイス情報のことです。**仮想デバイス**とも呼びます。

　先ほど述べたように、Android SDKではAndroidアプリをパソコン上で実行するためのエミュレーターを提供しています。しかし、Androidと一口に言っても、さまざまなバージョンがありますし、デバイスによって画面サイズやSDカードのサイズも異なります。

　これらの情報をあらかじめ定義し、エミュレーターに教えてあげるのが仮想デバイスの役割なのです。異なる設定の仮想デバイスを用意しておくことで、ひとつのパソコンの中で異なるデバイス環境をエミュレートできるようになります。インストール時に既にひとつ自動で作成されていますが、ここで改めて新規に作成する方法も紹介します。本書では、執筆時点での最新安定版であるAndroid 11環境を作成しておきます。

[1] AVD マネージャーを起動する

　AVDマネージャーとは、名前のとおり、AVDを管理するためのツールです。

　[**Welcome to Android Studio**] 画面下の [**More Actions**] － [**AVD Manager**] から起動できます。

図 01-30　［Welcome to Android Studio］画面

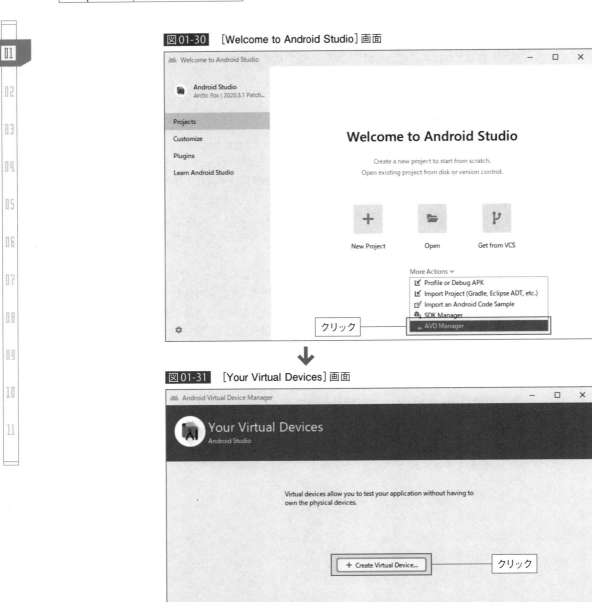

図 01-31　［Your Virtual Devices］画面

　［Your Virtual Devices］画面が起動するので、［Create Virtual Device...］ボタンを
クリックします。

図01-32 ［Select Hardware］画面

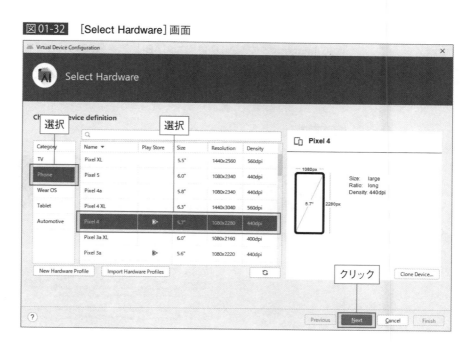

［Select Hardware］画面が表示されます。ここでは、対象とするデバイス（画面サイズ／解像度）を設定します。本書では、［Category］欄から［Phone］を選択し、中央の欄から［Pixel 4］を選択して、［Next］ボタンをクリックします。

図01-33 ［System Image］画面（1）

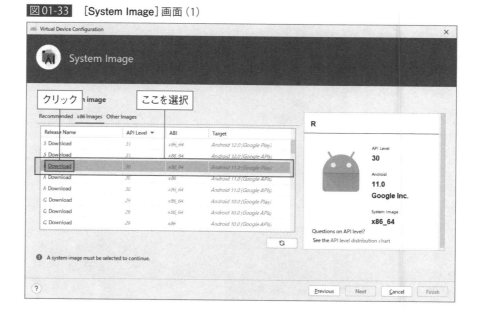

［System Image］画面が表示されるので、システムイメージを選択します。

ここでは、新しいシステムイメージをダウンロード＆インストールして使用します。[x86 Images] タブに切り替えて、[ABI] 欄が [x86_64] で [Target] 欄が [Android 11.0（Google Play）] である行で、[Release Name] 欄に表示されている [R] 横の [Download] リンクをクリックします。

図 01-34　[License Agreement] 画面

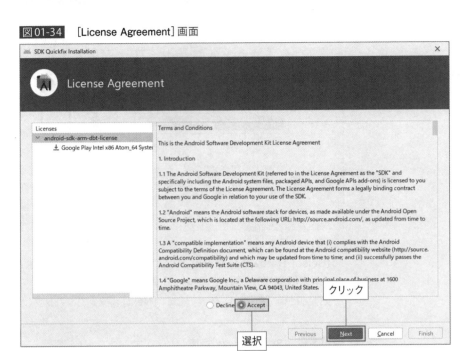

[License Agreement] 画面が表示されるので、[Accept] を選択して、[Next] ボタンをクリックします。

図01-35　［Component Installer］画面

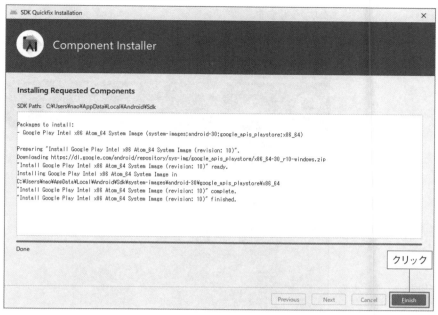

［Component Installer］画面が表示され、インストールが始まるので、［Finish］ボタンが有効になったらクリックします。

図01-36　［System Image］画面（2）

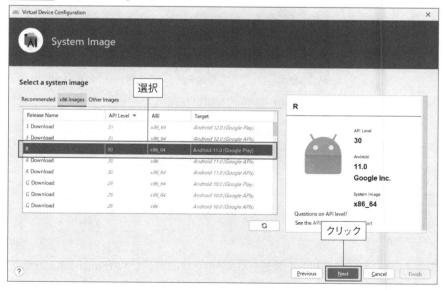

［System Image］画面に戻るので、［Target］欄が［Android 11.0（Google Play）］

の行が選択され、[**Download**] リンクが消えていることを確認して、[**Next**] ボタンを
クリックします。

図 01-37　[Android Virtual Device（AVD）] 画面

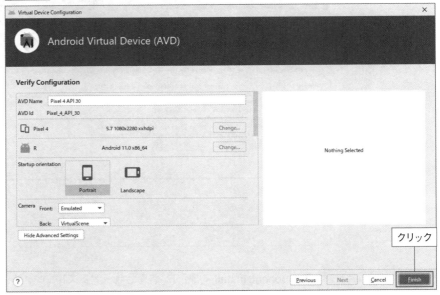

[**Android Virtual Device（AVD）**] 画面が表示されるので、仮想デバイスに関する
各種設定を指定します。以下に、主な設定項目をまとめます。

表 01-04　仮想デバイスの設定値

項目	概要	設定値
AVD Name	仮想デバイスの名前	Pixel 4 API 30
Srartup orientation	画面の向き	Potrait
Enable Device Frame	デバイスのフレームを表示するか	チェック
Camera [5]	カメラの設定	Emurated（Front）／ VirtualScene（Back）
Network	ネットワークの設定	Full（Speed）／ None（Latency）
Enable keyboard input	物理キーボードを使うか	チェックなし（ソフトウェアキーボードを利用）

*5）本項目以下を設定するには、画面左下の[**Show Advanced Settings**] ボタンをクリックしてください。

　以上で仮想デバイスの作成は完了です。[**Finish**] ボタンをクリックすると、もとの
[**Your Virtual Devices**] 画面に戻るので、作成したデバイスが一覧に表示されてい
れば成功です。

図 01-38 ［Your Virtual Devices］画面（2）

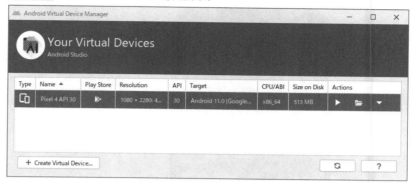

［2］エミュレーターを起動する

それではさっそく、作成した仮想デバイスをもとにエミュレーターを起動してみましょう。［**Your Virtual Devices**］画面には、手順［**1**］で作成した仮想デバイス「Pixel 4 API 30」が追加されているので、右欄の ▶ ボタンでエミュレーターを開始します。

エミュレーターの起動にはやや時間がかかる場合がありますが、最初だけなので、落ち着いて待ちましょう。エミュレーターが無事起動し、図01-39のような画面が表示されれば成功です。

参考 エミュレーターの操作

エミュレーターの操作は実機と同じようにできますが、ほとんどの環境ではタッチ操作はできないので、マウス操作で代替します。たとえば、タップにはマウスクリックが、スワイプはドラッグが対応しています。

ちなみに、画面上で賄えない電源、回転などの操作は、エミュレーター右に表示されたメニューバーから行います。

図 01-39　エミュレーターのメイン画面

電源

音量アップ

音量ダウン

左に回転

右に回転

スクリーンショット

ズーム

戻る

ホーム

起動中のアプリ

詳細設定

[3] エミュレーターを日本語に設定する

　エミュレーターを起動できたところで、あとからの利用に便利なように日本語の設定もしておきましょう[6]。

　トップ画面を上にスワイプしてアプリの一覧を表示します。[Settings] を選択して設定画面を起動します。

*6) 既定では英語設定になっており、メニューなどもすべて英語名で表示されています。

図01-40 アプリの一覧画面

[Settings] 画面が表示されたら、下にスクロールして [System] － [Languages & input] － [Languages] の順に選択し [Languages] 画面を開きます。

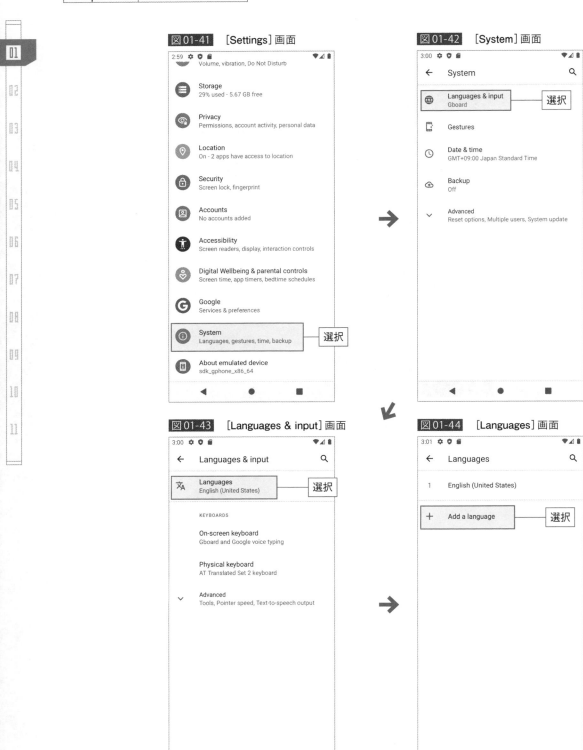

図 01-41　[Settings] 画面

図 01-42　[System] 画面

図 01-43　[Languages & input] 画面

図 01-44　[Languages] 画面

　[Add a language] を選択し、追加する言語のリストを表示します。画面右上の
🔍をクリックして、検索ボックスに「ja」と入力します。[日本語] が表示されるので
選択します。

　[Languages] 画面に戻るので日本語を上にドラッグして順番を入れ替えることで、
日本語に変更できます。

図01-45　[Add a language] 画面　　　　　　図01-46　「日本語」を選択

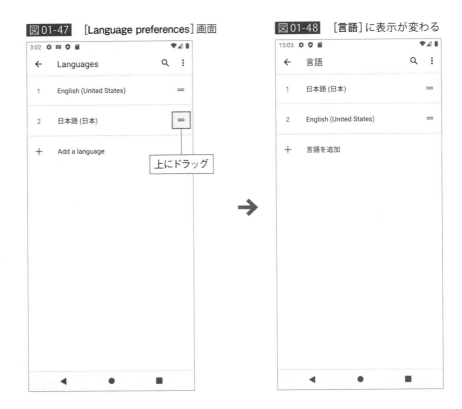

図 01-47　[Language preferences]画面

図 01-48　[言語]に表示が変わる

　以上で、エミュレーターの初期設定は終了です。エミュレーターのボタンリスト上部から［×］ボタンをクリックして、エミュレーターを終了します。
　ここで行った言語の設定は、AVDごとに設定が必要となります。

Android Studioの画面構成を理解する

このセクションでは、統合開発環境Android Studioの画面構成と、主なウィンドウの役割について解説します。

このセクションのポイント

■1 Android Studioの画面は、複数のツールウィンドウの組み合わせで構成される。
■2 ツールウィンドウには、プロジェクトウィンドウ、エディター、Logcat、ターミナルなどがある。

　前にも触れたように、Android Studioは、エディターやプロジェクト管理、デバッガーなど、おおよそアプリ開発には欠かせない諸機能を取り揃えた高機能な統合開発環境です。Android Studioはとてもよくできたツールであり、ごく直感的な操作で開発を進められる一方、非常に多機能なアプリでもあります。余計なところで戸惑わずに学習に専念するためにも、まずはAndroid Studioの基本的な画面構成と役割を理解しておくことにしましょう。

　以下の図は、Android Studioの基本的な画面構成です。

図01-49　Android Studioのメイン画面

プロジェクトウィンドウ　　　　　　　　　　　　コードエディター

Logcat

レイアウトエディター

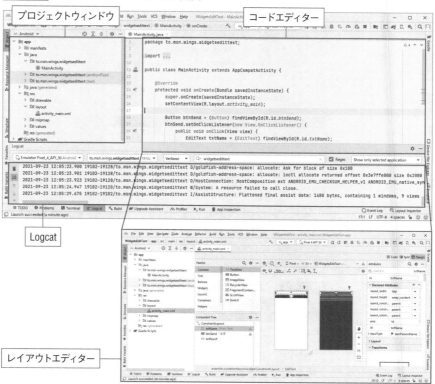

なお、Android Studioの画面を構成する個々の要素のことをツールウィンドウと呼びます[*1]。ツールウィンドウは既定で表示されていないものも加えれば、実にさまざまなものが用意されています。本節では、あまたあるツールウィンドウの中でも、特によく利用すると思われるものについて触れていきます。

01-03-01 プロジェクトウィンドウ

現在開発しているアプリの構成を表示します。アプリ上のファイルを開きたい、新規にフォルダー／ファイルを作成したい、既存のファイルを削除したい、などという場合も、すべてプロジェクトウィンドウから操作します。プロジェクトウィンドウとは、Android Studioでの利用に特化したエクスプローラーとも言えるでしょう。

図01-50　プロジェクトウィンドウ

プロジェクトウィンドウでは、目的に応じて表示を絞り込めるよう、いくつかのビューを提供しています。ウィンドウ上部の ▼ ボタンをクリックすると、いくつかのビューがリスト表示されます。

表01-05　プロジェクトウィンドウで表示されている主なビュー

ビュー	概要
Project	プロジェクト全体のファイルを表示
Packages	パッケージ／リソースの一覧を表示
Project Files	プロダクト関係のファイルを表示

Problems	問題のあるファイルだけを表示
Project Source Files	プロダクト関係のソースファイルを表示
Project Non-Source files	プロダクト関係の設定ファイルなどを表示
Android	モジュール（02-01-01項）配下のファイルを表示（既定）

*2）それぞれの
ビューの目的に応じ
て、Android Studioが
物理的なフォルダー
階層を見やすい形に
整形して見せている
のです。

　見ているビューによっては、フォルダー階層の見え方も異なるので、注意してください[2]。本書では、既定の[Android]ビューを開いている前提で、操作手順などを解説します。

01-03-02　エディター

　Android Studioのメインウィンドウ——ソースコードや設定ファイルを編集するための領域です。エディターは、更に、画面レイアウトを編集するためのレイアウトエディターと、ソースコードを編集するためのコードエディターに分類できます。

■ レイアウトエディター

　レイアウトエディターでは、パレットからUI部品（ウィジェット）をドラッグ＆ドロップするだけで、画面レイアウトを直観的に編集できます。ウィジェットの階層を確認するためのコンポーネントツリーや、ウィジェットの挙動／見た目を設定するための属性（Attributes）ウィンドウも備えます。

図 01-51　レイアウトエディター

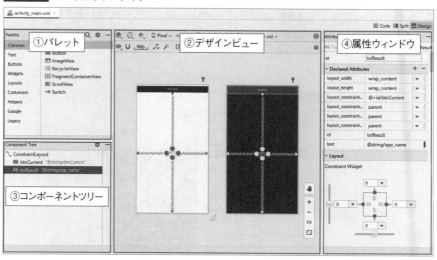

①パレット

アプリで利用できるウィジェットをまとめています。レイアウトを編集する場合、このパレットからデザインエディターに対してウィジェットをドラッグ＆ドロップすることで、ウィジェットを配置していくのが基本です。

図01-52　レイアウトファイルにウィジェットを配置

ウィジェットは、[Layouts]（レイアウト）、[Widgets]（基本ウィジェット）、[Text]（各種テキストボックス）のように、目的に応じてタブで分類されているので、どのタブになにが入っているのか、おおよその分類を把握しておくと、今後の作業がスムーズになるでしょう。

②デザインビュー

現在編集しているレイアウトファイルを、実行時の見た目に近い形で表示します。上でも触れたように、パレットからウィジェットをドラッグ＆ドロップで配置することも可能です。レイアウト編集のキモとも言える部品なので、02-03-01項で改めて詳説します。

図01-53　デザインビュー

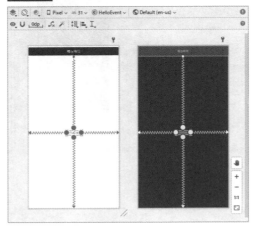

　ちなみに、デザインビューには2枚の画面イメージが並んでいますが、左側を（狭義のデザインビュー）、右側をBluePrintビューと呼びます。左のビューが実行時に近い見た目をプレビューするのに対して、BluePrintビューはウィジェット同士の関係（制約と呼びます）を見やすく表示してくれます。

　目的に応じて併用すべきものですが、本書ではデザインビュー（左のビュー）を優先して利用していきます。

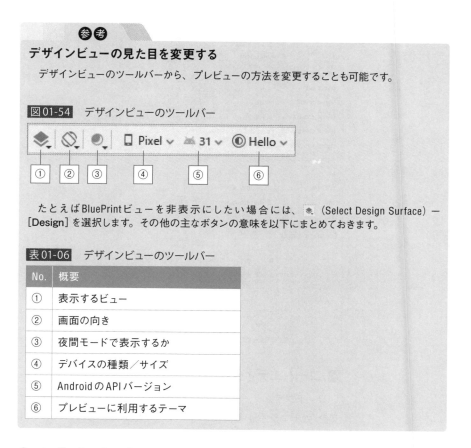

参考

デザインビューの見た目を変更する

デザインビューのツールバーから、プレビューの方法を変更することも可能です。

図01-54　デザインビューのツールバー

　たとえばBluePrintビューを非表示にしたい場合には、 （Select Design Surface）― [Design] を選択します。その他の主なボタンの意味を以下にまとめておきます。

表01-06　デザインビューのツールバー

No.	概要
①	表示するビュー
②	画面の向き
③	夜間モードで表示するか
④	デバイスの種類／サイズ
⑤	Android の API バージョン
⑥	プレビューに利用するテーマ

③コンポーネントツリー

　レイアウト上に配置された部品をツリー状に表示します。現在の状態を確認するだけでなく、パレットからウィジェットを配置することもできます。

図01-55　コンポーネントツリーへの配置

　ウィジェット同士の親子関係がデザインビューよりも判りやすく表示されるので、込み入ったレイアウトを編集する際には、コンポーネントツリーも併用してみると、作業を効率化できるでしょう。

④属性ウィンドウ

ウィジェットの見た目や配置、挙動を設定するためのウィンドウです。デザインビュー、またはコンポーネントツリーでウィジェットを選択することで、対応する属性リストが表示されます。

図 01-56　属性ウィンドウ

■ コードエディター

コードエディターも、単に、ソースコードを編集できるだけではありません。構文を色分け表示する構文ハイライト機能をはじめ、コードの自動補完機能、誤ったコードに対して修正候補を表示してくれるクイックフィックス機能なども装備されています。これらの機能を利用することで、コードの誤りもタイプ量も最小限に抑えられます。

図01-57 コードエディター（コード自動補完の例）

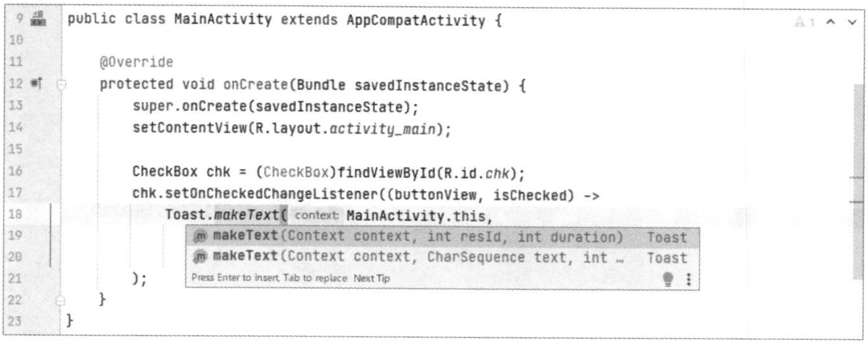

```
 9      public class MainActivity extends AppCompatActivity {
10
11          @Override
12      protected void onCreate(Bundle savedInstanceState) {
13              super.onCreate(savedInstanceState);
14              setContentView(R.layout.activity_main);
15
16              CheckBox chk = (CheckBox)findViewById(R.id.chk);
17              chk.setOnCheckedChangeListener((buttonView, isChecked) ->
18                  Toast.makeText( context: MainActivity.this,
19                      makeText(Context context, int resId, int duration)   Toast
20                      makeText(Context context, CharSequence text, int …   Toast
21              );    Press Enter to insert, Tab to replace  Next Tip
22          }
23      }
```

　メニューバーの［**Code**］メニューを利用することで、定型的なコードを自動生成することもできます。メニューを見ると、さまざまな機能が用意されていることがわかりますが、その中でも特に重要な機能を補足しておきます。

図01-58 ［Code］メニューの機能

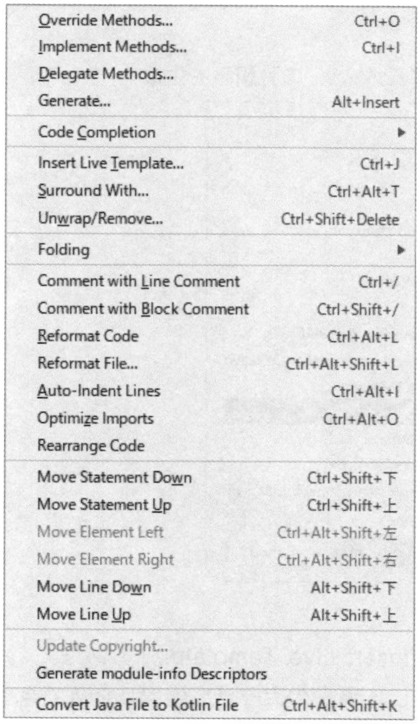

Override Methods...	Ctrl+O
Implement Methods...	Ctrl+I
Delegate Methods...	
Generate...	Alt+Insert
Code Completion	▶
Insert Live Template...	Ctrl+J
Surround With...	Ctrl+Alt+T
Unwrap/Remove...	Ctrl+Shift+Delete
Folding	▶
Comment with Line Comment	Ctrl+/
Comment with Block Comment	Ctrl+Shift+/
Reformat Code	Ctrl+Alt+L
Reformat File...	Ctrl+Alt+Shift+L
Auto-Indent Lines	Ctrl+Alt+I
Optimize Imports	Ctrl+Alt+O
Rearrange Code	
Move Statement Down	Ctrl+Shift+下
Move Statement Up	Ctrl+Shift+上
Move Element Left	Ctrl+Alt+Shift+左
Move Element Right	Ctrl+Alt+Shift+右
Move Line Down	Alt+Shift+下
Move Line Up	Alt+Shift+上
Update Copyright...	
Generate module-info Descriptors	
Convert Java File to Kotlin File	Ctrl+Alt+Shift+K

（1）Surround With...

　選択されたコードを、if、while、forなどのブロックで括ります。try／catchを選択した場合、対象のコードで発生する可能性がある例外を検出し、自動的にcatchブロックを生成してくれます。

　ブロックを解除したい場合には、［**Unwrap/Remove...**］を選択してください。

図01-59 選択されたコードをもとにtry...catchブロックを生成

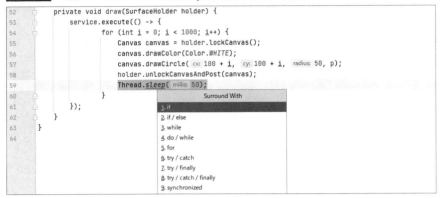

（2）Generate...

　コンストラクター、メソッドの骨組みを自動生成します。主に、抽象クラス／インターフェイスを継承／実装している場合など、特定のメソッドをオーバーライド／実装する際に重宝します。詳しい方法は04-03-02項でも解説しています。

図01-60 オーバーライドするメソッドの骨組みを生成

　似たような機能として、[Insert Live Template...]もあります。よく利用するようなコードテンプレートを選択し、現在のカーソル位置に挿入できます。あらかじめどのようなテンプレートが存在するか、目を通しておくことをお勧めします。

（3）Reformat Code

　ソースコードのインデントなどをわかりやすくフォーマットします。レイアウトファイル（02-02-04項）では、要素に付与された属性を、id、レイアウト属性、その他の属性（アルファベット順）の順で並べ替えます。

図01-61 指定されたコードをフォーマット

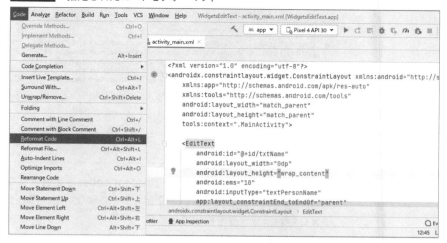

01-03-03 構造（Structure）

　現在、エディター上で編集しているファイルの階層構造を表示します。クラスであれば配下のメンバーを、設定ファイルであれば入れ子の関係を、ツリー構造で表示してくれます。ツリーはコードの状態に応じてリアルタイムに更新されますし、ツリーをクリックすることで、エディター上も対応する位置にカーソルを移動できるので、特に長いコードを編集する場合に有効です。

図01-62 [Structure] ウィンドウ

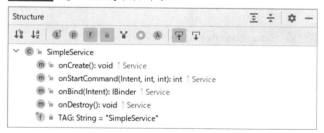

01-03-04 Logcat

　Logcatは、名前の通り、システム／アプリから出力されたログを出力するためのウィンドウです。実行中の変数を手軽に確認したいなどの用途で、開発中もよくお世話になるはずです。アプリからログを出力する方法については、02-03-08項で改めます。

図 01-63　[Logcat] ウィンドウ

01-03-05　Inspection

　メニューバーから [**Analyze**] − [**Inspect code...**] を選択することで、現在のプロジェクト (コード) を分析し、「構文エラーではないが、潜在的な問題となりうる、望ましくないコード」を検出できます。

　メニューを選択すると、以下のような画面が表示されるので、検査の対象となる範囲 (プロジェクト全体、現在のファイルなど) を選択してください。

図 01-64　[Specify Inspection Scope] 画面

図 01-65　[Inspection Results: ～] ウィンドウ

　上のような結果が表示されれば、コードは正しく解析できています。Java言語に関する問題だけでなく、Androidアプリの「べからず」や不要なインポート、使われていない変数なども検出されます。

　アプリの開発中は、単にコンパイルエラーだけでなく、Inspection機能で問題のあるコードにも気を遣っておくことで、将来的なバグの発生を未然に防げるはずです。

01-03-06 ターミナル

いわゆるAndroid Studioで利用できるコマンドプロンプトです。開発時にコマンドを実行することはよくありますが、ターミナルを利用すれば、いちいち別にウィンドウを開く必要がなくなります。

図01-66 ターミナル

01-03-07 TODO

名前の通り、「やること」リストを表したウィンドウです。ソースコードの中に「// TODO ～」「// FIXME ～」の形式でコメントを残しておくことで、あとからやることをまとめて確認できます。一般的には、「// FIXME ～」であとで修正すべき点を、「// TODO ～」でそれ以外のやることを表します。

図01-67 [TODO]ウィンドウ

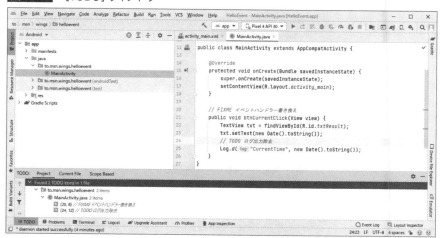

コラム

Androidアプリ開発言語の別の選択肢「Kotlin」

　本書はJavaにおけるAndroidアプリの開発を取り上げていますが、別の言語の選択肢としてはKotlinがあります。

　Kotlin（コトリン）は、Javaの統合開発環境として有名なIntelliJ IDEAの開発元JetBrainsが開発したオブジェクト指向言語です。初期バージョンのリリースは2011年7月と、ごく新しいプログラミング言語です。Google I/O 2017において、GoogleのAndroidチームがKotlinの正式サポートを表明したことで、急速にAndroid開発の現場に浸透しました。

　Kotlinの特徴は、一言で簡潔であること、です。たとえば以下は、ハッシュのリストを作成するコードです（上がKotlin、下がJava）。

```
val data = listOf(
  mapOf("title" to "革命のエチュード", "tag" to "ピアノ",
    "desc" to "ピアノの詩人と言われたショパンの代表的なピアノ曲です。"),
  mapOf("title" to "G線上のアリア", "tag" to "バイオリン",
    "desc" to "バッハの作品。バイオリンのG線のみで演奏できること..."),
  …中略…
)
```

```
String[] titles = { "革命のエチュード", "G線上のアリア", … };
String[] tags = { "ピアノ", "バイオリン", "チェロ", … };
String[] descs = { "ピアノの詩人と言われたショパンの代表的なピアノ曲です。",
  "バッハの作品。バイオリンのG線のみで演奏できること...", … };
ArrayList<HashMap<String, String>> data = new ArrayList<>();
for (int i = 0; i < titles.length; i++) {
  HashMap<String, String> item = new HashMap<>();
  item.put("title", titles[i]);
  item.put("tag", tags[i]);
  item.put("desc", descs[i]);
  data.add(item);
}
```

　JavaがArrayListやHashMapを用いた若干くどいコードになっているのに対し、Kotlinではシンプルなコードで、同じ意味の内容を表せることが見て取れると思います。既に現場での採用事例も増えてきており、周辺環境が許すのであれば、Kotlinでの開発を検討してみるのも良いのではないでしょうか。

　Kotlinについて詳しいことを知りたい方は、山田祥寛著「速習Kotlin」(Kindle) などの専門書を参照することをお勧めします。また、本書の姉妹書である「TECHNICAL MASTER はじめてのAndroidアプリ開発 Kotlin編」では、このKotlinによるAndroidアプリ開発を紹介しています。

　Java言語に触れたことがある人であれば、Kotlinはさほどハードルを感じることなく、理解できるはずです。

はじめての Android アプリ

Android の概要が理解でき、アプリ開発のための環境が整ったところで、この章からはいよいよ実際のプログラミングの開始です。単に説明を追うのではなく、是非とも自分の手を動かして、実際にサンプルを作成し、動かしてみてください。その過程ではきっと本を読むだけでは得られない、さまざまな発見があるはずです。

はじめての Android アプリ開発 Java 編

Section

02-01

Androidアプリのプロジェクトを理解する

このセクションでは、Androidのプロジェクトを作成すると共に、その中身を確認し、Androidアプリの基本的な構造を理解します。

このセクションのポイント

1 アプリの動作に関わるすべてのファイルは、プロジェクトと呼ばれる単位で管理する。

2 プロジェクトには、Javaで書かれたソースコードをはじめ、レイアウト情報、アプリの構成情報などが含まれる。

3 作成したアプリは、エミュレーター、または、USBケーブルで接続することで実機で動作できる。

Android Studioでアプリを開発するには、まずアプリの入れ物とも言えるプロジェクトを準備しておく必要があります。プロジェクトとは、アプリを開発する際の単位のことで、アプリの動作に必要なファイルはすべて、このプロジェクトの配下で管理しなければなりません。ここでは、Androidアプリを開発するためのプロジェクトを作成すると共に、プロジェクトの基本的なフォルダー／ファイル構造を確認しましょう。

■ 02-01-01 プロジェクトの作成

> *1) インストール後、Android Studioを閉じてしまった場合には、スタートメニューから［Android Studio］－［Android Studio］で起動してください。

それではさっそく、プロジェクトを作成してみましょう[*1]。

[1] 新規のプロジェクトを作成する（基本設定）

プロジェクトを作成するには、Android Studioの［**Welcome to Android Studio**］画面から［**New Project**］をクリックします。

図02-01 ［Welcome to Android Studio］画面

図02-02　[New Project]画面

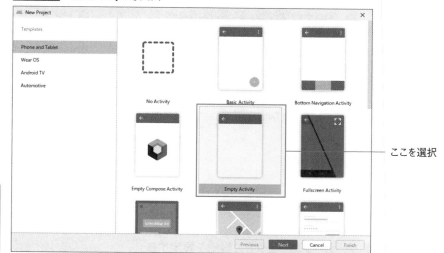

ここを選択

*2)[No Activity]
を選択することで、ア
クティビティを追加
しないこともできま
す。しかし、アクティ
ビティはアプリに最
低ひとつは必要なも
のなので、ここで自
動生成しておくのが
望ましいでしょう。

[New Project]画面が表示されるので、利用するアクティビティ（テンプレート）
の種類を選択しておきましょう。ここで選択するのは[Empty Activity]──余計な
コードが含まれていない、もっともシンプルなテンプレートです*2。その他に選択
できる主なテンプレートは、以下の通りです。

表02-01　主な標準アクティビティ（テンプレート）

テンプレート	概要
Basic Activity	フローティングアクションボタンが組み込まれたアクティビティ
Bottom Navigation Activity	画面の下部にナビゲーションを置いたアクティビティ
Fullscreen Activity	アクションバーが非表示になったフルスクリーンモード
Google AdMob Ads Activity	広告バナーを表示するためのアクティビティ
Google Maps Activity	Googleマップを表示するためのアクティビティ
Login Activity	ログイン画面を表すアクティビティ
Primary/Detail Flow	一覧／詳細画面を表示するアクティビティ（画面サイズに応じてレイアウトを切り替え）
Navigation Drawer Activity	スライド式メニューが組み込まれたアクティビティ
Settings Activity	設定画面を表すアクティビティ
Scrolling Activity	コンテンツをスクロール表示するためのアクティビティ
Tabbed Activity	タブが組み込まれたアクティビティ
Native C++	C++で開発するアプリ

なお、上で挙げているテンプレートは [**Phone and Tablet**] ペインに属するもので
す。その他にも、以下のようなペインが用意されています。ターゲットとなるアプリ
に応じて、適切なものを選択してください。

表02-02　アプリが対象とするデバイス

デバイス	概要
Phone and Tablet	スマホ&タブレット向け
Wear OS	Android Wear（時計型端末など）
Android TV	テレビ向けプラットフォーム
Automotive	**車載版** Android
Android Things	IoT向けプラットフォーム

[2] プロジェクトの詳細を設定する

[**Next**] ボタンをクリックすると、選択したテンプレートに応じた設定画面が表示
されます（この例であれば [**Empty Activity**] 画面）。

図02-03　[Empty Activity] 画面

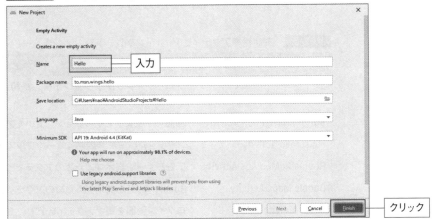

以下の表のように、必要な情報を入力してください。

表02-03 ［Empty Activity］画面の設定

項目	概要	設定値
Name	アプリの名前	Hello
Package Name	パッケージ名	to.msn.wings.hello
Save Location	プロジェクトの保存先	C:¥Users¥＜ユーザー名＞¥AndroidStudioProjects¥Hello
Language	利用する言語	Java
Minimum SDK	アプリが動作する最低のAPIレベル	API 19:Android 4.4(KitKat)

［Minimum SDK］欄の下には、「Your app will run on approximately 98.1%...」（あなたのアプリは約98.1%のデバイスで動作）のようなテキストが表示されているはずです。これは、Google Playにアクセスしたバージョンの割合を統計したものです。アプリを開発する際に、どのバージョンまでをサポートすればよいのか、大まかな指針としてください。

> ＊3）Kotlinを選択した場合の手順については、本書の姉妹書「はじめてのAndoridアプリ開発Kotlin編」参照してください。

［Language］欄で選択できる言語には、Java／Kotlinがあります。01-01-03項でも触れたように、本書ではJavaを採用するので、ここでも「Java」を選択しておきましょう＊3。Javaそのものについては、本書では割愛するので、詳しくは山田祥寛著「独習Java 新版」（翔泳社）などを参照してください。

参考

android.support libraries

　android.support libraries（サポートライブラリ）とは、新しいAPIで追加された機能との下位互換性を提供したり、標準ライブラリにはない便利機能を含んだ拡張パックのことです。android.support. 〜のようなパッケージで提供されています。
　ただし、2018年にサポートライブラリの後継となるAndroidXがリリースされたことで、現在ではレガシー（旧資産）の扱いです。新しくアプリを開発するならば、まずはAndroidXを利用することをお勧めします。［Use legacy android.support libraries］にチェックを入れない場合（既定）には、AndroidXが利用されます。

［Finish］ボタンをクリックすると、プロジェクト作成ウィザードが終了し、プロジェクトが起動します。最初に［Tip of the Day］画面でAndroid Studioを利用するのに役立つTIPSが表示されます。何回も表示されるのはうるさいので、ここでは［Don't show tips］にチェックを入れて、［Close］ボタンで閉じます。

図02-04　［Tip of the Day］画面

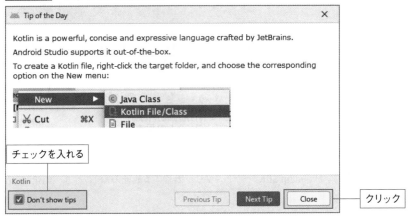

チェックを入れる

クリック

　プロジェクトウィンドウから、以下のようなフォルダー／ファイルが配置されていることを確認してみましょう（最初はフォルダーは閉じているので、順番に開いてみてください）。

参考

アップデートがある場合

　なにかしらソフトウェア／ライブラリのアップデートがある場合、以下のようなダイアログがウィンドウ右下に表示されることがあります。そのような場合には、適宜［Install］リンクをクリックし、環境を最新の状態に保つようにしてください。

図02-05　アップデート通知

ⓘ Kotlin
A new version 203-1.5.30-release-411-AS7717.8 of
the Kotlin plugin is available. Install

図02-06 プロジェクト作成直後のプロジェクトウィンドウ

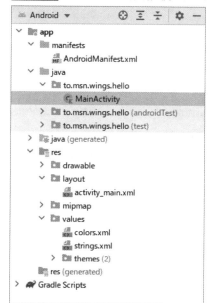

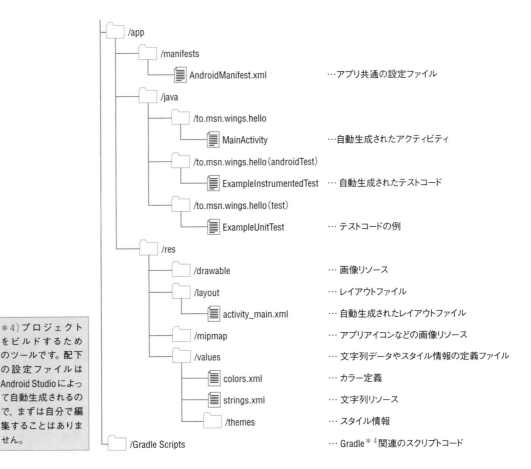

フォルダー/ファイル	説明
/app	
/manifests	
AndroidManifest.xml	…アプリ共通の設定ファイル
/java	
/to.msn.wings.hello	
MainActivity	…自動生成されたアクティビティ
/to.msn.wings.hello (androidTest)	
ExampleInstrumentedTest	… 自動生成されたテストコード
/to.msn.wings.hello (test)	
ExampleUnitTest	… テストコードの例
/res	
/drawable	… 画像リソース
/layout	… レイアウトファイル
activity_main.xml	… 自動生成されたレイアウトファイル
/mipmap	… アプリアイコンなどの画像リソース
/values	… 文字列データやスタイル情報の定義ファイル
colors.xml	… カラー定義
strings.xml	… 文字列リソース
/themes	… スタイル情報
/Gradle Scripts	… Gradle[*4]関連のスクリプトコード

＊4）プロジェクトをビルドするためのツールです。配下の設定ファイルはAndroid Studioによって自動生成されるので、まずは自分で編集することはありません。

　この中でも特に重要なのは、/java、/res/layout、/res/valuesフォルダーです。/javaフォルダーはJavaのソースコードを保存するためのフォルダーで、Androidアプリの中核を表すものと言っても良いでしょう。「to.msn.wings.hello」は、先ほどプロジェクトを作成する際に作成したパッケージです。「to.msn.wings.hello (androidTest)」「to.msn.wings.hello(test)」は、アプリをテストするためのコードです。本書では利用しません。

　/res/layoutフォルダーはアプリの見た目（レイアウト）、/res/valuesフォルダーはアプリで使用する文字列データやスタイル情報などが、それぞれ定義ファイルとして保存されています。

　これらフォルダーの内容をきちんと理解するのが、まずはAndroidアプリを理解するはじめの一歩と言って良いでしょう。

参考

モジュール

/appフォルダーの配下には、アプリの動作に必要となるファイル一式が格納されています。Android Studioでは、このフォルダーで表される単位をモジュール（Module）と呼んでいます。

ここでは、ひとつのプロジェクトにひとつのモジュールが存在する、最もシンプルなアプリを解説していますが、より複雑なアプリでは、ひとつのプロジェクトに複数のモジュールが存在することもあります。具体的には、メニューバーの [File] － [New] － [New Module...] でPhone & Tablet、ライブラリ、Android TVなどのモジュールを追加できます（追加されたモジュールは /appフォルダーと並列に配置されます）。

図 02-07 ［Create New Module］画面

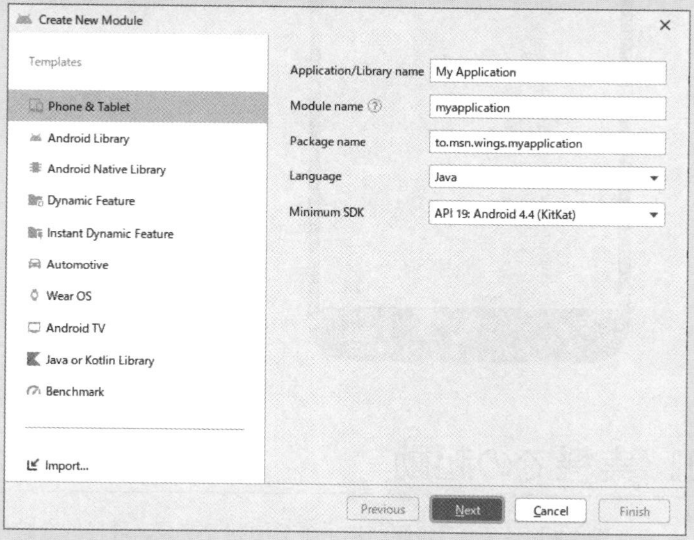

[3] アプリを起動する

自動生成されたプロジェクトには、最初から完結したアプリが用意されています。これをそのまま起動するだけならば、一切のコードを記述する必要はありません。

アプリを起動するには、Android Studioのツールバーから、先ほど作成したエミュレーター **[Pixel 4 API 30]** を選択した上で、▶ （Run 'app'）ボタンをクリックしてください[5]。

*5) メニューバーから [Run] － [Run 'app'] を選択しても構いません。

エミュレーターの初回起動にはそれなりに時間がかかりますが、落ち着いて待ちましょう。エミュレーターが無事起動し、以下のような画面が表示されれば、まずは成功です。エミュレーターを閉じるには、右横に表示されるボタンリスト上部の [✕] をクリックします。

図 02-08　サンプルアプリを起動

終了時はここをクリック

02-01-02　実機での起動

エミュレーターでの確認は手軽で便利ですが、最終的な動作はやはりAndroid実機で検証すべきです。機種ごとの細かな仕様差の確認という意味もありますが、なによりタッチパネルを利用した操作感は、実機でないと検証できないからです[6]。

*6) マウス操作では問題なかったものがタッチ操作では違和感があるというのはよくあることです。

[1] 実機の設定を変更する

以下の順序で実機を設定していきます（機種やAndroidのバージョンなどによってメニューの表記は異なる可能性があります）。

・[設定]－[デバイス情報]から[ビルド番号]を7回タップしてください。開発者モードに切り替わった旨のメッセージが表示され、[設定]－[システム]画面に[開発者向けオプション]が追加されます。
・[開発者向けオプション]をタップし、[USBデバッグ]を有効化します。

[2] Android 実機とコンピューターを接続する

Android実機（以降、実機）をコンピューターに認識させるためには、実機のメーカーが提供するAndroid開発者向けのUSBドライバーをコンピューターにインス

トールします。ドライバーはデバイスごとに異なるので、詳しいインストール方法などは、実機の操作説明書、またはメーカーのサイトを確認してください。

　ドライバーをインストールできたら、パソコンと実機とをUSBケーブルで接続します。機種によっては、USBデバッグの許可を確認するダイアログが表示されるので、[OK]ボタンをタップします。コンピューターが実機を認識しているかどうかは、コントロールパネルから[ハードウェアとサウンド]－[デバイスマネージャー]を開き、ドライバー名が表示されていることを確認してください[7]。

*7）正しく表示されない場合には、ドライバーのインストールか、USBケーブルに問題があります。ドライバーの再インストール、またはケーブルを確認してください。

図 02-09　デバイスマネージャー

[3] Android Studioから実機の接続を確認する

　エミュレーターが終了していることを確認した上で、Android Studioのメニューバーから[View]－[Tool Windows]－[Logcat]を開き、デバイス欄に実機が表示されていることを確認します。

図 02-10 Logcat（実機を認識している）

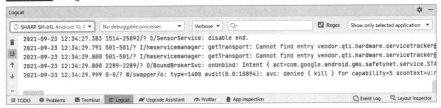

[4] 実機からアプリを起動する

P.59 の手順 [3] を参考にアプリを起動します。メニューバーから実機の名前を選択して ▶ (Run 'app') ボタンをクリックしてください。実機にアプリがインストールされ、以下のように表示されれば成功です。

図 02-11 実機の選択

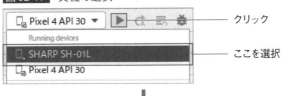

クリック

ここを選択

図 02-12 実機でのアプリの実行結果

サンプルアプリの内容を確認する

サンプルアプリの動作を確認できたところで、コードの中身を確認してみましょう。サンプルを読み解く中で、Androidアプリの基本的な構造を理解してください。

アプリの構造や動作を確認できたところで、いよいよ具体的なコードを確認していきましょう。サンプルアプリはごくシンプルなつくりですが、それだけに最低限知っておきたい構文ルールの把握には最適です。

02-02-01 サンプルアプリの基本的な構造

サンプルアプリを構成する中核となるファイルは、以下のとおりです。

図02-13 Androidアプリの構成

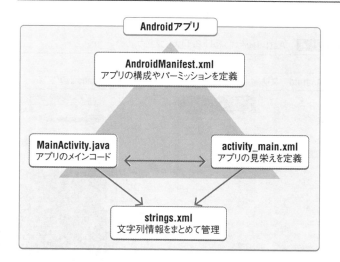

アプリの中核となるのがMainActivity.javaとactivity_main.xmlです。前者がアプリのメインコードを、後者がアプリの見栄えを表します。Androidアプリでは、このようにロジックとレイアウトが明確に分離されているのが特長です。

strings.xmlは、アプリで利用している文字列情報をまとめたものです。アプリでは、ここで管理された文字列を適宜取り出して利用します。

　そして、AndroidManifest.xmlはアプリの構成やパーミッションなどの設定をまとめたファイルです。マニフェストファイルとも呼ばれます。

　アプリの開発者である皆さんは、今後、主にこれらのファイルを編集しながら、開発を進めていくことになるでしょう。以下でも、これらのファイルの内容を確認しながら、サンプルアプリを読み解いていきますが、単に独立したファイルとしてではなく、互いの関係を意識することで、より理解も深まるでしょう。

02-02-02 アプリの「ウィンドウ」を定義する - Activity クラス

　まずは、アプリの中核とも言うべきActivityクラス（MainActivity.java）から見ていきましょう。/java/to.msn.wings.helloフォルダーに保存されています。

　Activityクラス（アクティビティ）とは、言うなれば、Androidアプリの画面そのものを表すオブジェクトです。

　よく見慣れたWindowsアプリでは、アプリを起動するとウィンドウが起動します。そして、必要に応じて、ウィンドウを切り替えながら操作を進めていくのが一般的です。Androidアプリではウィンドウという概念は存在しませんが[*1]、アプリを起動すると、まずメイン画面が表示されます。これがいわゆるAndroidアプリでの「ウィンドウ」です。Androidアプリでもいくつかの画面を切り替えながら操作を進めていきますが、その画面のひとつひとつがアクティビティなのです。

　Androidでは、アプリを起動すると、まず決められたアクティビティが呼び出され、その内容に従って、画面が生成されます。

> ＊1）Android 7では、マルチウィンドウ機能が追加され、ひとつの画面で複数のアプリ（ウィンドウ）を表示できるようになりました。

図 02-14　Activityはいわゆる「ウィンドウ」

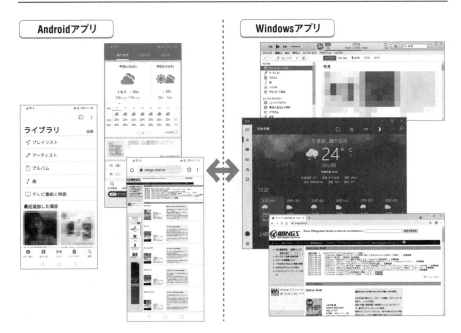

＊2）複数のアクティ
ビティを扱う方法に
ついては、第8章で
解説します。

サンプルアプリはひとつの画面しか持ちませんので、アクティビティもひとつだけ
ですが、複数の画面を持つアプリであれば、アクティビティも画面の数だけ必要に
なります＊2。

それでは、サンプルアプリの中の具体的なコードを見ていきましょう。

リスト02-01 MainActivity.java

```java
package to.msn.wings.hello;

import androidx.appcompat.app.AppCompatActivity;
import android.os.Bundle;

public class MainActivity extends AppCompatActivity {            ■1
  @Override
  protected void onCreate(Bundle savedInstanceState) {
    super.onCreate(savedInstanceState);                           ■2
    setContentView(R.layout.activity_main);              ■3
  }
}
```

シンプルなコードですが、注目すべきポイントは盛りだくさんです。順番に見てい
くことにしましょう。

■1 Activityクラスを継承する

アクティビティは、名前のとおり、Activityクラス（android.appパッケージ）、
またはその派生クラスを継承していなければなりません。

Activityクラスとは、Androidアプリの画面制御に関わる基本的な機能を提供
するクラスです。Activityクラスがアプリ実行のための基本的な処理を賄ってくれ
るため、開発者は初期化や終了など原始的な処理を意識することなく、アプリ固有
の記述に集中できるわけです。

ちなみに、サンプルアプリで利用しているAppCompatActivityクラ
ス（androidx.appcompat.appパッケージ）は、アクションバー（セクショ
ン06-02）などに対応したActivityです。まずは、よく利用するActivityの
一種だと考えておいて構いません。基本的なアクティビティであれば、まずは
AppCompatActivityクラスを継承します。

＊3）このようなメ
ソッドのことを、アプ
リの入り口という意
味で、エントリーポ
イントとも言います。

■2 アプリ起動時の処理を記述するのはonCreateメソッド

onCreateメソッドは、アプリの起動時に自動的に呼び出されるメソッドです。一般
的なJavaアプリでのmainメソッドに相当するものだと考えれば良いでしょう＊3。

onCreateメソッドの一般的な構文は、以下のとおりです。

構文 onCreate メソッド

```
protected void onCreate(Bundle savedInstanceState)
    savedInstanceState：アプリの状態情報
```

アノテーション @Override（**2**の太字）は、このメソッドが基底クラスの同名のメソッドをオーバーライド（上書き）していることを示します。オーバーライドしたメソッドでは、まず「super.メソッド名(...)」で基底クラスのメソッドを呼び出して、その上で、現在のクラス独自の処理を追記するのが基本です（ここまではほぼ決まり文句と考えて良いでしょう）。

引数 savedInstanceState（Bundle オブジェクト）は、アクティビティの状態を管理するためのオブジェクトです。用法については、02-03-06 項で改めます。

3 ビューを設定する

この部分がアプリ独自のコードです。setContentView メソッドは、画面に表示すべきビューを設定します。

ビューとは、画面に表示すべきコンテンツを表すオブジェクトのことです。アクティビティもまた画面を表すオブジェクトですが、それだけで画面のレイアウトまでを規定しているわけではありません。より正確には、アクティビティとは主に画面の入出力を管理するためのオブジェクトで、画面レイアウトの定義はビューに委ねているのです[*4]。

*4）これによって、ロジックとレイアウトとが明確に分離できるので、コードの見通しも良くなります。

図 02-15 ロジックとレイアウトは分離するのが基本

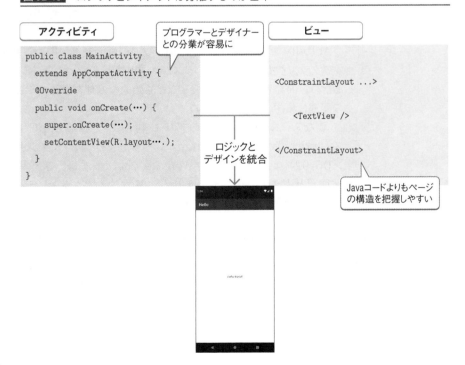

構文 setContentViewメソッド

```
public void setContentView(int layoutResID)
    layoutResID：利用するビュー
```

引数layoutResID（R.layout.activity_main）は、ビュー（レイアウト）を定義した/res/layout/activity_main.xmlを表します。つまり、ここではアクティビティでの処理結果をactivity_main.xmlで定義されたレイアウトに従って描画しなさい、という意味になります。

02-02-03 補足：Rクラスとは？

setContentViewメソッドに渡した「R.layout.activity_main」とは何ものでしょうか。じつは、これは自動的に生成されたRクラスの中で定義された定数です。具体的には、以下のようなコードが生成されています。

リスト02-02 R.java

```
public final class R {
  ...中略...
  public static final class layout {
    ...中略...
    public static final int activity_main=0x7f09001c;
    ...中略...
  }
  ...中略...
}
```

Androidの世界では、アプリで利用するさまざまなデータをリソースとして管理します。そして、リソースを呼び出すための背番号（ID値）をまとめて管理するのが、Rクラスなのです。

リスト02-02の太字部分に注目してみましょう。メンバークラスlayoutでactivity_mainという定数が定義されていることが確認できるでしょう。これが「R.layout.activity_main」の正体です。

定数activity_mainでは「0x7f09001c」のような値がセットされていますが、これがリソースIDです。これが、内部的には「/res/layout/activity_main.xml」というレイアウトの在りかを表しているわけです。

> **注意**
>
> ちなみに、リスト02-02のコードはAndroid Studioの以前のバージョンで生成されたものです（Android Studio 3.6以降では、R.javaは生成されません）。と言っても、リソースの管理方法が変更された訳ではなく、パフォーマンス上の理由から、コンパイル済みのRクラスを直接生成するようになっただけです。リスト02-02は、あくまでRクラスのイメージを掴むためのものと理解してください。

02-02-04 アプリの見栄えを定義する - レイアウトファイル

続いて、先ほどアクティビティで指定したレイアウト（activity_main.xml）を見てみましょう。/res/layoutフォルダーに用意されています。

プロジェクトビューからファイルを開くと、最初にレイアウトエディターと呼ばれるレイアウト編集専用の画面が開きます[*5]。

*5）詳しい使い方は、改めて02-03-01項で解説します。

図02-16 レイアウトエディター

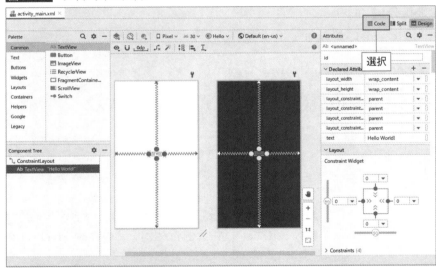

しかし、ここではまずソースコードを確認したいので、上のバーから [**Code**] を選択し、コードを表示してみましょう。

リスト02-03 activity_main.xml

```
<?xml version="1.0" encoding="utf-8"?>
<androidx.constraintlayout.widget.ConstraintLayout
  xmlns:android="http://schemas.android.com/apk/res/android"
  xmlns:app="http://schemas.android.com/apk/res-auto"
  xmlns:tools="http://schemas.android.com/tools"
```

```
    android:layout_width="match_parent"
    android:layout_height="match_parent"
    tools:context=".MainActivity">
    <TextView
        android:layout_width="wrap_content"
        android:layout_height="wrap_content"
        android:text="Hello World!"
        app:layout_constraintBottom_toBottomOf="parent"
        app:layout_constraintLeft_toLeftOf="parent"
        app:layout_constraintRight_toRightOf="parent"
        app:layout_constraintTop_toTopOf="parent" />
</androidx.constraintlayout.widget.ConstraintLayout>
```

　複雑なコードに見えるかもしれませんが、ほとんどは属性（パラメーター）のかたまりです。薄字の部分を取り除いてみると、コードがぐんとすっきりすると思いませんか。

　<androidx.constraintlayout.widget.ConstraintLayout>（以　降　は<ConstraintLayout>）、<TextView>といった要素は、画面を構成する部品を表します。この例であれば、アクティビティ（画面）の上にConstraintLayoutという部品が貼り付けられ、更にその上にTextViewという部品が置かれているという意味になります。

　入れ子となった要素が、そのままページレイアウトの構造を表しているわけです。

図 02-17　ページレイアウトの構造

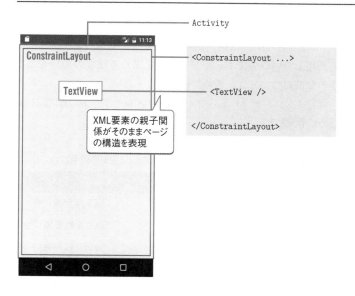

はじめての Android アプリ開発 Java 編　69

画面を構成する部品は、大きく2種類に分類できます。

ひとつが、具体的に画面を構成する部品で、ウィジェットと呼ばれます。ラベル、イメージビュー、テキストボックス、チェックボックスのような基本的な部品から、カレンダー、リストビュー、レイティングバーのようなリッチな部品まで、アプリでよく使うユーザーインターフェイスが標準で用意されています。

サンプルでは、TextViewがウィジェットの一種です。テキストの表示に利用します。

そして、これらのウィジェットをまとめたり、どのように配置したりするかを決めるのが、ビューグループ（またはレイアウト）です。

図02-18　ビューグループ（レイアウト）

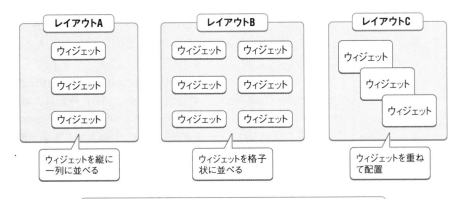

レイアウトとは、ウィジェットをどのように並べるかを決めるためのしくみ

たとえば、サンプルではConstraintLayoutレイアウトが使われているので、ウィジェットの配置は相対的な位置関係[6]によって決まります。以下に、サンプルで利用している中でも、レイアウトに関わる属性の意味をまとめます（その他の属性の意味については、改めて後述します）。

属性（プロパティ）は、ウィジェット／レイアウトの配置や見栄え、挙動を決めるための情報です。

*6）たとえばあるウィジェットXに対して、ウィジェットYは左側の10px離れた位置に配置する、といったルール（制約）で、位置を決定します。

表02-04　レイアウトに関わる属性（リスト02-03で利用されているもの）

属性	概要
layout_width="match_parent"	幅を親要素に合わせる
layout_height="match_parent"	高さを親要素に合わせる
layout_constraintBottom_toBottomOf="parent"	自分と親要素の下端を揃える
layout_constraintLeft_toLeftOf="parent"	自分と親要素の左端を揃える
layout_constraintRight_toRightOf="parent"	自分と親要素の右端を揃える
layout_constraintTop_toTopOf="parent"	自分と親要素の上端を揃える

左寄せ／右寄せ、上寄せ／下寄せを同時に指定することで、それぞれ水平方向／垂直方向の中央寄せを意味します。

02-02-05 文字列リソースを管理する - strings.xml

ここで、activity_main.xmlから<TextView>要素のandroid:text属性の値を「Thank you world」のように変更してみましょう。

リスト02-04 activity_main.xml

```
<TextView ...
  android:text="Thank you World" />
```

該当行に黄色いマーカーが入るので、マウスポインターを当てると、以下のような警告メッセージが表示されるはずです。

図02-19 マウスポインターを当てると警告を表示

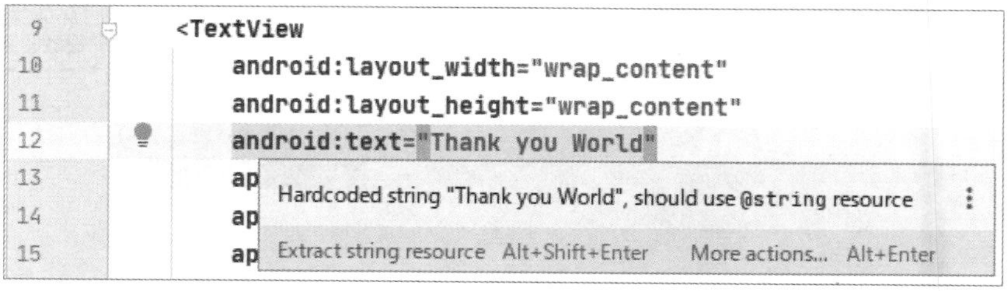

「Hardcoded string "Thank you world", should use `@string` resource」は「"Thank you world"という文字列がハードコーディングされています。@stringリソースを利用すべきです」という意味の警告です[*7]。初学者には一見して判りにくいメッセージかもしれませんが、今後もよく発生する警告なので、もう少し詳しく解説しておきます。

まず、結論から言ってしまうと、Androidの世界ではアプリで扱う文字列データをリソースとして外部化し、個別に管理するのが基本です。迂遠に感じるかもしれませんが、文字列データ（リソース）を分離しておくことで、以下のようなメリットがあります。

*7）本来はそのままでも警告が表示されるはずですが、プロジェクトを立ち上げた直後では正しく警告が表示されません。そこで、本書では別の文字列に書き換えています。

- 文字列を修正するのに、プログラムに影響が及ばない
- 同じ文字列を一箇所で管理できるので、表記を統一しやすい
- 複数言語に対応する場合も、リソースを入れ替えるだけで良い

図 02-20 strings.xml

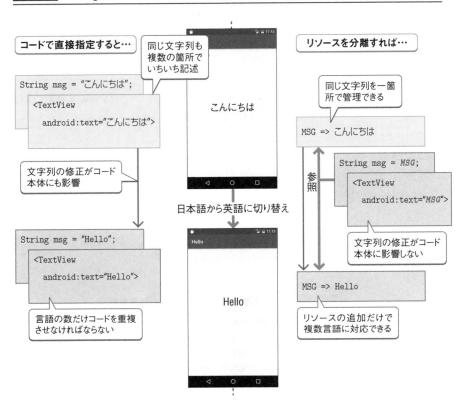

実際にリソースを分離する方法も確認しておきましょう。ここでは、先ほど activity_main.xmlに直書きした「Thank you world」を「こんにちは、世界！」に置き換えた上でリソースに移動してみます[8]。文字列リソースは、/res/values フォルダー配下のstrings.xmlで管理します。ファイルを開くと、まずはコードエディターが開きますが、Android Studioでは専用のリソースエディターも用意されています。右肩の [Open editor] リンクから起動してみましょう[9]。

＊8）もとのテキストから変えているのは、リソースファイルを参照していることを確認しやすくするためです。

＊9）あるいは、プロジェクトウィンドウからstrings.xmlを右クリックし、表示されたコンテキストメニューから [Open Translations Editor] を選択しても構いません。

図 02-21 リソースエディターを起動

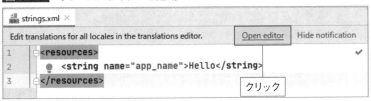

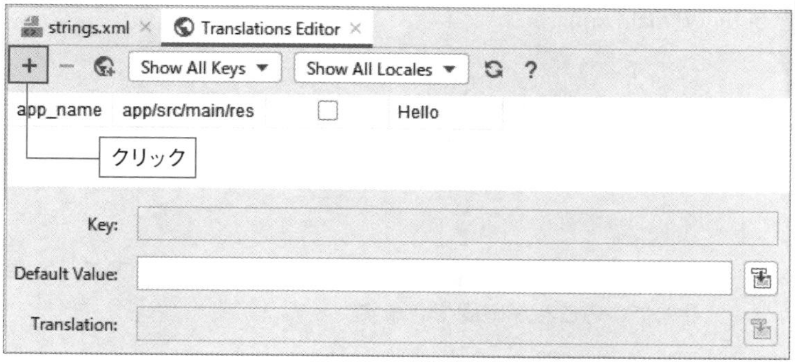

新規の文字列リソースを追加するには、左肩の[+]（Add Key）ボタンをクリックします。

図02-22 [Add Key]ダイアログ

*10）Resource Folderの値は、既定値の「app/src/main/res」のままとしておきます。

[**Add Key**]ダイアログが開くので、Key（名前）／Default Value（既定値）に、それぞれ図のように値を入力してください＊10。[**OK**]ボタンをクリックすると、シートにもリソースが反映されます。

この状態で、コードエディターからもstrings.xmlの内容を確認してみましょう。

リスト02-05 strings.xml

```
<resources>
  <string name="app_name">Hello</string>
  <string name="hello_world">こんにちは、世界！</string>
</resources>
```

<resources>をルート要素として、配下の<string>要素で文字列リソースを列挙しているわけです。name属性がリソースの名前（キー）を、要素の本体がデータ本体を表します。たとえば、リソースエディターで追加した文字列リソースは、太字の部分で定義されています。

*11）ファイル名はstrings（複数形）ですが、参照する側は「@string/～」（単数形）である点に注意してください。

あとは、レイアウトファイルの側でもリソースを参照するように書き換えるだけです。@string/hello_worldとは、strings.xmlで定義されたhello_worldキーを引用しなさい、という意味です＊11。

リスト02-06 activity_main.xml

```xml
<TextView
  android:layout_width="wrap_content"
  android:layout_height="wrap_content"
  android:text="@string/hello_world" ... />
```

この状態でサンプルアプリを実行すると、確かにアプリに表示される文字列が変化していることが確認できます。

図02-23 表示される文字列が変化した

参考

アプリを国際化するには？

たとえば、アプリを英語（既定の言語）、日本語、ドイツ語に対応させたいならば、リソースエディター上で ⊕（Add Locale）－ [Japanese (ja)] ／ [German (de)] を選択します。

スプレッドシートにも「Japanese(ja)」「German (de)」列が追加され、英語／日本語／ドイツ語を編集できるようになります（英語は [Default Value] 欄から編集します）。

図02-24 複数言語対応したリソースエディター

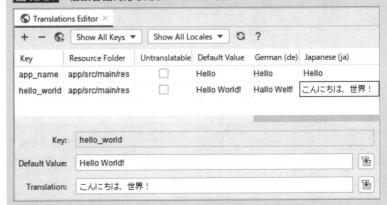

ちなみに、複数言語対応した場合には、/res/values/stringsフォルダーができて、配下に
strings.xml（既定）、strings.xml（ja）、strings.xml（de）と、言語ごとにstrings.xmlができてい
ることを確認してください。これでデバイスの言語設定に応じて、表示言語も変化するように
なります（既定のstrings.xmlは対応する言語がなかった場合に最終的に適用されるリソース
です）。

02-02-06 アプリの基本情報を定義する - マニフェストファイル

マニフェストファイル（AndroidManifest.xml）は、パッケージ名やバージョ
ン番号、アイコンなど、アプリの基本的な情報を定義するためのファイルです。最
初のうちはあまり触れる機会もないかもしれませんが、今後のために最小限の基本
項目くらいはおさえておくことにしましょう。

リスト 02-07 AndroidManifest.xml

```xml
<?xml version="1.0" encoding="utf-8"?>
<manifest xmlns:android="http://schemas.android.com/apk/res/android"
  package="to.msn.wings.hello">                           アプリが属するパッケージ
  <application
    android:allowBackup="true"                            バックアップを有効にするか
    android:icon="@mipmap/ic_launcher"                    アプリの表示アイコン
    android:label="@string/app_name"                      アプリの表示名
    android:roundIcon="@mipmap/ic_launcher_round"         アプリの表示アイコン（角丸）
    android:supportsRtl="true"                            右→左（Right-to-Left）の言語
                                                          に対応するか
    android:theme="@style/Theme.Hello">                   アプリのテーマ
    <activity android:name=".MainActivity"                アクティビティの設定(08-01-02項)
      android:exported="true">                            外部アプリに公開するか
      <intent-filter>                                     インテントの設定
        <action android:name="android.intent.action.MAIN" />
        <category android:name="android.intent.category.LAUNCHER" />
      </intent-filter>
    </activity>
  </application>
</manifest>
```

android:icon ／ android:label ／ android:themeなどの項目は「@style/
AppTheme」のようにリソースを参照している点にも注目です[12]。「@style/
AppTheme」は、styles.xmlのAppThemeキーを参照しなさい、という意味で
した。

*12）android:label
属性には、既定では
設定値が表示されて
います。エディター上
でクリックすること
で、「@string/app_
name」に置き換わり
ます。

Section 02-03 アプリ開発の基本キーワードを理解する

このセクションでは、Androidのプロジェクトを作成すると共に、その中身を確認し、Androidアプリの基本的な構造を理解します。

このセクションのポイント

■1 Androidでは、さまざまなイベントに対応した処理を記述することで、アプリを組み立てていく。

■2 ログを出力するにはLogクラスを利用する。出力されたログは、Logcatビューで確認できる。

■3 ブレイクポイントを設置することで、デバッグ時に処理を中断できる。中断時には、ステップ実行でコードを行単位に進めたり、その時どきでの変数の値を確認したりすることができる。

プロジェクト既定で用意されたサンプルを修正して、ボタンをクリック（タップ）すると、現在時刻を表示するようにしてみましょう。プロジェクト名は「HelloEvent」とします。

図02-25　［現在時刻］ボタンをクリックすると、現在時刻を表示

参考

サンプルアプリの構成

　本節からは、サンプルアプリもそれぞれ独立したプロジェクトとして用意しています。「MainActivity.java（Xxxxxプロジェクト）」のような形式で、プロジェクト名とファイル名を併記しているので、完成版のコードは対応するプロジェクトから確認してください。プロジェクトの開き方はP.X「本書の読み方」で紹介しています。

02-03-01 画面をデザインする - レイアウトエディター

まずは、画面のレイアウトから始めます。

参考

ダウンロードサンプル内の手順動画

以降の手順[2]〜[6]について、ダウンロードサンプル内に操作紹介のための動画（process.mp4）を同梱しています。操作方法が分からない場合は、こちらの動画も参考にしてください。

[1] TextViewを削除する

既定のレイアウトファイルには、中央にTextViewが配置されています。このまま修正しても構わないのですが、一からレイアウトを組み立てていく手順を追うために、一旦、これを削除しておきます。

ウィジェットを削除するには、レイアウトエディターからTextViewを選択、右クリックし、表示されたコンテキストメニューから [**Delete**] を選択します。

図 02-26 ウィジェットを削除

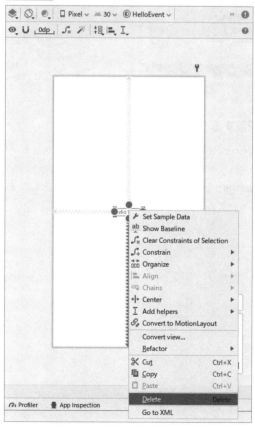

参考

コンポーネントツリーも有効活用しよう

　ウィジェットは、レイアウトエディターだけではなく、コンポーネントツリー（Component Tree）から操作することもできます。

　本文の例でも、レイアウトの表示が小さい場合にウィジェットをうまく削除できない場合があります（上下左右の補助線だけが消えてしまうことがよくあります）。そのような場合には、コンポーネントツリー上で TextView を選択し、そのコンテキストメニューから [Delete] を選択しても構いません。

図 02-27　コンポーネントツリーからウィジェットを削除

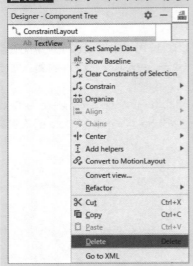

[2] ボタンを配置する

　デザイン画面の左には、アプリで利用できるウィジェットがパレットとして用意されています。

　ここでは [Buttons] を開き、[Button]（ボタン）を選択します。パレットからレイアウト画面に、ドラッグ＆ドロップで配置してみましょう。

図 02-28　レイアウトファイルにボタンを配置

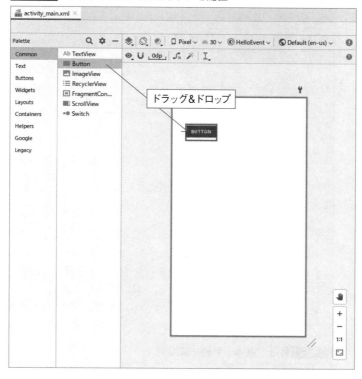

　ただし、そのままの状態ではボタンは仮置きされただけです。位置が定まって
いないため、デザインビューの右上に ● が表示されます。これをクリックすると、
[Message] ウィンドウが開き、「Missing Constraints in ConstraintLayout」
（レイアウト上の制約が設定されていません）のような警告を確認できます[1]。
　制約とは、レイアウト上の位置設定のことです。

[3] ボタンの配置を決定する

　ボタンをレイアウト上部に寄せて、幅いっぱいに広げてみましょう。
　まず、ウィジェットを選択した時に四方に表示される丸いアイコンに注目です。こ
れが位置関係を設定するためのハンドル（つまみ）で、制約ハンドルとも呼ばれます。

[1] もう一点、
「Hardcoded Text」の
ような注意が表示
されますが、文字列
を strings.xml に分離
していない問題なの
で、現時点では無視
して構いません。

図 02-29　制約ハンドルでウィジェットの位置を決める

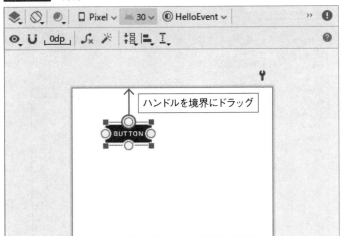

　ここでは、上の制約ハンドルを親レイアウトの境界（上端）までドラッグします。
これでButtonがレイアウトの上部に吸い寄せられます。
　更に、左の制約ハンドルをレイアウトの左端にドラッグしてみましょう。

図 02-30　上、左への制約を追加

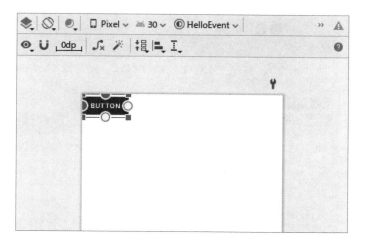

上、左への制約が設定されたことでウィジェットが左上に移動します。

[4] 属性ウィンドウを確認する

制約は、属性ウィンドウから編集することもできます。デザインビュー上でボタンが選択されていることを確認した上で、属性ウィンドウを参照してみましょう。

図 02-31　属性ウィンドウでの見え方

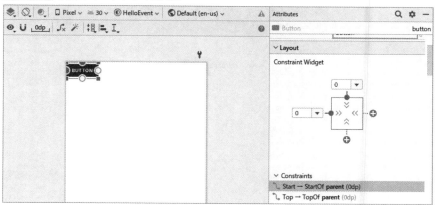

[Layout] タブの配下に、制約の詳細が表示されています。この場合、ウィジェットの上／左に制約が設定されていること——具体的には、親レイアウトの上／左から、それぞれ0dpの余白が設定されていることが確認できます。

参考

単位

Androidでは、余白／サイズなどを指定する際に、以下のような単位を利用できます。

表 02-05　サイズ指定に利用できる単位

単位	概要
dp	解像度に依存しない単位（例：160dpiでは1px＝1dp、320dpiでは2px＝1dp）
sp	解像度に依存しない単位（文字サイズに利用する）
px	ピクセル数

ただし、「px」は画素をベースとしているので、解像度によって表示サイズが変わってしまうという欠点があります。Androidアプリを開発する際には、「dp」がまず基本、文字サイズを設定する際には「sp」を利用すると良いでしょう。

*2) 既存の制約を削除するには❌アイコンをクリックします。

また、制約そのものも追加できます[*2]。右側の ⊕（Create Right Constraint）アイコンをクリックしてみましょう。右側の制約が追加されます。また、こちらも数値は0とします。

図 02-32　右の制約を設定した場合

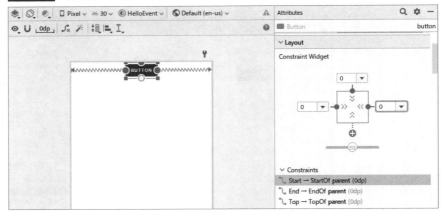

このように左右に制約を設定すると、ウィジェットは水平方向に中央寄せされます。同じく垂直方向に中央寄せするならば、上下に制約を追加します。

また、ここでは操作を理解するために属性ウィンドウから制約を追加しましたが、（もちろん）[3] と同じ要領で、レイアウトエディターから右制約を設定しても構いません。

参考

さまざまなレイアウト

その他にも、上／右に制約を付与したら右上に配置されますし、左右／下では中央下に配置されます。また、上下左右に制約を付与したら、水平／垂直方向に中央寄せされます。実際に制約を着脱して、さまざまなパターンを確認してみましょう。

図02-33　左：右上に配置／中央：中央下に配置／右：中央寄せ

境界に隙間なく寄せるのではなく、空白を空けたい場合には [Layout] タブから上下左右の選択ボックスを指定してください。たとえば以下は上／左に制約を付与した上で、余白として24dp を設定した例です。

図02-34　上／左に制約を設定した例

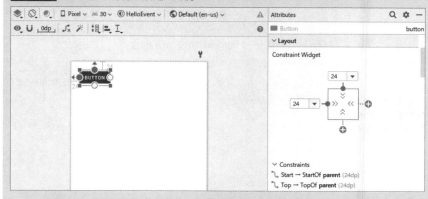

デザインビューを確認すると、確かに上／左に余白ができることを確認できます。

[5] ウィジェットの幅を設定する

属性ウィンドウの [Layout] タブからウィジェットの幅を設定してみましょう。これ

には、ウィジェットを表すボックス内部の ≫／≪ をクリックします。≫／≪ はクリックすると、以下のように変化します。

表02-06　ウィジェットの幅／高さを設定する

アイコン	概要
≫	コンテンツの幅でウィジェットの幅を決める
⊢⊣	layout_width 属性の値で決まる
⊢⋈⊣	制約が許す範囲で親レイアウトの幅一杯まで広げる

ここの例では ⊢⋈⊣ として、Button のレイアウト幅をいっぱいに広げます。同じく上下の ≪／≫ を ⯐ とした場合には、縦幅いっぱいにウィジェットが広がります[3]。

＊3）あらかじめ下方向の制約も追加する必要があります。

> **参考**
>
> ### layout_width ／ layout_height 属性
>
> layout_width ／ layout_height 属性はウィジェットの幅／高さを表す属性で、[Layout] タブを下にスクロールすると入力項目が現れます。[Layout] タブのボックスは実はこれらの値を視覚的に設定するためのしくみなのです。
>
> よって、入力欄から直接に値を設定しても構いません。それぞれ対応する値は、以下の通りです。
>
> **表02-07**　アイコンと設定値の対応関係
>
> | アイコン | 概要 |
> |---|---|
> | ≫ | wrap_content |
> | ⊢⊣ | 任意の設定値 |
> | ⊢⋈⊣ | 0dp（match_constraint） |
>
> ちなみに、本文では layout_height 属性（高さ）を wrap_content としていましたが、match_constraint とした場合には、親レイアウトいっぱいに広がります[4]。

＊4）あらかじめ下方向の制約も追加する必要があります。

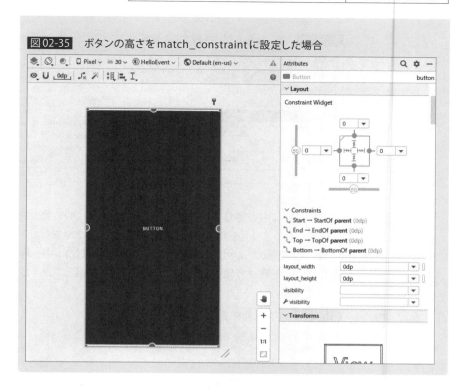

図02-35 ボタンの高さをmatch_constraintに設定した場合

[6] TextViewを配置する

ここまでの手順に倣って、同じようにTextViewも配置してみましょう。パレットの [Text] タブから [TextView] を、デザインビューにドラッグ＆ドロップします。

図02-36 TextViewを配置

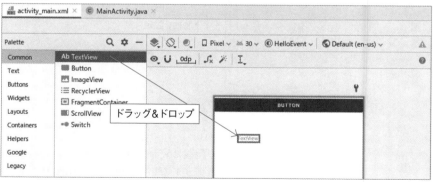

TextViewの上、左右に制約を設定します。ただし、左右は親レイアウトに対して紐づけますが、上の紐づけ先はボタンの下です。

図 02-37 上、左右の制約を設定した状態

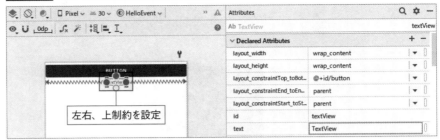

水平方向に中央寄せされると共に、ボタンの下に吸い寄せられます。今後、この形式でのレイアウトをよく扱うので、手順を覚えておきましょう。

続いて、TextView 下の制約ハンドルを親レイアウトの下端までドラッグします。TextView が垂直方向に中央寄せされることを確認してみましょう。

図 02-38 下の制約を追加した状態

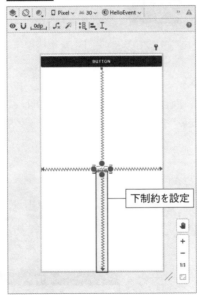

これで TextView の配置は完了です。

今回は、高さ、幅は変更しない（＝wrap_content のまま）としますが、テキストをレイアウト幅に広げたいならば、[5] の手順で layout_width 属性を設定してください。

［7］Button、TextViewの属性を設定する

　id値は、ウィジェットを識別するための名前です。あとからウィジェットを操作するのに利用するので、できるだけ識別しやすい名前を付けておきましょう[*5]。画面に配置されたButton、TextViewを選択して、属性ウィンドウの［id］にそれぞれ「btnCurrent」（Button）、「txtResult」（TextView）と設定しておきましょう[*6]。

図02-39　属性ウィンドウから属性値を入力

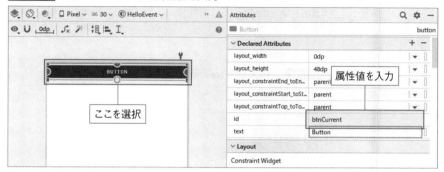

　id値を変更すると以下のように［Rename］画面が表示されるので、［Refactor］ボタンをクリックして変更を確定します。

図02-40　［Rename］画面

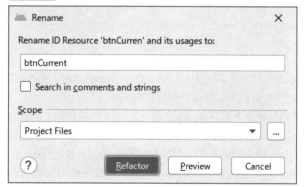

参考

属性の探し方

　ウィジェットにはじつにさまざまな属性が用意されています。このため、属性ウィンドウでも、重要度／用途に応じて、属性を分類表示しています。

　　1. Declared Attributes：レイアウトファイルで利用されている属性
　　2. Layout：表示関係の属性
　　3. Transforms：回転、拡大／縮小、透明度などに関わる属性

4. Common Attributes：よく利用する属性
5. All Attributes：すべての属性

　実際に設定する際にも、まずは1.～4.から目的の属性を探し、見当たらない場合には5.までスクロールして確認してみると良いでしょう。上の 🔍 (Search) ボタンから属性を検索することもできます。

[8] キャプションを設定する（Button）

　Buttonを選択して、属性ウィンドウから [Text] 右端の ⬚ ボタンをクリックしてください[7]。

*7）02-02-05項 ではコードエディターから直接に編集する方法も紹介しています。合わせて理解を深めてください。

図 02-41 ［Pick a Resources］画面

02-02-05項でも触れたように、Androidアプリでは文字列データをリソースとして管理するのが基本です。表示された [Resources] 画面は、定義済みのリソースから文字列を選択するための画面です。

　[<プロジェクト名>.app] グループ[8]では現在のアプリ（プロジェクト）で定義済みのリソースを、以降の [android] グループなどではAndroid共通で利用できるリソースを選択できます。ここでは新しいリソースを選択したいので、画面左上の [+]（Add resources to the module）－ [String Value] をクリックしてください。

*8）ここでは HelloEventプロジェクトなので、グループ名も [HelloEvent.app] です。

図 02-42　［New String Value］画面

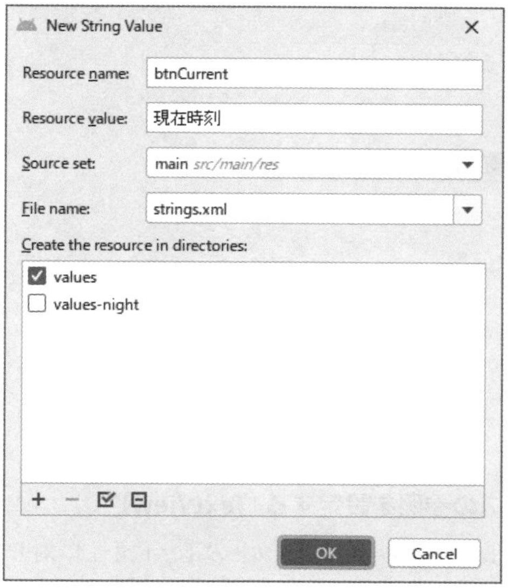

　［New String Value］画面が表示されるので、表のように必要な情報を入力します。表にない項目は、そのままで構いません。

表 02-08　［New String Value］画面の設定値

項目	概要	設定値
Resource name	リソースのキー名	btnCurrent
Resource value	設定する文字列リソース	現在時刻
File name	リソースを反映するファイル名	strings.xml
Create the resource in directories	リソースを保存するフォルダー	values（チェック）

　リソースのキー名は、ここではボタンの id 値と同じにしています。特定のウィジェットに割り当てるリソースであれば、id 値と関連させておいた方が名前の管理が容易になります。

　［OK］ボタンをクリックすると、リソースファイル（strings.xml）に新たな btnCurrent キーが追加されると共に、Button ウィジェットの text プロパティにもリソースが紐づけられます。デザインビューからも、ボタンに［**現在時刻**］というキャプションが反映されたことが確認できます。

図 02-43　ボタンにリソースで設定した値が反映（デザインビュー）

[9] 文字列リソースの参照を設定する（TextView）

[8] と同じく、TextView ウィジェットの Text 属性に対して、文字列リソース
を紐づけます。[Pick a Resource] 画面の [HelloEvent.app] グループから「app_
name」キーを選択し、[OK] ボタンをクリックしてください。

図 02-44　[Pick a Resource] 画面

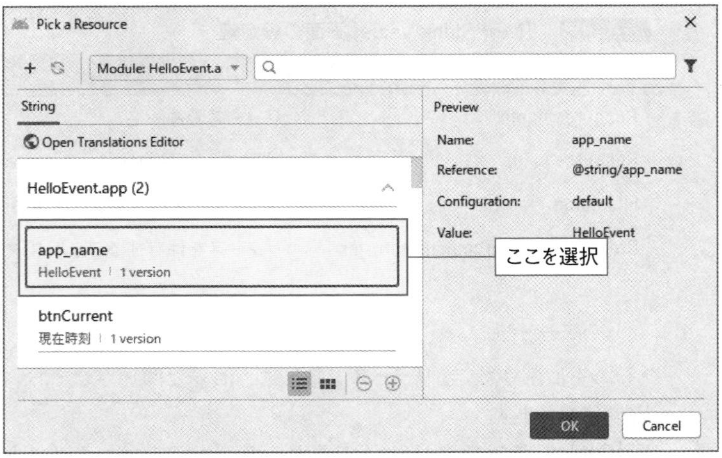 Pick a Resource	×

+ ⟳　Module: HelloEvent.a ▾　Q

String | Preview

🌐 Open Translations Editor

HelloEvent.app (2)

Name:　　　app_name
Reference:　　@string/app_name
Configuration:　default
Value:　　　HelloEvent

app_name
HelloEvent｜1 version　　　　　　　ここを選択

btnCurrent
現在時刻｜1 version

OK　Cancel

[Pick a Resource] 画面を閉じると、確かに文字列リソース app_name の内容
（「HelloEvent」という文字列）がレイアウトにも反映されていることが確認できます。

図 02-45   リソースで設定した値が反映された

[10] 生成されたレイアウトファイルを確認する

これでレイアウトファイルは完成です。ここで、≡Code ボタンから表示をコードエディターに切り替え、完成したレイアウトファイルの全体を一度確認してみましょう。

一般的に、レイアウトファイルはレイアウトエディターから編集することをお勧めしますが、それでもコードエディターが不要になるわけではありません。細かな修正はコードエディターの方が手軽な場合も少なくありませんし、思った並びにならない場合にコードの意味を理解していることが、意外と解決の手がかりにもなります。

リスト 02-08   activity_main.xml（HelloEvent プロジェクト）

＊9）レイアウト配下のウィジェットで指定できる配置関係のlayout_ ～で始まる属性のことを、総称してレイアウト属性と言います。

```xml
<?xml version="1.0" encoding="utf-8"?>
<androidx.constraintlayout.widget.ConstraintLayout ...>
  <Button
    android:id="@+id/btnCurrent"
    android:layout_width="0dp"         ＊9 ──── 幅をレイアウトに合わせる
    android:layout_height="wrap_content" ──── 高さをコンテンツに合わせる
    android:text="@string/btnCurrent"  ──── テキストはstrings.xmlを参照
    app:layout_constraintEnd_toEndOf="parent"
    app:layout_constraintStart_toStartOf="parent" ── 上、左右の制約はレイアウトに
    app:layout_constraintTop_toTopOf="parent" />

  <TextView
    android:id="@+id/txtResult"
    android:layout_width="wrap_content" ──
    android:layout_height="wrap_content" ── 幅/高さともにコンテンツに合わせる
    android:text="@string/app_name" テキストはstrings.xmlを参照
```

```
      app:layout_constraintBottom_toBottomOf="parent"
      app:layout_constraintEnd_toEndOf="parent"                    左右、下の制約はレイアウトに
      app:layout_constraintStart_toStartOf="parent"
      app:layout_constraintTop_toBottomOf="@+id/btnCurrent"        上制約はボタンに
    />
</androidx.constraintlayout.widget.ConstraintLayout>
```

　　　　　　　ウィジェットの属性は、もちろん、すべて属性ウィンドウから設定できます。接頭辞「android:」「app:」を除去した名前で列挙されているので、それぞれ対応する値を確認してみると良いでしょう。

　　　　　　　ちなみに、layout_constraint_～系の属性は [All Attributes] タブの [layout_constraints] の配下に折りたたまれているので、展開して確認してください[10]。

＊10）値が設定済みであれば、[Declared Attributes] タブからも確認できます。

図 02-46　　属性ウィンドウからも確認できる

[11] アプリを実行する

　　　　　　　以上の操作結果をエミュレーターから確認してみましょう。02-02-01項と同じ

手順で、アプリは起動できます。図2-47のような結果を得られれば、サンプルは正しく動作しています。まだボタンに処理を結び付けてはいないので、クリックしてもなにも動作しません。

図 02-47 [**現在時刻**] ボタンが追加された

02-03-02 ボタンクリック時の処理を定義する - イベントハンドラー

Androidアプリでは、さまざまなイベントが発生します。イベントとは、たとえば「ボタンがクリックされた」「テキストボックスにフォーカスが移動した」「別の画面に切り替えた」など、アプリの上で発生するできごとのことです。

そして、このように随所で発生したイベントに応じて実行すべきコードを記述するプログラミングモデルのことをイベントドリブンモデル（イベント**駆動**モデル）と言います。Androidアプリでは、イベントドリブンモデルによって、ユーザーの操作やアプリの状態の変化を監視し、それぞれのタイミングで行うべきコードを記述していくのが基本です。

なお、イベントを発生したタイミングで実行すべきコード（メソッド）のことをイベントハンドラーと言います。

図 02-48 イベントハンドラー

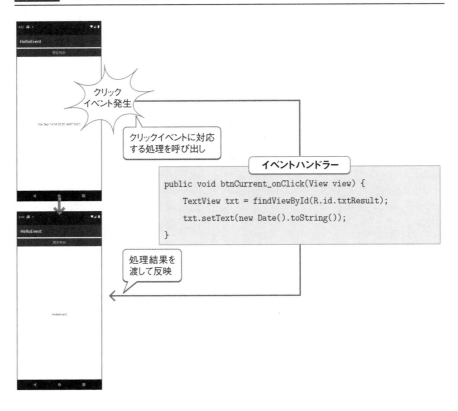

クリック
イベント発生

クリックイベントに対応
する処理を呼び出し

イベントハンドラー

```
public void btnCurrent_onClick(View view) {
    TextView txt = findViewById(R.id.txtResult);
    txt.setText(new Date().toString());
}
```

処理結果を
渡して反映

[1] イベントハンドラーの名前を決める

　レイアウトエディターでactivity_main.xmlを開き、ボタンを選択した状態で、属性ウィンドウから [**onClick**] を選択してください。onClick属性は、ボタンがクリックされた時（＝clickイベントが発生した時）に実行すべきメソッドの名前を表します。ここでは、右の値欄に「btnCurrentClick」と入力しておきます[*11]。

*11）本書では、ボタンとハンドラーとの対応関係が明快となるよう、「＜ボタンのid＞＜イベント名＞」の形式で命名しています。

図 02-49 イベントハンドラーの紐づけ

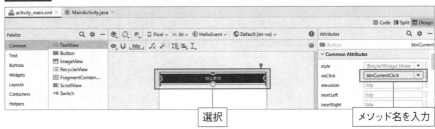

選択

メソッド名を入力

[2] イベントハンドラーのコードを記述する

　呼び出すべきイベントハンドラーの名前が決まったので、あとはイベントハンド

ラーの本体（コード）を記述しましょう。イベントハンドラーはアクティビティで定義
します。MainActivity.javaを開き、以下のようなコードを追加してください。

リスト02-09　MainActivity.java（HelloEvent プロジェクト）[*12]

```
package to.msn.wings.helloevent;
...中略...
import android.view.View;
import android.widget.TextView;
import java.util.Date;

public class MainActivity extends AppCompatActivity {
  ...中略...
  public void btnCurrentClick(View view) {
    TextView txt = findViewById(R.id.txtResult);
    txt.setText(new Date().toString());
  }
}
```
1
2

> [*12]「Parameter 'view' is never used」のような警告が表示されますが、引数viewがメソッド配下で利用されていない、というだけの意味なので、まずは無視して構いません。

clickイベントハンドラーの構文は、以下のとおりです。

構文　clickイベントハンドラー

```
public void handler(View view) { ...statements... }
    handler     ：ハンドラー名
    view        ：イベントの発生元
    statements ：イベントハンドラーとしての処理
```

引数viewには、イベントの発生元がViewオブジェクトとして渡されます。
Viewオブジェクトは、すべてのウィジェット／ビューグループの基底クラスです。
ビューに関わる基本的な性質を定義したクラスと言っても良いでしょう。
　この場合であれば、引数viewにはクリックされたボタン（Buttonオブジェクト）
が渡されます。サンプルでは利用していませんが、イベントハンドラーの中でボタン
の情報を参照したり、キャプションを変更したりする場合には、引数viewを介して
行います。
　それでは、メソッドの内容を確認していきましょう。
　まず、**1**では、現在時刻を表示させるTextViewオブジェクトを取得します。
findViewByIdメソッドは現在のアクティビティからid値をキーにウィジェットを検
索するためのメソッドです。

構文 findViewById メソッド

```
public <T extends View> findViewById(int id)
    T ：取得したウィジェットの型
    id：検索するウィジェットのID値
```

　引数idには、02-03-01項でも設定したid値を「R.id.＜id値＞」の形式で指定してください。文字列リソースやレイアウトファイルと同じく、id値もまた、Rクラスの定数として管理されているのです。

　findViewByIdメソッドの戻り値は、見つかったウィジェット型（この場合はTextView）のオブジェクトです。TextViewオブジェクトを取得できてしまえば、あとはsetTextメソッドで表示すべきテキストをセットするだけです（**2**）。

参 考

findViewById メソッドの戻り値

　Android APIバージョン26より前のバージョンでは、findViewByIdメソッドの戻り値はViewオブジェクトです。戻り値がViewオブジェクトであるということは、戻り値はビューの一種であるということしか意味しません。よって、以下のように明示的に型を変換する必要がありました（API 26以降では不要）。

```
TextView txt = (TextView)findViewById(R.id.txtResult);
```

　キャストを記述しても誤りではないですが、Android Studioによって冗長（redundant）であると指摘されます。

[3] アプリを実行する

　以上の操作結果をエミュレーターから確認してみましょう。起動したアプリから[**現在時刻**]ボタンを表示すると、画面中央に「Tue Sep 14 04:52:51 GMT 2021」のような形式で現在の時刻が表示されることを確認してください。

図 02-50 ボタンクリックで現在時刻を表示

参考

アプリの再実行

　アプリを開発していると、修正／再実行と繰り返すことはよくあります。その際にも、常にアプリを再起動（▶）しなければならないわけではありません。

　たとえばクラスコードの修正だけであれば、 ≡（Apply Code Changes）ボタンを利用することで、コードの変更だけを即座に反映できます。

　レイアウトなどのリソースの変更を伴う場合には、 ↻（Apply Changes and Restart Activity）ボタンを利用します。こちらはリソースとコードの変更双方を反映します。

　大概は、これらの機能を利用することで、より素早くトライ＆エラーを繰り返せるでしょう。もしもアプリの再起動が必要な場合 ＊13 は、自動的に判断して、警告してくれるので心配は要りません。

＊13）たとえばリソース、メソッドそのものの追加／削除、マニフェストファイルの修正などはアプリを再起動するまでは反映できません。

02-03-03 ボタンクリック時の処理を定義する - イベントリスナー

　もっとも、前項で紹介した「onClick プロパティによる登録」は、click イベントでのみ使える特殊な方法です。click イベントはよく利用されることから、このような簡易な手段が用意されているにすぎません。

　click イベント以外のイベントを処理する場合には、イベントリスナーというしく

*14) アプリ側から
呼び出されるメソッ
ドという意味で、コー
ルバックメソッドと
も呼ばれます。

みを利用する必要があります。イベントリスナーとは、なんらかのイベントが発生し
た時に呼び出されるメソッドが用意されたイベント処理専用のクラスです[14]。

Androidの世界では、画面でなんらかのイベントが発生すると、発生元（ウィ
ジェット）にイベントリスナーが登録されていないかを調べ、対応するイベントリス
ナーが見つかった場合には、そのメソッドを実行します[15]。

*15) 登録されてい
るものがなければ、
なにもしません。

図 02-51　イベントリスナー

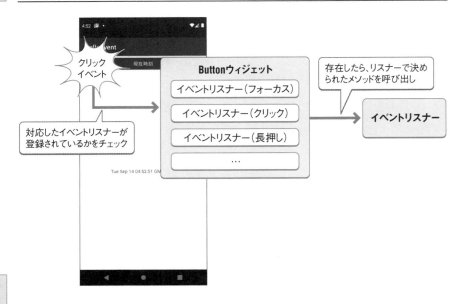

*16) clickイベント
であれば、いずれを
利用しても構いま
せんが、本書では
以降、イベントリス
ナーを優先して利用
していきます。

たとえば、02-03-02項のリスト02-09はイベントリスナーを利用することで、以
下のように書き換えることができます[16]。なお、このサンプルを動作させるには、
レイアウトファイル（activity_main.xml）に配置したボタンのonClickプロパティ
は空にしておく必要があります。

リスト 02-10　MainActivity.java（HelloEventListenerプロジェクト[17]）

*17) 紙 面 上 は、
HelloEventプロジェ
クトからの差分
だけを示していま
す。完全なコードは
HelloEventListenerプ
ロジェクトを参照し
てください。

```
...中略...
import android.widget.Button;
import android.widget.TextView;
...中略...

public class MainActivity extends AppCompatActivity {
  @Override
  protected void onCreate(Bundle savedInstanceState) {
    super.onCreate(savedInstanceState);
    setContentView(R.layout.activity_main);
```

```
Button btn = findViewById(R.id.btnCurrent);                          3
btn.setOnClickListener(
  new View.OnClickListener() {
    @Override
    public void onClick(View view) {
      TextView txt = findViewById(R.id.txtResult);        1         2
      txt.setText(new Date().toString());
    }
  }
);
  }
}
```

　　clickイベントに対応するイベントリスナーは、View.OnClickListenerインター
フェイス（android.viewパッケージ）として用意されています。onClick メソッドひ
とつが公開されている、シンプルなインターフェイスです。

構文　onClickメソッド

```
public abstract void onClick(View v)
    v：クリックされたビュー
```

　　よって、ここではまず View.OnClickListener実装クラスを用意し（**1**）、対象
のウィジェット（サンプルであればボタン）に登録すれば良いということになります
（**2**）。onClick メソッドの中身は、02-03-02項のリスト02-09でのそれと同じな
ので、特に目新しいことはありません。
　　イベントリスナーの登録には、Button#setOnClickListener メソッドを利用
します。イベントリスナーの登録先となるボタンは、あらかじめfindViewById メ
ソッドで取得しておきます（**3**）。

構文　setOnClickListenerメソッド

```
public void setOnClickListener(View.OnClickListener l)
    l：イベントリスナー
```

　　いかがですか。
　　書き換え前後のコードを較べてみればわかるように、レイアウトファイルで記述
するのに比べて、イベントリスナー登録のコードは冗長になりがちです。しかし、冒
頭でも述べたように、イベント処理の構文は、まずはイベントリスナーが基本です。
今後もよく登場するので、ここで基本的な構文を理解してください。

> **参考**
>
> **import命令の生成**
>
> Android Studioでは、import命令が不足していて、名前を認識できない場合、該当のコードが赤文字で表示されます。その際に、該当箇所にマウスポインターを当てると、以下のようなツールヒントが表示されます。ここで [Import] リンクをクリックすると、自動的にimport命令を追加してくれます。
>
> **図 02-52** 名前を認識できない場合のツールヒント 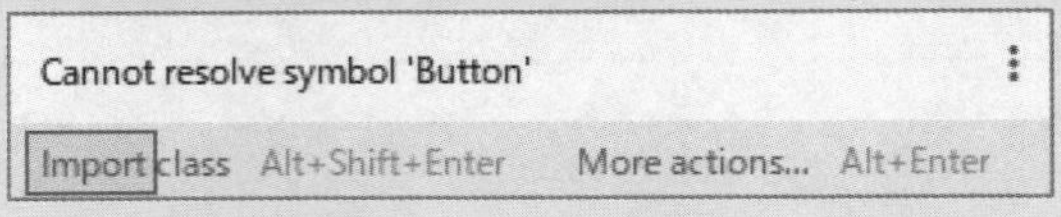
>
> Cannot resolve symbol 'Button' ⋮
>
> Import class Alt+Shift+Enter   More actions... Alt+Enter
>
> 逆に、コード内で利用していないimport命令は灰色文字で表示されます。同じく該当箇所にマウスポインターを当て、表示されたツールヒントから [Optimize imports] を選択することで、不要なimport命令を削除できます。
>
> これらの機能を利用すれば、アプリ開発者がimport命令を直接編集する機会はほとんど発生しないでしょう。

02-03-04 匿名クラスと簡単化

今一度、リスト02-10の以下の部分に注目してみましょう。

```
btn.setOnClickListener(
  new View.OnClickListener() {
    @Override
    public void onClick(View view) { ... }
  }
);
```

先ほどは「View.OnClickListener実装クラスを用意して、登録する」とサラリと説明していた箇所です。この部分を、もう少し原始的に記述すると、以下のようになります。

```
public class MainActivity extends AppCompatActivity {
  @Override
  protected void onCreate(Bundle savedInstanceState) {
    ...中略...
    // リスナークラスを定義
```

```
class MyListener implements View.OnClickListener {
    @Override
    public void onClick(View v) {
      TextView txt = findViewById(R.id.txtResult);
      txt.setText(new Date().toString());
    }
  }
  Button btn = findViewById(R.id.btnCurrent);
  // リスナーオブジェクトを登録
  btn.setOnClickListener(new MyListener());
  }
}
```

1

2

View.OnClickListener 実装クラスとして MyListener クラスを定義し（**1**）、そのインスタンスを改めて setOnClickListener メソッドで登録しているわけです（**2**）。

このようなコードは間違いではありませんが、冗長です。イベントリスナーは、一般的にはその場限りのクラスであり、再利用することはあまりありません。そのようなクラスをわざわざ別個に定義するのは面倒ですし、なにより名前付けしてしまうことで、名前が衝突する可能性も高まります[*18]。

*18）Javaに限らず、名前はできるだけ少なくするのが基本です。

そこで登場するのが匿名クラス（または無名クラス）なのです。匿名クラスとは、まさに名前のないクラスです。名前がありませんから、特定の文の中でしか利用できません（あとから呼び出すということはできません）。しかし、クラスの定義からインスタンス化までをまとめて表現できるので、以下のようなメリットがあります。

・コードをシンプルに表現できる
・かたまりを把握しやすい
・いちいち名前付けする必要がない

イベントリスナーのように、あとから再利用する必要がないクラスは最大限、匿名クラスを利用して表現することをお勧めします。

匿名クラスの一般的な構文は、以下のとおりです。

構文 匿名クラス

```
new スーパークラス(引数, ...) {
  ...メソッド／フィールド定義...
}
```

匿名クラスには名前がありませんので、new 演算子にもスーパークラスの名前を渡すわけです。また、インスタンス化のコードの後方に{...}で、具体的な実装コー

ドを追加します。

＊19）このような
インターフェイス の
ことを関数型イン
ターフェイス、ま
たは SAM（Single
Abstract Method）
インターフェイス
と呼びます。

■ SAM 変換による簡単化

対象となるインターフェイス（たとえば前項では View.OnClickListener）がメ
ソッドをひとつしか持たない場合＊19、オブジェクト式はラムダ式として書き換える
こともできます。

以下は、リスト 02-10 － **2** をラムダ式で書き換えた例です。

リスト02-11 MainActivity.java（HelloEventListener プロジェクト）

```
btn.setOnClickListener(View v -> {
  TextView txt = findViewById(R.id.txtResult);
  txt.setText(new Date().toString());
});
```

ラムダ式の一般的な構文は、以下の通りです。

構文 ラムダ式

```
(引数, ...) -> { ...本体... }
```

引数リストと本体ブロックを「->」で繋ぎます。上位の型（ここでは View.
OnClickListener）は、呼び出し元のメソッドから類推できるので、省略できてし
まうわけです。

これだけでも簡単化できましたが、ラムダ式では特定の条件で更に簡単な記述が
可能です。ラムダ式に渡される引数の型が明らかな場合（ここでは View です）、引
数型を省略できます。さらに、引数がひとつの場合は、引数リストを括る丸カッコを
省略しても構いません。なお、引数がない場合は空の丸カッコは省略できません。

```
btn.setOnClickListener(v -> {
  TextView txt = findViewById(R.id.txtResult);
  txt.setText(new Date().toString());
});
```

本体ブロックの文が 1 個の場合は、中括弧も省略できます。ただし、この場合、
変数への代入がなくなったので、型を明確にするためにキャストが必要になってい
ることに注意してください。

```
btn.setOnClickListener(v ->
  ((TextView) findViewById(R.id.txtResult)).setText(new Date().toString()));
```

最初から簡単化されたコードを見てしまうと、「なにをしているのか?」と戸惑うか
もしれませんが、簡単化のプロセスを実際に追って、馴れていきましょう。

本書でも、今後は最初から、この簡単化されたコードを優先して利用していきます。

02-03-05 ViewBinding によるビュー操作

findViewById メソッドは、Androidの初期バージョンから利用できる手法
で、「findViewByIdでウィジェットを検索」→「ウィジェットを操作」という流れは、
Androidアプリ開発の定番です。

ただし、操作すべきウィジェットが増えれば、列記すべきfindViewByIdの
個数も増えて、コードも冗長になります。そこでウィジェットの値操作を簡単にす
べく用意されたのがViewBindingというしくみです。ViewBindingを利用するこ
とで、「binding.**txtResult**.getText()」のようなアクセスが可能になります[20]。
findViewById メソッドが不要になるので、コードがぐんとシンプルになりますね。

以下に、ViewBindingの導入方法と、具体的な書き換え例を示します。紙面上
は、前項（HelloEventListenerプロジェクト）からの差分のみを示すので、完全な
コードは完成プロジェクト（HelloViewBindingプロジェクト）を参照してください。

> [20] txtResultは
> ウィジェットのid値
> です。

> [21] build.gradle は
> 複数存在しますが、
> ここで編集するのは
> build.gradle (Module:
> Hello.app) です。

[1] ViewBindingを有効化する

まずは現在のプロジェクト（モジュール）でViewBindingを有効にします。
「build.gradle (Module: Hello.app)」を開き、以下のように追記してください（太
字部分が追記です[21]）。

リスト02-12 build.gradle（Module: HelloViewBinding.app）（HelloViewBinding プロジェクト）

```
android {
  compileSdkVersion 31
  buildFeatures {
    viewBinding true
  }
  ...中略...
}
```

エディター右上に [**Sync Now**] リンクが表示されるので、これをクリックします。
下のステータスバーに「Gradle sync finished ~」のようなメッセージが表示され
たら、設定は正しく反映されています。

[2] アクティビティを書き換える

ViewBinding向けにアクティビティを書き換えてみましょう。

リスト 02-13 MainActivity.java（HelloViewBinding プロジェクト）

```
...中略...
import to.msn.wings.helloviewbinding.databinding.ActivityMainBinding;

public class MainActivity extends AppCompatActivity {
  private ActivityMainBinding binding; ─────────────────────────────────■1

  @Override
  protected void onCreate(Bundle savedInstanceState) {
    super.onCreate(savedInstanceState);
    binding = ActivityMainBinding.inflate(getLayoutInflater()); ──────┐
    setContentView(binding.getRoot());                                ■2
    binding.btnCurrent.setOnClickListener(v ->
      binding.txtResult.setText(new Date().toString())); ─────────────■3
  }
  ...中略...
}
```

　まず、■1でバインディングクラスを格納するためのフィールドを準備します。バインディングクラスとは配下のウィジェット情報を管理するためのクラスで、レイアウトファイルひとつに対してひとつ自動的に準備されます。命名のルールは以下の通りです。

・レイアウトファイルの名前を Pascal 形式（＝単語の区切りはすべて大文字）に変換
・接尾辞として「Binding」を付与

　この例であれば「activity_main.xml」なので、ActivityMainBinding クラスがバインディングクラスの名前となります。
　実際にバインディングクラスをインスタンス化（初期化）し、フィールドに紐づけているのは■2です。■1、■2はバインディングクラスの名前（ここではActivityMainBinding）が変化する点を除いては、定型文と考えても構いません。
　あとは、個々のイベントリスナー（ハンドラー）で値を設定するだけです。冒頭でも触れたように、値を設定するならば「binding.＜id＞.setText(値)」とします（■3）。

[3] サンプルを実行する

　サンプルを実行し、02-03-03 項と同じ結果を得られることを確認してみましょう。ここでは操作すべきウィジェットが 2 個なので、ViewBinding を準備する分、コードは冗長になっています。しかし、扱うウィジェットの個数が増えれば、効果が見えてくるはずです。
　本書では下位互換性を優先して、旧来の findViewById メソッドを優先して利

用しますが、本格的なアプリではViewBindingのようなしくみの導入を検討してください。

02-03-06 端末の回転時に画面の状態を維持する

前項のサンプルを実行していて、あるいは「あれ?」と思った人がいたかもしれません。というのも、[**現在時刻**] ボタンをクリックして現在時刻を表示した後、画面を縦横回転すると、TextViewでの表示が「HelloViewBinding」に戻ってしまうのです。

図 02-53 回転するとTextViewの表示が初期化されてしまう

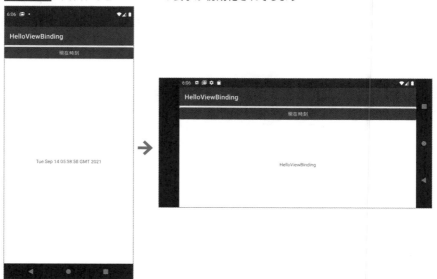

参考

エミュレーターで画面を回転させるには

エミュレータの画面上部を下向きにスワイプすると、以下の図のように通知領域にいくつかアイコンが表示されます。 ◇ をクリックして画面の自動回転を有効にします。

図 02-54 画面の回転を有効化

クリック

あとは、メニューバーから ◇　◇ ボタンで画面を回転できるようになります。

直感的には、「画面を回転させるとレイアウトを調整した上で再描画される」と思いがちですが、そうではありません。上の挙動を見てもわかるように、画面を回転させた場合、画面はいったん破棄され、改めて再作成されているのです。結果、画面の表示は初期化されてしまいます[22]。

もっとも、これはAndroidの内部的な事情で、ユーザーにとっては望ましい挙動ではありません。そこで画面（Activity）が破棄される際に、画面の状態を保存しておいて、再作成する際に復元するという処理が必要となります。

これには、以下のようなコードを書きます。リスト02-10からの差分のみを示すので、完全なコードは、ダウンロードサンプルからHelloRotateプロジェクトも合わせて確認してください。

リスト02-14 MainActivity.java（HelloRotateプロジェクト）

```java
public class MainActivity extends AppCompatActivity {
  ...中略...
  // 画面が破棄される前に状態を保存
  @Override
  public void onSaveInstanceState(@NonNull Bundle outState) {
    super.onSaveInstanceState(outState);
    TextView txtResult = findViewById(R.id.txtResult);
    outState.putString("txtResult", txtResult.getText().toString());        ━━1
  }

  // 画面が復元される前に状態を取り出し
  @Override
  public void onRestoreInstanceState(Bundle savedInstanceState) {
    super.onRestoreInstanceState(savedInstanceState);
    TextView txtResult = findViewById(R.id.txtResult);
    txtResult.setText(savedInstanceState.getString("txtResult"));          ━━2
  }
}
```

Activityクラスには、まさに画面の破棄／復元の際に呼び出されるメソッドが用意されています。それが以下です。

表02-09 画面破棄／復元の際に利用するメソッド

メソッド	呼び出しのタイミング
onSaveInstanceState	画面が破棄される時
onRestoreInstanceState	画面が再生成される時

これらのメソッドには、引数としてBundle（android.osパッケージ）というオブ

ジェクトが渡されます。Bundleは、アプリの状態をキー／値の組み合わせで管理するためのオブジェクトです。

　サンプルでは、画面破棄のタイミング（**1**）でTextViewのテキストを取得し、これをtxtResultという名前で保存しています。Bundleオブジェクトに値をセットするには、putXxxxxメソッドを利用します。Xxxxxの部分はセットするデータの型に応じて、Boolean、Char、Int、Float、Stringなどを指定できます。

構文 putXxxxxメソッド

```
public void putXxxxx(String key, T value)
    key   ：キー
    T     ：保存する値の型（Boolean、Double、Int、Long、Stringなど）
    value：値
```

---

　onSavedInstanceStateメソッドで保存された情報は、onRestoreInstanceStateメソッドの側では、引数savedInstanceState（Bundleオブジェクト）を介して取得できます。**2**では、getXxxxxメソッドでBundleオブジェクトに保存されたtxtResultの値を取り出し、それをTextViewの値としてセットしているわけです。

　getXxxxxメソッドも、putXxxxxメソッドと同じく、取得したいデータの型に応じて、getBoolean、getChar、getIntなどのメソッドを使い分けなければなりません。

構文 getXxxxxメソッド

```
public T getXxxxx(String  )
    T   ：取得する値の型（Boolean、Double、Int、Long、Stringなど）
    key：キー
```

　以上で、状態の保存と復元ができました。再度、サンプルを実行し、現在時刻を表示した上で、画面を回転してみましょう。図02-55のように、回転の前後で現在時刻が維持されれば、サンプルは正しく動作しています。

図 02-55　回転の前後で現在時刻の表示が維持される

＊23）詳しくは08-01-03項も参照してください。

＊24）ただし、永続的に保存したい情報には不向きです。そうした情報は、データベースや Preference などへの保存を検討してください。詳しくは第9章で解説します。

　Androidの世界で画面が再作成されるのは、なにも回転の局面に限りません。たとえばメモリーが不足した場合などに、非表示になったアクティビティを強制的に終了させることがあります＊23。こうした場合にも、同じように onSavedInstanceState ／ onRestoreInstanceState メソッドの組み合わせで、状態を保存／復元できるようにしておかなければなりません＊24。

参考
画面を固定するには？

　厳密に縦／横向きのデザインを提供するようなアプリでは、そもそも画面を縦／横向きで固定する（＝回転しないようにする）こともできます。これには、マニフェストファイルに以下のようなコードを記述してください。

リスト 02-15　AndroidManifest.xml（HelloRotate プロジェクト）

```
<activity android:name=".MainActivity"
  android:screenOrientation="portrait">
```

　これで画面が縦向きで固定となります。もしも横向きで固定としたい場合には、portrait を landscape に変更します。

参考
引数のヒント表示

　Android Studioでは、メソッドの引数に既定で、その仮引数名が補って表示されます。ただし、これはあくまでコードを読みやすくするための、見た目だけの問題で、本来のコードに仮

引数名が追加されているわけではありません。

図 02-56　引数に仮引数名を補って表示

```
32          @Override
33 ●↑   public void onRestoreInstanceState(Bundle savedInstanceState) {
34              super.onRestoreInstanceState(savedInstanceState);
35              TextView txtResult = findViewById(R.id.txtResult);
36              txtResult.setText(savedInstanceState.getString( key: "txtResult"));
37          }
```

02-03-07　文字列をトースト表示する

　トーストとは、Androidアプリで画面に短いメッセージを表示するための機能です。ダイアログ（セクション06-01）にも似ていますが、以下の点で異なります。

・文字列しか表示できない（ボタンなどもない）
・一定時間が経過すると、自動的にフェードアウトする

　あくまで、成功メッセージなどのちょっとした通知で利用するしくみと考え、たとえばエラーメッセージなどユーザーの注意を強く促したいもの、はい／いいえなどユーザーの応答を受け取りたいものは、ダイアログで実装してください。

　また、その性質上、トーストは開発時のちょっとしたログ表示にも重宝します。本書でも、主に動作確認などの用途で多用するので、ここできちんと構文を理解しておきましょう。

　たとえば、以下はリスト02-09（P.95）のサンプルを、現在時刻をトースト表示するように改めた例です。例によって前掲からの差分のみを示すので、完全なコードは、ダウンロードサンプルからHelloToastプロジェクトも合わせて確認してください。

リスト 02-16　MainActivity.java（HelloToast プロジェクト）

```
...中略...
import android.widget.Toast;
...中略...
public class MainActivity extends AppCompatActivity {
    ...中略...
    Button btn = findViewById(R.id.btnCurrent);
    btn.setOnClickListener(v -> {
        Toast toast = Toast.makeText(this, ───────────────
                new Date().toString(), Toast.LENGTH_LONG); ──────────■1
        toast.show(); ──────────────────────────────────■2
    });
  }
}
```

図 02-57　現在時刻をトースト表示

　トーストを利用するには、まず Toast オブジェクトを生成しなければなりません。これには、Toast.makeText メソッドを利用します（**1**）。

　makeText メソッド

```
public static Toast makeText(Context context, CharSequence text, int duration)
    context  ：コンテキスト
    text     ：トーストに表示する文字列
    duration：表示時間
```

　引数 context（Context オブジェクト）は、アプリの状態を管理するためのオブジェクトで、ウィジェット関連のメソッドなどでもよく利用します。アクティビティ（Activity クラス）は Context のサブクラスでもあるので、ここでは this で現在のアクティビティを渡しています。

*25）ウィジェットでも、テキストを受け取るメソッドの多くは、代わりにリソース id を受け取れるようになっています。

　引数 text には、トーストに表示する文字列を渡します。文字列の代わりに、以下のように、リソースの id 値を指定することもできます[*25]。文字列リソースはまとめて管理すべきという基本からすれば、固定文字列を指定する際には、こちらの書き

方を利用すべきでしょう。

```
Toast toast = Toast.makeText(this, R.string.message, Toast.LENGTH_LONG);
```

引数durationは、トーストの表示時間を表します。以下の定数で指定します。

表02-10　トーストの表示時間（Toastクラスの定数）

定数	概要
LENGTH_LONG	長めにトーストを表示
LENGTH_SHORT	短めにトーストを表示

　Toastオブジェクトを生成できたら、あとはshowメソッドを呼び出すことで、トーストを表示できます（**2**）。
　ちなみに、Toastオブジェクトの生成からトーストの表示までは以下のように1文でまとめて記述することもできます。一般的には、以下のような書き方の方がシンプルなので、よく利用されます。

```
Toast.makeText(this, Date().toString(), Toast.LENGTH_LONG).show();
```

参考

イベントリスナー中のthisに要注意

　イベントリスナーの中で、thisを参照する場合には要注意です。たとえば、以下はリスト02-10のサンプルで、現在時刻をトースト表示するように改めた例です。

```
btnCurrent.setOnClickListener(
  new View.OnClickListener {
    @Override
    public void onClick(View v) {
      Toast toast = Toast.makeText(MainActivity.this,
        Date().toString(), Toast.LENGTH_LONG);
      toast.show();
    }
  }
)
```

　makeTextメソッドの引数contextに対して、（this）ではなく、MainActivity.thisを渡している点に注目です。匿名クラスの中では、thisは匿名クラス自身を表しますので、明示的に「MainActivity.」と修飾しているのです。
　ちなみに、ラムダ式の場合は宣言された場所のthisを引き継ぐので、thisのままで動作します。

```
btnCurrent.setOnClickListener(v -> {
  Toast toast = Toast.makeText(this,
    Date().toString(), Toast.LENGTH_LONG);
  toast.show()
});
```

ただし、匿名クラスかラムダ式かでコードを書き分けるのは却って間違いのもとですし、リスナー内でのthis参照ではMainActivity.thisと明示した方が安全でしょう。

02-03-08 ログを出力する - Logcat ビュー

簡易なログ出力の手段として、先ほどはトーストを利用する方法を紹介しました。

しかし、トーストは一度にひとつずつしか表示できないという性質上、連続する処理の中で続けてログを出力する用途には不向きです。そもそもログのための専用のしくみではありませんので、ログを有効／無効にするにもコードをコメントイン／コメントアウトしなければならない、という面倒臭さがあります。

本格的な開発では、やはりログ専門のしくみであるLogクラス（android.utilパッケージ）と、ログを参照するためのツールである[**Logcat**]ビューを利用するのが望ましいでしょう。Logクラスでは、ログレベルという概念もあるので、優先順位に応じて、出力すべきログを絞り込むのも簡単です。

■ Logクラスの用法

たとえば以下は、リスト02-10（P.98）を修正して、現在時刻をログ出力する例です。例によって前掲からの差分のみを示すので、完全なコードは、ダウンロードサンプルからHelloLogプロジェクトも合わせて確認してください。

リスト02-17　MainActivity.java（HelloLogプロジェクト）

```
...中略...
import android.util.Log;
...中略...
public class MainActivity extends AppCompatActivity {
  ...中略...
  public void btnCurrentClick(View view) {
    TextView txt = findViewById(R.id.txtResult);
    txt.setText(new Date().toString());
    Log.d("CurrentTime", new Date().toString());
  }
}
```

ログを出力するには、Logクラス（android.utilパッケージ）の静的メソッドを呼び出すだけです。Logクラスでは、出力の優先順位[*26]に応じて、以下のようなメソッドが用意されています。

＊26）ログレベルと言います。

表02-11 Logクラスの主なメソッド

メソッド	出力内容	ログレベル
v	すべてのログ情報	VERBOSE
d	デバッグ情報	DEBUG
i	情報	INFO
w	警告（復旧可能な問題）	WARN
e	エラー情報（致命的な問題）	ERROR

表では、優先順位の低い順に並べています。つまり、VERBOSEはもっとも低いログレベル、ERRORが最高レベルであるということです。

いずれのメソッドも構文は共通なので、以下にdメソッドの構文を示します。

構文 dメソッド

```
public static int d(String tag, String msg, Throwable tr)
    tag：タグ文字列
    msg：ログメッセージ
    tr ：例外情報
```

引数tagは、あとからログを識別するためのキーとなるものです。たとえば「hello_main_activity」のように、プロジェクト／アクティビティの組み合わせをタグとして設定しておくことで、アクティビティごとのログを絞り込むのも簡単になります。

引数msgはログメッセージです。引数trは、サンプルでは利用していませんが、バックトレースをログ出力するようなケースで利用します。

■ Logcatビューの使い方

サンプルを起動して、出力したログを確認してみましょう。ログを確認するには、Logcatというビューを利用します。Logcatは、Android Studio下部の[**Logcat**]から表示できます[*27]。

サンプルから[**現在時刻**]ボタンをクリックして、図02-58のようなログが出力されることを確認してください。

＊27）USB経由でサンプルを実機から起動した場合も同様で、Logcatからログを確認できます。

図 02-58 Logcat ビューにログを表示

既定ではログの表示レベルが [**Verbose**] (すべて表示) になっているので、大量のログが表示されています。これを絞り込みたい場合には、Logcat 上の選択ボックスからたとえば [**Debug**] と選択してください。これによって、Debug 以上のログ (つまり、Debug ～ Error [28]) を表示できます。

より細かな条件でログを絞り込みたい場合には、Logcat 右上の選択ボックスから「Edit Filter Configulation」を選択してください。

*28) debug レベルのログだけが表示されるわけではありません。

図 02-59 [Create New Logcat Filter] 画面

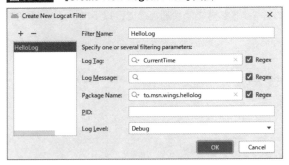

[**Create New Logcat Filter**] 画面が起動するので、タグ [29]、メッセージ、パッケージ名、PID、ログレベルなど、絞り込みに利用したい条件を追加してください。たとえばここでは、表 02-12 のような条件を追加しておきます。

*29) ログメソッドで指定された文字列です。

表 02-12 ログのフィルター条件 (例)

項目	設定値
Filter Name	HelloLog
Log Tag	CurrentTime
Package Name	to.msn.wings.hellolog
Log Level	Debug

[**OK**] ボタンで画面を閉じると、Logcat 右上の選択ボックスで「HelloLog」フィルターが選択されていることを確認してください。ログには、CurrentTime タグ付きのログだけが表示されていることが確認できます。

図02-60　フィルターで絞り込まれたログ

作成したフィルターは、[**Create New Logcat Filter**] 画面で、該当のフィルターを選択した状態で、━ (Delete) ボタンをクリックすることで削除できます。

02-03-09　アプリをデバッグする

デバッグとは、アプリを実際に実行して誤り (バグ) がないかを確認し、バグが見つかった場合には修正する作業のことを言います。また、デバッグを支援するためのツールのことをデバッガーと言います。

ここでは、Android Studioの標準デバッガーを利用して、アプリの実行を途中で停止し、アプリの状態を確認する方法について解説します。

[1] ブレイクポイントを設置する

ブレイクポイントとは、デバッグ時にアプリの動作を一時的に停止する機能、または、停止するポイントのことを言います。ブレイクポイントを設置しておくことで、アプリを段階を追いながら順番に実行できるようになりますので、アプリの問題を検出しやすくなります。

ブレイクポイントを設置するには、対象のコードをコードエディターで開きます。たとえば、ここでは02-03-08項で作成したMainActivity.javaを開いてみましょう。

そして、アプリの実行を止めたい行の左端 (灰色の部分) をクリックします。

図02-61　ブレイクポイントを設置

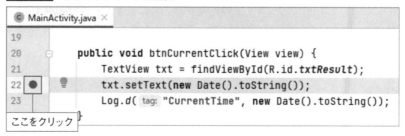

図のように、赤丸が表示されればブレイクポイントは正しく設置されています。

[2] アプリをデバッグ実行する

ブレイクポイントを有効な状態でアプリを実行するには、メニューバーから[**Run**]
－[**Debug 'app'**]を選択してください。アプリがデバッグモードで起動します。

[3] ステップ実行する

エミュレーターから[**現在時刻**]ボタンをクリックすると、アプリがブレイクポイン
トで中断します。

中断個所は中央のコードエディターから確認できます。コードエディターでは、現
在止まっている行がチェックが付いた赤丸で表示されます。

また、[**Variables**]ビューからは、現在の変数の状態を確認できます。

図 02-62　　デバッグ画面（ブレイクポイントで中断）

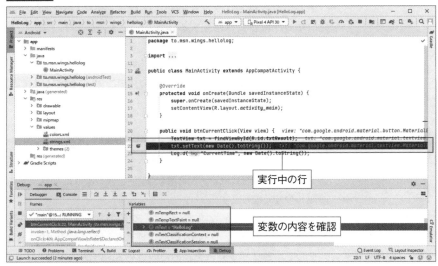

更にデバッグビューの （ステップオーバー）ボタンをクリックしてみましょう。
コードエディター上の赤丸が次の行に移動し、[**Variables**]ビューの内容も変化して
いくことが見て取れます。このような実行をステップ実行と言います。

図 02-63　ステップオーバーで1行ずつ先に進めていく

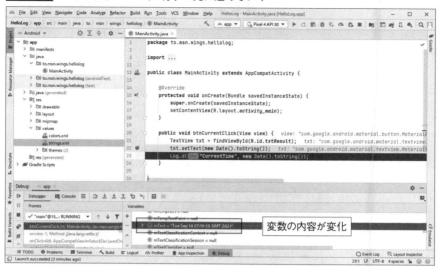

　このようにデバッグ実行では、ブレイクポイントでアプリを一時停止し、ステップ
実行しながら、変数の変化を確認していくのが一般的です。

参考

ステップイン

　似た機能として、±（ステップイン）もあります。ステップオーバーと同じく行単位で実行し
ますが、メソッド呼び出しがあった場合の挙動に違いがあります。

・ステップイン：メソッドの中（イン）に入ってステップ実行
・ステップオーバー：メソッドの中には入らず、実行した上で（オーバー）その次の行へ移動

　ステップインが最も単位の細かなステップ実行ですが、サンプルの例では、Androidが標準
で提供しているメソッドの中にも入ってしまい、アプリそのものとしての流れを追いにくいた
め、ステップオーバーを利用しています。

[4] 実行を再開／終了する

　ステップ実行を止めて、通常の実行を再開したい場合には、▶（再開）ボタンを
クリックしてください。また、デバッグ実行を終了したい場合には、■（終了）ボタ
ンをクリックします。

コラム

プロジェクトを.zipファイル化する

Android Studioで作成したプロジェクトはひとつのフォルダーにまとまっています。よって、これを誰かに配布する場合、フォルダーをまとめて圧縮すれば良いだけです。受け取った側では.zipファイルを解凍すれば、そのままプロジェクトを開けます。

もっとも、プロジェクトをそのまま.zipファイル化してしまうと、ファイルサイズが極端に大きくなってしまうので要注意です。具体的には、セクション02-01の手順で作成した既定のプロジェクトをそのまま.zipファイルとした場合、著者環境では12.7MBになりました。このサイズは使用する圧縮ツールによって上下しますが、中身がほとんど空であることを思えば、大きいですね。

そこで.zipファイル化する場合には、Android Studioから [File] — [Export] — [Export to Zip File...] を選択してください。

図02-64　[Save Project As Zip] ダイアログ

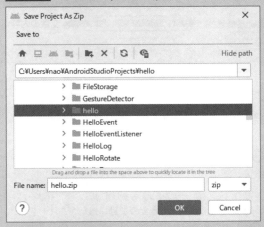

上のようなダイアログが開くので、出力先フォルダーとファイル名を指定して [OK] ボタンをクリックするだけです。この機能によって生成された.zipファイルは、僅かに104KBでした。不要なファイルを除いた上で作成された結果、サイズが劇的に縮減することが確認できます。

ビュー開発（基本ウィジェット）

ウィジェットとは、画面を構成するさまざまな部品のことです。
Android では、ラベル、テキストボックス、チェックボックスのような
基本的な部品から、レイティングバー、Web ビューのようなリッチな
部品まで、さまざまなウィジェットが標準で豊富に提供されています。
この章では、まずこれらウィジェットの中でも特によく利用する、基本
的なウィジェットについて使い方を学んでいきます。

はじめての Android アプリ開発 Java 編

Section 03-01

基本的な入力／出力を理解する

このセクションでは、テキスト／画像を表示するためのTextView ／ ImageView、そして、テキストを入力するためのEditTextについて解説します。

このセクションのポイント

1 TextViewはテキストを表示するためのウィジェットである。リンクを自動設置したり、表示する行数を制限したりすることも可能である。

2 ImageViewは画像を表示するためのウィジェットである。画像のサイズ、透明度を変更することもできる。

3 ImageButtonを利用することで、画像ボタンも設置できる。

4 EditTextはテキストボックスを作成するためのウィジェット。必要に応じて、入力できるデータも制限可能。

前章では、TextView（ラベル）、Button（ボタン）を利用したサンプルを取り上げました。しかし、Androidが提供するウィジェットは、これ以外にもたくさんあります。Androidを理解するための第一歩は、まずこれらウィジェットを理解することにあると言っても良いでしょう。このセクションではまず、数あるウィジェットの中でも、TextView、ImageView ／ ImageButton、EditTextなど、基本中の基本とも言えるウィジェットについて解説します。

03-01-01 テキストを表示する - TextView

TextViewとは、テキストを表示するための、いわゆるラベルの役割を果たすウィジェットです。既に前章でも登場していますが、今後もよく利用するウィジェットのひとつです。主な属性の用法と合わせて、理解を深めておきましょう。

■ TextViewの基本

まずは、TextViewをレイアウトファイルに配置してみましょう。レイアウトエディターを利用しているならば、パレットの **[Text]** から選択できます。配置したTextViewには、上、左右の制約を親レイアウトの境界に紐づけ、上、中央寄せとしておきます。

図 03-01 　制約を設定

上下左右のハンドルを
境界にドラッグ

また、属性ウィンドウから最低限、以下の属性を設定しておきましょう。

表03-01 TextViewの属性設定

属性	概要
id	txt
layout_width	0dp（match_constraint）
text	サポートサイトは、https://wings.msn.to/ です。お問い合わせは、メール webmaster@wings.msn.to または、電話047-000-0000からお願いします。

　前章でも触れたように、文字列リソースはstrings.xmlに分離するのがまず基本です。ただし、サンプルなどでは簡単化のために、そのままプロパティ値に文字列を設定してしまうこともあります。推奨される書き方ではありませんが、「このようにも書ける」という程度には理解しておきましょう。

　レイアウトエディター上では右上に 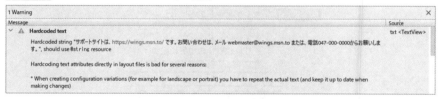 のような注意が表示されるので、これをクリックすると、[**Message**] ウィンドウに「Hardcoded string "サポートサイトは、..."、should use @string resource ～」（文字列がハードコーディングされているので、strings.xmlを利用してください）という警告が表示されますが、サンプルを実行する上では問題ありません（以降も同様です）。

図03-02 レイアウトエディター上での警告

1 Warning	✕
Message	Source
∨ ⚠ **Hardcoded text**	txt <TextView>
Hardcoded string "サポートサイトは、https://wings.msn.to/ です。お問い合わせは、メール webmaster@wings.msn.to または、電話047-000-0000からお願いします。"、should use @string resource	
Hardcoding text attributes directly in layout files is bad for several reasons:	
* When creating configuration variations (for example for landscape or portrait) you have to repeat the actual text (and keep it up to date when making changes)	

　[**Code**] ボタンを押して、自動生成されたコードも確認してみましょう。以下のようなコードが生成されていれば、正しくレイアウトできています。

リスト03-01 activity_main.xml（WidgetsTextViewプロジェクト）

```xml
<?xml version="1.0" encoding="utf-8"?>
<androidx.constraintlayout.widget.ConstraintLayout ...>
  <TextView
    android:id="@+id/txt"
    android:layout_width="0dp"
    android:layout_height="wrap_content"
    android:text="サポートサイトは、https://wings.msn.to/ です。お問い合わせは、メール →
webmaster@wings.msn.to または、電話047-000-0000からお願いします。"
    app:layout_constraintEnd_toEndOf="parent"
```

```
    app:layout_constraintStart_toStartOf="parent"
    app:layout_constraintTop_toTopOf="parent" />
</androidx.constraintlayout.widget.ConstraintLayout>
```

　この状態でサンプルを実行し、まずは、以下のような結果が表示されることを確認してください。以降では、このサンプルをもとに主な属性の用法を理解していきます。

図03-03　サンプルの実行結果

注意

　以降、紙面上では、新出の操作、複雑なレイアウトを除いては、最終イメージと生成されたコードだけを掲載するものとします。とは言っても、当面は配置したウィジェットを親レイアウト、または上部のウィジェットに紐づける場合がほとんどです。

図03-04　ウィジェットの紐づけ

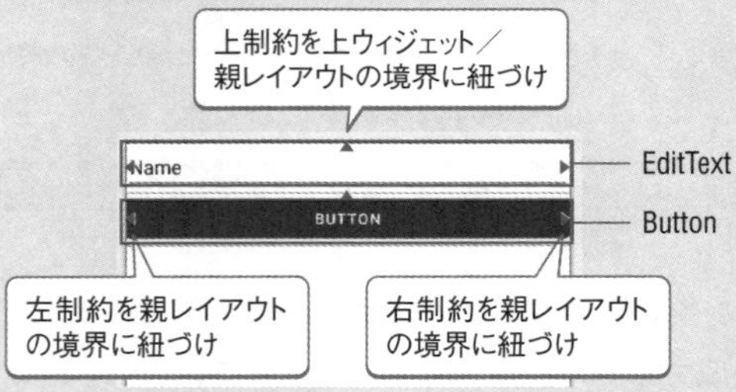

上制約を上ウィジェット／
親レイアウトの境界に紐づけ

Name　EditText
BUTTON　Button

左制約を親レイアウトの境界に紐づけ　右制約を親レイアウトの境界に紐づけ

　詳しい操作手順については、02-03-01項も参考にして段々と慣れていきましょう。

■ テキストにリンクを設置する - autoLink 属性

　autoLink属性を利用することで、TextViewに含まれるメールアドレスやURL、電話番号などに対して自動的にリンクを設置できます。

リスト03-02　activity_main.xml（WidgetsTextViewプロジェクト）

```
<TextView
  android:id="@+id/txt"
```

```
android:layout_width="0dp"
android:layout_height="wrap_content"
android:autoLink="all"
android:text="サポートサイトは、https://wings.msn.to/ です。お問い合わせは、メール
webmaster@wings.msn.to または、電話047-000-0000からお願いします。"
app:layout_constraintEnd_toEndOf="parent"
app:layout_constraintStart_toStartOf="parent"
app:layout_constraintTop_toTopOf="parent" />
```

図 03-05　文字列内のメールアドレスやURLがリンクに

autoLink属性で指定できる値には、以下のようなものがあります。

表 03-02　autoLink属性の設定値

設定値	リンク化する対象
none	リンクは設置しない（既定）
web	URL
email	メールアドレス
phone	電話番号
all	すべてをリンク化

　autoLinkのように複数の値を指定できる属性は、属性ウィンドウ上、以下のように表示されます。autoLink属性の配下に、指定可能なオプションが表示されているイメージです。目的のオプションにチェックを付与してください。

図03-06　autoLink属性の表示

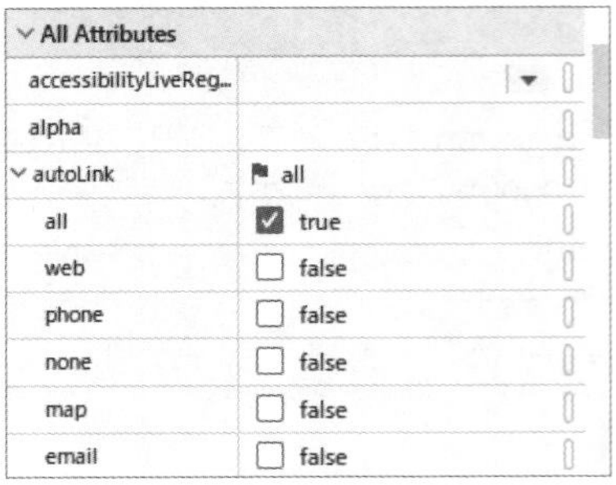

All Attributes		
accessibilityLiveReg...	▼	
alpha		
∨ autoLink	⚑ all	
all	☑ true	
web	☐ false	
phone	☐ false	
none	☐ false	
map	☐ false	
email	☐ false	

複数の値を設定した場合、コード上は「autoLink="web¦email"」のように「¦」区切りで列記されます。

■ テキストの行間を調整する - lineSpacingMultiplier属性

lineSpacingMultiplier属性は、テキストの行間（余白）を表します。複数行に跨るテキストでは、行間を心持ち空けるだけでも、ぐんとコンテンツが読みやすくなります。

リスト03-03　activity_main.xml（WidgetsTextViewプロジェクト）

```
<TextView
  android:id="@+id/txt"
  ...中略...
  android:lineSpacingMultiplier="1.5"
  android:text="サポートサイトは、..."
  ...中略...
  app:layout_constraintTop_toTopOf="parent" />
```

図03-07　テキストの行間が空いた

lineSpacingMultiplier属性は、フォントサイズに対する割合が行の高さ（行間）となります。もしも行間を単位付きの値で指定したい場合には、lineSpacingExtra属性を利用してください。

```
android:lineSpacingExtra="14sp"*1
```

*1)単位「sp」については、02-03-01項も参照してください。

*2)ただし、autoLink属性を有効にしている場合、ellipsize属性は正しく動作しないようです。ellipsize属性を利用する場合、autoLink属性は解除してください。

■ 最大の表示行数を指定する – maxLines & ellipsize 属性

maxLines 属性を利用することで、TextViewに表示する最大行数を指定できます。指定行数を超えたテキストは切り捨てられます。ListView(第4章)のように、表示領域が限られた局面で活用できるでしょう。

また、ellipsize 属性を指定することで、切り捨てられたテキストの末尾に「…」を付与できます[2]。

リスト03-04　activity_main.xml(WidgetsTextViewプロジェクト)

```
<TextView
  android:id="@+id/txt"
  ...中略...
  android:ellipsize="end"
  android:maxLines="2"
  ...中略...
  app:layout_constraintTop_toTopOf="parent" />
```

図03-08　テキストを最大2行で切り捨て

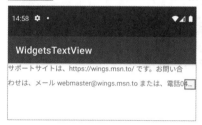

ellipsize 属性では、end(末尾に「…」を付与)の他に、

- start(先頭に「…」を付与)
- middle(テキストの真ん中に「…」を付与)

などを指定できます。ただし、end以外の設定値は複数行モードでは正しく表示されません。これらの設定値を利用する際には、singleLine 属性 (単一行で表示) を trueに設定してください。

図 03-09　ellipsize 属性を middle に設定した場合

03-01-02　画像を表示する - ImageView

　TextViewがテキストを表示するためのウィジェットであるのに対して、ImageViewは画像を表示するためのウィジェットです。あらかじめ用意された画像ファイル（リソース）をそのまま表示するだけでなく、サイズや透明度を変化させることもできます。

■ ImageViewの基本

　それではさっそく、具体的な例を見てみましょう。画像ファイルpair.jpgをImageViewを使って画面に表示します。

図 03-10　ImageViewを使って表示した画像ファイル

[1] 画像をプロジェクトに登録する

　アプリで利用する画像ファイルは、あらかじめプロジェクトに登録しておく必要があります。保存先は、/res/drawableフォルダーです。

　画像ファイルを登録するには、エクスプローラーでダウンロードサンプルの/imagesフォルダーを開き、配下のpair.jpgを右クリックし、コンテキストメニューから [コピー] を選択してください。そのうえで、プロジェクトウィンドウの/res/drawableフォルダーを右クリックし、コンテキストメニューから [Paste] を選択します [*3]。[Choose Destination Directory] 画面が表示されるので、図のように

*3）エクスプローラーからドラッグ＆ドロップでの登録も可能です。

＊4）drawable-v24
フォルダーは、API
バージョン24以降で
のみ利用する画像を
保存するフォルダー
です。

「～ ¥res¥drawable」フォルダーを選択したうえで、[OK] ボタンをクリックします＊4。

図 03-11 ［Choose Destination Directory］画面

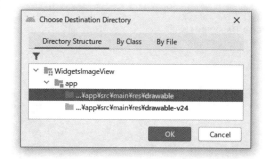

　以下のような [Copy] 画面が表示されるので、ファイル名やコピー先フォルダーが
正しいことを確認した上で、[OK] ボタンをクリックしてください。

図 03-12 ［Copy］画面

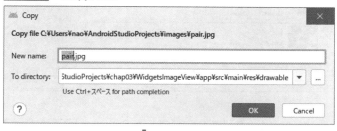

図 03-13 プロジェクトに画像ファイルが登録された

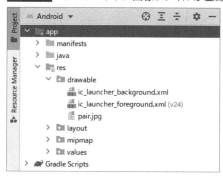

　プロジェクトウィンドウから図03-13のように見えていれば、画像ファイルは正し
く登録されています。

[2] レイアウトファイルを用意する

あとは、レイアウトファイルにImageViewを配置するだけです。レイアウトエディターを利用しているならば、パレットの [Widgets] から選択できます。

図 03-14　　[Pick a Resource] 画面

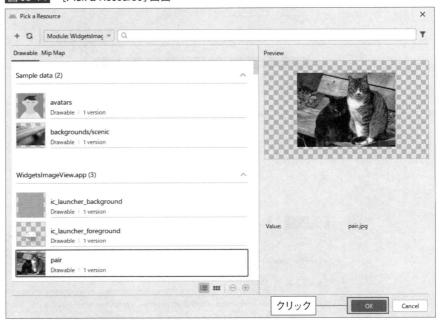

ImageViewを配置すると [Pick a Resource] 画面が表示されるので、ここではWidgetsImageView.app配下の「pair」を選択して [OK] ボタンをクリックしてください。これでpair.jpgを参照するImageViewが配置されたことになります。

その後、親レイアウトに向けて上、左右に制約を設定する点は、これまでと同じです。完成したコードは、以下の通りです。

リスト 03-05　　activity_main.xml（WidgetsImageViewプロジェクト）

```xml
<?xml version="1.0" encoding="utf-8"?>
<androidx.constraintlayout.widget.ConstraintLayout ...>
  <ImageView
    android:id="@+id/img"
    android:layout_width="wrap_content"
    android:layout_height="wrap_content"
    android:alpha="0.7"
    android:contentDescription="二匹の猫"
    android:scaleX="0.5"
    android:scaleY="0.5"
```

図 03-15　　レイアウト完成図

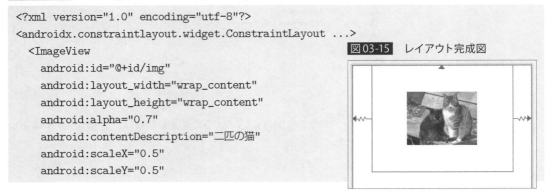

```
    app:layout_constraintEnd_toEndOf="parent"
    app:layout_constraintStart_toStartOf="parent"
    app:layout_constraintTop_toTopOf="parent"
    app:srcCompat="@drawable/pair" />
</androidx.constraintlayout.widget.ConstraintLayout>
```

ImageViewで利用できる主な属性は、以下のとおりです。

表03-03 ImageViewの主な属性

属性	概要
srcCompat	表示する画像リソース
contentDescription	代替テキスト
scaleX	水平方向の倍率
scaleY	垂直方向の倍率
alpha	透明度 (0.0 〜 1.0)

　srcCompat属性に指定する画像リソースは「@drawable/ベース名」の形式で表します。ベース名とは、ファイル名から拡張子を取り除いた名前のことです。レイアウトエディター上で操作する限り、あまり意識することはありませんが、これからもよく利用する形式ですので、きちんと覚えておきましょう。利用できる画像形式は、PNG、JPEGです[5]。

*5) GIFも可能ですが、現在は非推奨の扱いです。

　contentDescription属性は、デバイス側で画像を表示できなかった場合に、代替として表示する文字列を指定します。文字列リソースはstrings.xmlに分離するのが基本ですが、ここでは簡単化のために、先ほどと同様、ハードコーディングしておきます。

　画像を拡大／縮小するならば、scaleX ／ scaleY属性を利用します。片方しか指定しなかった場合、縦長、または横長に引き延ばされます。alpha属性は、画像の透明度を指定します。0が完全に透明を、1は不透明（既定）を表します。

参考

リソースマネージャー

　リソースマネージャーを利用することで、プロジェクト上のリソースを視覚的に確認できます。リソースマネージャーはAndroid Studio左端の　Resource Manager　をクリックすることで、表示状態にできます。

図 03-16 リソースマネージャー

リソースマネージャー上の画像は、そのままレイアウトエディターにドラッグ&ドロップすることで、ImageViewとして配置することも可能です。

■ 画像ボタンを作成する

ImageViewを継承したImageButtonを利用することで、画像ボタンも作成できます。

図 03-17 ImageButtonで作成した画像ボタン (左から、起動時、フォーカス時、クリック時)

機能そのものは誤解のしようもないものですが、利用にはひと手間必要な箇所もあります。以下に具体的な手順を見ていきましょう。

[1] ボタン画像をインポートする

*6) コピーの方法は、03-01-02項も参照してください。

ダウンロードサンプルから以下の画像をプロジェクトにコピーしてください[6]。画像リソースは、/samples/imagesフォルダーに配置しています。

表 03-04 インポートする画像ファイル

ファイル名	概要
btn1.png	通常状態の表示
btn2.png	フォーカスした時の表示
btn3.png	押下した時の表示

ImageButtonを利用するにあたって、画像ファイルは1枚だけでも構いませんが、それでは押したこと（または押せること）が視覚的に判りにくいことがあります。一般的には、表03-04のような画像を用意しておくのが望ましいでしょう。

［2］リソースファイルを準備する

リソースファイル（画像セレクター）とは、この場合、ボタンの状態——通常時、押下時、フォーカス時に応じて、それぞれどの画像を表示するかを選択するための定義ファイルです。リソースファイルは、プロジェクトルート配下の/res/drawableフォルダーに保存します。/res/drawableフォルダーのコンテキストメニューから**[New]** — **[Drawable resource file]** を選択してください。画面が起動するので、以下図の手順で必要な情報を入力します。

図 03-18　　[New Resource File]画面

[OK] ボタンをクリックすると、リソースファイルがコードエディターで開くので、以下のようにコードを入力してください。

リスト 03-06　button_icon.xml（WidgetsImageButtonプロジェクト）

```xml
<?xml version="1.0" encoding="utf-8"?>
<selector xmlns:android="http://schemas.android.com/apk/res/android">
  <item android:drawable="@drawable/btn3"
    android:state_pressed="true" />
  <item android:drawable="@drawable/btn2"
    android:state_focused="true" />
  <item android:drawable="@drawable/btn1" />
</selector>
```

利用する画像は、＜selector＞－＜item＞要素のandroid:drawable属性で表します。画像リソースは「@drawable/ファイル名」（拡張子を除いたもの）の形式で指定するのでした。

「android:state_pressed="true"」属性は、その＜item＞要素がボタン押下時に適用される画像であることを、「android:state_focused="true"」属性はボタンフォーカス時に適用される画像であることを、それぞれ表します。

android:state_xxxxx属性のない＜item＞要素は、既定で表示される画像を表します。

[3] レイアウトファイルを準備する

あとは、レイアウトファイルにImageButtonを配置するだけです。レイアウトエディターを利用しているならば、パレットの [Buttons] から選択できます。

図 03-19　[Pick a Resource] 画面

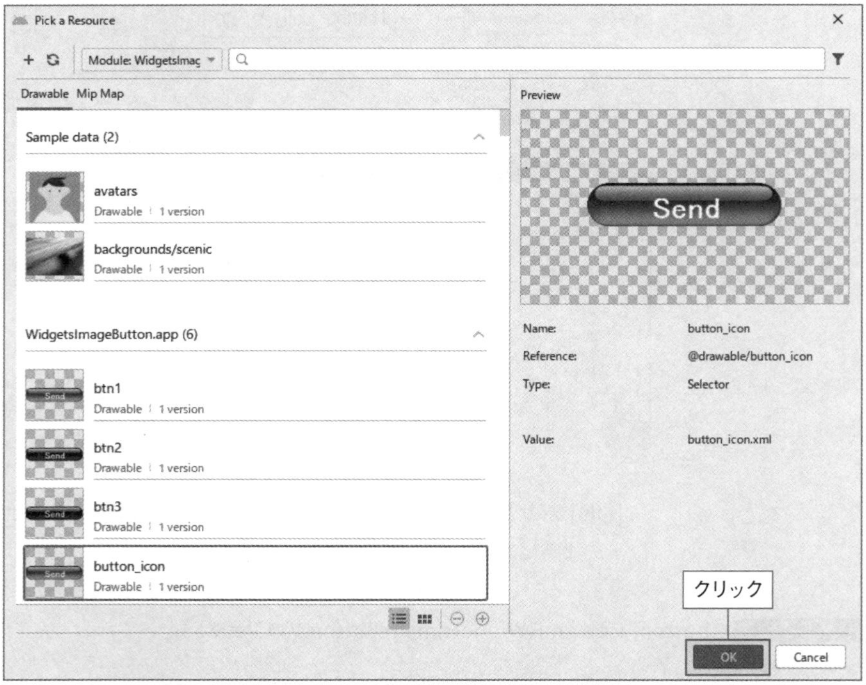

ImageButtonを配置すると、先ほどと同じく、[Pick a Resource] 画面が表示されるので、ここではWidgetsImageButton.app配下の「button_icon」を選択して [OK] ボタンをクリックしてください。これでbutton_icon.xmlを参照するImageButtonが配置されたことになります。

その他、制約を含む属性の指定については、以下の図／コードを参考にしてください。

リスト03-07 activity_main.xml（WidgetsImageButtonプロジェクト）

```xml
<?xml version="1.0" encoding="utf-8"?>
<androidx.constraintlayout.widget.ConstraintLayout ...>
  <ImageButton
    android:id="@+id/img"
    android:layout_width="wrap_content"
    android:layout_height="wrap_content"
    android:layout_marginTop="50dp"
    android:background="@android:color/transparent"
    android:contentDescription="送信"
    app:layout_constraintEnd_toEndOf="parent"
    app:layout_constraintStart_toStartOf="parent"
    app:layout_constraintTop_toTopOf="parent"
    app:srcCompat="@drawable/button_icon" />
</androidx.constraintlayout.widget.ConstraintLayout>
```

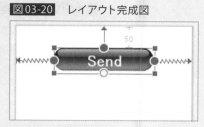

図03-20 レイアウト完成図

ほとんどの属性はImageViewと共通していますが、以下の点に注目です。

・srcCompat属性

画像リソースそのものではなく、手順 **[2]** で作成したリソースファイル（画像セレクター）を指定している点に注目です。これによって、ボタンの状態に応じて適切な画像が表示されるようになります。

srcCompat属性に単一の画像リソースを割り当てても構いませんが、本項冒頭で述べたような理由からも、ボタンの状態に応じて画像を切り替えた方が、ユーザーにもボタンらしさが伝わり、親切です。

・background属性

ImageButtonの背景を表します。「@android:color/名前」でAndroidであらかじめ用意したカラーを指定できます[7]。transparent（透明）と指定しているのは、さもないと、ボタンの周囲に灰色の枠ができてしまうためです。あるいは、単に「@null」としても構いません。

*7）指定できるカラーは、「R.color（https://developer.android.com/reference/android/R.color）」を参照してください。

・layout_marginTop属性

上方向のマージンです。指定しなくても機能上の問題はありませんが、実行時にアクションバーと接してしまうため、設定しています。マージンの設定は、属性ウィンドウの **[Layout]** タブから設定するのでした（02-03-01項）。

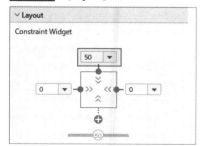

図03-21 [Layout]タブ

03-01-03 自由テキストを入力する - EditText

EditTextは、入力ウィジェットの中でも最も汎用的なテキストボックスを生成します。一般的な文字列の入力からパスワード入力ボックス、複数行テキストエリアなどの作成にも利用できます。

■ EditTextの基本

EditTextの基本的な用法を理解するために、まずは簡単なサンプルを作成してみましょう。以下で作成するのは、テキストボックスに名前を入力して、[送信] ボタンをクリックすると、「こんにちは、●○さん!」というメッセージを表示するサンプルです。

図 03-22 入力された名前に応じてメッセージを表示

[1] レイアウトを準備する

レイアウトファイルにEditText、Button、TextViewを配置します。EditTextは、パレットの[Text]から選択できます。[Plain Text]はじめ、[E-Mail][Password]など、さまざまなウィジェットが用意されていますが、入力できるデータの種類*8によって区別されているだけで、実体はすべてEditTextです。データの種類に応じて、適切なものを選択してください。ここでは最も一般的な [Plain Text] を配置しておきます。

*8)利用 で き る データの種類については、改めて後述します。

リスト 03-08 activity_main.xml (WidgetsEditTextプロジェクト)

```xml
<?xml version="1.0" encoding="utf-8"?>
<androidx.constraintlayout.widget.ConstraintLayout ...>
  <EditText
    android:id="@+id/txtName"
    android:layout_width="0dp"
    android:layout_height="wrap_content"
    android:ems="10"
    android:inputType="textPersonName"
    app:layout_constraintEnd_toEndOf="parent"
```

```
      app:layout_constraintStart_toStartOf="parent"
      app:layout_constraintTop_toTopOf="parent" />
   <Button
      android:id="@+id/btnSend"
      android:layout_width="0dp"
      android:layout_height="wrap_content"
      android:text="送信"
      app:layout_constraintEnd_toEndOf="parent"
      app:layout_constraintStart_toStartOf="parent"
      app:layout_constraintTop_toBottomOf="@+id/txtName" />
   <TextView
      android:id="@+id/txtResult"
      android:layout_width="0dp"
      android:layout_height="wrap_content"
      app:layout_constraintEnd_toEndOf="parent"
      app:layout_constraintStart_toStartOf="parent"
      app:layout_constraintTop_toBottomOf="@+id/btnSend" />
</androidx.constraintlayout.widget.ConstraintLayout>
```

図03-23　レイアウト完成図

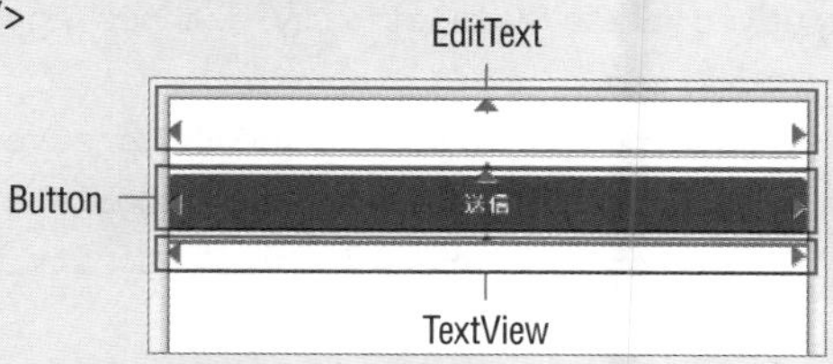

参考 EditTextの警告

　EditTextを配置した初期状態では、「Missing accessibility label: ～」「Missing `autofillHints` attribute」といった警告が表示されます。

　「Missing accessibility label: ～」は、テキストボックスに意味あるラベルを付けなさいという意味です。この対処策については、P.139にて後述します。

　「Missing `autofillHints` attribute」は、メッセージの通り、autofillHints属性を設定しなさい、という意味の警告です。autofillHints属性に（たとえば）usernameのような値を設定することで、以前に入力したことのあるユーザー名を入力候補表示します[*9]。こちらは、本書では設定しません。

＊9）API 26以降の機能です。他にも、password、phoneNumber、emailAddressなどの値を設定できます。

[2] アクティビティを準備する

　[**送信**]ボタンをクリックした時に呼び出されるイベントリスナーを、アクティビティに追加します。

リスト03-09　MainActivity.java（WidgetsEditTextプロジェクト）

```java
package to.msn.wings.widgetsedittext;

import androidx.appcompat.app.AppCompatActivity;
import android.os.Bundle;
import android.widget.EditText;
import android.widget.TextView;
```

```
public class MainActivity extends AppCompatActivity {
  @Override
  protected void onCreate(Bundle savedInstanceState) {
    super.onCreate(savedInstanceState);
    setContentView(R.layout.activity_main);

    // ボタンクリック時にメッセージを表示
    Button btnSend = findViewById(R.id.btnSend);
    btnSend.setOnClickListener(view -> {
      EditText txtName = findViewById(R.id.txtName);
      TextView txtResult = findViewById(R.id.txtResult);
      txtResult.setText(String.format("こんにちは、%sさん！", txtName.getText()));
    });
  }
}
```

　　テキストボックスtxtNameへの入力値は、getTextメソッドで取得できます。ここでは、取得した文字列をもとに「こんにちは、●○さん！」という文字列を生成し、TextView（txtResult）に反映させています。TextViewにテキストをセットするのは、setTextメソッドの役割です。

[3] サンプルを実行する

　　サンプルを実行し、P.134の図03-22のように、入力した名前に応じて挨拶メッセージが表示されることを確認してみましょう。
　　EditTextの基本を理解したところで、以降では、EditTextの主な属性の用法を理解していきます。

■ 補足：文字列リソースへの文字列の反映

　　リスト03-09では、太字の箇所で「Do not concatenate text displayed with `setText`. Use resource string with placeholders」のような警告が発生するはずです。これは、文字列を文字列テンプレートで組み立てていることに対する警告です。
　　これまでにも何度か触れているように、文字列はリソースファイルに切り出すのが基本ですが、これは入力値から動的に文字列を組み立てる場合も同様です。ただし、文字列リソースに、あとから文字列を埋め込めるようにプレイスホルダー（変数の置き場所）を設置しておく必要があります。具体的には、以下の通りです。

リスト03-10 strings.xml（WidgetsEditTextプロジェクト）

```
<string name="greet">こんにちは、%1$sさん！</string>
```

「%1$s」は「1番目の文字列(s)」という意味です。このような文字列リソースgreetを取得するには、getStringメソッドを利用します。

構文 getStringメソッド

```
public final String getString(int resId, Object... formatArgs)
    resId     ：フォーマット文字列のリソースID
    formatArgs：置換に使用されるフォーマット引数
```

```
txtResult.setText(getString(R.string.greet, txtName.getText());
```

これで文字列リソースgreetに対して、入力値(txtName.getText())を埋め込みなさい、という意味になります。

■ 入力値の型を特定する - inputType属性

inputType属性を指定することで、テキストボックスに入力するデータの種類を限定できます。指定できる値には、以下のようなものがあります。

表03-05 inputType属性の主な設定値

設定値	概要
none	編集不可
text	一般的な文字列
textCapCharacters	大文字のみのテキスト
textAutoCorrect	スペルチェック機能付き
textAutoComplete	自動補完機能付き
textMultiLine	複数行テキストエリア
textImeMultiLine	複数行テキストエリア(IME有効)
textUri	URI
textEmailAddress	メールアドレス
textEmailSubject	メールの件名
textShortMessage	ショートメッセージ
textLongMessage	ロングメッセージ
textPersonName	氏名
textPostalAddress	住所
textPassword	パスワード
textVisiblePassword	パスワード(伏字にしない)

textWebEditText	HTML テキスト
textPhonetic	発音記号テキスト
number	数字
numberSigned	数字（符号付き）
numberDecimal	小数
numberPassword	パスワード（数字）
phone	電話番号
datetime	日付／時刻
date	日付
time	時刻

適切な値を指定しておくことで、Android側でも適切なソフトウェアキーボードを切り替えて表示するので、入力生産性も向上します（たとえば、number指定では図03-24のように数値キーボードが表示されます[10]）。特に入力内容を限定しない、一般的なテキストを入力するには「text」を設定してください。

冒頭述べたように、inputType属性は、（属性ウィンドウだけでなく）パレットから専用のEditTextを配置することでも指定できます。たとえば、パスワード入力ボックスを配置したいならば、[Text]タブから[Password]を選択してください。

*10）ただし、datetime／date／timeはセクション06-01で後述するダイアログを利用した方が良いでしょう。

図03-24　inputType属性が「number」「phone」の場合

図03-25　[Text]タブ（レイアウトエディターのパレット）

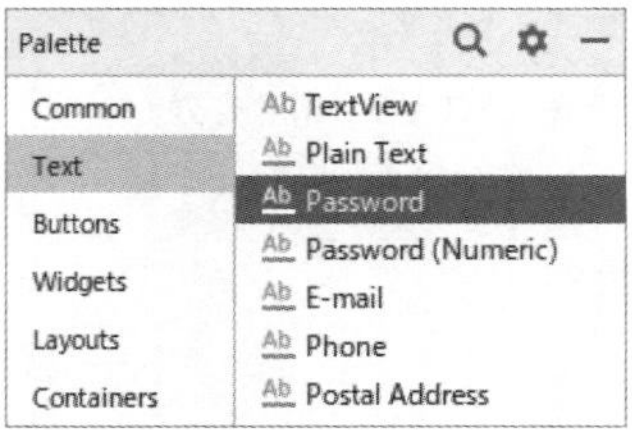

パスワード入力ボックスでは、図03-26のように最後のひと文字だけを除いて、残りの文字列は伏せ字で表示されます。

図03-26　パスワード入力ボックス

■ テキストボックスに入力ヒントを表示する - hint属性

＊11）ウォーターマーク、透かし文字などと呼ばれることもあります。

入力ヒントとは、テキストボックスになにも入力されていない場合に既定で表示する文字列のことを言います。フォーカスを当てたり、なにかしらテキストを入力した場合には、ヒントも非表示になるので入力の妨げになることはありません。一般的に、入力すべき内容や補足説明を表示するのに利用します＊11。

リスト 03-11　activity_main.xml（WidgetsEditTextプロジェクト）

```
<EditText
    android:id="@+id/txtName"
    android:layout_width="0dp"
    android:layout_height="wrap_content"
    android:ems="10"
    android:hint="氏名を入力してください。"
    android:inputType="textPersonName"
    app:layout_constraintEnd_toEndOf="parent"
    app:layout_constraintStart_toStartOf="parent"
    app:layout_constraintTop_toTopOf="parent" />
```

図 03-27　テキストボックスに入力ヒントを表示

hint属性を指定することで、P.135の参考で説明した「Missing accessibility label: ～」警告も解消します。一般的には、テキストボックスに何を入力すべきかは、ユーザーに明記すべきであり、hint属性は常に指定しておくべきです。

参考

labelFor属性

hint属性の代替として、labelFor属性を指定しても構いません。labelFor属性は、EditTextのラベルとなるようなウィジェット（大概はTextViewであるはずです）を示すための属性です。EditTextそのものではなく、対となるウィジェットに「@id/txtName」のように、id値でもって示します。

■ 複数行のテキストエリアを作成する - lines属性

複数行のテキストエリアを作成するには、inputType属性に「textMultiLine」を指定した上で、lines属性で行数を指定してください。lines属性を指定しただけでは、表示そのものは複数行にはなりません。

gravity属性をtopに設定しているのは、EditTextに入力したテキストを上寄せするためです（既定では、上下中央に表示されます）。

リスト 03-12　activity_main.xml（WidgetsEditTextプロジェクト）

```
<EditText
    android:id="@+id/txtName"
```

```
android:layout_width="0dp"
android:layout_height="wrap_content"
android:ems="10"
android:inputType="textMultiLine"
android:lines="3"
app:layout_constraintEnd_toEndOf="parent"
app:layout_constraintStart_toStartOf="parent"
app:layout_constraintTop_toTopOf="parent" />
```

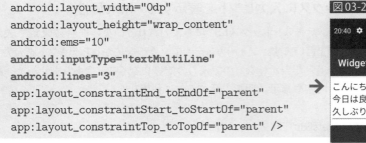

図 03-28 複数行対応のテキストエリア

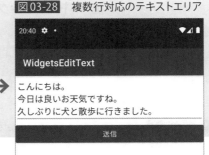

■ アプリ起動時にフォーカスをセットする – <requestFocus> 要素

<EditView> 要素の配下に、<requestFocus> 要素を明記しておくことで、アプリ起動時に既定でフォーカスをセットできます。

正確には、他のビューでも利用できますが、EditTextと合わせて利用する機会が多いと思われることから、合わせて紹介しておきます。

リスト 03-13　activity_main.xml（WidgetsEditTextプロジェクト）

```
<EditText
    android:id="@+id/txtName"
    android:layout_width="0dp"
    android:layout_height="wrap_content"
    android:ems="10"
    android:inputType="textPersonName"
    app:layout_constraintEnd_toEndOf="parent"
    app:layout_constraintStart_toStartOf="parent"
    app:layout_constraintTop_toTopOf="parent">
    <requestFocus />
</EditText>
```

図 03-29 アプリ起動時に自動的にフォーカスをセット

<requestFocus> 要素は、レイアウトビューからは配置できないので、上のリストを参考にコードエディターから追加してください。

Section 03-02

CheckBox・ToggleButton・RadioButton・SeekBar・Spinner

入力ウィジェットを理解する

このセクションでは、入力フォームで利用できるさまざまなウィジェットについて解説します。

このセクションのポイント

■1 CheckBox ／ ToggleButtonは、オンオフの選択をさせる場合に利用する。

■2 RadioButtonは、決められた選択肢の中からひとつだけを選択させたい場合に利用する。

■3 SeekBarは、ある決められた範囲内の連続した数値を入力するのに適している。

■4 Spinnerは単一選択に利用する。RadioButtonに似ているが、リストをポップアップ表示するので、たくさんの項目表示にも向いている。

EditText（テキストボックス）を理解することで、最低限、ユーザーからの入力を受け取ることはできます。しかし、なにからなにまでテキストボックスでというのではなく、用途に応じてフォーム部品を使い分けることで、よりユーザーフレンドリーなアプリを構築することができるでしょう。

この節では、そんなさまざまな入力ウィジェットについて学んでいきます。用法を理解することももちろんですが、それぞれのウィジェットの使いどころも意識しながら、理解を深めてください。

03-02-01 オン／オフのボタンを作成する（1）- CheckBox

CheckBox（チェックボックス）は、ある項目のオンオフを表すためのウィジェットです。チェックボックスを列挙することで、いわゆる複数選択できる設問を設けることもできますが、そのような用途ではListView（第4章）を利用した方がスマートです。

ここでも、あくまで単一で利用する前提で、サンプルを作成してみましょう。以下で作成するのは、チェックボックスのオンオフを切り替えると、その結果をトースト表示するサンプルです。

図03-30 チェックボックスのオンオフに応じてトースト表示

[1] レイアウトを準備する

レイアウトファイルにチェックボックスを配置します。レイアウトエディターを利用しているならば、パレットの[**Buttons**]タブから選択できます。

リスト03-14　activity_main.xml（WidgetsCheckBoxプロジェクト）

```xml
<?xml version="1.0" encoding="utf-8"?>
<androidx.constraintlayout.widget.ConstraintLayout ...>
  <CheckBox
    android:id="@+id/chk"
    android:layout_width="wrap_content"
    android:layout_height="wrap_content"
    android:checked="true"
    android:text="メール通知"
    app:layout_constraintStart_toStartOf="parent"
    app:layout_constraintTop_toTopOf="parent" />
</androidx.constraintlayout.widget.ConstraintLayout>
```

図03-31　レイアウト完成図

☑ メール通知

*1) 警告が表示されますが、これは文字列リソースをハードコーディングしているためです。本来は、文字列リソースはstrings.xmlで定義すべきです。

　text属性でチェックボックスのラベルを[1]、checked属性で既定のチェック状態を、それぞれ表します。

[2] アクティビティを準備する

　チェックボックスのオンオフが変化したタイミングで、トーストを表示してみましょう。これには、チェックボックスに対してOnCheckedChangeListenerイベントリスナーを登録します。

リスト03-15　MainActivity.java（WidgetsCheckBoxプロジェクト）

```java
package to.msn.wings.widgetscheckbox;

import androidx.appcompat.app.AppCompatActivity;
import android.os.Bundle;
import android.widget.CheckBox;
import android.widget.Toast;

public class MainActivity extends AppCompatActivity {
  @Override
  protected void onCreate(Bundle savedInstanceState) {
    super.onCreate(savedInstanceState);
    setContentView(R.layout.activity_main);

    // チェックボックスを取得
    CheckBox chk = findViewById(R.id.chk);
    // チェックボックスに対してイベントリスナーを登録
    chk.setOnCheckedChangeListener((buttonView, isChecked) ->
      Toast.makeText(MainActivity.this,
        isChecked ? "メール送信をオン" : "メール送信をオフ",
        Toast.LENGTH_SHORT).show()
    );
```

■1

■2

```
    }
}
```

> *2) 02-03-04項でも
> 触れたように、ラムダ
> 式として簡単化され
> た記述なので、on
> CheckedChangedとい
> う名前はコード上に
> は現れていません。

　　OnCheckedChangeListenerには、onCheckedChangedというメソッドが
ひとつだけ用意されており、チェックボックスのオンオフが反転したタイミングで呼
び出されます（**1**の太字 [2]）。定義したリスナーは、setOnCheckedChange
Listenerメソッドで登録します。

構文 onCheckedChangedメソッド

```
public abstract void onCheckedChanged(CompoundButton buttonView,
    boolean isChecked)
    buttonView：イベントの発生元
    isChecked ：チェックされているか
```

　　引数buttonViewのCompoundButtonオブジェクトは、チェックボックスやラ
ジオボタン、トグルボタンなど、オンオフの状態を持つボタンの基底クラスです。サ
ンプルでは利用していませんが、CheckBoxクラス固有のメンバーにアクセスした
い場合には、あらかじめ型キャストした上でアクセスしてください。

> *3) CheckBox#is
> Checkedメソッドで
> も取得できます。

　　チェックの状態は、引数isCheckedに渡されます [3]。**2**では、isCheckedの値
に応じて「メール送信をオン」または「メール送信をオフ」という文字列をトースト表
示しています。

> **注意**
>
> 　　CheckBoxでも、ボタンと同じくonClickイベントを利用できます。ただし、利用すべきではあ
> りません。
> 　　というのも、チェックボックスのオンオフが切り替わるのはクリックされた場合だけではな
> いからです。たとえば、Javaのコードからオンオフを切り替える場合もあります。そのような
> 場合に、onClickイベントではオンオフの変化を検知できません。
> 　　一般的には、チェックボックスのチェック状態を監視する目的では、onCheckedChangedイ
> ベント（メソッド）を利用すべきです。

03-02-02　オン／オフのボタンを作成する（2）- ToggleButton

　　ToggleButton（トグルボタン）もまた、チェックボックスと同じく、オンオフの状
態を表すためのウィジェットです。チェックボックスよりもオンオフの状態が視覚的
にわかりやすいというメリットはありますが、本質的な用途は同じです。レイアウト
上のバランス、好みに応じて使い分けると良いでしょう。

　　以下は、前項のサンプルをトグルボタンで書き換えた例です。

図 03-32　トグルボタンのオンオフに応じてトースト表示

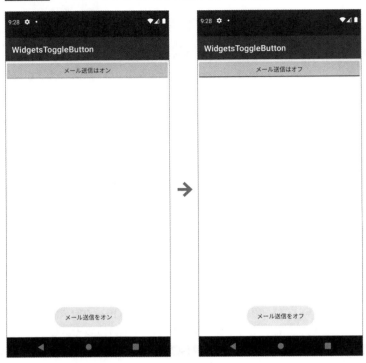

[1] レイアウトを準備する

レイアウトファイルにトグルボタンを配置します。レイアウトエディターを利用しているならば、パレットの [Buttons] タブから選択できます。

リスト 03-16　activity_main.xml（WidgetsToggleButton プロジェクト）

```xml
<?xml version="1.0" encoding="utf-8"?>
<androidx.constraintlayout.widget.ConstraintLayout ...>
  <ToggleButton
    android:id="@+id/toggle"
    android:layout_width="0dp"
    android:layout_height="wrap_content"
    android:checked="true"
    android:textOff="メール送信はオフ"
    android:textOn="メール送信はオン"
    app:layout_constraintEnd_toEndOf="parent"
    app:layout_constraintStart_toStartOf="parent"
    app:layout_constraintTop_toTopOf="parent" />
</androidx.constraintlayout.widget.ConstraintLayout>
```

図 03-33　レイアウト完成図

ToggleButtonでは、オンオフの状態に応じてキャプションも切り替わるのが特長です。それぞれのキャプションは、textOff ／ textOn属性で指定できます[4]。

[2] アクティビティを準備する

トグルボタンのオンオフが変化したタイミングで、トーストを表示してみましょう。この手順は、チェックボックスの場合とまったく同じで、OnCheckedChangedListener イベントリスナーを利用します。

具体的なコードは、リスト03-15、またはダウンロードサンプルを参照してください。

■ Switchウィジェット

ToggleButton ／ CheckBoxとよく似たウィジェットとして、Switchというウィジェットもあります。スイッチのようなインターフェイスを左右にスライドすることで、オンオフを切り替えることができます。

リスト03-17 activity_main.xml（WidgetsSwitchプロジェクト）

```xml
<?xml version="1.0" encoding="utf-8"?>
<androidx.constraintlayout.widget.ConstraintLayout ...>
  <Switch
    android:id="@+id/sw"
    android:layout_width="wrap_content"
    android:layout_height="wrap_content"
    android:checked="true"
    android:minHeight="32dp"
    android:showText="true"
    android:text="メール送信？"
    android:textOff="いいえ"
    android:textOn="はい"
    app:layout_constraintStart_toStartOf="parent"
    app:layout_constraintTop_toTopOf="parent" />
</androidx.constraintlayout.widget.ConstraintLayout>
```

図03-34 レイアウト完成図

⬇

図03-35 Switchウィジェットで作成したスイッチ

textOn ／ textOff属性で指定されたテキストを表示するには、showText属性をtrueに設定してください[5]。

03-02-03 単一選択のボタンを作成する - RadioButton

RadioButton（ラジオボタン）は、あらかじめ用意された選択肢から特定の項目を単一選択させるためのウィジェットです。ListView（第4章）を利用しても同じことができますが、より簡易に実装できる方法として、こちらのアプローチも理解しておきます。

以下で作成するのは、ラジオボタンの選択を切り替えると、その結果をトースト表示するサンプルです。

[1] レイアウトファイルを準備する

レイアウトファイルにラジオボタンを配置します。ただし、この際に注意しなければならないのは、RadioButtonを単体で利用することはない、という点です。

まずは、RadioButtonを束ねるためのRadioGroupを、[**Buttons**] タブから配置します。続いて、RadioGroupの配下にRadioButtonを必要な数だけ配置します。

ただし、デザインビュー上では初期状態でRadioGroupは小さく表示されているため、配置操作が困難です。このような場合には、コンポーネントツリーからRadioButtonがRadioGroupの配下に来るように、配置した方が間違いが少ないでしょう[6]。

あとは、

図 03-36 ラジオボタンの選択に応じてトースト表示

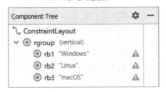

図 03-37 RadioButtonは コンポーネントツリーから配置

＊6）ここでは3個のRadioButtonを配置していますが、増減は自由です。

＊7）警告が表示されますが、これは文字列リソースをハードコーディングしているためです。本来は、文字列リソースはstrings.xmlで定義すべきです。

- RadioGroupの上、左右の制約ハンドルを親レイアウトの境界に紐づけ
- RadioGroupのid属性にrgroup
- RadioButtonのid ／ Text属性に、それぞれrb1 ／ Windows、rb2 ／ Linux、rb3 ／ macOSを設定[7]

するだけです。自動生成されたコードは、以下の通りです。

リスト 03-18 activity_main.xml（WidgetsRadioButtonプロジェクト）

```
<?xml version="1.0" encoding="utf-8"?>
<androidx.constraintlayout.widget.ConstraintLayout ...>
  <RadioGroup
    android:id="@+id/rgroup"
```

```
      android:layout_width="wrap_content"
      android:layout_height="wrap_content"
      app:layout_constraintStart_toStartOf="parent"
      app:layout_constraintTop_toTopOf="parent">
      <RadioButton
        android:id="@+id/rb1"
        android:layout_width="wrap_content"
        android:layout_height="wrap_content"
        android:checked="true"
        android:text="Windows" />
      <RadioButton
        android:id="@+id/rb2"
        android:layout_width="wrap_content"
        android:layout_height="wrap_content"
        android:text="Linux" />
      <RadioButton
        android:id="@+id/rb3"
        android:layout_width="wrap_content"
        android:layout_height="wrap_content"
        android:text="macOS" />
  </RadioGroup>
</androidx.constraintlayout.widget.ConstraintLayout>
```

図 03-38　レイアウト完成図

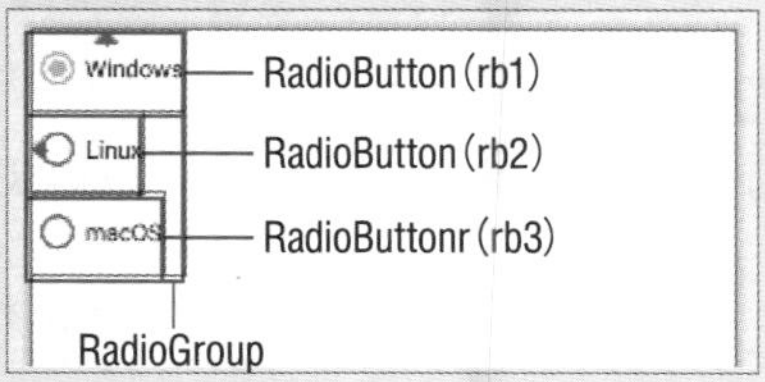

[2] アクティビティを準備する

ラジオボタンの選択が変化したタイミングで、トーストを表示してみましょう。

リスト 03-19　MainActivity.java（WidgetsRadioButton プロジェクト）

```java
package to.msn.wings.widgetsradiobutton;

import android.os.Bundle;
import android.widget.RadioButton;
import android.widget.RadioGroup;
import android.widget.Toast;
import androidx.appcompat.app.AppCompatActivity;

public class MainActivity extends AppCompatActivity {
  @Override
  protected void onCreate(Bundle savedInstanceState) {
    super.onCreate(savedInstanceState);
    setContentView(R.layout.activity_main);

    // RadioGroupを取得
    RadioGroup rgroup = findViewById(R.id.rgroup);
```

```
    // RadioGroupに対してイベントリスナーを登録
    rgroup.setOnCheckedChangeListener((group, checkedId) -> {
      RadioButton radio = group.findViewById(checkedId);                    ②
      Toast.makeText(MainActivity.this,
        String.format("「%s」が選択されました。", radio.getText()),
        Toast.LENGTH_SHORT).show();
    });                                                                      ①
  }
}
```

　　　　　　　ラジオボタンの状態を監視するのは、チェックボックスの場合と同じく、
OnCheckedChangeListenerイベントリスナーの役割です（①）。名前は同じです
が、処理を実装すべきonCheckedChangedメソッドの構文は微妙に異なります。

構文 onCheckedChangedメソッド

```
public abstract void onCheckedChanged(RadioGroup group, int checkedId)
    group      ：イベントの発生元
    checkedId：チェックされたラジオボタン（id値）
```

　　　　　　　引数groupに渡されるのは、チェックされたラジオボタンそのものではなく、ラ
ジオボタンが属するボタングループ（RadioGroupオブジェクト）です。
　　　　　　　チェックされたラジオボタンを取得するには、②のように、引数checkedIdに渡
されたid値をキーにfindViewByIdメソッドで検索しなければなりません。ここで
は、取得したRadioButtonオブジェクトのgetTextメソッドでラジオボタンのラベ
ルをトースト表示しているだけですが、以下のように、id値に応じて処理を分岐す
るようなことも可能です。

```
switch (checkedId) {
  case R.id.rb1: // rb1選択時の処理
    break;
  case R.id.rb2: // rb2選択時の処理
    break;
  case R.id.rb3: // rb3選択時の処理
    break;
}
```

03-02-04　シークバーを作成する - SeekBar

　　　　　　　SeekBar（シークバー）は、「ある範囲内の連続した数値」を入力するのに適した
ウィジェットです。EditTextでinputType属性を「number」に指定しても、数値

専用の入力ボックスを準備することはできます。し
かし、シークバーを利用することで、わざわざ数値
を入力しなくても、つまみをドラッグするだけで値
を変更できるので、より手軽です。スライダーと呼
ばれることもあります。

具体的なサンプルも作成してみましょう。以下は、
シークバーの値を変更すると、現在値をトースト表
示する例です。

図 03-39 シークバーの値に応
じてトースト表示

[1] レイアウトを準備する

レイアウトファイルにシークバーを配置します。レ
イアウトエディターを利用しているならば、パレット
の [**Widgets**] タブから選択できます。

リスト 03-20 activity_main.xml（WidgetsSeekBarプロジェクト）

```
<?xml version="1.0" encoding="utf-8"?>
<androidx.constraintlayout.widget.ConstraintLayout ...
  tools:context=".MainActivity">
  <SeekBar
    android:id="@+id/seek"
    android:layout_width="0dp"
    android:layout_height="wrap_content"
    android:max="300"
    android:progress="150"
    app:layout_constraintEnd_toEndOf="parent"
    app:layout_constraintStart_toStartOf="parent"
    app:layout_constraintTop_toTopOf="parent" />
</androidx.constraintlayout.widget.ConstraintLayout>
```

図 03-40 レイアウト完成図

シークバーでは、max属性で最大値を、progress属性で現在値を設定します。
最小値を表す、いわゆるmin属性はありません[8]。progress属性を省略した場
合、現在値は0と見なされます。

＊8）最小値を0以外
にする方法は、P.151
を参照してください。

[2] アクティビティを準備する

シークバーのつまみを動かしたタイミングで、現在値をトースト表示してみましょ
う。これには、シークバーに対してOnSeekBarChangeListenerイベントリス
ナーを登録します。

リスト 03-21 MainActivity.java（WidgetsSeekBarプロジェクト）

```
package to.msn.wings.widgetsseekbar;
```

```
import android.os.Bundle;
import android.widget.SeekBar;
import android.widget.Toast;
import androidx.appcompat.app.AppCompatActivity;

public class MainActivity extends AppCompatActivity {
  @Override
  protected void onCreate(Bundle savedInstanceState) {
    super.onCreate(savedInstanceState);
    setContentView(R.layout.activity_main);

    // シークバーを取得
    SeekBar seek = findViewById(R.id.seek);
    // シークバーに対してイベントリスナーを登録
    seek.setOnSeekBarChangeListener(new SeekBar.OnSeekBarChangeListener() {
      // 現在値に応じてトーストを表示
      public void onProgressChanged(
        SeekBar seekBar, int progress, boolean fromUser) {
          Toast.makeText(MainActivity.this,
            String.format("現在値：%d", progress),
          Toast.LENGTH_SHORT).show();
      }
      public void onStartTrackingTouch(SeekBar seekBar) { }
      public void onStopTrackingTouch(SeekBar seekBar) { }
    });
  }
}
```

■1

*9）SAM（Single Abstract Method）ではないので、ラムダ式ではなく、匿名クラスで定義しています。

OnSeekBarChangedイベントリスナーには、以下のようなメソッドが用意されています[9]。

表03-06　OnSeekBarChangedイベントリスナーのメソッド

メソッド	実行されるタイミング
onProgressChanged	つまみを動かしている間
onStartTrackingTouch	つまみをクリック（タッチ）した時
onStopTrackingTouch	つまみを離した時

■1では、最低限、onProgressChangedメソッドをオーバーライドして、シークバーの現在値をトースト表示しています。シークバーの現在値は、引数progressで取得できます。

引数fromUserには、現在値の変化がユーザーの操作によるものである場合にtrueが、それ以外の場合にはfalseがセットされます。ユーザーによる操作に対してのみ、なんらかのアクションを起こしたい場合には、この値で処理を分岐することになるでしょう。

構文 onProgressChangedメソッド

```
public abstract void  onProgressChanged(SeekBar seekBar, int progress,
  boolean fromUser)
    seekBar ：イベントの発生元
    progress：現在値
    fromUser：ユーザー操作による変更であるか
```

■ シークバーの最小値／値間隔を指定する

先ほども見たように、SeekBarには、最小値や値間隔を表すminやstepのような属性はありません。つまり、既定では「0 ~ max属性の範囲で1区切りの数値」しか表現できないということです。

もしも「-100 ~ 100の範囲で10区切りで変化する」ようなシークバーを作成したい場合には、アプリ側で一工夫する必要があります。

リスト03-22 activity_main.xml（WidgetsSeekBarプロジェクト）

```
<SeekBar
  android:id="@+id/seek"
  android:layout_width="0dp"
  android:layout_height="wrap_content"
  android:max="20"
  app:layout_constraintEnd_toEndOf="parent"
  app:layout_constraintStart_toStartOf="parent"
  app:layout_constraintTop_toTopOf="parent" />
```

リスト03-23 MainActivity.java（WidgetsSeekBarプロジェクト）

```
public void onProgressChanged(
  SeekBar seekBar, int progress, boolean fromUser) {
    int current = (progress - 10) * 10;
    Toast.makeText(MainActivity.this,
      String.format("現在値：%d", current), Toast.LENGTH_SHORT).show();
}
```

シークバーでは、max属性を20とし、まず0 ~ 20の値範囲を確保します。その上で、イベントリスナーでは「（現在値 - 10）×10」とすることで値を「10区切り

の「-100 〜 100」範囲に変換しているわけです。

同じ設定で「現在値 - 10」とすれば「1区切りの-10 〜 10」を、「現在値×10」であれば「10区切りの0 〜 200」を、それぞれ表現できます。

03-02-05　スピナーを作成する - Spinner

Spinner（スピナー）とは、Windowsアプリで言うところのドロップダウンリストです。画面上に表示されたボタンをタップすることで、リストがポップアップして項目を選択できるようになります。

単一選択用途のウィジェットという意味では、RadioButtonにも似ていますが、既定では項目リストは表示されず、必要な時だけポップアップされるので、項目数が多くなった場合にも画面レイアウトに影響を及ぼしにくいというメリットがあります。

反面、RadioButtonではワンクリックで選択できるのに対して、Spinnerはリストのポップアップ→選択とステップを2度踏む必要があります。小さなリストであれば、RadioButtonの方が手軽に選択できます。

項目数、レイアウトを勘案して、いずれを利用するかを決めてください。

■ Spinnerの基本

まずは、Spinnerの基本的な用法から理解していきます。以下のサンプルは、画面にSpinnerを配置し、選択した項目をトースト表示する例です。

図 03-41　ドロップダウンリストから選択された項目をトースト表示

[1] レイアウトファイルを準備する

　レイアウトファイルにスピナーを配置します。レイアウトエディターを利用しているならば、パレットの[**Containers**]タブから選択できます。

リスト03-24　activity_main.xml（WidgetsSpinnerプロジェクト）

```xml
<?xml version="1.0" encoding="utf-8"?>
<androidx.constraintlayout.widget.ConstraintLayout ...>
  <Spinner
    android:id="@+id/spnOs"
    android:layout_width="0dp"
    android:layout_height="wrap_content"
    android:entries="@array/spnOs_items"
    android:minHeight="32dp"
    android:prompt="@string/spnOs_prompt"
    app:layout_constraintEnd_toEndOf="parent"
    app:layout_constraintStart_toStartOf="parent"
    app:layout_constraintTop_toTopOf="parent" />
</androidx.constraintlayout.widget.ConstraintLayout>
```

図03-42　レイアウト完成図

*10）ダイアログで選択オプションを表示する方法については、この後触れます。既定では、prompt属性の値は表示されません。

*11）prompt属性では、文字列をハードコーディングできないようです。

　prompt属性は選択ダイアログに表示するテキスト*10を、entries属性はポップアップリストに表示される項目を、それぞれ表します。

　prompt属性には、属性ウィンドウから▯ボタンをクリックすることで、文字列リソースを設定できます。02-03-01項の手順に沿って、キー「spnOs_prompt」、値「OSを選択してください」であるリソースを作成してください*11。

　entries属性の「@array/spnOs_items」は、「strings.xmlで管理された配列リソースspnOs_items」という意味です。項目リストもまた、配列であるというだけで、文字列リソースの一種なので、strings.xmlで管理でき、また、管理するのがあるべき姿です。

参考

Spinnerの警告

　Spinnerの初期状態では「This item's height is 24dp. Consider making the height of this touch target 32dp or larger.」（タッチするには高さが少ないので32dp以上を指定すべき）のような警告が表示されます。ここでは、警告に従ってminHeight属性（最小の高さ）を32dpと明示しています。

[2] 選択リソースを準備する

　配列リソースspnOs_itemsをstrings.xmlに追加しましょう。ただし、配列リソースを追加するために、02-03-01項のようなリソースエディターは利用できません。コードエディターからstrings.xmlを開いて、以下のように編集してください。

リスト 03-25　strings.xml（WidgetsSpinnerプロジェクト）

```xml
<resources>
  ...中略...
  <string name="spnOs_prompt">OSを選択してください</string>
  <string-array name="spnOs_items">
    <item>Windows</item>
    <item>Linux</item>
    <item>macOS</item>
  </string-array>
</resources>
```

　　　　`<string-array>`要素で配列リソース全体と、その名前（name属性）を表し、配下の`<item>`要素で個々の配列要素を表します。手順 [1] では文字列リソースspnOs_promptを [Pick a Resource] 画面から設定していますが、もちろん、まとめてコードエディターから設定しても構いません。

[3] アクティビティを準備する

　　スピナーで項目を選択したタイミングで、現在値をトースト表示してみましょう。これには、スピナーに対してOnItemSelectedListenerイベントリスナーを登録します。

リスト 03-26　MainActivity.java（WidgetsSpinnerプロジェクト）

```java
package to.msn.wings.widgetsspinner;

import androidx.appcompat.app.AppCompatActivity;
import android.os.Bundle;
import android.view.View;
import android.widget.AdapterView;
import android.widget.Spinner;
import android.widget.Toast;

public class MainActivity extends AppCompatActivity {
  @Override
  protected void onCreate(Bundle savedInstanceState) {
    super.onCreate(savedInstanceState);
    setContentView(R.layout.activity_main);

    // スピナーを取得
    Spinner sp = (Spinner) findViewById(R.id.spnOs);
    // スピナーに対してイベントリスナーを登録
```

```
sp.setOnItemSelectedListener(new AdapterView.OnItemSelectedListener() {
    // 項目が選択された場合の処理
    public void onItemSelected(AdapterView<?> parent, View view,
                            int position, long id) {
        // 選択項目を取得し、その値をトースト表示
        Spinner sp = (Spinner) parent;
        Toast.makeText(MainActivity.this,
            String.format("選択項目：%s", sp.getSelectedItem()),
            Toast.LENGTH_SHORT).show();
    }
    // 項目が選択されなかった場合の処理（今回は空）
    public void onNothingSelected(AdapterView<?> parent) {}
});
}
}
```

OnItemSelectedListener イベントリスナーには、以下の表のようなメソッドが用意されています。

表03-07　OnItemSelectedListener イベントリスナーのメソッド

メソッド	概要
onItemSelected	リスト項目が選択された時
onNothingSelected	項目が選択されなかった時

*12) SAM（Single Abstract Method）ではないので、ラムダ式ではなく、匿名クラスで定義しています。

1では、最低限、onItemSelected をオーバーライドして[*12]、スピナーでの選択値をトースト表示しています。

構文　onItemSelected メソッド

```
public abstract void onItemSelected (AdapterView<?> parent, View view,
    int position, long id)
    parent　：選択されたリストの親となるウィジェット（ここではSpinner）
    view　　：選択された項目
    position：選択された項目の位置（先頭項目が0）
    id　　　：選択された項目のid値
```

ウィジェットそのものには引数 parent でアクセスする点に注意してください（**2**）。これまで見てきたイベントリスナーでは、引数 view にイベントの発生元が格納されていましたが、onItemSelected メソッドでは選択された項目が格納されているのです。

Spinnerが取得できてしまえば、あとはそのgetSelectedItemメソッドで選択された項目を取得できるので、これを整形してトースト表示するだけです（）。getSelectedItemメソッドの戻り値はObject型なので、取得した値は、必要に応じてString型にキャストしてください。

■ 選択オプションをダイアログ表示する

Spinnerでは、spinnerMode属性にdialogを設定することで、選択オプションをダイアログ表示することもできます[13]。先ほどのリスト03-24を以下のように書き換えてみましょう（追記部分は太字）。

> *13）既定はdropdownです。

リスト03-27 activity_main.xml（WidgetsSpinnerプロジェクト）

```xml
<?xml version="1.0" encoding="utf-8"?>
<androidx.constraintlayout.widget.ConstraintLayout ...>
  <Spinner
    android:id="@+id/spnOs"
    android:layout_width="0dp"
    android:layout_height="wrap_content"
    android:entries="@array/spnOs_items"
    android:minHeight="32dp"
    android:prompt="@string/spnOs_prompt"
    android:spinnerMode="dialog"
    app:layout_constraintEnd_toEndOf="parent"
    app:layout_constraintStart_toStartOf="parent"
    app:layout_constraintTop_toTopOf="parent" />
</androidx.constraintlayout.widget.ConstraintLayout>
```

↓

図 03-43　選択オプションをダイアログ表示

　果たして、選択オプションがダイアログ表示されていることが確認できます。また、ダイアログ上部には、先ほど prompt 属性で指定したテキストが表示されている点にも注目です。

■ リスト項目を動的に設定する

　Spinner に表示するリスト項目は、リソースファイルで設定するばかりではありません。アクティビティから動的にリスト項目を登録することもできます。

　たとえば以下は、明日から 10 日後までの日付を Spinner に表示する例です。

リスト 03-28　MainActivity.java（WidgetsSpinnerDynamic プロジェクト[14]）

```java
package to.msn.wings.widgetsspinnerdynamic;

import androidx.appcompat.app.AppCompatActivity;
import android.os.Bundle;
import android.view.View;
import android.widget.AdapterView;
import android.widget.ArrayAdapter;
import android.widget.Spinner;
import android.widget.Toast;
import java.text.SimpleDateFormat;
import java.util.ArrayList;
```

［14］対応するレイアウトファイル activity_main.xml は、ダウンロードサンプルの方から参照してください。

```
import java.util.Calendar;
import java.util.Locale;

public class MainActivity extends AppCompatActivity {
  @Override
  protected void onCreate(Bundle savedInstanceState) {
    super.onCreate(savedInstanceState);
    setContentView(R.layout.activity_main);
    createSpinner();
  }

  // Spinnerに項目リストを登録するメソッド
  private void createSpinner() {
    ArrayList<String> list = new ArrayList<>();
    SimpleDateFormat format = new SimpleDateFormat("yyyy/MM/dd", Locale.JAPAN);
    Calendar cal = Calendar.getInstance();
    // 明日～10日後の日付リストを生成
    for (int i = 1; i < 11; i++) {
      cal.set(Calendar.DAY_OF_MONTH, cal.get(Calendar.DAY_OF_MONTH) + 1);
      list.add(format.format(cal.getTime()));
    }
    // 配列をウィジェットに渡す準備
    ArrayAdapter<String> adapter = new ArrayAdapter<>(this,
          android.R.layout.simple_spinner_dropdown_item, list);
    Spinner spn = findViewById(R.id.spnArch);
    // アダプター経由でSpinnerにリストを登録
    spn.setAdapter(adapter);

    // Spinner選択時の処理を定義（03-02-05項を参照）
    spn.setOnItemSelectedListener(new AdapterView.OnItemSelectedListener() {
      ...中略...
    });
  }
}
```

Javaのコード経由で項目リストを登録するには、アダプターというしくみを利用します。アダプターとは、配列（リスト）やマップのようなデータとウィジェットとの間を受け渡しするためのオブジェクトです。ウィジェットにデータを渡す際には、いったんアダプターにデータをセットした上で、ウィジェットにはアダプターとして引き渡す必要があるのです。

Android SDKには標準でさまざまなアダプターが用意されていますが、ここでは配列を渡すので、ArrayAdapter<T>クラス（android.widgetパッケージ）を利用します（**1**）。

図03-44 明日から10日後までの日付をSpinnerに表示

```
public ArrayAdapter(Context context, int resource, T[] objects)
    context  ：コンテキスト
    resource ：項目表示のためのレイアウト
    objects  ：ウィジェットに渡す配列
```

引 数resourceの「android.R.layout.simple_spinner_dropdown_item」はレイアウトのリソースIDです。ArrayAdapterでは、現在の項目リストをどのように表示するかをレイアウトとしてあらかじめ指定しておかなければならないのです。レイアウトは自分で用意することもできますが、ここでは Android SDK標準で用意されているレイアウトを指定しておきます[15]。他に「android.R.layout. simple_spinner_item」も指定できます[16]。

アダプターを用意できたら、あとはsetAdapterメソッドでSpinnerにアダプターを登録するだけです。

*15）一般的には、標準のレイアウトで十分でしょう。

*16）simple_spinner _itemは、やや高さの狭いレイアウトです。

RatingBar・WebView

Section 03-03 便利ウィジェットを活用する

このセクションでは、知っていると便利な小粒のウィジェットとして、RatingBar、WebViewについて解説します。

このセクションのポイント

■RatingBarは、現在のレート（評価）を★マークで表現／更新できるウィジェットである。
■WebViewを利用することで、アプリにWebページを埋め込める。

以上で、基本的な入出力のウィジェットは理解できました。

このセクションでは、目的特化した——汎用的ではないが、知っていると便利ないくつかのウィジェットについて解説しておきます。

03-03-01 評価を★印で表示／入力する - RatingBar

RatingBar（レーティングバー）は、レート（評価）の表示／更新を行うためのウィジェットです。レート値は、★マークで表されます。連続した値を表すという意味ではシークバーにも似ていますが、用途としてはより限定されており、その分、「評価」という意味合いを視認しやすいというメリットがあります。

それではさっそく、サンプルも見てみましょう。以下は、レーティングバーを選択したタイミングで、現在のレート値をトースト表示する例です。

[1] レイアウトを準備する

レイアウトファイルにレーティングバーを配置します。レイアウトエディターを利用しているならば、パレットの[Widgets]タブから選択できます。

図03-45 レート値の変化に応じてトースト表示

現在の評価は4.500000です。

リスト03-29　activity_main.xml（WidgetsRatingプロジェクト）

```
<?xml version="1.0" encoding="utf-8"?>
<androidx.constraintlayout.widget.ConstraintLayout ...>
```

160 TECHNICAL MASTER

```
<RatingBar
    android:id="@+id/rating"
    android:layout_width="wrap_content"
    android:layout_height="wrap_content"
    android:contentDescription="4"
    android:numStars="6"
    android:rating="4"
    android:stepSize="0.5"
    app:layout_constraintStart_toStartOf="parent"
    app:layout_constraintTop_toTopOf="parent" />
</androidx.constraintlayout.widget.ConstraintLayout>
```

図 03-46　レイアウト完成図

RatingBar で利用できる主な属性は、以下の表のとおりです。

表 03-08　RatingBar の主な属性

属性	概要
numStars	表示する★の数
rating	現在のレート値
stepSize	レート値の増減分

　サンプルでは最大値6、現在値4、0.5単位でレート値を変更できるレーティング
バーを定義しています。レーティングバーでは0.5は星半分で表されます。

参考

RatingBarの警告

　RatingBarを配置した初期状態では、「This item may not have a label readable by screen readers」(スクリーンリーダー[※1]が読むためのラベルがない)のような警告が表示されます。そのままでも最低限動作はしますが、万人が利用できるアプリを目指すならば、代替テキストを用意しておくべきでしょう。
　これには、contentDescription属性を指定してください。これはImageView(03-01-02項)で利用したものと同じです。
　ここでは、レーティングバーの初期値を設定していますが、もちろん、固定値を設定したままでは意味がありません。適宜、レーティングバーの現在値を反映させる必要があるでしょう(その方法はこの後触れます)。

※1)視覚障害者の
ための画面読み取り
ソフトウェアのこと
です。

[2] アクティビティを準備する

　レーティングバーのレート値を変更したタイミングで、現在の値をトースト表示してみましょう。これには、OnRatingBarChangeListener イベントリスナーを利用します。

リスト03-30 MainActivity.java（WidgetsRatingプロジェクト）

```java
package to.msn.wings.widgetsrating;

import androidx.appcompat.app.AppCompatActivity;
import android.os.Bundle;
import android.widget.RatingBar;
import android.widget.Toast;

public class MainActivity extends AppCompatActivity {
  @Override
  protected void onCreate(Bundle savedInstanceState) {
    super.onCreate(savedInstanceState);
    setContentView(R.layout.activity_main);

    // レーティングバーを取得
    RatingBar rate = findViewById(R.id.rating);
    // レーティングバーにイベントリスナーを登録
    rate.setOnRatingBarChangeListener((ratingBar, rating, fromUser) -> {
      // 代替テキストを設定
      ratingBar.setContentDescription(Float.toString(rating));
      Toast.makeText(MainActivity.this,
        String.format("現在の評価は%fです。", rating),
        Toast.LENGTH_SHORT).show();
    });
  }
}
```

*2）02-03-04項でも触れたように、ラムダ式として簡単化された記述なので、onRatingChangedという名前はコード上には現れていません。

　OnRatingBarChangeListenerには、onRatingChangedというメソッドがひとつだけ用意されており、レーティングバーの値が変化したタイミングで呼び出されます（■*2）。

構文 onRatingChangedメソッド

```
public abstract void onRatingChanged(RatingBar ratingBar, float rating,
  boolean fromUser)
    ratingBar：イベントの発生元
    rating    ：現在のレート値
    fromUser ：ユーザー操作による変更か
```

　レーティングバーの現在値は、引数rating、もしくは引数ratingBarからgetRatingメソッドを呼び出すことで取得できます。ここでは、トーストに表示すると共に、setContentDescriptionメソッドにて反映させておきます。

03-03-02 アプリに Web ページを埋め込む - WebView

WebViewを利用することで、アプリにWebページを埋め込めるようになります。アプリにWebブラウザーの機能を与えるためのウィジェット、と言っても良いかもしれません。

既にHTMLで作成済みのページ、ドキュメント中心のページなどは、WebViewでアプリに組み込むことで、なにからなにまでネイティブに実装するよりも開発を効率化できるでしょう。

それではさっそく、具体的なサンプルを見ていきましょう。以下で紹介するのは、選択されたボタンに応じて、WebViewに決められたページを表示する例です。

図03-47 ボタンに対応するページを表示

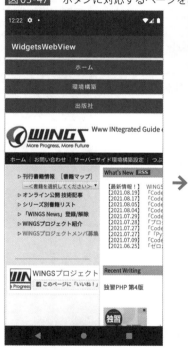

[1] マニフェストファイルを編集する

Androidでは、セキュリティ上の理由から、アプリでインターネットに接続することを既定では禁止しています。そこで、WebViewを利用する際には、マニフェストファイルからこの制限を解除する必要があります。

マニフェストファイルとは、02-02-06項でも触れたように、アプリの基本的な構成情報やアプリの権限などを定義するための設定ファイルです。/app/manifestsフォルダー配下にAndroidManifest.xmlという名前で配置されています。

インターネット接続を許可するには、以下のような記述を追加してください。

リスト03-31 AndroidManifest.xml（WidgetsWebViewプロジェクト）

```
<manifest ...>
  <uses-permission android:name="android.permission.INTERNET" />
  <application...>
    ...中略...
  </application>
</manifest>
```

[2] レイアウトファイルを準備する

レイアウトファイルには、3個のButtonとWebViewを配置します。WebViewは、パレットの [Widgets] タブから選択できます。

ウィジェットを縦に並べるには、下のウィジェットの上制約を上のウィジェットの下制約に紐づけるのでした。また、WebViewは、レイアウトの空き幅いっぱいに広げたいので、layout_width／layout_height属性共に「0dp（match_constraint）」としておきます。

最終的に生成されるコードは、以下の通りです。

図03-48 レイアウトエディターへの配置

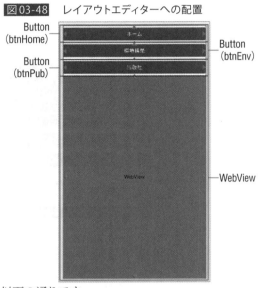

Button
(btnHome)

Button
(btnPub)

Button
(btnEnv)

WebView

リスト03-32 activity_main.xml（WidgetsWebViewプロジェクト）

```
<?xml version="1.0" encoding="utf-8"?>
<androidx.constraintlayout.widget.ConstraintLayout ...>
  <Button
    android:id="@+id/btnHome"
    android:layout_width="match_parent"
    android:layout_height="wrap_content"
    android:text="ホーム"
    app:layout_constraintEnd_toEndOf="parent"
    app:layout_constraintStart_toStartOf="parent"
    app:layout_constraintTop_toTopOf="parent" />
  <Button
    android:id="@+id/btnEnv"
    android:layout_width="match_parent"
    android:layout_height="wrap_content"
```

```
      android:text="環境構築"
      app:layout_constraintEnd_toEndOf="parent"
      app:layout_constraintStart_toStartOf="parent"
      app:layout_constraintTop_toBottomOf="@+id/btnHome" />
    <Button
      android:id="@+id/btnPub"
      android:layout_width="match_parent"
      android:layout_height="wrap_content"
      android:text="出版社"
      app:layout_constraintEnd_toEndOf="parent"
      app:layout_constraintStart_toStartOf="parent"
      app:layout_constraintTop_toBottomOf="@+id/btnEnv" />
    <WebView
      android:id="@+id/wv"
      android:layout_width="0dp"
      android:layout_height="0dp"
      app:layout_constraintBottom_toBottomOf="parent"
      app:layout_constraintEnd_toEndOf="parent"
      app:layout_constraintStart_toStartOf="parent"
      app:layout_constraintTop_toBottomOf="@+id/btnPub" />
</androidx.constraintlayout.widget.ConstraintLayout>
```

　　WebViewを最低限利用するにあたって、プロパティの設定は不要です。配置するだけで、そのまま利用できます。

[3] アクティビティを準備する

　　［ホーム］［環境構築］［総合FAQ］ボタンをクリックした時に呼び出される処理を、アクティビティ側に準備します。

リスト 03-33 MainActivity.java（WidgetsWebViewプロジェクト）

```
package to.msn.wings.widgetswebview;

import androidx.appcompat.app.AppCompatActivity;
import android.os.Bundle;
import android.webkit.WebView;

public class MainActivity extends AppCompatActivity {
  @Override
  protected void onCreate(Bundle savedInstanceState) {
    super.onCreate(savedInstanceState);
    setContentView(R.layout.activity_main);
```

```
    Button btnHome = findViewById(R.id.btnHome);
    Button btnEnv = findViewById(R.id.btnEnv);
    Button btnPub = findViewById(R.id.btnPub);
    WebView wv = findViewById(R.id.wv);
    //  ボタンクリック時の処理
    btnHome.setOnClickListener(view ->
      wv.loadUrl("https://wings.msn.to/")
    );
    btnEnv.setOnClickListener(view ->
      wv.loadUrl("https://wings.msn.to/index.php/-/B-08/")
    );
    btnPub.setOnClickListener(view ->
      wv.loadUrl("https://www.shuwasystem.co.jp/smp/")
    );
  }
}
```

WebViewでページを読み込むには、loadUrlメソッドを利用します。

【構文】 loadUrlメソッド

```
public void loadUrl(String url)
    url：読み込むページ
```

この例であれば、[**ホーム**] [**環境構築**] [**総合FAQ**] ボタンをクリックしたタイミングで、それぞれ異なるページを読み込んでいるわけです（**1**）。

複数のイベントリスナーが、共通した機能を担っている場合には、ひとつにまとめてしまっても構いません。以下は**1**の書き換えです。

【リスト03-34】 イベントリスナーをひとつにまとめた例（MainActivity.java）

```
import android.view.View;
...中略...
View.OnClickListener listener = view-> {
  String url;
  switch (view.getId()) {
    case R.id.btnHome:
      url = "https://wings.msn.to/";
      break;
    case R.id.btnEnv:
      url = "https://wings.msn.to/index.php/-/B-08/";
      break;
    case R.id.btnPub:
      url = "https://www.shuwasystem.co.jp/smp/";
```

```
      break;
    default:
      url = "https://wings.msn.to/";
      break;
  }
  wv.loadUrl(url);
};
btnHome.setOnClickListener(listener);
btnEnv.setOnClickListener(listener);
btnPub.setOnClickListener(listener);
```

イベントリスナーの引数viewには、イベントの発生元——ここではボタンが渡されるのでした。ここでは、View#getIdメソッドでid値を取得し、その戻り値によってloadUrlメソッドに渡すURLを振り分けています。

コラム

Android Studio の日本語化

Android Studio を日本語化するには、そのベースとなっているIntelliJ IDEAを日本語化するプラグインを使います。本書では、まずは標準的な英語環境で手順を紹介していますが、日本語環境の方が使いやすいという方は、この手順であらかじめ日本語化しておくとよいでしょう。

[1] 日本語言語パックのプラグインを入手する

「IntelliJ IDEA」の日本語言語パック配布ページ（https://plugins.jetbrains.com/plugin/13964-japanese-language-pack------/）からプラグインを入手できます。

[Version History] リンクから各バージョンのダウンロードページを開いて、自分の環境にあったプラグインをダウンロードします。

図 03-49 「IntelliJ IDEA」の日本語言語パック配布ページ

執筆時点での最新版Arctic Fox（2020.3.1）は、IntelliJ IDEAのバージョン203.7717〜がベースとなっているため、日本語言語パックも「ja.203.709.jar」（2020.3—2020.3.4）を採用しました。IntelliJ IDEAのバージョンは、Android Studioの［Help］−［About］から表示される画面の「#AI」から始まるビルド番号で確認できます。

［2］プラグインをインストールする

　［Welcome Android Studio］画面の左ペインから［Plugins］タブをクリックして、プラグインの設定画面を開き、画面上部の ✿ をクリックします。メニューが開きますので、［Install Plugin from Disk...］をクリックします。

図 03-50　［Choose Plugin File］ダイアログ

図 03-51　プラグインの設定画面

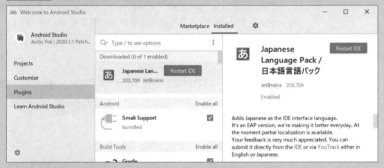

　［Choose Plugin File］ダイアログが表示されるので、ダウンロードした.jarファイルを選択して［OK］ボタンをクリックします。プラグインの設定画面に日本語言語パックが表示されるので、［Restart IDE］ボタンをクリックしてAndroid Studioを再起動します。

［3］日本語化を確認する

　Android Studioが再起動し、メニューなどが日本語化されていることを確認しておきましょう。

図 03-52　日本語化された Android Studio

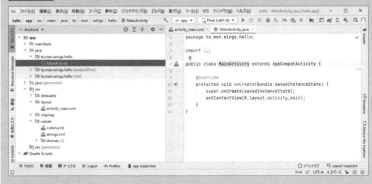

TECHNICAL MASTER

Chapter
04 →

ビュー開発
（ListView ／ RecyclerView）

ListView は、複数の項目をリストとして整形するためのウィジェットです。リストといっても、単に項目を列挙するばかりではありません。クリック可能なリスト、ラジオボタン／チェックボックス付きのリストなど、目的に応じて、さまざまな形式のリストを標準で生成できますし、ひと手間かければ、リスト項目そのものをカスタマイズすることも可能です。アプリを開発する上で、とても使いでのあるウィジェットのひとつなので、この章で基本的な用法をきちんと理解しておきましょう。

Section 04-01 リスト作成の基本を理解する

このセクションでは、ListViewでリストを整形するための基本的な手順を学びます。

このセクションのポイント

1 ListViewでは、リソース、またはJavaコードからリストを生成できる。
2 リスト項目を静的に設定するには、<ListView>要素のentries属性を指定する。
3 Javaコードからリスト項目を設定するには、アダプタークラスを利用する。

ListViewでは、大きく（1）リソース、または（2）Javaコードからリストを生成できます。まずは、この2つのアプローチを通じて、ListViewによるリスト生成の基本を理解してみましょう。

> **参考**
>
> ### ListViewとRecyclerView
>
> Android Studio Arctic Fox（2020.3.1）のレイアウトエディター（パレット）では、ListViewは**[Legacy]**に分類されています。非推奨というわけではありませんが、より柔軟なレイアウト機能を備えたRecyclerViewを推奨するということなのでしょう。
>
> もっとも、セクション04-04で後述するように、RecyclerViewは自由度が高い反面、扱うべきクラスは増え、コードも冗長になりがちです。これまでListViewを利用してきたアプリも多いことを考えると、少なくとも当面は、シンプルな用途にはListView、ListViewで賄えない複雑なリストにはRecyclerView、という使い分けになると思われます。

04-01-01 配列リソースをリストに整形する

よりシンプルな方法です。あらかじめリストに表示すべき内容が決まっている場合には、この方法を利用できます。

[1] 配列リソースを用意する

配列リソースは、strings.xmlで定義します。02-02-05項でも触れたように、文字列配列は<string-array>要素で定義するのでした。

リスト04-01 strings.xml（ListBasicプロジェクト）

```xml
<resources>
  <string name="app_name">ListBasic</string>
  <string-array name="spice">
    <item>胡椒</item>
    <item>ターメリック</item>
    <item>コリアンダー</item>
```

```
    <item>生姜</item>
    <item>ニンニク</item>
    <item>サフラン</item>
  </string-array>
</resources>
```

[2] レイアウトファイルを用意する

　あとは、レイアウトファイルで配列リソースとListViewを関連付けるだけです。
ListViewは、レイアウトエディターを利用しているならば、パレットの [**Legacy**] か
ら選択できます。

リスト04-02 activity_main.xml（ListBasicプロジェクト）

```
<?xml version="1.0" encoding="utf-8"?>
<androidx.constraintlayout.widget.ConstraintLayout ...>
  <ListView
    android:id="@+id/list"
    android:layout_width="0dp"
    android:layout_height="0dp"
    android:entries="@array/spice"
    app:layout_constraintBottom_toBottomOf="parent"
    app:layout_constraintEnd_toEndOf="parent"
    app:layout_constraintStart_toStartOf="parent"
    app:layout_constraintTop_toTopOf="parent" />
</androidx.constraintlayout.widget.ConstraintLayout>
```

図04-01 レイアウト完成図

図04-02 配列リソースの内容をリスト表示

*1）この書き方は、Spinnerの項でも学びましたね。

ListViewに配列リソースを紐付けるには、entries属性に「@array/リソース名」を設定するだけです*1。

⌗4-⌗1-⌗2 Javaコードからリストを生成する

配列リソースによるリスト生成は、その性質上、表示すべき項目があらかじめ決まっている場合にしか利用できません。一般的には、レイアウト上ではListViewだけを準備しておいて、表示項目はコード側から動的に設定することになるでしょう。

以下では、コード上で準備した配列dataの内容をListViewに表示してみます*2。

*2）ここではデータをハードコーディングしていますが、実際にはデータベースや外部サービスなどから取り出すことになるでしょう。

[1] レイアウトファイルを用意する

レイアウトファイルには、空のListViewだけを配置します。ただし、先ほどのリスト04-02と異なり、entries属性は指定していない点に注意してください。

リスト04-03 activity_main.xml（ListDynamicプロジェクト）

```xml
<?xml version="1.0" encoding="utf-8"?>
<androidx.constraintlayout.widget.ConstraintLayout ...>
  <ListView
    android:id="@+id/list"
    android:layout_width="0dp"
    android:layout_height="0dp"
    app:layout_constraintBottom_toBottomOf="parent"
    app:layout_constraintEnd_toEndOf="parent"
    app:layout_constraintStart_toStartOf="parent"
    app:layout_constraintTop_toTopOf="parent" />
</androidx.constraintlayout.widget.ConstraintLayout>
```

図04-03 レイアウト完成図

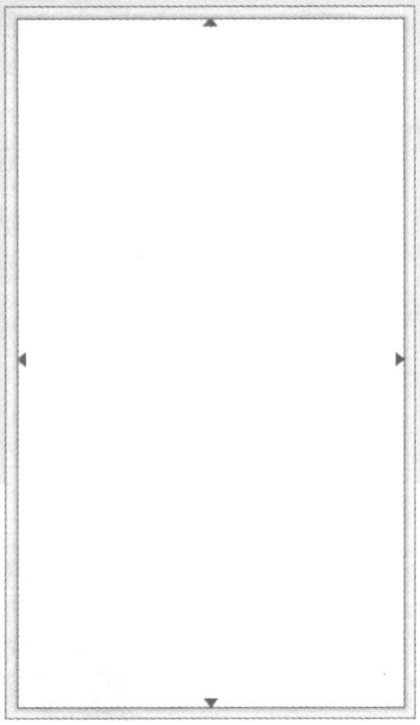

[2] アクティビティを用意する

ListViewにデータ項目を登録する方法は、Spinnerでのそれによく似ています。アダプターを介して配列データをListViewに登録するのです。アダプターとは、言うなればウィジェットと生のデータとの橋渡し役です。

リスト04-04 MainActivity.java（ListDynamicプロジェクト）

```java
package to.msn.wings.listdynamic;

import androidx.appcompat.app.AppCompatActivity;
```

```
import android.os.Bundle;
import android.widget.ArrayAdapter;
import android.widget.ListView;
import java.util.ArrayList;

public class MainActivity extends AppCompatActivity {
  @Override
  protected void onCreate(Bundle savedInstanceState) {
    super.onCreate(savedInstanceState);
    setContentView(R.layout.activity_main);

    // リスト項目をArrayListとして準備＊3
    final ArrayList<String> data = new ArrayList<>();
    data.add("胡椒");
    data.add("ターメリック");
    data.add("コリアンダー");
    data.add("生姜");
    data.add("ニンニク");
    data.add("サフラン");

    // 配列アダプターを作成＆ListViewに登録
    ArrayAdapter<String> adapter = new ArrayAdapter<>(this,
      android.R.layout.simple_list_item_1, data);
    ListView list = findViewById(R.id.list);
    list.setAdapter(adapter);
  }
}
```

＊3）配列ではなく、ArrayListを利用しているのは、あとから項目を追加／削除するためです。項目の操作が不要であれば、配列を利用しても構いません。

ArrayAdapter（03-02-05項）は、データソースとして配列を扱うためのクラスでした。第2引数の「android.R.layout.simple_list_item_1」は、あらかじめAndroid側で用意されたレイアウトリソースの名前で、もっともシンプルなリスト用レイアウトを表します＊4。

＊4）Android標準で用意されているレイアウトについては、R.layout (https://developer.android.com/reference/android/R.layout.html) も参照してください。また、その他のレイアウトを利用した例は、次セクション以降でも紹介しています。

アダプターの準備ができたら、あとはsetAdapterメソッドでListViewに登録して完了です。

Section 04-02 ListViewのイベント処理を理解する

このセクションでは、ListViewでクリック（タップ）やスクロール動作を検出する方法を学びます。

このセクションのポイント

1. ListViewでクリック／選択動作を検知するには、OnItemClickListenerイベントリスナーを利用する。
2. リストを選択可能にするには、choiceMode属性で選択モードを指定する。
3. ListViewでスクロール動作を検知するには、OnScrollListenerイベントリスナーを利用する。
4. ListViewとSearchViewとを組み合わせることで、絞り込み機能付きリストを作成できる。

ListViewでは、リストを表示して終わりということはあまりありません。一般的には、リスト項目をクリックすることで対応する処理を実行させたり、リストの中から単一／複数の項目を選ばせたり、とメニューや入力要素としての役割を与えることになるでしょう。このセクションでは、そのようなクリック／選択動作（イベント）を受けて処理を実行する方法について学びます。また、後半ではイベント理解の一環として、リストのスクロール動作が行われた時の処理についても触れます。

なお、本セクションのレイアウトファイルは、特筆しない限り、前項のListDynamicプロジェクトで利用したものを利用します。

04-02-01 クリック可能なリストを作成する

OnItemClickListenerイベントリスナーを利用することで、クリック可能なリストを作成できます。リスト04-05は、リストクリックによって、該当する項目を削除するサンプルです。

リスト04-05 MainActivity.java（ListClickプロジェクト）

```java
package to.msn.wings.listclick;

import androidx.appcompat.app.AppCompatActivity;
import android.os.Bundle;
import android.widget.ArrayAdapter;
import android.widget.ListView;
import android.widget.TextView;
import java.util.ArrayList;

class MainActivity : AppCompatActivity() {
  @Override
  protected void onCreate(Bundle savedInstanceState) {
    super.onCreate(savedInstanceState);
```

```
    setContentView(R.layout.activity_main);

    // リスト項目をArrayListとして準備
    final ArrayList<String> data = new ArrayList<>();
    data.add("胡椒");
    data.add("ターメリック");
    data.add("コリアンダー");
    data.add("生姜");
    data.add("ニンニク");
    data.add("サフラン");

    // 配列アダプターを作成&ListViewに登録
     ArrayAdapter<String> adapter = new ArrayAdapter<>(
       this, android.R.layout.simple_list_item_1, data);        ❷
    ListView list = findViewById(R.id.list);
    list.setAdapter(adapter);

    // リスト項目をクリックした時の処理を定義
    list.setOnItemClickListener((av, view, position, id) -> {
      // リスト項目を取得&削除
      adapter.remove((String) ((TextView) view).getText());      ❸      ❶
    });
  }
}
```

図 04-04　クリックした項目（胡椒）を削除

　リストをクリックした時の処理は、setOnItemClickListener メソッドから設定します（❶）。ラムダ式（正しくは OnItemClickListener#onItemClick メソッド）の構文は、以下の通りです。

構文 onItemClick メソッド

```
public abstract void onItemClick(AdapterView<?> parent, View view,
  int position, long id)
    parent   ：選択されたリストの親となるウィジェット（ここではListView）
    view     ：選択された項目
    position ：選択された項目の位置（先頭項目が0）
    id       ：選択された項目のid値
```

　　　選択された項目には、onItemClick メソッドの引数 view を介してアクセスできます。引数 view（View オブジェクト）の実体は、ArrayAdapter のレイアウトとしてなにを選択したかによって変化します。**2**で選択している「android.R.layout.simple_list_item_1」であれば、リスト項目は TextView としてレイアウトされるので、引数 view も TextView オブジェクトです。

　　　よって、**3**でも引数 view をまず TextView に型キャストした上で、その getText メソッドでテキストを取得しているわけです。

　　　あとは、ArrayAdapter#remove メソッドでリスト項目を削除できます。

構文 remove メソッド

```
public void remove(T object)
    object：削除するオブジェクト
```

　　　リストの操作は、ListView に対してではなく、あくまでアダプターに対して行う点に注目です。

　　　ここではリスト項目を削除していますが、追加したいならば、**3**を以下のように書き換えてください。

```
adapter.add("ナツメグ");
```

参考

長押しイベントを検知する

　　リスト項目の削除のように元に戻せない操作では、ユーザーの誤操作を防ぐために、（一般的なクリックイベントではなく）長押しイベントを利用することもよくあります。長押しとは、単なるクリックではなく、対象をクリックした後、その状態をいくらかの時間維持することを言います。

　　たとえば、本文のリスト04-05を長押しイベントに対応させるには、**1**の部分を以下のように書き換えてください。

```
list.setOnItemLongClickListener((av, view, position, id) -> {
  adapter.remove((String) ((TextView) view).getText());
```

```
   return false;
});
```

　戻り値のfalseは、現在のイベントを処理した後、同種のイベント——たとえば（長押しでない）クリックイベントも処理することを意味します。長押しイベントもまたクリックイベントの一種なので、OnItemLongClickイベントのあとにはOnItemClickイベントも発生することを覚えておいてください。

*1）これを「イベントを消費する」と言います。

　もしも長押しイベントで、クリックイベントまでは処理したくない[*1]という場合には、戻り値としてtrueを指定します。

04-02-02　単一選択可能なリストを生成する

　ListViewでは、クリックで項目を選択させるばかりではありません。choiceMode属性を利用することで、複数のリスト項目から選択可能なリストも作成できます。

　たとえば以下は、リスト項目を選択可能にすると共に、選択時に選択された項目をトースト表示する例です。

図04-05　選択された項目をトースト表示

[1] レイアウトファイルを用意する

　まずは、レイアウトファイルでListViewが選択可能であることを宣言します。

リスト04-06　activity_main.xml（ListSelectプロジェクト）

```xml
<?xml version="1.0" encoding="utf-8"?>
<androidx.constraintlayout.widget.ConstraintLayout ...>
  <ListView
    android:id="@+id/list"
    android:layout_width="0dp"
    android:layout_height="0dp"
    android:choiceMode="singleChoice"
    app:layout_constraintBottom_toBottomOf="parent"
    app:layout_constraintEnd_toEndOf="parent"
```

```
        app:layout_constraintStart_toStartOf="parent"
        app:layout_constraintTop_toTopOf="parent" />
</androidx.constraintlayout.widget.ConstraintLayout>
```

＊2）Javaのコードから設定するならば、ListView#setChoiceModeメソッドを利用しても構いません。

冒頭触れたように、選択モードを指定するにはchoiceMode属性を利用します＊2。

表04-01　choiceMode属性の主な設定値

設定値	概要
none	選択できない（既定）
singleChoice	単一選択が可能
multipleChoice	複数選択が可能
multipleChoiceModal	カスタムの選択モードで複数選択が可能

[2] アクティビティを用意する

　リスト選択時の処理を実装するには、OnItemClickListenerイベントリスナーを利用します。OnItemClickListenerは、前項でも見たように、リスト項目をクリックした時の処理を決めるイベントリスナーです。

　似たようなイベントリスナーとしてOnItemSelectedListenerもありますが、こちらはクリックによる選択では処理されず、[↑] [↓] ボタンによる選択のみを捕捉します。一般的には、スマホ環境でキーを利用する機会は少ないので、まずはOnItemClickListenerイベントリスナーを優先して利用してください。

リスト04-07　MainActivity.java（ListSelectプロジェクト）

```java
package to.msn.wings.listselect;

import androidx.appcompat.app.AppCompatActivity;
import android.os.Bundle;
import android.widget.ArrayAdapter;
import android.widget.ListView;
import android.widget.TextView;
import android.widget.Toast;
import java.util.ArrayList;

public class MainActivity extends AppCompatActivity {
  @Override
  protected void onCreate(Bundle savedInstanceState) {
    super.onCreate(savedInstanceState);
    setContentView(R.layout.activity_main);

    // リスト項目をArrayListとして準備
```

```
    final ArrayList<String> data = new ArrayList<>();
    data.add("胡椒");
    data.add("ターメリック");
    data.add("コリアンダー");
    data.add("生姜");
    data.add("ニンニク");
    data.add("サフラン");

    // 配列アダプターを作成&ListViewに登録
    ListView list = findViewById(R.id.list);
    list.setAdapter(new ArrayAdapter<>(
        this, android.R.layout.simple_list_item_single_choice, data)); ——■

    // リスト項目をクリックした時の処理を定義
    list.setOnItemClickListener((av, view, position, id) -> {
      Toast.makeText(MainActivity.this,
        String.format("選択したのは%sです。", ((TextView) view).getText()),
        Toast.LENGTH_LONG).show();
    });
  }
}
```

ListViewを選択可能にする場合、アダプター側でのレイアウトも変更しておく必要があります（■）。「android.R.layout.simple_list_item_single_choice」は、リスト項目にラジオボタンを追加するためのレイアウトです。

あとは、setOnItemClickListenerメソッド[*3]でリスト項目が選択（クリック）された場合の処理を定義しておきます（②）。選択されたリスト項目は、onItemClickメソッドの引数view（Viewオブジェクト）として渡されます。

> *3）正しくは、そこで設定されたOnItemClickListener#onItemClickメソッド（ラムダ式）です。

android.R.layout.simple_list_item_single_choiceレイアウトでは、リスト項目はTextViewとして表されるので、引数viewをTextViewに型キャストした上で、getTextメソッドで項目テキストを取得します。

◼ 04-02-03 複数選択可能なリストを生成する

ほとんど同じ要領で複数選択が可能なリストを生成することもできます。以下は、リスト04-06、04-07からの変更部分を太字で表しています。

リスト 04-08 activity_main.xml（ListMultiSelectプロジェクト）

```
<?xml version="1.0" encoding="utf-8"?>
<androidx.constraintlayout.widget.ConstraintLayout ...>
  <ListView
```

```
        android:id="@+id/list"
        android:layout_width="0dp"
        android:layout_height="0dp"
        android:choiceMode="multipleChoice"──────────────────────1
        app:layout_constraintBottom_toBottomOf="parent"
        app:layout_constraintEnd_toEndOf="parent"
        app:layout_constraintStart_toStartOf="parent"
        app:layout_constraintTop_toTopOf="parent" />
</androidx.constraintlayout.widget.ConstraintLayout>
```

リスト 04-09　　MainActivity.java（ListMultiSelectプロジェクト）

```
package to.msn.wings.listmultiselect;

import androidx.appcompat.app.AppCompatActivity;
import android.os.Bundle;
import android.widget.ArrayAdapter;
import android.widget.CheckedTextView;
import android.widget.ListView;
import android.widget.Toast;
import java.util.ArrayList;

public class MainActivity extends AppCompatActivity {
  @Override
  protected void onCreate(Bundle savedInstanceState) {
    super.onCreate(savedInstanceState);
    setContentView(R.layout.activity_main);
    ...中略...
    ArrayAdapter<String> adapter = new ArrayAdapter<>(──────────2
      this, android.R.layout.simple_list_item_multiple_choice, data);
    ListView list = findViewById(R.id.list);
    list.setAdapter(adapter);
    list.setOnItemClickListener((av, view, position, id) -> {
      String msg = "選択したのは、";
      for (int i = 0; i < list.getChildCount(); i++) {
        CheckedTextView check = (CheckedTextView) list.getChildAt(i);
        if (check.isChecked()) {
          msg += check.getText() + ",";          4      3
        }
      }
      msg = msg.substring(0, msg.length() - 1);──────────5
      Toast.makeText(MainActivity.this, msg, Toast.LENGTH_LONG).show();
    });
  }
}
```

図 04-06　選択された項目をトースト表示

```
8:20  ✿  ·                          ▼◢▮

ListMultiSelect

胡椒                                   ☑

ターメリック                            ☐

コリアンダー                            ☑

生姜                                  ☐

ニンニク                               ☑

サフラン                               ☐




        選択したのは、胡椒,コリアンダー,ニンニ
        ク
```

　　まず、**1**でListViewの複数選択を有効にすると共に、**2**で複数選択に対応した
レイアウト「android.R.layout.simple_list_item_multiple_choice」を適用し
ます。「android.R.layout.simple_list_item_multiple_choice」は、リスト項
目にチェックボックスを追加するためのレイアウトです。

　　そして、**3**がポイントです。複数値の取得には専用のメソッドはありません。リス
ト配下の項目をすべて取り出して、それぞれの項目が選択されていればその値を取
り出す、という処理が必要となります。

　　ListView配下の項目数はgetChildCountメソッド、i番目の項目は
getChildAtメソッドで、それぞれ取得できます。よって、すべてのリスト項目を取
得したいならば、**4**のようにforブロックで0 〜 getChildCount-1番目の項目を順
番に走査すれば良いわけです。

＊4）CheckedText
Viewは、チェック可
能なTextViewです。

　　android.R.layout.simple_list_item_multiple_choiceレイアウトでは、リス
ト項目はCheckedTextViewとして表されるので、getChildAtメソッドで取り出
したリスト項目をCheckedTextView[4]に型キャストした上で、isCheckedメソッ
ドでチェックされているかどうかを判定します。チェックされている場合には、項目

テキスト (getText メソッド) を変数 msg にカンマ区切りで追加していきます。

これで for ループを終えた後は「胡椒 , 生姜 , ニンニク」のような配列ができあがっているはずです。**5** ではこれをカンマ区切りで連結したものをトースト表示しています。

🎯 04-02-04　専用の選択画面を持ったリストを準備する

ListView ではもうひとつ、multipleChoiceModal という選択モードがあります。これは標準のリスト画面で項目を長押しすることで、専用の選択画面 (アクションモード) に遷移し、項目の複数選択が可能になるモードです。また、選択を終えてもとのリストに戻る際に、選択終了時の処理を実装できます。リストの参照／選択を明確に分けたい場合に重宝するモードです。

ここでは、この multipleChoiceModal モードを利用して、以下のようなアプリを作成してみましょう。アクションモードからもとのリストに戻る際に、選択された項目をトースト表示します。

図 04-07　左：参照モード、中央：アクションモード、右：選択決定時に選択内容をトースト表示

以下は、リスト 04-08、04-09 からの変更／追加部分を太字で表しています。

リスト 04-10　activity_main.xml（ListMultiChoiceModal プロジェクト）

```xml
<?xml version="1.0" encoding="utf-8"?>
<androidx.constraintlayout.widget.ConstraintLayout ...>
  <ListView
    android:id="@+id/list"
    android:layout_width="0dp"
```

```
    android:layout_height="0dp"
    android:choiceMode="multipleChoiceModal"
    app:layout_constraintBottom_toBottomOf="parent"
    app:layout_constraintEnd_toEndOf="parent"
    app:layout_constraintStart_toStartOf="parent"
    app:layout_constraintTop_toTopOf="parent" />
</androidx.constraintlayout.widget.ConstraintLayout>
```

リスト 04-11　MainActivity.java（ListMultiChoiceModal プロジェクト）

```
package to.msn.wings.listmultichoicemodal;

import androidx.appcompat.app.AppCompatActivity;
import android.os.Bundle;
import android.view.ActionMode;
import android.view.Menu;
import android.view.MenuItem;
import android.widget.AbsListView;
import android.widget.ArrayAdapter;
import android.widget.CheckedTextView;
import android.widget.ListView;
import android.widget.Toast;
import java.util.ArrayList;

public class MainActivity extends AppCompatActivity {
  @Override
  protected void onCreate(Bundle savedInstanceState) {
    super.onCreate(savedInstanceState);
    setContentView(R.layout.activity_main);

    final ArrayList<String> data = new ArrayList<>();
    data.add("胡椒");
    data.add("ターメリック");
    data.add("コリアンダー");
    data.add("生姜");
    data.add("ニンニク");
    data.add("サフラン");

    ArrayAdapter<String> adapter = new ArrayAdapter<>(
        this, android.R.layout.simple_list_item_checked, data);
    ListView list = findViewById(R.id.list);
    list.setAdapter(adapter);

    list.setMultiChoiceModeListener(new AbsListView.MultiChoiceModeListener() { —2
```

```java
    // アクションモードを起動する時
    @Override
    public boolean onCreateActionMode(ActionMode mode, Menu menu) {
      return true;
    }

    // アクションモードの準備時
    @Override
    public boolean onPrepareActionMode(ActionMode mode, Menu menu) {
        return true;
    }

    // 選択項目のチェック状態が変化した時
    @Override
    public void onItemCheckedStateChanged(ActionMode mode, int position, long id,
                                          boolean checked) { }

    // 項目をクリックした時
    @Override
    public boolean onActionItemClicked(ActionMode mode, MenuItem item) {
      return true;
    }

    // アクションモードを終了した時
    @Override
    public void onDestroyActionMode(ActionMode mode) {
      String msg = "選択したのは、";
      for (int i = 0; i < list.getChildCount(); i++) {
        CheckedTextView check = (CheckedTextView) list.getChildAt(i);
        if (check.isChecked()) {
          msg += check.getText() + ",";
        }
      }
      msg = msg.substring(0, msg.length() - 1);
      Toast.makeText(MainActivity.this, msg, Toast.LENGTH_LONG).show();
    }
  });
  }
}
```

2

　　multipleChoiceModalモードを利用する場合には、MultiChoiceModeListener
インターフェイス（android.widgetパッケージ）でリストの挙動を定義します。複数の
メソッドが定義されていますが、ここで実装しているのはonDestroyActionModeメ

＊5）onCreateAction
Mode／onPrepare
ActionMode／on
ActionItemClickedメ
ソッドでは、最低限
true（正常に終了）を
返すようにしておきま
しょう。

ソッドだけです＊5。onDestroyActionModeメソッドは、アクションモードを確定し、元のリストに戻る際に呼び出されます。

　ここでは、onDestroyActionModeメソッドのタイミングで、選択された項目を取得し、そのテキストをトースト表示しています（**1**）。選択テキストを取得するためのコードは前項とほぼ同じなので、特筆すべき点はありません。

　準備したMultiChoiceModeListenerイベントリスナーは、setMultiChoiceModeListenerメソッドでListViewに登録できます（**2**）。

04-02-05　リストのスクロールを検知する

　OnScrollListenerイベントリスナーを利用することで、リストのスクロールを検知できます。表示するリスト項目が多い場合などは、OnScrollListenerを利用することで「初期状態では最初の10件だけを表示しておき、リストの末尾までスクロールしたら次の10件を表示する」というような機能も実装できます。

図04-08　リスト末尾までスクロールしたら、続きの項目を表示

　以下が、具体的なコードです。レイアウトファイルはリスト04-03と同じなので、ここでは割愛します。

リスト04-12 MainActivity.java（ListScrollプロジェクト）

```java
package to.msn.wings.listscroll;

import androidx.appcompat.app.AppCompatActivity;
import android.os.Bundle;
import android.widget.AbsListView;
import android.widget.ArrayAdapter;
import android.widget.ListView;
import java.util.ArrayList;

public class MainActivity extends AppCompatActivity {
  @Override
  protected void onCreate(Bundle savedInstanceState) {
    super.onCreate(savedInstanceState);
    setContentView(R.layout.activity_main);

    final ArrayList<String> data = new ArrayList<>();
    data.add("胡椒");
    ...中略...
    data.add("ローズマリー");
    ArrayAdapter<String> adapter = new ArrayAdapter<>(
        this, android.R.layout.simple_list_item_1, data);
    ListView list = findViewById(R.id.list);
    list.setAdapter(adapter);

    list.setOnScrollListener(new AbsListView.OnScrollListener() {
      public void onScroll(AbsListView av,
                           int firstVisibleItem, int visibleItemCount,
                           int totalItemCount) {
        if (firstVisibleItem + visibleItemCount + 3 > totalItemCount) {  // ■1
          adapter.add("新 胡椒");
          adapter.add("新 ターメリック");
          adapter.add("新 コリアンダー");
        }
      }

      public void onScrollStateChanged(AbsListView arg0, int arg1) {
      }
    });
  }
}
```

　　　　OnScrollListener イベントリスナーには、以下のようなメソッドが用意されています。

01

02

03

04

表04-02　OnScrollListenerイベントリスナーのメソッド

メソッド	呼び出しタイミング
onScroll	スクロールが完了したタイミング
onScrollStateChanged	スクロールされている間

05

06

07

　ここでは、onScrollメソッドを利用して、リストのスクロールが完了したところで、リストが末尾に到達していたら、新たなリスト項目を追加しています。サンプルでは、固定で用意された項目を追加しているだけですが、本来のアプリであれば、このタイミングでデータベースや外部サービスからデータを取得することになるでしょう。

構文　onScrollメソッド

```
public abstract void onScroll(AbsListView view, int first, int visible, int total)
    view   ：スクロールするビュー
    first  ：項目の先頭インデックス
    visible：表示する項目数
    total  ：項目の総数
```

08

09

10

11

　■の条件式「firstVisibleItem + visibleItemCount + 3 > totalItemCount」の、「firstVisibleItem + visibleItemCount」は、現在表示されているリスト末尾を表します。よって、条件式全体では、「表示中のリスト末尾の3項目先がリストの最終項目（totalItemCount）を越えたらリスト項目を追加しなさい、という意味になります。「+ 3」しているのは、画面がリスト末尾に到達する直前を表すためです。

　もちろん、アプリの実際の動きを見ながら、「+ 3」の部分は適宜増減しても良いでしょう。

図04-09　条件式の意味

firstVisibleItem（表示されている
先頭項目のインデックス番号）

totalItemCount（全項目の件数）

visibleItemCount
（表示されている項目数）

3　表示されていない残り
項目が3個未満になっ
たら…という意味

参考

リストを自動スクロールする

ListViewでは、指定の位置までリストを自動スクロールさせることもできます。

```
list.setSelection(5);
```

　これによって、リストの6個目が画面の先頭に来るようにスクロールします。リストの末尾
までスクロールしたい場合には、「全項目数－1画面当たりの表示数」で先頭のインデックス
番号を求めてください。

04-02-06　検索機能付きのリストを作成する - SearchView

　SearchViewは、検索ボックスを生成するためのウィジェットです。ListViewと
組み合わせることで、カンタンに検索機能付きリストを実装できるようになります。

図04-10 入力キーワードに対応する項目のみを絞り込み表示

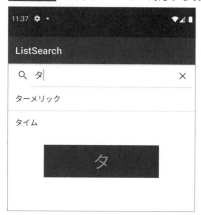

さっそく、具体的な実装の手順を見ていきます。

[1] **レイアウトファイルを準備する**

レイアウトファイルにSearchView／ListViewを配置します（SearchViewは、パレットの [**Widgets**] から選択できます）。

リスト04-13 activity_main.xml（ListSearchプロジェクト）

```xml
<?xml version="1.0" encoding="utf-8"?>
<androidx.constraintlayout.widget.ConstraintLayout ...>
  <!--検索ボックスを追加-->
  <SearchView
    android:id="@+id/search"
    android:layout_width="0dp"
    android:layout_height="wrap_content"
    android:iconifiedByDefault="false"
    android:queryHint="検索文字列を入力"
    app:layout_constraintEnd_toEndOf="parent"
    app:layout_constraintStart_toStartOf="parent"
    app:layout_constraintTop_toTopOf="parent">
  </SearchView>
  <ListView
    android:id="@+id/list"
    android:layout_width="0dp"
    android:layout_height="0dp"
    app:layout_constraintBottom_toBottomOf="parent"
    app:layout_constraintEnd_toEndOf="parent"
    app:layout_constraintStart_toStartOf="parent"
    app:layout_constraintTop_toBottomOf="@+id/search" />
</androidx.constraintlayout.widget.ConstraintLayout>
```

図04-11 レイアウト完成図

SearchView

ListView

iconifiedByDefault属性は、既定で虫メガネのアイコンだけを表示するかどうかを指定します。trueの場合は、アイコンをクリックして初めて、検索ボックスが表示されます。falseでは最初から検索ボックスが表示されます。

queryHint属性は、空の検索ボックスに表示される透かし文字を表します。一般的には「検索キーワードを入力してください」のような入力のためのヒントを表します。

[2] アクティビティを準備する

アクティビティで、検索ボックスとリストとを関連付けます。

リスト04-14 MainActivity.java（ListSearchプロジェクト）

```java
package to.msn.wings.listsearch;

import androidx.appcompat.app.AppCompatActivity;
import android.os.Bundle;
import android.widget.ArrayAdapter;
import android.widget.ListView;
import android.widget.SearchView;
import java.util.ArrayList;

public class MainActivity extends AppCompatActivity {
  @Override
  protected void onCreate(Bundle savedInstanceState) {
    super.onCreate(savedInstanceState);
    setContentView(R.layout.activity_main);

    // リスト項目をArrayListとして準備
    final ArrayList<String> data = new ArrayList<>();
    data.add("胡椒");
    ...中略...
    data.add("ローズマリー");

    // 配列アダプターを作成＆ListViewに登録
    ArrayAdapter<String> adapter = new ArrayAdapter<>(
            this, android.R.layout.simple_list_item_1, data);
    ListView list = findViewById(R.id.list);
    list.setAdapter(adapter);
    // フィルター機能を有効化
    list.setTextFilterEnabled(true);                                        ■1

    // 検索ボックスに入力された時の処理を定義
    SearchView sv = findViewById(R.id.search);
```

```
sv.setOnQueryTextListener(new SearchView.OnQueryTextListener() {
  public boolean onQueryTextChange(String text) {
    if (text == null || text.equals("")) {
      list.clearTextFilter();
    } else {
      list.setFilterText(text);
    }
    return false;
  }

  public boolean onQueryTextSubmit(String arg0) {
    return false;
  }
});
}
}
```

まず、setTextFilterEnabledメソッドでリストのフィルター機能を有効にしておきます（**1**）。

フィルターに検索ボックスからの入力値を引き渡すには、OnQueryTextListenerイベントリスナーを利用します（**2**）。これは、SearchViewへの入力を検知するためのイベントリスナーで、以下のメソッドを公開しています。

表04-03　OnQueryTextListenerイベントリスナーのメソッド

メソッド	呼び出すタイミング
onQueryTextChange	検索ボックスの内容が変化した時
onQueryTextSubmit	サブミットボタンをクリックした時[6]

＊6）SearchViewのサブミットボタンを有効にするには、SearchView#setSubmitButtonEnabledメソッドを呼び出します。

このサンプルではサブミットボタンは利用していないので、onQueryTextSubmitメソッドの中身は空のままとし、onQueryTextChangeメソッドだけを実装します（**3**）。

onQueryTextChangeメソッドは、引数textとして検索ボックスへの入力値を受け取ります。そこでここでは、テキストが空でないかどうかを調べ、空の場合はフィルター文字列もクリアし（clearTextFilterメソッド）、さもなければ、setFilterTextメソッドで入力された検索文字列をリストに紐づけています。

これによって、検索ボックスに検索文字列を入力すると、リアルタイムにリストの内容が絞り込まれるようになります。

Section 04-03 リストのレイアウトをカスタマイズする

このセクションでは、リスト項目のレイアウトをカスタマイズする方法について学びます。

このセクションのポイント

1 SimpleAdapterを利用することで、リスト項目を表示するためのレイアウトファイルとテキスト表示すべきデータとの関連付けを自由に変更できる。

2 BaseAdapterクラスを継承することで、リスト表示のためのアダプタークラスを自作できる。

ListViewは、あらかじめ決められたレイアウトでリストを表示するばかりではありません。自分でリスト項目を表すレイアウトを準備することで、（たとえば）以下のような段組みリストを生成することもできます。

図04-12　タイトル、サブタイトル、詳細から構成されるリスト

リストをカスタマイズするには、（1）標準のSimpleAdapterクラス、または（2）自作のアダプタークラスを利用します。そろそろ関連するファイルも多くなってきて、頭も混乱しがちかもしれませんが、それぞれのファイルの関係を常に頭に置きながら学習を進めていきましょう。

04-03-01　SimpleAdapterでListViewをカスタマイズする

まずは、よりシンプルな方法からです。アダプターを自作することに較べれば、できることは制限されますが、テキスト主体のリストであれば、SimpleAdapterだけでも賄える状況は意外と多いはずです。

さっそく、具体的な利用の手続きを見ていきます。

[1] レイアウトファイルを用意する

ListViewをカスタマイズする場合、リスト項目の表示方法を決めるためのレイアウトファイルを準備する必要があります。これまで作成してきたレイアウトファイル（activity_main.xml [*1]）は画面全体のレイアウトを定義するもので、これとは別ものなので、混同しないようにしてください。

> [*1] activity_main.xmlはリスト04-03と同じなので、ここでは割愛します。

図 04-13 レイアウトファイルの構造

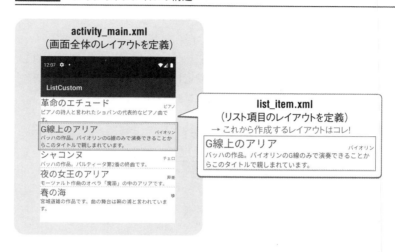

レイアウトファイルを一から作成するには、プロジェクトウィンドウから/res/layoutフォルダーを右クリックし、表示されたコンテキストメニューから[**New**]－[**Layout resource file**]を選択してください。

表示された[**New Resource File**]画面から以下の図のように必要な情報を入力し、[**OK**]ボタンをクリックします。

図 04-14 [New Resource File] 画面

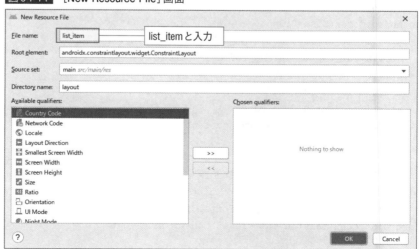

これで、/res/layout フォルダーに list_item.xml が作成されます。合わせてレイアウトエディターを起動するので、以下のように編集してください。

図 04-15 list_item.xml のレイアウト

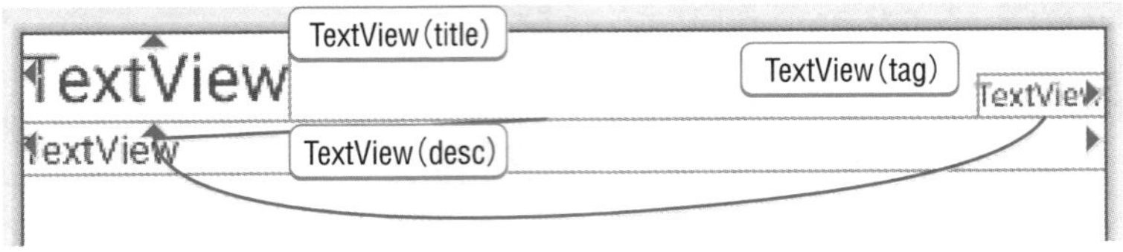

また、TextView（title ／ tag ／ desc）それぞれに対して、textSize 属性を 25sp ／ 12sp ／ 15sp に設定しておきます。
レイアウトファイルの完成コードは、以下の通りです。

リスト 04-15 list_item.xml（ListCustom プロジェクト）

```xml
<androidx.constraintlayout.widget.ConstraintLayout ...
    android:layout_height="match_parent">
  <TextView
    android:id="@+id/title"
    android:layout_width="wrap_content"
    android:layout_height="wrap_content"
    android:text="TextView"
    android:textSize="25sp"
    app:layout_constraintStart_toStartOf="parent"
    app:layout_constraintTop_toTopOf="parent" />
  <TextView
    android:id="@+id/tag"
    android:layout_width="wrap_content"
    android:layout_height="wrap_content"
    android:text="TextView"
    android:textSize="12sp"
    app:layout_constraintBottom_toBottomOf="@+id/title"
    app:layout_constraintEnd_toEndOf="parent" />
  <TextView
    android:id="@+id/desc"
    android:layout_width="0dp"
    android:layout_height="wrap_content"
    android:text="TextView"
    android:textSize="15sp"
    app:layout_constraintEnd_toEndOf="parent"
    app:layout_constraintStart_toStartOf="parent"
    app:layout_constraintTop_toBottomOf="@+id/title" />
</androidx.constraintlayout.widget.ConstraintLayout>
```

制約の紐づけが複雑に思えるかもしれませんが、どこを基点に位置取りするかを意識していれば、ルールは単純です。たとえばtag（タグ）は、

・レイアウト全体に対して右寄せしたいので、右制約を親レイアウト右に紐づけ
・下辺をtitle（タイトル）の下辺に揃えたいので、下制約をtitleの下部に紐づけ

すれば良いことになります。

この辺は慣れもあるので、たまにはレイアウトファイルに複数のウィジェットを配置して、さまざまな紐づけの組み合わせを試してみると、感覚を培うことができるはずです。

[2] アクティビティを用意する

ListViewに表示すべきデータを用意し、[1]で作成したレイアウトファイルと関連付けます。

リスト04-16 MainActivity.java（ListCustomプロジェクト）

```java
package to.msn.wings.listcustom;

import androidx.appcompat.app.AppCompatActivity;
import android.os.Bundle;
import android.widget.ListView;
import android.widget.SimpleAdapter;
import java.util.ArrayList;
import java.util.HashMap;

public class MainActivity extends AppCompatActivity {
  @Override
  protected void onCreate(Bundle savedInstanceState) {
    super.onCreate(savedInstanceState);
    // メインのレイアウトファイルactivity_main.xmlを関連付け
    setContentView(R.layout.activity_main);

    // ListViewに表示するデータを準備
    String[] titles = { "革命のエチュード", "G線上のアリア", "シャコンヌ", "夜の女王のアリ
ア", "春の海" };
    String[] tags = { "ピアノ", "バイオリン", "チェロ", "声楽", "箏" };
    String[] descs = { "ピアノの詩人と言われたショパンの代表的なピアノ曲です。",
        "バッハの作品。バイオリンのG線のみで演奏できることからこのタイトルで親しまれています。",
        "バッハの作品。パルティータ第2番の終曲です。", "モーツァルト作曲のオペラ「魔笛」の
中のアリアです。",
        "宮城道雄の作品です。曲の舞台は鞆の浦と言われています。" };
    ArrayList<HashMap<String, String>> data = new ArrayList<>();
```

```
    for (int i = 0; i < titles.length; i++) {
      HashMap<String, String> item = new HashMap<>();
      item.put("title", titles[i]);
      item.put("tag", tags[i]);
      item.put("desc", descs[i]);
      data.add(item);
    }

    // HashMap配列とレイアウトとを関連付け
    SimpleAdapter adapter = new SimpleAdapter(this, data, R.layout.list_item,
        new String[] { "title", "tag", "desc" },
        new int[] { R.id.title, R.id.tag, R.id.desc }
    );
    // アダプターをもとにリストを生成
    ListView list = findViewById(R.id.list);
    list.setAdapter(adapter);
  }
}
```

■1はListViewに表示するためのデータです。タイトル（title）／タグ（tag）／詳細（desc）を表すマップの配列を準備します。もちろん、そのままではListViewには引き渡せないので、ListViewとマップ配列との橋渡しをするのがSimpleAdapterクラスです（■2）。

構文 SimpleAdapterクラス（コンストラクター）

```
public SimpleAdapter(Context context,
  List<? Map<String, ?>> data,
  int resource, String[] from, int[] to)
    context ：コンテキスト（アクティビティ）
    data    ：データソース
    resource：レイアウトファイル
    from    ：表示に利用するデータのキー
    to      ：データを割り当てるウィジェット（id値）
```

この例であれば、マップ配列dataの内容を、レイアウトファイルlist_item.xmlを使ってリスト項目に整形しなさいという意味になります。その際、マップ上のキーtitle／tag／descの内容は、それぞれレイアウト上のTextView（title／tag／desc）にセットされます。

図 04-16 データ項目のマッピング

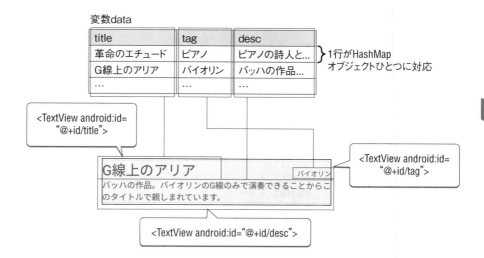

アダプターを準備できたら、あとはArrayAdapterの場合と同じです。setAdapterメソッドでListViewにセットして完了です。

04-03-02 自作のアダプターを利用する

SimpleAdapterアダプターによるカスタマイズは、比較的カンタンに実装できます。しかし、データはTextViewにしか割り当てられない、データソースはMap型のオブジェクトでなければならないなど、いくつかの制約もあります。

データソースとして独自のクラスを利用したい、データ項目に(たとえば)ImageViewなどを割り当てたい——など、より柔軟なカスタマイズを望む場合には、自作のアダプターを作成するのが良いでしょう。以下では、先ほどのリストを自作のMyListAdapterアダプターを介して実装してみます。

関連するファイルも多くなってくるので、最初に登場するファイルの関連を図にまとめておきます。2種類のレイアウトファイルは、ここではリスト04-14、04-16で利用したものを再利用させてもらいます。

図04-17 サンプルファイルの構造

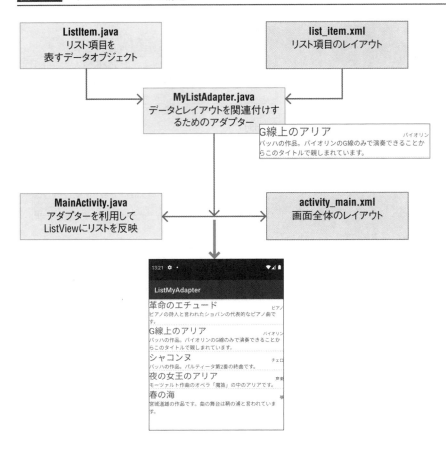

[1] データオブジェクトを用意する

アダプターに渡すオブジェクトを、ListItem.javaで定義します。ListItemは、id、title、tag、descというフィールドと、対応するアクセサーメソッドを持ちます[2]。

Javaクラスを作成するには、プロジェクトウィンドウから /app/java/to.msn.wings.listmyadapterフォルダーを右クリックし、表示されたコンテキストメニューから [**New**] － [**Java Class**] を選択してください。

＊2）アクセサーメソッドを定義するには、Android StudioのGenerate機能を利用するのが便利です。詳細はP.46も参照してください。

図04-18 ［New Java Class］ダイアログ

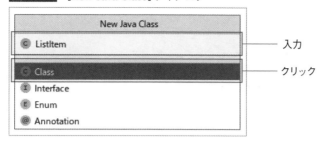

├── 入力

├── クリック

[New Java Class] ダイアログが開くので、クラス名（Name）を入力した上で、[Class] を選択、[Enter] ボタンで確定します。これでJavaクラスの骨格が生成されます。

リスト04-17 ListItem.java（ListMyAdapterプロジェクト）

```java
package to.msn.wings.listmyadapter;

class ListItem {
  private long id = 0;
  private String title = null;
  private String tag = null;
  private String desc = null;

  long getId() { return id; }
  String getTitle() { return title; }
  String getTag() { return tag; }
  String getDesc() { return desc; }

  void setId(long id) { this.id = id; }
  void setTitle(String title) { this.title = title; }
  void setTag(String tag) { this.tag = tag; }
  void setDesc(String desc) { this.desc = desc; }
}
```

[2] アダプタークラスを用意する

アダプタークラスは、BaseAdapter（android.widgetパッケージ）を継承して定義するのが基本です。先ほどと同じく、/app/java/to.msn.wings.listmyadapterフォルダー配下にMyListAdapterクラスを作成します。

クラスの骨格ができますが、Android Studioのコード生成機能を使って、もう少し骨組みを補っておきましょう。

リスト04-18 MyListAdapter.java（ListMyAdapterプロジェクト）

```
package to.msn.wings.listmyadapter;

import android.widget.BaseAdapter;

public class MyListAdapter extends BaseAdapter {
}
```

ここまで入力できたら、「class MyListAdapter」に赤い波線が引かれるので、そのツールヒントから [More actions...] － [implement methods] を選択します[3]。

図04-19 メソッド実装

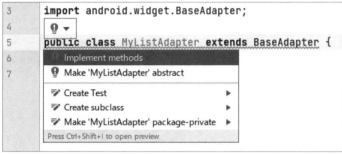

図04-20 [Implement Methods]画面

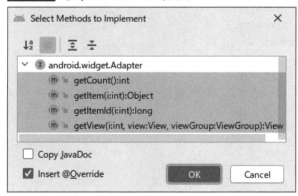

[Implement Members]画面が開くので、配下のメンバー（4個）をすべて選択し、[OK]ボタンをクリックします。メソッドの骨組みが自動生成されるので、改めて以下のようにコードを追加しておきましょう。

リスト04-19 MyListAdapter.java（ListMyAdapterプロジェクト）

```
package to.msn.wings.listmyadapter;
```

```
import android.content.Context;
import android.view.LayoutInflater;
import android.view.View;
import android.view.ViewGroup;
import android.widget.BaseAdapter;
import android.widget.TextView;
import java.util.ArrayList;

public class MyListAdapter extends BaseAdapter {
    private Context context;
    private ArrayList<ListItem> data;
    private int resource;
    private LayoutInflater inflater;

    public MyListAdapter(Context context,
                         ArrayList<ListItem> data, int resource) {
        this.context = context;
        this.data = data;
        this.resource = resource;
        inflater = (LayoutInflater) this.context.getSystemService(
            Context.LAYOUT_INFLATER_SERVICE);
    }

    // データ項目の個数を取得
    @Override
    public int getCount() {
        return data.size();
    }

    // 指定された項目を取得
    @Override
    public Object getItem(int i) {*4
        return data.get(i);
    }

    // 指定された項目を識別するためのid値を取得
    @Override
    public long getItemId(int i) {
        return data.get(i).getId();
    }

    // リスト項目を表示するためのViewを取得
    @Override
```

■1 ■5 ■2

*4）自動生成された
コードの戻り値型は
Objectになっている
ので、ListItem型に書
き換えておきます。

```
public View getView(int position, View convertView, ViewGroup parent) {
  ListItem item = (ListItem) getItem(position);
  View sview = (convertView != null)? convertView:
      inflater.inflate(resource, null);
  ((TextView) sview.findViewById(R.id.title)).setText(item.getTitle());
  ((TextView) sview.findViewById(R.id.tag)).setText(item.getTag());
  ((TextView) sview.findViewById(R.id.desc)).setText(item.getDesc());
  return sview;
}
}
```

BaseAdapterクラスで、最低限オーバーライドしなければならないメソッドは、
以下のとおりです。

表04-04   BaseAdapterクラスの主なメソッド

メソッド	概要
getCount()	リスト項目数を取得
getItem(int *position*)	position 番目の項目を取得
getItemId(int *position*)	position 番目の項目のid値を取得
getView(...)	position 番目の項目を表示するための View を取得

また、コンストラクター（**1**）では、リスト表示に必要な情報を受け取り、対応す
るフィールドにセットしています。必要な情報は作成するアダプターによって異なり
ますが、

  ・コンテキスト
  ・ListView に表示するデータ（ListItem のリスト）
  ・項目表示のためのレイアウト

は最低限用意しておく必要があるでしょう。
　getCount ／ getItem ／ getItemId メソッド（**2**）では、コンストラクターでセット
された ListItem リストから、それぞれ要素数、指定の項目、id値を取得しています。
　そして、アダプタークラスの中心となるのが getView メソッドです（**3**）。

構文 getViewメソッド

```
public abstract View getView(int position, View convertView,
    ViewGroup parent)
    position    :リスト項目（インデックス番号）
    convertView：再利用可能な古いビュー
    parent      ：Viewの親コンテナー（ListView）
```

　　　　　レイアウトファイルをViewオブジェクトに変換するには、LayoutInflater#inflateメソッドを利用します（**4**）。LayoutInflaterオブジェクトは、Context#getSystemServiceメソッドで取得できます（**5**）。

構文 inflateメソッド

```
public View inflate(int resource, ViewGroup root)
    resource：レイアウトファイル
    root    ：親レイアウト
```

　　　　　この場合は、レイアウトファイルlist_item.xmlを取得しているので、inflateメソッドの戻り値も、そのルート要素であるConstraintLayoutです。

　　　　　なお、inflateメソッドによるレイアウトファイルの解析はそれなりにオーバーヘッドの大きな処理です。以前に利用したビューで再利用可能なものがgetViewメソッドの引数convertViewに渡されているので、呼び出しに先立っては、この値がnullでないかを確認しておきましょう。nullでない場合は、引数convertViewの値をそのまま利用できます（nullの場合にだけinflateメソッドを呼び出します）。

　　　　　レイアウトを取得できたら、あとはfindViewByIdメソッドで配下のウィジェットを取り出し、データソース（ListItemオブジェクト）から必要な情報をセットするだけです（**6**）。ここではTextViewの表示テキストを設定しているだけですが、もちろん、任意のウィジェットの任意の属性に対して値をセットすることもできます。

［3］アクティビティを用意する

　　　　　アダプターができてしまえば、あとはアクティビティからこれを呼び出し、ListViewに紐付けるだけです。

リスト04-20　MainActivity.java（ListMyAdapterプロジェクト）

```
package to.msn.wings.listmyadapter;

import androidx.appcompat.app.AppCompatActivity;
import android.os.Bundle;
import android.widget.ListView;
import java.util.ArrayList;
import java.util.Random;
```

```java
public class MainActivity extends AppCompatActivity {
  @Override
  protected void onCreate(Bundle savedInstanceState) {
    super.onCreate(savedInstanceState);
    // メインのレイアウトファイルactivity_main.xmlを関連付け
    setContentView(R.layout.activity_main);

    // ListViewに表示するデータを準備
    String[] titles = { "革命のエチュード", "G線上のアリア", "シャコンヌ", "夜の女王のアリ
ア", "春の海" };
    String[] tags = { "ピアノ", "バイオリン", "チェロ", "声楽", "箏" };
    String[] descs = { "ピアノの詩人と言われたショパンの代表的なピアノ曲です。",
        "バッハの作品。バイオリンのG線のみで演奏できることからこのタイトルで親しまれています。",
        "バッハの作品。パルティータ第2番の終曲です。", "モーツァルト作曲のオペラ「魔笛」の
中のアリアです。",
        "宮城道雄の作品です。曲の舞台は鞆の浦と言われています。" };
    ArrayList<ListItem> data = new ArrayList<>();
    for (int i = 0; i < titles.length; i++) {
      ListItem item = new ListItem();
      item.setId((new Random()).nextLong());
      item.setTitle(titles[i]);
      item.setTag(tags[i]);
      item.setDesc(descs[i]);
      data.add(item);
    }
    // ListItem配列とレイアウトとを関連付け
    MyListAdapter adapter = new MyListAdapter(this, data, R.layout.list_item);
    ListView list = findViewById(R.id.list);
    list.setAdapter(adapter);
  }
}
```

リスト04-16と異なるのは、アダプターに渡すべきデータをListItemのリストとして用意している点（**1**）、そして、アダプターとして自作のMyListAdapterクラスを指定している点（**2**）だけです。

アダプタークラスを利用することで、関係するファイルも増えて複雑になったように感じますが、ほとんどの機能はアダプタークラス（その中でもgetViewメソッド）に集約されています。サンプルを理解できたら、レイアウトファイルとgetViewメソッドとを修正して、自分なりのリストを生成してみるのも良い勉強でしょう。

このセクションでは、自由度の高いリストを生成するRecyclerViewの基本的な手
順を学びます。

このセクションのポイント

1 RecyclerViewでは、アダプター／ビューホルダー／レイアウトマネージャーを利用してリストを生成する。
2 アダプターを定義するには、RecyclerView.Adapter<T>クラスを継承する。
3 ビューホルダーを定義するには、RecyclerView.ViewHolderクラスを継承する。
4 レイアウトマネージャーには、リストを縦／横並びに表示するLinearLayoutManagerクラスや、グリッド表示
するためのGridLayuoutManagerなどがある。
5 CardViewは、カード形式のビューを作成するためのウィジェットである。

　RecyclerViewは、一言で言うならばListViewよりも自由度の高いリストを
生成するためのウィジェットです。Recyclerという名前の通り、ビューを再利用
（recycle）しながらリストを処理するので、より大きなデータセットを効率的に処理
できます。

　また、ListViewに比べて、リストを生成するための役割が個々のクラスに明確に
分離されている点も、RecyclerViewの特長です。このため、コードの見通しが良
く、レイアウトに修正があった場合にも即応しやすくなっています[1]。

*1）P.170の［参考］
でも触れたように、
ListViewにはListView
の良さがあるため、す
ぐさまにListViewが
RecyclerViewで完全
に置き換わることは
ないと思われますが、
それでも今後は「リス
トはRecyclerViewで」
という傾向は強まる
ことでしょう。

図04-21 RecyclerViewによるアプリの構造

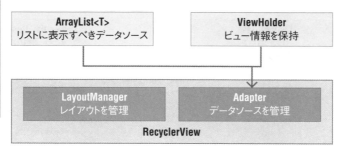

　それぞれのクラスの詳細については、順番に解説していくので、まずは、互いの
大まかな関係を把握しておいてください。

　さて、それではRecyclerViewで具体的にリストを生成してみましょう。ここで
は、04-03-01項で作成した曲目リストをカード状にリスト表示してみます。

図04-22　本節で作成するサンプルの実行結果

　カード状のビュー生成には、CardViewを利用します。CardViewを利用することで、角丸／影付きのカードレイアウトを属性の指定だけで簡単に実装できます。

　RecyclerViewの実装では、関連するファイルも増えてくるので、例によって、サンプルを構成するファイルの関係を図にまとめておきます。以降の解説で、自分がなにをしているのかを見失ってしまったら、ここまで戻ってきて、サンプル全体の構造を再度確認してみてください。

図04-23　サンプルファイルの構造

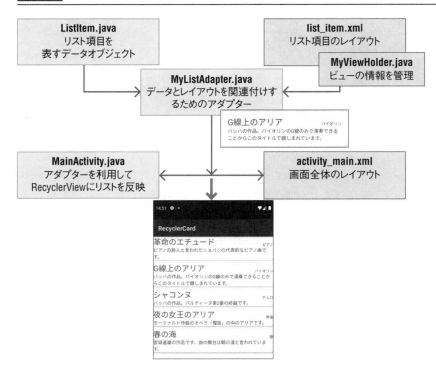

04-04-01 レイアウトファイルを作成する

P.206の図04-23でも見たように、サンプルを動作するのに必要なレイアウトファイルは、メインレイアウトと、リスト個々の項目を表すサブレイアウトの2点です。

[1] メインレイアウトを作成する

まずは、メインレイアウトを作成していきましょう。メインレイアウトに、RecyclerViewを配置して、以下のようにコードを編集します。RecyclerViewは、パレットの [Containers] タブから選択できます。

リスト04-21　activity_main.xml（RecyclerCardプロジェクト）

```xml
<?xml version="1.0" encoding="utf-8"?>
<androidx.constraintlayout.widget.ConstraintLayout ...>
  <androidx.recyclerview.widget.RecyclerView
    android:id="@+id/rv"
    android:layout_width="0dp"
    android:layout_height="wrap_content"
    app:layout_constraintEnd_toEndOf="parent"
    app:layout_constraintStart_toStartOf="parent"
    app:layout_constraintTop_toTopOf="parent" />
</androidx.constraintlayout.widget.ConstraintLayout>
```

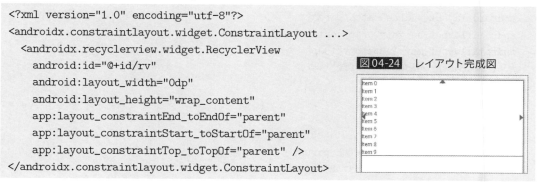

図04-24　レイアウト完成図

[2] サブレイアウトを作成する

続いて、個々のリスト項目を表すサブレイアウトを作成します。P.193の手順に従って、新規のレイアウトファイルを作成しましょう。ただし、[Root element] の欄は「androidx.cardview.widget.CardView」[*2] としておきます。

*2)実際に入力する際には「CardView」と入力すれば、候補リストが表示されます。

図04-25　[New Resource File] 画面

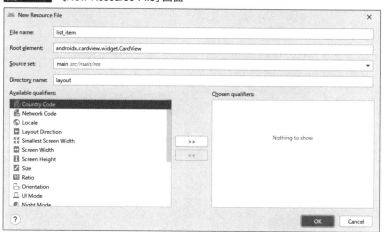

レイアウトファイルの外枠ができるので、配下にConstraintLayoutを配置した上で、title（タイトル）／tag（タグ）／desc（詳細）を表示するためのTextViewを配置します。制約の設定は04-03-01項のそれに準じるので、合わせて参考にしてください。

完成したコードは、以下の通りです。

リスト04-22　list_item.xml（RecyclerCardプロジェクト）

```xml
<?xml version="1.0" encoding="utf-8"?>
<androidx.cardview.widget.CardView xmlns:android="http://schemas.android.com/➡
apk/res/android"
  xmlns:app="http://schemas.android.com/apk/res-auto"
  android:id="@+id/cardView"
  android:layout_width="match_parent"
  android:layout_height="wrap_content"
  android:layout_marginBottom="10dp"
  app:cardBackgroundColor="#ffc"
  app:cardCornerRadius="7dp"
  app:cardElevation="5dp">

<androidx.constraintlayout.widget.ConstraintLayout
  android:layout_width="match_parent"
  android:layout_height="match_parent">

<TextView
  android:id="@+id/title"
  android:layout_width="wrap_content"
  android:layout_height="wrap_content"
  android:text="TextView"
  android:textSize="25sp"
  app:layout_constraintStart_toStartOf="parent"
  app:layout_constraintTop_toTopOf="parent" />

<TextView
  android:id="@+id/tag"
  android:layout_width="wrap_content"
  android:layout_height="wrap_content"
  android:text="TextView"
  android:textSize="12sp"
  app:layout_constraintBottom_toBottomOf="@+id/title"
  app:layout_constraintEnd_toEndOf="parent" />

<TextView
  android:id="@+id/desc"
```

```
        android:layout_width="0dp"
        android:layout_height="wrap_content"
        android:text="TextView"
        android:textSize="15sp"
        app:layout_constraintEnd_toEndOf="parent"
        app:layout_constraintStart_toStartOf="parent"
        app:layout_constraintTop_toBottomOf="@+id/title" />

    </androidx.constraintlayout.widget.ConstraintLayout>
</androidx.cardview.widget.CardView>
```

図04-26　レイアウト完成図

TextView (title)

TextView (desc)　　　　　　　　　　　　　TextView (tag)

ここではCardViewで利用できる属性に注目しておきます。

表04-05　CardViewの主な属性

属性	概要
cardBackgroundColor	背景色
cardCornerRadius	角の丸め
cardElevation	高さ（指定値に応じて影を付与）
cardMaxElevation	最大の高さ

　cardCornerRadius属性には、カード角の半径を指定します。数値が大きくなればなるほど、丸みが強くなります。

04-04-02　アダプタークラスを作成する

　RecyclerViewにデータを橋渡しするためのアダプター、そして、アダプターで利用するためのビューホルダーを作成します。

[1] ビューホルダーを作成する

　ビューホルダーとは、名前の通り、ビューを保持するためのクラスです。個々のリスト項目を生成する際に、配下のウィジェット（この例ではTextView）をfindViewByIdメソッドで毎度取得するのは無駄です。そこで、あらかじめViewHolderで個々のウィジェットへの参照を準備しておくわけです。

　RecyclerViewのためのビューホルダーは、RecyclerView.ViewHolderクラス（androidx.recyclerview.widget パッケージ）を継承して定義するのが基本です[3]。

＊3) クラスを生成する方法については、04-03-02項も合わせて参照してください。

リスト04-23 MyViewHolder.java（RecyclerCardプロジェクト）

```java
package to.msn.wings.recyclercard;

import android.view.View;
import android.widget.TextView;
import androidx.recyclerview.widget.RecyclerView;

public class MyViewHolder extends RecyclerView.ViewHolder {
  // ビューに配置されたウィジェットを保持しておくためのフィールド
  View view;
  TextView title;
  TextView tag;
  TextView desc;

  // コンストラクター（ウィジェットへの参照を格納）
  public MyViewHolder(View itemView) {
    super(itemView);
    this.view = itemView;
    this.title = view.findViewById(R.id.title);
    this.tag = view.findViewById(R.id.tag);
    this.desc = view.findViewById(R.id.desc);
  }
}
```

ビューホルダーは、あくまでリスト項目そのものを表すビュー（レイアウト）で利用しているウィジェットを保持することが目的です。それ自身が、特に処理などを受け持つことはありません。

＊4）基底クラスをもとにメソッドの骨組みを生成する方法については、04-03-02項も参考にしてください。

[2] アダプタークラスを作成する

続いて、アダプタークラスを作成します。RecyclerViewのためのアダプタークラスは、RecyclerView.Adapter<T>クラス（androidx.recyclerview.widgetパッケージ）を継承して定義するのが基本です＊4。

リスト04-24 MyListAdapter.java（RecyclerCardプロジェクト）

```java
package to.msn.wings.recyclercard;

import android.view.LayoutInflater;
import android.view.View;
import android.view.ViewGroup;
import androidx.annotation.NonNull;
import androidx.recyclerview.widget.RecyclerView;
import java.util.ArrayList;
```

```
public class MyListAdapter extends RecyclerView.Adapter<MyViewHolder> { ──────1
  private ArrayList<ListItem> data;

  public MyListAdapter(ArrayList<ListItem> data) { ──────────────────2
    this.data = data;
  }

  @NonNull
  @Override
  public MyViewHolder onCreateViewHolder(@NonNull ViewGroup parent,
                                         int viewType) {
    View v = LayoutInflater.from(parent.getContext()) ────────────
            .inflate(R.layout.list_item, parent, false); ──────6
    return new MyViewHolder(v);
  } ────────────────────────────────────────────────
                                                                    3

  // ビューにデータを割り当て、リスト項目を生成
  @Override
  public void onBindViewHolder(@NonNull MyViewHolder holder, int position) {
    holder.title.setText(this.data.get(position).getTitle());
    holder.tag.setText(this.data.get(position).getTag());       4
    holder.desc.setText(this.data.get(position).getDesc());
  } ────────────────────────────────────────────────

  // データの項目数を取得
  @Override
  public int getItemCount() { ──────────────────────────────
    return this.data.size();                                    5
  } ────────────────────────────────────────────────
}
```

参考

@NonNull ／ @Nullable アノテーション

　Android Studioでクラスを自動生成すると、メソッドとその引数に@Nullable ／ @NonNullのようなアノテーションが付くことがあります。これは引数／戻り値がnullを含む可能性があるかを表すための注釈です。

　たとえば、@NonNull引数にnull値を渡した場合、または@Nullableな戻り値をnullチェックなしで利用した場合には警告の原因となります。実際の開発では明示しておくことをお勧めします。

　コード生成の方法によって@Nullable ／ @NonNullが付いたり付かなかったりする場合がありますが[5]、本書では以降、紙面上はアノテーションをできるだけ記載する方針としています。構文を示す場合にもアノテーションを極力付記するようにしていますので、実際にコードを組む際の参考にしてください。

*5）たとえば、プロジェクト生成時に自動生成されるアクティビティには、@Nullableアノテーションは付与されません。

RecyclerView.Adapter派生クラスを定義する際、まずは型パラメーターとしてアダプターで利用するビューホルダーを割り当てておく必要があります。この例であれば、**1**のRecyclerView.Adapter<**MyViewHolder**>が、それです。これでMyListAdapterアダプターでは、MyViewHolderクラスを利用してビューを処理する、という意味になります。

具体的な実装も見てみましょう。

まず、**2**のコンストラクターでは、リスト表示に必要な情報をArrayList<ListItem>型として受け取っています。ListItemクラスは、アダプターに引き渡すデータ項目を表すデータオブジェクトです。内容は04-03-02項で扱ったものと同じなので、本項では割愛します。

3～**5**が、アダプターで最低限オーバーライドしなければならないメソッドです。

表04-06　RecyclerView.Adapterクラスの主なメソッド

メソッド	概要
onCreateViewHolder	リスト個々の項目を生成するためのビューホルダーを生成
onBindViewHolder	ビューホルダーに値を割り当て、個々のリスト項目を生成
getItemCount	リストの項目数を取得

まずonCreateViewHolderメソッドは、レイアウトマネージャー（後述）によって呼び出され、新たなビューホルダーを生成します（**3**）。アダプターでは、これを利用して、個々のリスト項目を生成していくことになるわけです。

レイアウトファイルからViewオブジェクトを生成するには、LayoutInflator#inflateメソッド（P.203）を利用します（**6**）。LayoutInflatorオブジェクトは、LayoutInflator#fromメソッドから取得できます。

構文　fromメソッド

```
public static LayoutInflater from(Context context)
    context：コンテキスト（アクティビティ）
```

あとは生成されたViewオブジェクトをもとに、ビューホルダー（MyViewHolderオブジェクト）をインスタンス化して、戻り値として返すだけです。

4のonBindViewHolderメソッドは、リスト内の個々の項目を生成する際に呼び出されます。既に**3**でビュー（正確にはビューホルダー）が用意されているので、データソースの値を、個々のプロパティ（holder.title、holder.tag、holder.descなど）に個々の項目を割り当てるだけです。onBindViewHolderメソッドには引数positionとして、現在処理しているリスト項目のインデックス番号が渡されているので、個々の値には「this.data.get(position)」でアクセスできます。

04-04-03 アクティビティを準備する

アダプター／レイアウトファイルができてしまえば、あとは、これをアクティビティから呼び出し、RecyclerViewに割り当てるだけです。

リスト04-25　MainActivity.java（RecyclerCardプロジェクト）

```java
package to.msn.wings.recyclercard;

import androidx.appcompat.app.AppCompatActivity;
import androidx.recyclerview.widget.LinearLayoutManager;
import androidx.recyclerview.widget.RecyclerView;
import android.os.Bundle;
import java.util.ArrayList;
import java.util.Random;

public class MainActivity extends AppCompatActivity {
  @Override
  protected void onCreate(Bundle savedInstanceState) {
    super.onCreate(savedInstanceState);
    setContentView(R.layout.activity_main);

    // リストに表示するデータを準備
    String[] titles = { "革命のエチュード", "G線上のアリア",
        "シャコンヌ", "夜の女王のアリア", "春の海" };
    String[] tags = { "ピアノ", "バイオリン", "チェロ", "声楽", "箏" };
    String[] descs = { "ピアノの詩人と言われたショパンの代表的なピアノ曲です。",
        "バッハの作品。バイオリンのG線のみで演奏できることからこのタイトルで親しまれています。",
        "バッハの作品。パルティータ第2番の終曲です。", "モーツァルト作曲のオペラ「魔笛」の中の →
アリアです。",
        "宮城道雄の作品です。曲の舞台は鞆の浦と言われています。" };
    ArrayList<ListItem> data = new ArrayList<>();
    for (int i = 0; i < titles.length; i++) {
      ListItem item = new ListItem();
      item.setId((new Random()).nextLong());
      item.setTitle(titles[i]);
      item.setTag(tags[i]);
      item.setDesc(descs[i]);
      data.add(item);
    }

    RecyclerView rv = findViewById(R.id.rv);
    // 固定サイズの場合にパフォーマンスを向上
    rv.setHasFixedSize(true);                                          ①
```

```
    // レイアウトマネージャーの準備&設定
    LinearLayoutManager manager = new LinearLayoutManager(this);
    manager.setOrientation(LinearLayoutManager.VERTICAL);              2
    rv.setLayoutManager(manager);
    // アダプターをRecyclerManagerに設定
    RecyclerView.Adapter adapter = new MyListAdapter(data);
    rv.setAdapter(adapter);                                           3
  }
}
```

ListViewのサンプル（04-03-02項）と異なるのは太字の部分だけです。

■のsetHasFixedSizeメソッドはRecyclerViewのサイズが固定であることを宣言します。あらかじめ宣言しておくことでパフォーマンスを向上できます。

②では、レイアウトを制御するためのレイアウトマネージャーを準備しています。LinearLayoutManagerは、縦並び／横並びのリストを生成するためのレイアウトマネージャーです。

構文 LinearLayoutManagerコンストラクター

```
public LinearLayoutManager(@Nullable Context context)
    context：コンテキスト（アクティビティ）
```

LinearLayoutManagerオブジェクトでは、最低限、setOrientationメソッドでリストのスクロール方向を決定しておきましょう。VERTICALで一般的な縦スクロールのリストを生成します。HORIZONTALとするだけで、横方向にスクロールするリストも生成できます。

図 04-27　横方向にスクロールするリスト（HORIZONTALに設定した場合）

生成したレイアウトマネージャーは、setLayoutManagerメソッドでRecyclerViewに設定できます。

あとは、ListViewの場合と同じく、アダプター（ここではMyListAdapter）を生成し、setAdapterメソッドでRecyclerViewに割り当てるだけです（③）。これで、LinearLayoutManager ／ MyListAdapterを利用したRecyclerViewの完成です。

参考

グリッド状にカードを配置する

GridLayoutManager を利用することで、グリッド状にカードを配置することもできます。

```
GridLayoutManager manager = new GridLayoutManager(this, 2);
rv.setLayoutManager(manager);
```

図 04-28 グリッド状に配置された

コラム

日本語化したAndroid Studioを元に戻すには？

P.167では、Android Studioを日本語化する方法について紹介しました。英語に戻したい場合は、プラグインの設定画面で日本語言語パックのチェックを外して再起動します。

プラグイン自体をアンインストールしたい場合は、日本語言語パック欄の右上にある ✿ をクリックし、表示されたコンテキストメニューから［アンインストール］をクリックして、再起動します。

図04-29　プラグインの設定画面

ビュー開発
（レイアウト＆複合ウィジェット）

レイアウト（ビューグループ）とは、複数のウィジェットをまとめたり、どのように配置すべきかを決めるためのビューです。レイアウトファイルを作成するにあたっては、ほぼ不可欠とも言えるしくみです。本章では、このレイアウトについてまとめると共に、タブパネルやフリップで切り替え可能なビューなど、複合的なレイアウトを実装するためのウィジェットについて学んでいきます。

はじめての Android アプリ開発 Java 編

レイアウト
ウィジェットの配置方法を理解する

このセクションでは、標準で利用できるレイアウト（ビューグループ）について解説します。

このセクションのポイント

1 レイアウトは、ウィジェットの配置を決めるためのビューである。

2 配置を制約によって決めるConstraintLayoutの他、ウィジェットを一列に並べるLinearLayout、格子状に配置するTableLayoutなどがある。

レイアウトとは、名前のとおり、ウィジェットの配置（レイアウト）を決めるためのビューです。他のビュー（ウィジェット）をまとめるための入れ物[*1]となることからビューグループと呼ばれることもあります。

*1）コンテナーとも言います。

もっとも、このレイアウト、別に新たに登場する概念ではなく、ここまでにも何度も紹介しているものです。そう、これまでもレイアウトファイルの最上位要素として利用してきたConstraintLayoutがそれです。ConstraintLayoutは、ウィジェットを前後の相対的な位置関係（制約）によって配置するレイアウトです。

これまではなんとなく用意されてきたものを言われるがままに使ってきただけですが、本格的にアプリを開発していく上では、レイアウトの理解は基本中のキです。

標準で用意されているレイアウトには、以下のようなものがあります。

表05-01 主なレイアウト

レイアウト	概要
ConstraintLayout	ウィジェットの位置を互いの位置関係（制約）で指定
LinearLayout	ウィジェットを縦／横一列に配置
TableLayout	ウィジェットをテーブル（格子）状に配置
FrameLayout	ウィジェットを左上に重ねて配置

本書では、この中でもAndroid Studioが既定で採用しており、ほぼマウス操作だけでデザインが賄えるConstraintLayoutを優先して利用してきました。しかし、ConstraintLayoutは、自由度が高い分、制約が多くなると複雑になりがちです。

以下では、これまで使ってきたConstraintLayoutを優先して解説し、その後、よりシンプルなレイアウトを手軽に扱えるLinearLayout／TableLayoutを紹介します。ConstraintLayoutの普及によって、LinearLayout／TableLayoutの重要度は低くなっていますが、旧来からのコードにはまだまだよく登場します。他の人が書いたコードを理解する意味でも、基本的な用法を知っておくことは無駄ではありません。

なお、FrameLayoutは、それ単体で利用することはほとんどなく、他のレイアウトとの組み合わせで利用するのが一般的です。本書でも、あとからセクション08-04でフラグメントと共に紹介します。

いずれのレイアウトも、パレットの[**Layouts**]タブから選択できます。

05-01-01 相対的な位置関係でウィジェットの配置を決める - ConstraintLayout

ConstraintLayoutの基本的な操作方法については、02-03-01項でも触れています。ここではその理解を前提に、より複雑なレイアウトを設計する方法についてまとめます。

■ 復習：制約のまとめ

ConstraintLayoutの基本は、ウィジェット同士の紐づけを定義することです。上下／左右の紐づけを組み合わせることで、さまざまな位置関係を表現できます。以下に、主なパターンをまとめておきます。

（1）各辺の紐づけ

まずは各辺を接続した場合のパターンです。

図 05-01　各辺の紐づけ

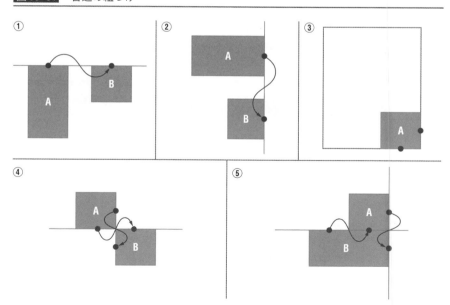

①のように上辺同士を繋いだ場合には上辺が揃いますし、右辺同士であれば右

辺が揃います（②）。紐づけ先が親レイアウトの場合は、③のように下辺、右辺が揃った結果、右下に配置されることになります。

　④〜⑤のように異なる辺を接続することもできます。たとえば、④のように下辺→上辺、右辺→左辺に接続すれば、右下と左上とが接するような配置になります。⑤であれば、下辺→上辺、右辺→右辺なので、右揃え／縦並びの配置となります。

（2）余白（マージン）

　紐づけたウィジェット同士は、基準となる辺からの余白（マージン）を設定することもできます。たとえば図05-01の④の例で、ウィジェットBの上／左にそれぞれ100dpのマージンを設定した場合には、以下のような配置になります。

図 05-02　余白（マージン）

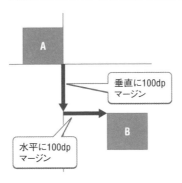

　マージンは、属性ウィンドウの **[Layout]** タブからも設定できますが、個々の項目に対して直接指定しても構いません[2]。

*2）その場合は [layout_margin] を展開して、その配下から該当する属性を選択してください。

表 05-02　マージン関連の属性（「*」は [Layout] タブで指定できるもの）

属性	概要
layout_margin	上下左右の余白
*layout_marginTop	上の余白
*layout_marginBottom	下の余白
layout_marginLeft	左の余白
layout_marginRight	右の余白
*layout_marginStart	始端の余白
*layout_marginEnd	終端の余白

　〜 Start ／〜 End 属性は、ロケール（地域情報）によって挙動が変化します。日本語環境では、〜 Left ／〜 Right 属性と同じ意味ですが、地域によっては右→左

方向に文字を並べる言語があります。そのような言語では、～Start ／～Endはそれぞれ～Right ／～Leftの意味になります（それぞれの並びに応じて、始端／終端に寄せるわけです）。国際化対応を意識するならば、～Left ／～Right属性よりも～Start ／～End属性を利用すべきです。

　～Start ／～End属性はマージン以外でも登場するので、是非覚えておきましょう。

（3）パディング

　マージンによく似た概念として、パディングについても理解しておきましょう。

　ひと言で言ってしまうならば、マージンが「枠と他のウィジェットとの間の余白」を表すのに対して、パディングは「コンテンツそのものと枠との間の余白」を表します[*3]。

> *3）よって、正確にはレイアウトとは関係ありませんが、マージンと合わせた方が理解しやすいので、本項で扱っておきます。

図05-03　レイアウト属性

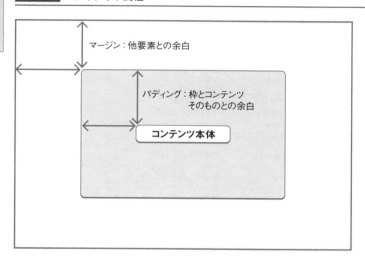

　外枠のないウィジェットだと違いが判りにくいかもしれませんが、（たとえば）ボタンのように枠線や背景があるウィジェットでは、両者の違いは明らかです。以下は、図05-01の④の例で、ウィジェットBに対して（マージンの代わりに）上／左パディングを100dp設定した場合には、以下のような配置になります（図05-01と比べてみましょう）。

図05-04　マージンの代わりにパディングを設定

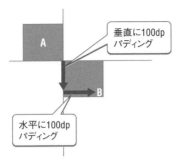

垂直に100dp
パディング

A

B

水平に100dp
パディング

パディングは、以下の属性で指定できます。

表05-03　パディング関連の属性

属性	概要
padding	上下左右のパディング
paddingTop	上のパディング
paddingBottom	下のパディング
paddingLeft	左のパディング
paddingRight	右のパディング
paddingStart	始端のパディング
paddingEnd	終端のパディング

■ 例：ConstraintLayoutを利用した入力フォーム

ConstraintLayoutの基本を再確認できたところで、ここからはより具体的なアプリを作成する過程で理解を深めていきましょう。ここで作成するのは、右下のような入力フォームです[4]。

[1] ウィジェットに制約を設定する

復習も兼ねて、まずは、配置したTextView／EditTextに対して、以下のような制約を追加しておきましょう。EditTextの種類は図のカッコ内で示しています。

*4）完 成 版 の コ ー ド は、ダウンロードサンプルの **ConstraintForm** プロジェクトを参照してください。

図05-05　本項で作成する入力フォーム

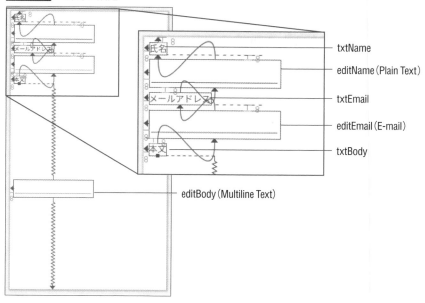

図 05-06 制約の設定

- txtName
- editName（Plain Text）
- txtEmail
- editEmail（E-mail）
- txtBody
- editBody（Multiline Text）

設定の内容は、以下の通りです。

- すべてのウィジェットに左方向の制約を、親レイアウトに対して接続します。
- txtName ← editName ← txtEmail ← editEmail ← txtBody ← editBody のように、上方向の制約をそれぞれ直前のウィジェットに対して接続していきます。
- txtName の上制約、editBody の下制約は、それぞれ親レイアウトに対して接続します。
- マージンに異なる値が設定されている場合には、8dp と設定しておきましょう。マージンは、属性ウィンドウの [Layout] タブから設定できます。

図 05-07 マージンの設定

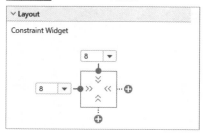

[2] ウィジェットの属性を設定する

EditText の横幅を 02-03-01 項の手順に従って、レイアウトいっぱいに広げておきます。また、EditText（editBody）については縦幅もレイアウト下端まで広げ

てください。

図05-08　txtBodyの縦幅をレイアウトいっぱいに

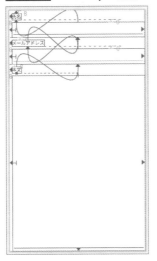

また、txtBodyには、lines属性に10を設定して
おきます。

この状態でサンプルを実行すると、図05-09の
ような結果が得られます。

図05-09　ここまでのレイアウ
トの結果

■ ウィジェット同士を横並びにする

ラベルと入力ボックスを横並びにすることもできます。これには、以下のように制約を設定してください。

- editName ／editEmail ／editBodyの左制約を、対応するtxtName ／txtEmail ／txtBodyの右に接続
- editName ／editEmail ／editBodyの上制約を、それぞれ直上の親レイアウト／editName ／editEmailの下に接続

これでそれぞれのラベルと入力ボックスとが横並びになります。

図 05-10　ラベルと入力ボックスを横並びに

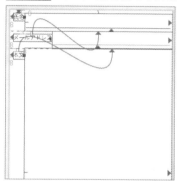

■ ベースラインを揃える

ただし、このままではラベルと入力要素のベースラインが揃っておらず、見た目にもよくないので、これを揃えてみます。これには、レイアウトエディター上でeditNameを右クリックし、表示されたコンテキストメニューから [Show Baseline] を選択します。ベースラインを表す太線が表示されるので、これをドラッグするように動かすと、他のウィジェットにも同じくベースラインが表示されます。この状態で、txtNameとeditNameのベースラインを接続してみましょう。

図 05-11　ベースライン同士を接続する

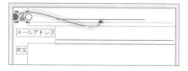

これでtxtName ／editNameのベースラインが揃います。txtEmail ／editEmail、txtBody ／editBodyも同じ要領でベースラインを揃えておきましょう。ここまでの内容を実行した結果が、図05-12です。

図 05-12　ラベルと入力ボックスのベースラインを揃えた

■ ガイドラインに揃える

更に、EditText同士を縦に揃えてみましょう。これには、ガイドラインという機能を利用します。

レイアウトエディター上部のメニューバーから 茸 （Guidelines） − [**Vertical Guideline**] を選択します。すると、レイアウトエディター上に縦の線が引かれます。これがガイドラインです[*5]。

＊5）横のガイドラインを設置するならば [**Horizontal Guideline**] を利用します。

図 05-13　ガイドラインを設置

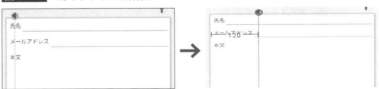

ガイドラインは、◀ 下に表示された縦の線をドラッグすることで横方向に移動できます。ここでは、左から120dpの位置にガイドラインを移動します。

あとは、editName ／ editEmail ／ editBodyの左制約をそれぞれガイドライン
に接続するだけです。これですべてのEditTextがガイドラインの基準に揃います。

図 05-14　ガイドラインを基点に制約を設定

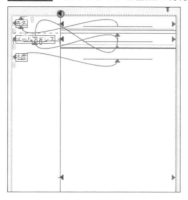

設定は以上です。サンプルを実行して、冒頭の図05-05のように表示されること
を確認してください。

*6）Ctrl ボタンを
押しながら、対象の
ウィジェットを選択
します。

参考

上下左右に揃える

　縦に並んだウィジェットを左揃えするには、対象のウィジェットをまとめて選択したうえで*6
右クリックし、表示されたコンテキストメニューから［Align］－［Left Edges］を選択します。こ
れでウィジェット同士が左揃えされます。同様に、右、上、中央揃えも可能です。Alignプロ
ジェクトを用意しておきましたので参考にしてください。

図 05-15　ウィジェット（TextView）を左揃えする

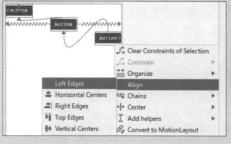

■ ウィジェットを均等配置する

　チェインという機能を利用することで、ウィジェットを均等に配置することもでき
ます。まずは、以下のようにButtonを配置し、互いに以下のような制約を付与して
みましょう。

・両端のボタン左右から親レイアウトに接続（余白は8dp）
・すべてのボタン上から親レイアウトに接続（余白は32dp）
・中央のボタンから左右のボタンに接続

図 05-16　ウィジェットを配置

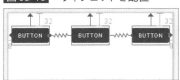

この状態で、3個のButtonを選択状態にしたうえで右クリックし、表示されたコンテキストメニューから [Chains] － [Create Horizontal Chain] を選択します。すると、Button間の制約が鎖状のアイコンに変化し、チェインが適用されたことが判ります。この状態ではButtonが均等配置されているはずです。

図 05-17　Buttonが均等配置された

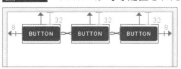

チェインによる配置は、あとから変更することもできます。これにはウィジェットを選択した状態で右クリックし、そのコンテキストメニューから [Chain] － [Create Horizontal Chain Style] を選択します。

・Spread Inside：両端のウィジェットが親レイアウトの境界に接する
・Packed：ウィジェット同士がまとまった配置
・Spread：均等配置（既定）

が循環的に切り替わることが確認できます。

図 05-18　チェインの状態が変化（左上：spread inside、右上：packed、左下：spread）

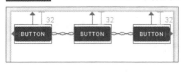

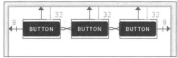

05-01-02 ウィジェットを縦／横一列に配置する - LinearLayout

ここからは、ConstraintLayout以外のレイアウトについても触れていきます。まずはLinearLayoutからです。LinearLayoutでは、配下のウィジェットを縦、または横一列に並べます。もっとも基本的なレイアウトです。

図05-19 LinearLayout

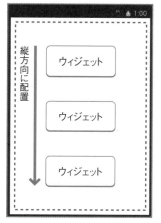

android:orientation="vertical"

android:orientation="horizontal"

■ レイアウトを変換する

ここまで見てきたように、プロジェクト既定ではConstraintLayoutでレイアウトファイルを作成します。ただし、ConstraintLayout**以外**のレイアウトを採用したい場合も、切り替えることはさほど難しいことではありません。

これには、レイアウトエディターで何も選択していない状態で右クリック、開いたコンテキストメニューから [**Convert view...**] を選択してください。

図05-20 レイアウトの変換

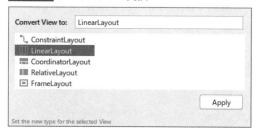

*7) もちろん、05-02-03項の手順を参考に、レイアウトファイルそのものを再作成しても構いません。

上のような画面が開くので、（たとえば）LinearLayoutを選択し、[**Apply**] ボタンをクリックしてください。これで現在のレイアウトがLinearLayoutに変換されます[*7]。

■ ウィジェットを垂直方向に並べる

まずは、LinearLayoutのもっともシンプルな用法から見ていきます。

LinearLayoutを利用する場合、まずはウィジェットの並びを決めるorientation属性を指定しておきましょう。ここでは「vertical」（垂直方向）を指定しておきます。

あとは、配下にウィジェット（ここではボタン3個）を配置するだけです。この際、ConstraintLayoutと異なり、ウィジェット間の制約を意識する必要は**ない**点に注目です。LinearLayoutの機能によって、（verticalでは）ウィジェットが垂直方向に順に並べられるからです。

図05-21　ボタンが垂直に並んだ

ボタンには、それぞれ属性を以下のように設定しておきます。

表05-04　Buttonウィジェットの属性

属性	設定値		
id	btn1	btn2	btn3
text	ボタン1	ボタン2	ボタン3

最終的に生成されたレイアウトファイルのコードは、以下の通りです。

リスト05-01　activity_main.xml（LinearBasicプロジェクト）

```xml
<?xml version="1.0" encoding="utf-8"?>
<LinearLayout xmlns:android="http://schemas.android.com/apk/res/android"
  android:orientation="vertical" ...>
  <Button
    android:id="@+id/btn1"
    android:layout_width="match_parent"
    android:layout_height="wrap_content"
    android:text="ボタン1" />
  <Button
    android:id="@+id/btn2"
```

```
    android:layout_width="match_parent"
    android:layout_height="wrap_content"
    android:text="ボタン2" />
  <Button
    android:id="@+id/btn3"
    android:layout_width="match_parent"
    android:layout_height="wrap_content"
    android:text="ボタン3" />
</LinearLayout>
```

layout_width ／ layout_height 属性の意味は、02-03-01項でも触れた通り
です。レイアウトエディターで編集した場合には、layout_width属性はmatch_
parent（親要素の幅に従う）が既定なので、ボタンは横幅いっぱいに表示されます。

match_parent

ConstraintLayout では、match_constraintと呼ばれていた値とほぼ同じ意味です。親要素の
サイズに合わせて、要素の幅／高さを広げます。

ちなみに、layout_width属性をwrap_content（コンテンツ幅に従う）とした場
合、見た目は以下のように変化します。

リスト 05-02 activity_main.xml（LinearBasicプロジェクト）

```
<?xml version="1.0" encoding="utf-8"?>
<LinearLayout xmlns:android="http://schemas.android.com/apk/res/android"
  android:orientation="vertical"...>
  <Button
    android:id="@+id/btn1"
    android:layout_width="wrap_content"
    android:layout_height="wrap_content"
    android:text="ボタン1" />
  <Button
    android:id="@+id/btn2"
    android:layout_width="wrap_content"
    android:layout_height="wrap_content"
    android:text="ボタン2" />
  <Button
    android:id="@+id/btn3"
    android:layout_width="wrap_content"
    android:layout_height="wrap_content"
    android:text="ボタン3" />
```

```
</LinearLayout>
```

図05-22 「android:layout_width="wrap_content"」とした場合

　以降のサンプルも、この例をベースに一部の属性を修正しています。自分で一か
ら作成する場合も、リスト05-02をもとにすると作業を省力化できるはずです。

■ ウィジェットを水平方向に並べる

　リスト05-02の例から、orientation属性を「horizontal」（水平）に変更してみ
ましょう。

リスト05-03 activity_main.xml（LinearBasicプロジェクト）

```
<?xml version="1.0" encoding="utf-8"?>
<LinearLayout xmlns:android="http://schemas.android.com/apk/res/android"
  android:orientation="horizontal" ...>
  ...中略...
</LinearLayout>
```

図05-23 ウィジェットを横並びに配置（android:orientation="horizontal"の場合）

　ただし、水平方向の配置では、ウィジェットが画面の横幅に収まりきらない場合、
コンテンツが潰れたり、溢れたりしてしまうなど、うまく表示されなくなることもあ

ります。横方向の配置では、コンテンツが画面の横幅を超えないように注意してください。

■ ウィジェットの配置位置を指定する

LinearLayoutの配下では、ウィジェットは左寄せ(vertical時)、上寄せ(horizontal時)で配置されるのが既定です。これらの表示位置は、LinearLayout配下の、個々のウィジェットでlayout_gravity属性を指定することで変更できます。

リスト05-04　activity_main.xml(LinearGravityプロジェクト)

```xml
<?xml version="1.0" encoding="utf-8"?>
<LinearLayout xmlns:android="http://schemas.android.com/apk/res/android"
  android:orientation="vertical" ...>
  <Button
    android:id="@+id/btn1"
    android:layout_width="wrap_content"
    android:layout_height="wrap_content"
    android:layout_gravity="center_horizontal"
    android:text="ボタン1" />
  <Button
    android:id="@+id/btn2"
    android:layout_width="wrap_content"
    android:layout_height="wrap_content"
    android:layout_gravity="end"
    android:text="ボタン2" />
  <Button
    android:id="@+id/btn3"
    android:layout_width="wrap_content"
    android:layout_height="wrap_content"
    android:text="ボタン3" />
</LinearLayout>
```

図05-24　ボタンを中央/右寄せした結果

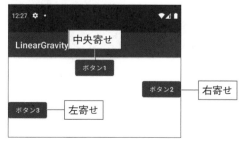

layout_gravity属性で設定できる値は、以下のとおりです。orientation属性の値に応じて、設定できる値も変化する点に注意してください。

また、この属性は後述するTableLayoutなどでも共通して利用できます。

表05-05 layout_gravity属性の主な設定値

分類	設定値	概要
horizontal	top	上寄せ
	center_vertical	垂直方向に中央寄せ
	bottom	下寄せ
vertical	left	左寄せ
	center_horizontal	水平方向に中央寄せ
	right	右寄せ
	start	コンテナーの先頭
	end	コンテナーの終端
両方	center	垂直／水平方向に中央寄せ

以下に「android:orientation="horizontal"」の場合の例も示します。

リスト05-05 activity_main.xml（LinearGravityプロジェクト）

```xml
<?xml version="1.0" encoding="utf-8"?>
<LinearLayout xmlns:android="http://schemas.android.com/apk/res/android"
  android:orientation="horizontal"
  android:layout_width="match_parent"
  android:layout_height="match_parent">
  <Button
    android:id="@+id/btn1"
    android:layout_width="wrap_content"
    android:layout_height="wrap_content"
    android:text="ボタン1"
    android:layout_gravity="top" />
  <Button
    android:id="@+id/btn2"
    android:layout_width="wrap_content"
    android:layout_height="wrap_content"
    android:text="ボタン2"
    android:layout_gravity="bottom" />
  <Button
    android:id="@+id/btn3"
    android:layout_width="wrap_content"
    android:layout_height="wrap_content"
```

```
    android:text="ボタン3"
    android:layout_gravity="center_vertical" />
</LinearLayout>
```

図 05-25　ボタンを垂直方向に上、中央、下寄せした結果

参考

レイアウト配下の配置位置を一括指定する方法

　レイアウト配下のウィジェットに対して、まとめて左右、中央寄せを指定するならば、（個々のウィジェットに対してではなく）LinearLayoutに対して、gravity属性を指定しても構いません。

```
<LinearLayout ...
    android:gravity="center_horizontal"
    android:orientation="vertical">
    ...中略...
</LinearLayout>
```

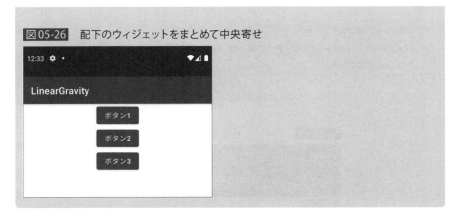

図05-26　配下のウィジェットをまとめて中央寄せ

■ ウィジェットを画面いっぱいに広げる

layout_weight属性を利用することで、ウィジェットがレイアウトの残りの余白を埋めるように拡大されます。

リスト05-06　activity_main.xml（LinearWeightプロジェクト）

```xml
<?xml version="1.0" encoding="utf-8"?>
<LinearLayout xmlns:android="http://schemas.android.com/apk/res/android"
  android:orientation="vertical" ...>
  <Button
    android:id="@+id/btn1"
    android:layout_width="wrap_content"
    android:layout_height="wrap_content"
    android:text="ボタン1" />
  <Button
    android:id="@+id/btn2"
    android:layout_width="wrap_content"
    android:layout_height="wrap_content"
    android:layout_weight="3"
    android:text="ボタン2" />
  <Button
    android:id="@+id/btn3"
    android:layout_width="wrap_content"
    android:layout_height="wrap_content"
    android:layout_weight="2"
    android:text="ボタン3" />
</LinearLayout>
```

図 05-27　2〜3番目のボタンの高さがそれぞれ3：2の割合で拡がる

　layout_weight属性は、orientation属性がverticalの場合にはウィジェット
の高さに、horizontalの場合は幅に影響します。
　値は、全体に対する比重を表します。サンプルでは3、2という値を指定してい
ますので、残りのスペースを3：2の割合で分け合います。

■ ウィジェット間の余白を設定する

　前後のウィジェットとの余白（マージン）を設定するには、layout_
marginXxxxx属性を利用します。余白の基点となるのは、ウィジェットの本
来の位置（マージンを指定しなかった場合の位置）です。基本的な考え方は、
ConstraintLayoutと同じなので、ここでは例を示すに留めます。

リスト05-07　activity_main.xml（LinearMarginプロジェクト）

```xml
<?xml version="1.0" encoding="utf-8"?>
<LinearLayout xmlns:android="http://schemas.android.com/apk/res/android"
  android:orientation="vertical" ...>
  <Button
```

```
    android:id="@+id/btn1"
    android:layout_width="wrap_content"
    android:layout_height="wrap_content"
    android:text="1" />
  <Button
    android:id="@+id/btn2"
    android:layout_width="wrap_content"
    android:layout_height="wrap_content"
    android:layout_marginStart="150dp"
    android:layout_marginTop="100dp"
    android:text="2" />
</LinearLayout>
```

図05-28 ボタンbtn2にマージンを設定した例

ボタンbtn2の本来の位置から、それぞれ水平方向に150dp、垂直方向に100dpの余白が加えられていることが確認できます。

■ 補足：Javaコードからレイアウトを動的に生成する

じつのところ、Androidアプリでレイアウトファイルは必須ではありません。ロジックとレイアウトとを分離することで、以下のようなメリットはありますが、かならず分離しなければいけないというものではないのです。

・コードの見通しが良くなる
・プログラマーとデザイナーとの分業を行いやすい

試しに、レイアウトファイルを使わず、アクティビティだけで画面を定義してみましょう。

リスト05-08 MainActivity.java（NoLayoutプロジェクト）

```
package to.msn.wings.nolayout;
```

```java
import androidx.appcompat.app.AppCompatActivity;
import android.os.Bundle;
import android.view.ViewGroup;
import android.widget.LinearLayout;
import android.widget.TextView;

public class MainActivity extends AppCompatActivity {
  @Override
  protected void onCreate(Bundle savedInstanceState) {
    super.onCreate(savedInstanceState);
    // LinearLayoutを準備
    LinearLayout layout = new LinearLayout(this);
    // LinearLayoutのレイアウト属性を設定
    layout.setLayoutParams(new ViewGroup.LayoutParams(
        ViewGroup.LayoutParams.MATCH_PARENT,
        ViewGroup.LayoutParams.MATCH_PARENT));
    layout.setOrientation(LinearLayout.VERTICAL);
    layout.setGravity(Gravity.CENTER);
    // TextViewを準備
    TextView txt = new TextView(this);
    // TextViewのレイアウト属性を設定（高さ&幅、中央寄せ）
    LinearLayout.LayoutParams txtLayout = new LinearLayout.LayoutParams(
        ViewGroup.LayoutParams.WRAP_CONTENT,
        ViewGroup.LayoutParams.WRAP_CONTENT);
    txt.setLayoutParams(txtLayout);
    txt.setText("Hello World!");
    // LinearLayoutにTextViewをセット
    layout.addView(txt);
    // LinearLayoutをアクティビティにセット
    setContentView(layout);
  }
}
```

レイアウトをコードから生成する際には、以下の手順を踏みます。

・ビューグループ、ウィジェットをインスタンス化
・レイアウト属性をはじめ、必要な情報を定義
・addViewメソッドで互いに関連付け（親子関係を定義）
・setContentViewメソッドで最上位のビュー（グループ）をアクティビティに登録

　レイアウトファイルではタグ同士の入れ子で表現していたビュー階層を、コードではaddViewメソッドで表現しているわけですね。ここではこれ以上の詳しい解説

は省きますが、これまで作成してきたレイアウトファイルと見比べながら理解を深めてください。

画面定義には、まずレイアウトファイルを利用すべきですが、画面を動的に操作（生成）したい状況では、ここでの知識が役立ちます。

05-01-03 ウィジェットを格子状に配置する – TableLayout

＊8）ただし、縦方向のセル跨ぎはできないなど、異なる点もあります。

TableLayoutは、ウィジェットをテーブル（格子）状に配置するためのレイアウトです。HTMLを知っている人であれば、<table>要素のようなレイアウトだと考えればイメージしやすいかもしれません[8]。

＊9）レイアウトを変換する方法は05-01-02項も合わせて参照してください。

まずは、もっともシンプルな例を見てみましょう[9]。

■ TableLayoutの基本

TableLayout（テーブル）は、各行を表すTableRowとセットで利用します。レイアウトに配置するウィジェットは、TableRowの配下に配置するという関係です。

図 05-29　TableLayoutの基本

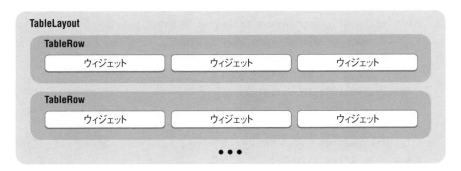

ただし、レイアウトエディター上、初期状態のTableRowは高さのない状態で表示されるので、配下にウィジェットを配置するのは困難です。各行最低限ひとつは、コンポーネントツリーからウィジェットを配置することをお勧めします（以降は、レイアウトエディターからも作業できます）。

01 02 03 04 05 06 07 08 09 10 11

図 05-30　コンポーネントツリー上での配置

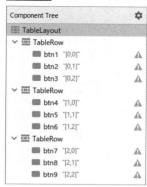

ここでは、TableLayoutに3×3のボタンを配置し、id ／ text属性を設定しています。属性の設定はこれまでと同じなので、以下の完成コードを参考に属性ウィンドウから入力してみましょう。

リスト 05-09　activity_main.xml（TableBasicプロジェクト）

```xml
<?xml version="1.0" encoding="utf-8"?>
<TableLayout xmlns:android="http://schemas.android.com/apk/res/android"
  android:layout_width="match_parent"
  android:layout_height="match_parent">
  <TableRow
    android:layout_width="match_parent"
    android:layout_height="match_parent">
    <Button
      android:id="@+id/btn1" ...
      android:text="[0,0]" />*10
    <Button
      android:id="@+id/btn2" ...
      android:text="[0,1]" />
    <Button
      android:id="@+id/btn3" ...
      android:text="[0,2]" />
  </TableRow>
  <TableRow
    android:layout_width="match_parent"
    android:layout_height="match_parent">
    <Button
      android:id="@+id/btn4" ...
      android:text="[1,0]" />
    <Button
      android:id="@+id/btn5" ...
```

*10）「Buttons in button bars should be borderless」のような警告が表示されますが、これはデザインの統一に関わる警告です。TableLayoutの動作には関係ないため、ここでは無視します。

```
      android:text="[1,1]" />
    <Button
      android:id="@+id/btn6" ...
      android:text="[1,2]" />
  </TableRow>
  <TableRow
    android:layout_width="match_parent"
    android:layout_height="match_parent">
    <Button
      android:id="@+id/btn7" ...
      android:text="[2,0]" />
    <Button
      android:id="@+id/btn8" ...
      android:text="[2,1]" />
    <Button
      android:id="@+id/btn9" ...
      android:text="[2,2]" />
  </TableRow>
</TableLayout>
```

図05-31　ボタンを格子状に配置

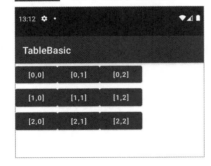

　TableRowの配下はウィジェットを並べるだけで、暗黙的に列ごとにウィジェットが縦に揃う点に注目です（暗黙的にセルのようなものができているわけです）。

■ 画面幅いっぱいにウィジェットを配置する

　stretchColumns属性を利用することで、特定の列を画面幅に合わせて横に引き延ばすこともできます。たとえば以下は、先ほどのリスト05-09の2列目を横に引き延ばした例です。前の結果と見較べてみましょう。

リスト05-10　activity_main.xml（TableStretchプロジェクト）

```
<?xml version="1.0" encoding="utf-8"?>
```

```
<TableLayout xmlns:android="http://schemas.android.com/apk/res/android"
  android:layout_width="match_parent"
  android:layout_height="match_parent"
  android:stretchColumns="1">
  ...中略...
</TableLayout>
```

図 05-32 　2列目のボタンを横幅いっぱいになるよう拡大

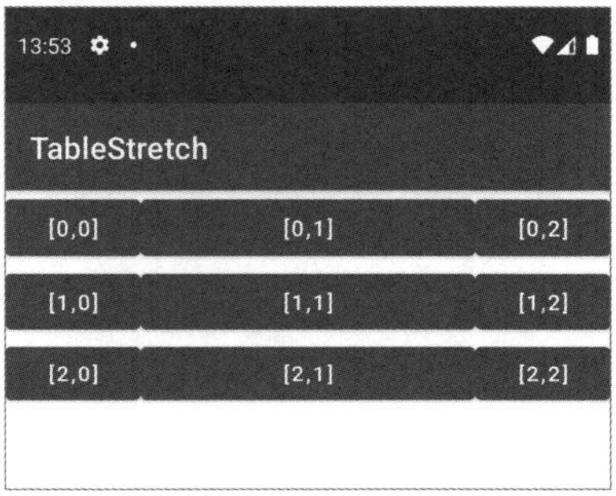

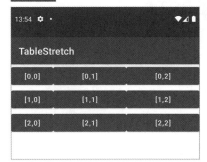

　　　TableLayoutでは、列番号は左側から0、1、2...と数える点に注意してくださ
い。複数列を拡げたい場合には、stretchColumns="1,2"のように列番号をカン
マ区切りで指定することもできます。

図 05-33 　「android:stretchColumns="1,2"」と指定した場合の結果

　　　逆に、TableLayoutの幅が画面幅を超えた場合に特定の列幅を縮めることもで
きます。これには、shrinkColumns属性を指定してください。
　　　stretchColumns属性と同じく、対象の列番号をカンマ区切りで設定できます。

リスト 05-11 　activity_main.xml（TableShrink プロジェクト）

```
<?xml version="1.0" encoding="utf-8"?>
<TableLayout xmlns:android="http://schemas.android.com/apk/res/android"
  android:layout_width="match_parent"
```

```
   android:layout_height="match_parent"
   android:shrinkColumns="1,2">
 <TableRow
   android:layout_width="match_parent"
   android:layout_height="match_parent">
   <Button
     android:id="@+id/btn1" ...
     android:text="ボタン [0,0]" />
   <Button
     android:id="@+id/btn2" ...
     android:text="ボタン [0,1]" />
   ...中略...
 </TableRow>
 ...中略...
</TableLayout>
```

図 05-34　　2、3列目の表示幅を狭める

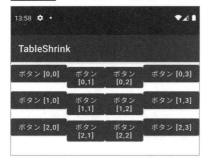

　もしもshrinkColumns属性を指定しなかった場合には、以下のように画面幅を
超えた分ははみ出てしまいます。

図 05-35　　shrinkColumns属性を指定しなかった場合

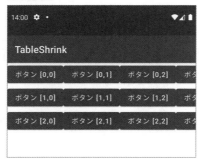

参考

横幅は最大幅に揃えられる

　TableLayoutでウィジェットの横幅を変更した場合、同じ列のウィジェットは最大幅で揃えられます。たとえば、以下はリスト05-09でbtn2の横幅を変更した例です。

リスト05-12　activity_main.xml（TableBasicプロジェクト）

```xml
<?xml version="1.0" encoding="utf-8"?>
<TableLayout xmlns:android="http://schemas.android.com/apk/
res/android"
  android:layout_width="match_parent"
  android:layout_height="match_parent">
  <TableRow
    android:layout_width="match_parent"
    android:layout_height="match_parent">
    ...中略...
    <Button
      android:id="@+id/btn2"
      android:layout_width="wrap_content"
      android:layout_height="wrap_content"
      android:width="150dp"
      android:text="[0,1]" />
    ...中略...
  </TableRow>
</TableLayout>
```

図05-36　2列目のボタンはすべてbtn2の横幅に揃う

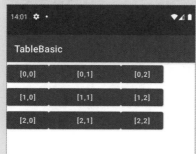

　ちなみに、ウィジェットの高さを変更した場合には、同じ行のセルは最大の高さで揃います[11]。

*11)「ウィジェットの高さが」ではない点に注意です。

図 05-37　btn2の高さを変更した場合

■ 特定のセルを空白にする

まずは、リスト05-09のbtn2、8、9を削除してみましょう。

リスト05-13　activity_main.xml（TableSpaceプロジェクト）

```xml
<?xml version="1.0" encoding="utf-8"?>
<TableLayout xmlns:android="http://schemas.android.com/apk/res/android"
  android:layout_width="match_parent"
  android:layout_height="match_parent">
  <TableRow
    android:layout_width="match_parent"
    android:layout_height="match_parent">
    <Button
      android:id="@+id/btn1" ...
      android:text="[0,0]" />
    <Button
      android:id="@+id/btn3" ...
      android:text="[0,2]" />
  </TableRow>
  <TableRow
    android:layout_width="match_parent" ...>
    <Button
      android:id="@+id/btn4" ...
      android:text="[1,0]" />
    <Button
      android:id="@+id/btn5" ...
      android:text="[1,1]" />
    <Button
      android:id="@+id/btn6" ...
      android:text="[1,2]" />
  </TableRow>
  <TableRow
```

```
    android:layout_width="match_parent" ...>
    <Button
      android:id="@+id/btn7" ...
      android:text="[2,0]" />
  </TableRow>
</TableLayout>
```

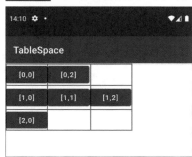

図 05-38　テーブル自体は3×3レイアウトを維持

　　この場合でも、TableLayoutは行あたりの最大セル数を基準にレイアウトを整形します。この例であれば、2行目が3個のセルを持っているので、これを基準に3×3のレイアウトを生成します。3列に満たない1、3行目は、ウィジェットは左詰めされて余ったセルは空白として表示されます。

　　もしも途中のセルを空白にしたいならば、layout_column属性を指定してください。

リスト 05-14　activity_main.xml（TableSpaceプロジェクト）

```
<?xml version="1.0" encoding="utf-8"?>
<TableLayout xmlns:android="http://schemas.android.com/apk/res/android"
  android:layout_width="match_parent"
  android:layout_height="match_parent">
  <TableRow
    android:layout_width="match_parent"
    android:layout_height="match_parent">
    ...中略...
    <Button
      android:id="@+id/btn3" ...
      android:layout_column="2"
      android:text="[0,2]" />
    ...中略...
  </TableRow>
</TableLayout>
```

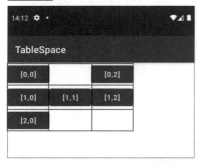

図05-39 btn3を1行3列目に配置

layout_column属性にはウィジェットの表示列を列番号で指定します。列番号は、0、1、2...と左端を0とする数値で表します。

これによって、既定では1行2列目に表示されるべきbtn3が、1行3列目に表示され、1行2列目は空白セルになります。

■ セルを跨いでウィジェットを配置する

行ごとに配置するウィジェットの個数が異なる場合、図05-38、05-39のようにセル単位に空白ができてしまいます。これを避けるために、ウィジェットを複数の列に跨いで配置することもできます。

たとえば、以下はリスト05-13でbtn2を横2列、btn7を横3列に跨いで配置した例です。

リスト05-15 activity_main.xml（TableSpanプロジェクト）

```xml
<?xml version="1.0" encoding="utf-8"?>
<TableLayout xmlns:android="http://schemas.android.com/apk/res/android"
  android:layout_width="match_parent"
  android:layout_height="match_parent">
  <TableRow
    android:layout_width="match_parent"
    android:layout_height="match_parent">
    <Button
      android:id="@+id/btn1" ...
      android:text="[0,0]" />
    <Button
      android:id="@+id/btn2" ...
      android:layout_span="2" ————————————————————————————————1
      android:text="[0,1]" />
  </TableRow>
  ...中略...
  <TableRow
    android:layout_width="match_parent" ...>
```

```
    <Button
      android:id="@+id/btn7" ...
      android:layout_span="3" ─────────────────────────────2
      android:text="[2,0]" />
  </TableRow>
</TableLayout>
```

↓

図05-40　btn2、7をセル跨ぎで配置

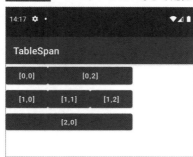

　　　ウィジェットをセル跨ぎで配置するには、layout_span属性を利用します。この例では、■で横方向2セル分、❷で3セル分のサイズを設定しています。ただし、セルを跨げるのは横方向だけで縦方向にセルを跨ぐような機能は、TableLayoutにはありません。よって、縦方向にセルを跨ぐには、以下のようにTableLayoutとLinearLayoutを併用する必要があります。

リスト05-16　activity_main.xml（TableSpanプロジェクト）

```
<?xml version="1.0" encoding="utf-8"?>
<TableLayout xmlns:android="http://schemas.android.com/apk/res/android"
  android:layout_width="match_parent"
  android:layout_height="match_parent">
  <TableRow
    android:layout_width="match_parent"
    android:layout_height="match_parent">
  ...中略...
  </TableRow>
  <TableRow
    android:layout_width="match_parent"
    android:layout_height="match_parent">
    <LinearLayout
      android:layout_width="match_parent" ...
      android:orientation="vertical">
      <!-- btn4,7を縦に配置 -->
      <Button
```

```
      android:id="@+id/btn4" ...
      android:text="[1,0]" />
    <Button
      android:id="@+id/btn7" ...
      android:text="[2,0]" />
  </LinearLayout>
  <!-- btn5,8を縦に配置 -->
  <LinearLayout
    android:layout_width="match_parent" ...
    android:orientation="vertical">
    <Button
      android:id="@+id/btn5" ...
      android:text="[1,1]" />
    <Button
      android:id="@+id/btn8" ...
      android:text="[2,1]" />
  </LinearLayout>
  <!-- btn6を縦幅いっぱいに配置 -->
  <Button
    android:id="@+id/btn6"
    android:layout_width="wrap_content"
    android:layout_height="match_parent"
    android:text="[1,2]" />
  </TableRow>
</TableLayout>
```

図 05-41　btn6を縦方向にセル跨ぎ

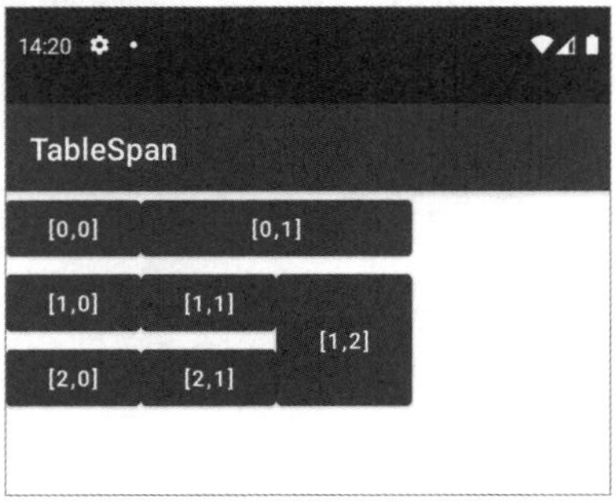

このように、レイアウトは入れ子に配置することもできます。この例では、ウィジェットを縦並びに配置したLinearLayoutを、TableRow (TableLayout) の配下で列記することで、ひとつのテーブル行に擬似的に複数行を詰め込んでいるのです。ボタンbtn6は、「android:layout_height="match_parent"」属性を指定

し、LinearLayoutの高さに合わせることで、いわゆる行跨ぎを表現できます。

図 05-42 LinearLayout を利用した疑似的な行跨ぎ

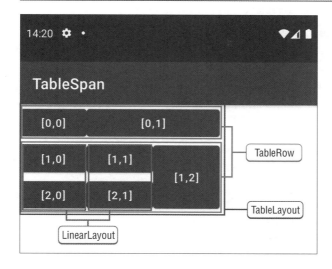

ただし、入れ子のレイアウトは判り難く、パフォーマンスに悪影響を及ぼす場合もあります。それで賄えるならば、より高機能なConstraintLayoutを利用して、レイアウトそのものはフラットにすることをお勧めします。

■ 特定の列を非表示にする

collapseColumns属性を利用することで、特定の列を非表示にすることもできます。たとえば、以下は2列目を非表示にしておき、[表示／非表示] ボタンをクリックすることで、列の表示／非表示を切り替えるサンプルです。

リスト 05-17 activity_main.xml（TableCollapsedプロジェクト）

```xml
<?xml version="1.0" encoding="utf-8"?>
<LinearLayout xmlns:android="http://schemas.android.com/apk/res/android"
  android:orientation="vertical" ...>
  <TableLayout
    android:id="@+id/tbl"
    android:layout_width="wrap_content"
    android:layout_height="wrap_content"
    android:collapseColumns="1">                                                  ①
    ...中略...
  <Button
    android:id="@+id/btnflag"
    android:layout_width="match_parent"
```

```
      android:layout_height="wrap_content"
      android:text="表示／非表示" />
```

リスト 05-18　MainActivity.java（TableCollapsed プロジェクト）

```java
package to.msn.wings.tablecollapsed;

import androidx.appcompat.app.AppCompatActivity;
import android.os.Bundle;
import android.widget.Button;
import android.widget.TableLayout;

public class MainActivity extends AppCompatActivity {
  private boolean flag = false;

  @Override
  protected void onCreate(Bundle savedInstanceState) {
    super.onCreate(savedInstanceState);
    setContentView(R.layout.activity_main);

    Button btnflag = findViewById(R.id.btnflag);
    // ［表示/非表示］ボタンで列を開閉
    btnflag.setOnClickListener(view -> {
      TableLayout tbl = findViewById(R.id.tbl);
      tbl.setColumnCollapsed(1, flag);
      flag = !flag;
    });
  }
}
```

2

図 05-43　ボタンクリックで列を開閉

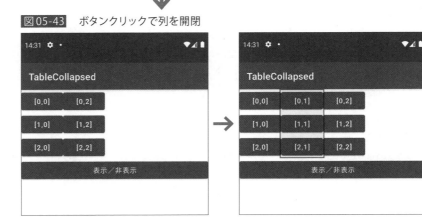

collapseColumns属性は、閉じるべき列番号を0、1、2...で指定します（❶）。複数の列を指定する場合には、stretchColumns属性と同じく、"1,3"のようにカンマ区切りで列番号を指定してください。

❷は［**表示／非表示**］ボタンをクリックした時に呼び出されるイベントリスナーです。テーブル列を開閉するには、setColumnCollapsedメソッドを利用します。

構文 setColumnCollapsedメソッド

```
public void setColumnCollapsed(int columnIndex, boolean isCollapsed)
    columnIndex：開閉する列番号
    isCollapsed：閉じるのか
```

setColumnCollapsedメソッドの引数isCollapsedは、閉じる際にtrueを指定する点に注意してください*12。ここでは、あらかじめboolean型の変数flagを用意しておき、クリック都度に反転させることで、列の表示／非表示を切り替えています。

*12）開く場合がfalseです。

TM

コラム

プロジェクトをクリーンアップする

Android Studioで作成したプロジェクトは、作成直後は最低限必要なファイル（MainActivity.javaなど）のみですが、ビルドを行ったりするとビルドツールであるGradleが中間ファイルなどを大量に生成します。

たとえば、セクション02-01の手順で作成した既定のプロジェクトでも、600近いファイル、300を超えるフォルダが作成されます。

プロジェクトの配布は、P.118のコラムで紹介したように.zipファイルを用いると最小のサイズで行うことができますが、プロジェクトのバックアップをとるなどするときには、このファイル/フォルダの多さによって処理時間がかかり、プロジェクトが多くなるとその時間も馬鹿になりません。

そこで、当面は作業しないプロジェクトについては、クリーンアップをお勧めします。クリーンアップは簡単で、プロジェクトが開かれている状態で［Build］－［Clean Project］を実行するだけです。

これで、ファイルは100ほど、フォルダは50ほどまで整理されます。プロジェクトの維持に必要なファイルのみが残り、バックアップなどの時間が劇的に短縮されます。

Section 05-02 タブパネルやフリップ可能なビューを作成する

このセクションでは、複合的なレイアウトを作成するためのウィジェットとして、ViewPager2 / TabLayout / ScrollViewについて解説します。

このセクションのポイント

■ ViewPager2は、ビューをフリップ操作で切り替えるためのウィジェットである。
■ TabLayoutはタブパネルを作成するためのウィジェットである。
■ ScrollViewは、画面に対してスクロール機能を追加する。

スマホアプリの世界では、常に画面サイズという制約のもとで画面をデザインしなければなりません。限られた画面の中で、どれだけ見やすく、かつ、ふんだんに情報を盛り込めるかは、画面を設計する上での大きな課題です。

そこで、このセクションでは、複合的なレイアウトを作成するためのViewPager2（フリップ可能なビュー）、TabLayout（タブパネル）、ScrollView（スクロールバー）といったウィジェットについて解説します。これらのウィジェットを利用することで、よりスマートな情報の配置が可能になります。

05-02-01 フリップ可能なパネルを生成する – ViewPager2

*1）タッチパネル上で指をスライドさせる操作のこと。エミュレーター上ではマウスのドラッグ操作によって代替できます。

ViewPager2は、左右にフリップ*1可能なレイアウトを管理するためのウィジェットです。ViewPager2を利用することで、ページを「左右にめくる」ような動作が可能になります。たとえば以下は、簡易なフォトギャラリーの例です。

図 05-44　フリップ操作で左右に画面を弾くと、表示が切り替わる

ViewPager2では、RecyclerViewと同じくビューホルダー／アダプタークラスの組み合わせによって、スライドを管理します。互いの関連性を忘れてしまったという人は、改めて04-04節を見直すと、ViewPager2の理解も深まるでしょう。

関連するファイルの個数も増えているので、以下にサンプルを構成するファイルの

関係も図にまとめておきます。

図 05-45　サンプルファイルの構造

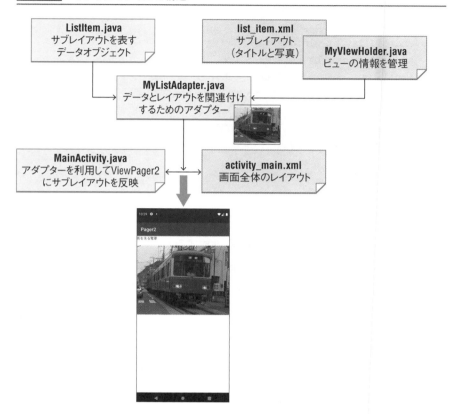

[1] 画像ファイルをインポートする

　アプリで利用する画像ファイルをダウンロードサンプル配下の/samples/imagesフォルダーから、プロジェクト配下の/res/drawableフォルダーにコピーしておきます (コピーの方法は03-01-02項も参照してください)。

・train.png
・cat.png
・flower.png

[2] メインレイアウトを作成する

　メインレイアウトには、ViewPager2を配置しておきます。

リスト05-19 activity_main.xml (Pager2プロジェクト)

```xml
<?xml version="1.0" encoding="utf-8"?>
<androidx.constraintlayout.widget.ConstraintLayout ...>
  <androidx.viewpager2.widget.ViewPager2
    android:id="@+id/pager"
    android:layout_width="0dp"
    android:layout_height="0dp"
    app:layout_constraintBottom_toBottomOf="parent"
    app:layout_constraintEnd_toEndOf="parent"
    app:layout_constraintStart_toStartOf="parent"
    app:layout_constraintTop_toTopOf="parent" />
</androidx.constraintlayout.widget.ConstraintLayout>
```

図05-46 レイアウト完成図

[3] サブレイアウトを作成する

サブレイアウトには、ページ個々の見た目を定義します。この例であれば、画像のタイトル (TextView) と画像本体 (ImageView) です。

リスト05-20 list_item.xml (Pager2プロジェクト)

```xml
<?xml version="1.0" encoding="utf-8"?>
<androidx.constraintlayout.widget.ConstraintLayout ...>
  <TextView
    android:id="@+id/txtTitle"
    android:layout_width="0dp"
    android:layout_height="wrap_content"
    android:text="TextView"
    app:layout_constraintEnd_toEndOf="parent"
    app:layout_constraintStart_toStartOf="parent"
    app:layout_constraintTop_toTopOf="parent" />
  <ImageView*2
    android:id="@+id/imgPhoto"
    android:layout_width="wrap_content"
    android:layout_height="wrap_content"
    android:contentDescription=""
    app:layout_constraintEnd_toEndOf="parent"
    app:layout_constraintStart_toStartOf="parent"
    app:layout_constraintTop_toBottomOf="@+id/txtTitle" />
</androidx.constraintlayout.widget.ConstraintLayout>
```

＊2) ImageView に「Empty `content Description` attribute on image」のような警告が表示されますが、アクティビティ側で動的に設定しているので、ここでは無視します。

図05-47 レイアウト完成図

TextView

ImageView

[4] データクラスを作成する

アダプタークラスに渡すデータを格納するデータクラスを準備しておきます。title は画像タイトル、photoは画像本体を、それぞれ表します。

リスト 05-21 ListItem.java（Pager2 プロジェクト）

```java
package to.msn.wings.pager2;

import android.graphics.drawable.Drawable;

public class ListItem {
  private String title;
  private Drawable photo;

  public ListItem(String title, Drawable photo) {
    this.title = title;
    this.photo = photo;
  }

  public String getTitle() {
    return title;
  }

  public Drawable getPhoto() {
    return photo;
  }
}
```

[5] アダプタークラス／ビューホルダーを作成する

アダプタークラスはViewPager2に対してデータを橋渡しするためのクラス、そして、ビューホルダーはレイアウト配下のビュー（ウィジェット）に関する情報を保持しておくためのクラスなのでした。

ほぼ決まりきった記述なので、04-04-02項の例に倣って作成しておきましょう。

リスト 05-22 MyViewHolder.java（Pager2 プロジェクト）

```java
package to.msn.wings.pager2;

import android.view.View;
import android.widget.ImageView;
import android.widget.TextView;
import androidx.recyclerview.widget.RecyclerView;
```

```java
public class MyViewHolder extends RecyclerView.ViewHolder {
  // ビューに配置されたウィジェットを保持するためのフィールド
  private TextView txtTitle;
  private ImageView imgPhoto;

  public MyViewHolder(View itemView) {
    super(itemView);
    txtTitle = itemView.findViewById(R.id.txtTitle);
    imgPhoto = itemView.findViewById(R.id.imgPhoto);
  }
  ...中略...
}
```

リスト05-23 MyListAdapter.java（Pager2プロジェクト）

```java
package to.msn.wings.pager2;

import android.view.LayoutInflater;
import android.view.ViewGroup;
import androidx.annotation.NonNull;
import androidx.recyclerview.widget.RecyclerView;
import java.util.List;

public class MyListAdapter extends RecyclerView.Adapter<MyViewHolder> {
  private List<ListItem> data;

  public MyListAdapter(List<ListItem> data) {
      this.data = data;
  }

  // ビューホルダーを生成
  @NonNull
  @Override
  public MyViewHolder onCreateViewHolder(
      @NonNull ViewGroup parent, int viewType) {
    return new MyViewHolder(
        LayoutInflater.from(parent.getContext())
            .inflate(R.layout.list_item, parent, false)
    );
  }

  // ビューにデータを割り当て、ページを生成
  @Override
  public void onBindViewHolder(MyViewHolder holder, int position) {
    holder.getTxtTitle().setText(data.get(position).getTitle());
```

```
      holder.getImgPhoto().setImageDrawable(data.get(position).getPhoto());
      holder.getImgPhoto().setContentDescription(data.get(position).getTitle());
  }


  // データの項目数を取得
  @Override
  public int getItemCount() {
    return data.size();
  }
}
```

[6] アクティビティを作成する

アダプター／サブレイアウトが作成できてしまえば、あとは、これをアクティビティから呼び出し、ViewPager2に割り当てるだけです。

リスト05-24 MainActivity.java（Pager2プロジェクト）

```java
package to.msn.wings.pager2;

import androidx.appcompat.app.AppCompatActivity;
import androidx.core.content.ContextCompat;
import androidx.viewpager2.widget.ViewPager2;
import android.os.Bundle;
import java.util.ArrayList;

public class MainActivity extends AppCompatActivity {
  @Override
  protected void onCreate(Bundle savedInstanceState) {
    super.onCreate(savedInstanceState);
    setContentView(R.layout.activity_main);

    // ページで利用するデータを準備
    ArrayList<ListItem> data = new ArrayList<>();
    data.add(new ListItem("街を走る電車",
        ContextCompat.getDrawable(this, R.drawable.train)));
    data.add(new ListItem("我が家のおじさん猫",
        ContextCompat.getDrawable(this, R.drawable.cat)));
    data.add(new ListItem("咲き乱れる花々",
        ContextCompat.getDrawable(this, R.drawable.flower)));

    // ViewPager2にデータをバインド
    ViewPager2 pager = findViewById(R.id.pager);
    pager.setAdapter(new MyListAdapter(data));
```

1

```
    }
}
```

アダプターで渡すべきデータをArrayList<ListItem>オブジェクトとして準備し、これをアダプタークラス（MyListAdapter）経由でViewPager2に引き渡します（**1**）。

05-02-02 タブパネルを作成する - TabLayout

TabLayoutはタブ表示のための水平レイアウトを定義するためのレイアウトです。TabLayoutを、前項のViewPager2と組み合わせることで、定型的なタブパネルを生成できます。

たとえば以下は、前項のサンプルにTabLayoutを追加した例です。

図05-48　タブをクリックすると、内容が切り替わる

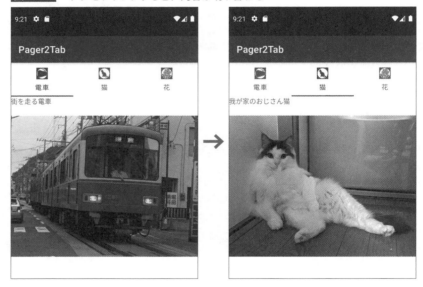

[1] タブアイコンを登録する

それぞれのタブに表示するアイコン画像をプロジェクトにインポートします。ダウンロードサンプルの/samples/imagesフォルダーから、icon_xxxxx.png（6個）を、プロジェクトルート配下の/res/drawableフォルダーにコピーしてください。

図05-49　画像配置後のプロジェクトウィンドウ

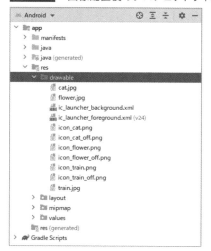

[2] 利用するタブアイコンを定義する

タブ選択／非選択時にどのアイコンを表示するかは、リソースファイル（画像セレクター）で定義します。リソースファイルは、/res/drawableフォルダーの配下に、03-01-02項の手順で作成してください。完成したコードは、以下のとおりです。

リスト05-25　tab_icon1.xml（Pager2Tabプロジェクト）

```xml
<?xml version="1.0" encoding="utf-8"?>
<selector xmlns:android="http://schemas.android.com/apk/res/android">
  <item android:state_selected="true"
    android:drawable="@drawable/icon_train" />
  <item android:drawable="@drawable/icon_train_off" />
</selector>
```
2
1

アイコン定義そのものは＜selector＞－＜item＞要素のandroid:drawable属性で、アイコンは「@drawable/ファイル名」（拡張子を除いたもの）の形式で指定するのでした。

「android:state_selected="true"」属性は、その＜item＞要素がタブ選択時に適用されるアイコンであることを（**1**）、属性指定のない＜item＞要素はそれ以外の時に適用されるアイコンであることを（**2**）、それぞれ意味します。この例であれば、タブ選択時にはicon_train.pngを、非選択時にはicon_train_off.pngを、それぞれ適用します。

他のタブについても、tab_icon2.xml ／ tab_icon3.xmlを作成しますが、内容はほぼtab_icon1.xmlと同じなので、紙面上は省略します。完全なコードは、ダウンロードサンプルから参照してください。

[3] データクラスを修正する

データクラスには、タブで表示すべきテキスト（shortTitleフィールド）、アイコン（iconフィールド）を表す情報を追加しておきます。

リスト 05-26 ListItem.java（Pager2Tabプロジェクト）

```java
package to.msn.wings.pager2tab;

import android.graphics.drawable.Drawable;

public class ListItem {
  private String title;
  private String shortTitle;
  private Drawable icon;
  private Drawable photo;

  public ListItem(String title, String shortTitle, Drawable icon, Drawable photo) {
    this.title = title;
    this.shortTitle = shortTitle;
    this.icon = icon;
    this.photo = photo;
  }

  public String getTitle() {
    return title;
  }

  public String getShortTitle() {
    return shortTitle;
  }

  public Drawable getIcon() {
    return icon;
  }

  public Drawable getPhoto() {
    return photo;
  }
}
```

[4] メインレイアウトを修正する

レイアウトエディターから、activity_main.xmlに対して、以下のようにTabLayoutを追加します。

図 05-50　TabLayoutを追加

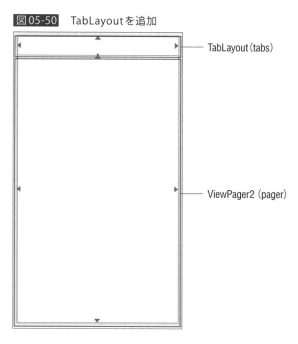

TabLayout（tabs）

ViewPager2（pager）

　TabLayoutは 上、 左 右 をConstraintLayoutに 紐 づ け、 元 か ら あ っ た ViewPager2は上をTabLayoutの下に紐づけし直します。
　コードエディターから、以下のようなコードが生成されていることも確認しておきましょう（太字が変更部分です）。

リスト05-27　activity_main.xml（Pager2Tabプロジェクト）

```xml
<?xml version="1.0" encoding="utf-8"?>
<androidx.constraintlayout.widget.ConstraintLayout ...>
  <com.google.android.material.tabs.TabLayout
    android:id="@+id/tabs"
    android:layout_width="match_parent"
    android:layout_height="wrap_content"
    android:contentDescription="Page 1"
    app:layout_constraintEnd_toEndOf="parent"
    app:layout_constraintStart_toStartOf="parent"
    app:layout_constraintTop_toTopOf="parent">
  </com.google.android.material.tabs.TabLayout>
  <androidx.viewpager2.widget.ViewPager2
    ...中略...
    app:layout_constraintTop_toBottomOf="@+id/tabs" />
</androidx.constraintlayout.widget.ConstraintLayout>
```

TabLayoutを配置した初期状態では、「This item may not have a label readable by screen readers」のような警告が表示されます。この問題はRatingBarなどでも発生したもので、解決方法も共通です。contentDescription属性で、タブテキストを明示しておきましょう。ここでは、初期値として「Page 1」としていますが、適宜、現在のタブに同期させておく必要があります（その方法はこの後触れます）。

[5] アクティビティを修正する

タブに関わる情報を追加すると共に、ViewPager2とTabLayoutとを関連付けるためのコードを追加します。

リスト05-28 MainActivity.java（Pager2Tabプロジェクト）

```java
package to.msn.wings.pager2tab;

import androidx.appcompat.app.AppCompatActivity;
import androidx.core.content.ContextCompat;
import androidx.viewpager2.widget.ViewPager2;
import android.os.Bundle;
import com.google.android.material.tabs.TabLayout;
import com.google.android.material.tabs.TabLayoutMediator;
import java.util.ArrayList;

public class MainActivity extends AppCompatActivity {
  @Override
  protected void onCreate(Bundle savedInstanceState) {
    super.onCreate(savedInstanceState);
    setContentView(R.layout.activity_main);

    // ページで利用するデータを準備
    ArrayList<ListItem> data = new ArrayList<>();
    data.add(new ListItem("街を走る電車", "電車",
        ContextCompat.getDrawable(this, R.drawable.tab_icon1),
        ContextCompat.getDrawable(this, R.drawable.train)));
    data.add(new ListItem("我が家のおじさん猫", "猫",
        ContextCompat.getDrawable(this, R.drawable.tab_icon2),
        ContextCompat.getDrawable(this, R.drawable.cat)));
    data.add(new ListItem("咲き乱れる花々", "花",
        ContextCompat.getDrawable(this, R.drawable.tab_icon3),
        ContextCompat.getDrawable(this, R.drawable.flower)));

    TabLayout tabs = findViewById(R.id.tabs);
    ViewPager2 pager = findViewById(R.id.pager);
```

```
  pager.setAdapter(new MyListAdapter(data));
  new TabLayoutMediator(tabs, pager, (tab, position) -> {
    tab.setText(data.get(position).getShortTitle());
    tab.setContentDescription("Page "+(position + 1));
    tab.setIcon(data.get(position).getIcon());
  }).attach();
  }
}
```

TabLayoutとViewPager2との紐づけには、TabLayoutMediator#attachメソッドを利用します。TabLayoutMediatorは、以下の構文でインスタンス化できます。

構文 TabLayoutMediatorクラス（コンストラクター）

```
public TabLayoutMediator(@NonNull TabLayout tabLayout,
  @NonNull ViewPager2 viewPager,
  @NonNull TabLayoutMediator.TabConfigurationStrategy tabConfig)
    tabLayout：TabLayoutオブジェクト
    viewPager：ViewPager2オブジェクト
    tabConfig：タブのテキスト／スタイルを設定するためのラムダ式
```

引数tabConfig（ラムダ式）は、引数として対象のタブ（tab）、インデックス番号（position）を受け取ります。ここでは、タブオブジェクトのtext（テキスト）、contentDescription（説明テキスト）、icon（アイコン）を、あらかじめ用意しておいた配列dataから引数positionをキーに取り出し、設定しています。

不要であれば、text ／ iconはいずれか片方だけでも構いません。

05-02-03 画面のスクロールを有効にする - ScrollView

ScrollViewは、画面にスクロール機能を付与するためのコントロールです。

スマホアプリの世界では、できるだけ一画面に収まるようにコンテンツも配置すべきですが、もちろん、コンテンツの種類によってはそうもいかない場合もあります。そのようなケースでは、ScrollViewを利用することで、コンテンツが画面に収まらない場合に適宜スクロールバーを追加してくれます。

用途自体は明快なので、さっそく、サンプルも確認してみましょう。

[1] 既定のレイアウトファイルを削除する

まずは、既定で用意されたレイアウトファイルを削除しておきます。プロジェクトウィンドウからactivity_main.xmlを右クリックし、表示されたコンテキストメ

ニューから [**delete...**] を選択します。

図 05-51 ［Delete］ダイアログ

[**Delete**] ダイアログが表示されるので、[**Safe delete**] *3 のチェックを外した上で、[**OK**] ボタンをクリックします。これで /res/layout フォルダーから activity_main. xml が削除されました。

［2］ activity_main.xmlを作成する

activity_main.xml を再作成します。これには、プロジェクトウィンドウで /res/ layout フォルダーを右クリックし、表示されたコンテキストメニューから [**New**] － [**Layout resource file**] を選択します。

[**New Resource File**] ダイアログが表示されるので、図のように、[**File name（名前）**] と [**Root element（ルート要素）**] を入力し、[**OK**] ボタンをクリックします。[**Root element）**] は「XxxxxLayout」ではなく、「ScrollView」とします。

図 05-52 ［New Resource File］画面

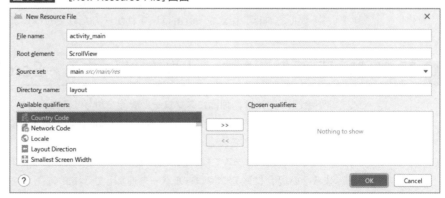

ScrollView 配下には、更にレイアウト（ここでは LinearLayout）を配置します。具体的な見た目を持つウィジェットは、その配下に配置していくわけです。既定では、ScrollView 配下のレイアウトは高さを持たないので、ウィジェットの配置にはコンポーネントツリーを利用するのが便利です。

図 05-53 コンポーネントツリーによる配置

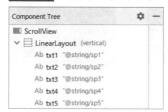

最終的な完成コードは、以下の通りです。

リスト 05-29 activity_main.xml（Scroll プロジェクト）

```xml
<?xml version="1.0" encoding="utf-8"?>
<ScrollView xmlns:android="http://schemas.android.com/apk/res/android"
  android:layout_width="match_parent"
  android:layout_height="match_parent">
  <LinearLayout
    android:layout_width="match_parent"
    android:layout_height="wrap_content"
    android:orientation="vertical">
    ...任意のコンテンツ...
  </LinearLayout>
</ScrollView>
```

図 05-54   画面のドラッグでコンテンツをスクロールできる

　画面にスクロール機能を実装するには、スクロール対象のコンテンツ全体を
<ScrollView>要素で括るだけです（**1**）。ただし、<ScrollView>要素配下に
は単一の子要素しか含めることができません。

　一般的には、<ScrollView>要素の配下に<XxxxxLayout>要素を挟んで、
その配下に具体的なコンテンツを配置するという構造になるでしょう（**2**）。

ビュー開発
（ダイアログ＆メニュー）

ダイアログは、ユーザーに対して注意を喚起したい情報を表したり、メイン画面とは別になにかを選択／入力させたい場合などに利用します。メイン画面とうまく切り分けることで、情報をより的確にユーザーに伝えられる、入力フォームをスマートにできる、などのメリットがあります。

メニューは、アプリのナビゲーションを表すのに不可欠なしくみです。本章では、オプションメニュー／コンテキストメニューという2種類のメニューについて解説します。

はじめての Android アプリ開発 Java 編

Section
06-01

さまざまなダイアログを作成する

このセクションでは、Androidアプリで利用できる各種ダイアログについて学びます。

このセクションのポイント

■ AlertDialog クラスは、はい／いいえ式のダイアログからラジオボタン／チェックボックス式、リスト式ダイアログなどを作成する、最も標準的なダイアログである。

■ AlertDialog クラスにレイアウトファイルを引き渡すことで、カスタムのダイアログを定義することもできる。

■ DatePickerDialog ／ TimePickerDialog クラスは、日付／時刻選択のダイアログを作成する。

　ダイアログは、メイン画面でのボタンクリックやその他のイベントに反応してポップアップする、小さな画面（サブウィンドウ）のようなものです。以前紹介したトーストにも似ていますが、トーストが簡単なメッセージしか表示できないのに対して、ダイアログには、メッセージはもちろん、ボタン、リスト、ラジオボタン／チェックボックスなどのウィジェットも載せられるので、ユーザーからの入力を受け取りたいという場合にも利用できます。また、トーストのように一定時間で自動的に消えるものではないので（明示的に閉じる必要があるので）、ユーザーが見落としてはいけない重要なメッセージ——たとえばエラーメッセージのようなものを通知するのにも適しています。

　ダイアログには、標準で以下のような種類があります。

表06-01　標準で利用できるダイアログ

ダイアログ	概要
AlertDialog	警告ダイアログ（オプションによって、ボタン、ラジオボタン／チェックボックス、リストなどを表示可能）
DatePickerDialog	日付選択ダイアログ
TimePickerDialog	時刻選択ダイアログ

　以下では、これら標準ダイアログの用法を紹介すると共に、もっともシンプルなAlertDialogをもとに、カスタムダイアログを実装する方法についても解説します。

06-01-01　シンプルなダイアログを表示する

　まずはAlertDialogクラスを使って、基本的なダイアログボックスを表示してみましょう。以下の例では、[**ダイアログ表示**]ボタンをクリックすると、「こんにちは、世界！」という文字列をダイアログ表示します。

　なお、以下のサンプルを実行するには、ダウンロードサンプル/samples/images

フォルダーに含まれる画像wings.pngをあらかじめインポートしておく必要があります。インポートの方法については、03-01-02項も合わせて参照してください。

図 06-01　ボタンクリックで挨拶メッセージをダイアログ表示

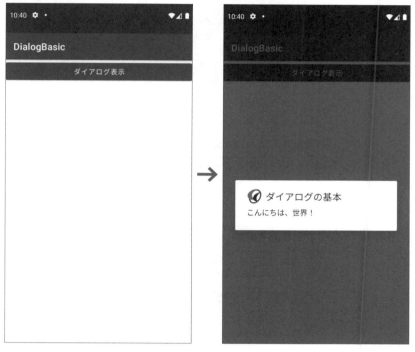

[1] ダイアログ表示のためのフラグメントを準備する

ダイアログは、（アクティビティではなく）フラグメントとして実装するのが基本です。

汎用的なフラグメントについてはセクション08-04で改めるので、ここではダイアログの実装に特化したDialogFragmentの用法に絞って解説を進めます。ダイアログ機能を実装するには、まず、このDialogFragmentクラスを継承するのが基本です。

DialogFragmentでは、アクティビティと連携してダイアログを表示／非表示にするための機能を標準で用意しているので、アプリ側では、ダイアログそのもの（タイトルや本体、表示アイコンなど）の設定だけを記述すれば良いことになります。

ダイアログ関連のフラグメントは、DialogFragmentクラス（androidx.fragment.appパッケージ）を継承して定義するのが基本です。これまでと同じく、/app/java/to.msn.wings.dialogbasicフォルダー配下にMyFialogFragmentクラスを作成したら、Android Studioのコード生成機能を使って、もう少し骨組みを補っておきましょう。

リスト06-01　MyDialogFragment.java（DialogBasicプロジェクト）

```
package to.msn.wings.dialogbasic;

import androidx.fragment.app.DialogFragment;

public class MyFialogFragment extends DialogFragment {
}
```

ここまで入力できたら、クラス配下で右クリックし、表示されたコンテキストメニューから [Generate...] - [Override Methods...] を選択します。

図06-02　［Override Members］画面

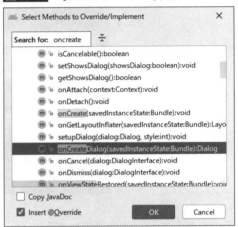

［Override Members］画面が開くので、オーバーライド可能なメンバーから「onCreateDialog」を選択します。

onCreateDialog メソッドは、名前の通り、ダイアログを生成するタイミングで呼び出されるメソッドです。ダイアログを生成するためのコードは、この配下で記述します。

*1）ダイアログにフォーカスを置いた状態で「onCreate」と入力することで、目的のメンバーを絞り込めます。

［OK］ボタンをクリックすると[*1]メソッドの骨組みが自動生成されるので、改めて以下のようにコードを追加しておきましょう。

リスト06-02　MyDialogFragment.java（DialogBasicプロジェクト）

```
package to.msn.wings.dialogbasic;

import android.app.AlertDialog;
import android.app.Dialog;
import android.os.Bundle;
import androidx.annotation.NonNull;
```

```
import androidx.annotation.Nullable;
import androidx.fragment.app.DialogFragment;

public class MyFialogFragment extends DialogFragment {
  @NonNull
  @Override
  public Dialog onCreateDialog(@Nullable Bundle savedInstanceState) {
    // ダイアログを生成
    AlertDialog.Builder builder = new AlertDialog.Builder(requireActivity()); ──■1
    // ダイアログの設定
    return builder.setTitle("ダイアログの基本")
          .setMessage("こんにちは、世界！")
          .setIcon(R.drawable.wings)                              ■2
          .create();
  }
}
```

ダイアログボックスを作成するのは、AlertDialog.Builderクラス（android.appパッケージ）の役割です（■1）。AlertDialogクラスを直接インスタンス化することはできない点に注意してください。

構文　AlertDialog.Builderクラス（コンストラクター）

```
public AlertDialog.Builder(Context context)
    context：コンテキスト
```

ダイアログを生成するには、呼び出し元のアクティビティ情報が必要となります。アクティビティ情報そのものはgetActivityメソッドで取得できますが、ここではrequireActivityメソッドを呼び出している点に注意してください。getActivityメソッドはアクティビティが取得できないときにnullを返しますが、requireActivityメソッドでは例外Illegal State Exceptionを発生させます。本書では、明示的なnullチェックを行う替わりに、requireActivityメソッドを呼び出すことでチェックを代行させています。しかし、これはNull Pointer Exceptionを発生させないというだけでプログラムに問題があることには変わりませんので、例外が発生したら適切な対処が必要なのは変わりません。

生成したAlertDialog.Builderオブジェクトには、ダイアログを設定するためのさまざまなセッターメソッドが用意されています。以下に、主なものを挙げておきます。

表06-02　AlertDialog.Builderクラスの主なセッターメソッド

メソッド	概要
setIcon(int *iconId*)	ダイアログボックスのアイコン
setTitle(CharSequence *title*)	ダイアログボックスのタイトル
setMessage(CharSequence *message*)	表示するメッセージ
setCancelable(boolean *cancelable*)	キャンセル可能か

あとは、生成されたダイアログを、onCreateDialogメソッドの戻り値として返すだけです（**2**）。

[2] ダイアログを起動するためのアクティビティ／レイアウトを準備する

本項冒頭でも触れたように、フラグメントはあくまで画面の断片なので、それ単体では動作しません。フラグメントを起動するためのアクティビティとレイアウトを作成します。

リスト06-03　activity_main.xml（DialogBasicプロジェクト）

```xml
<?xml version="1.0" encoding="utf-8"?>
<androidx.constraintlayout.widget.ConstraintLayout ...>
  <Button
    android:id="@+id/btn"
    android:layout_width="0dp"
    android:layout_height="wrap_content"
    android:text="ダイアログ表示"
    app:layout_constraintEnd_toEndOf="parent"
    app:layout_constraintStart_toStartOf="parent"
    app:layout_constraintTop_toTopOf="parent" />
</androidx.constraintlayout.widget.ConstraintLayout>
```

図06-03　レイアウト完成図

リスト06-04　MainActivity.java（DialogBasicプロジェクト）

```java
package to.msn.wings.dialogbasic;

import androidx.appcompat.app.AppCompatActivity;
import androidx.fragment.app.DialogFragment;
import android.os.Bundle;
import android.widget.Button;

public class MainActivity extends AppCompatActivity {
  @Override
  protected void onCreate(Bundle savedInstanceState) {
    super.onCreate(savedInstanceState);
```

```
    setContentView(R.layout.activity_main);

    // ［ダイアログ表示］ボタンをクリックした時に実行されるコード
    Button btn = findViewById(R.id.btn);
    btn.setOnClickListener(view -> {
      DialogFragment dialog = new MyDialogFragment();
      dialog.show(getSupportFragmentManager(), "dialog_basic"); ─────■
    });
  }
}
```

アクティビティからダイアログを表示するには、DialogFragment#showメソッドを呼び出すだけです（■）。FragmentManagerはフラグメントを管理するためのオブジェクトで、getSupportFragmentManagerメソッドで取得できます。

構文　showメソッド

```
public void show(@NonNull FragmentManager manager, @Nullable String tag)
    manager：FragmentManagerオブジェクト
    tag      ：フラグメントの識別タグ
```

[3] サンプルを起動する

以上を理解できたら、サンプルを起動し、[**ダイアログ表示**]ボタンをクリックしてください。06-01-01項の図06-01のようにダイアログが表示されれば、サンプルは正しく動作しています。

参考

表示テキストはリソースからも選択できる

setTitle／setMessageメソッドは、引数としてリソースIDを受け取ることもできます。本文では、簡単化のために文字列をハードコーディングしていますが、本格的なアプリでは文字列リソースとして明確に分離するのがあるべき姿です。
たとえば以下は、文字列リソースd_titleをダイアログボックスのタイトルとして設定する例です。

```
setTitle(R.string.d_title);
```

06-01-02　[はい][いいえ][キャンセル] ボタンを表示する

以上で、最小限のダイアログボックスを表示できました。しかし、ただメッセージを表示するだけでは、（勝手に消えないというだけで）トーストと大して変わりが

ありません。そこでここでは、ダイアログボックスに [はい] [いいえ] [キャンセル] ボタンを表示してみましょう。ボタンを追加することで、ユーザーに対して「選択させる」という機能を提供できます。

リスト06-05　activity_main.xml（DialogButtonプロジェクト）

```xml
<?xml version="1.0" encoding="utf-8"?>
<androidx.constraintlayout.widget.ConstraintLayout ...>
  <Button
    android:id="@+id/btn"
    android:layout_width="0dp"
    android:layout_height="wrap_content"
    android:text="ダイアログ表示"
    app:layout_constraintEnd_toEndOf="parent"
    app:layout_constraintStart_toStartOf="parent"
    app:layout_constraintTop_toTopOf="parent" />
</androidx.constraintlayout.widget.ConstraintLayout>
```

図06-04　レイアウト完成図

リスト06-06　MainActivity.java（DialogButtonプロジェクト）

```java
package to.msn.wings.dialogbutton;

import androidx.appcompat.app.AppCompatActivity;
import androidx.fragment.app.DialogFragment;
import android.os.Bundle;
import android.widget.Button;

public class MainActivity extends AppCompatActivity {
  @Override
  protected void onCreate(Bundle savedInstanceState) {
    super.onCreate(savedInstanceState);
    setContentView(R.layout.activity_main);

    // ［ダイアログ表示］ボタンをクリックした時に実行されるコード
    Button btn = findViewById(R.id.btn);
    btn.setOnClickListener(view -> {
      DialogFragment dialog = new MyDialogFragment();
      dialog.show(getSupportFragmentManager(), "dialog_basic");
    });
  }
}
```

リスト06-07 MyDialogFragment.java（DialogButtonプロジェクト）

```java
package to.msn.wings.dialogbutton;

import android.app.Activity;
import android.app.AlertDialog;
import android.app.Dialog;
import android.os.Bundle;
import android.widget.Toast;
import androidx.annotation.NonNull;
import androidx.annotation.Nullable;
import androidx.fragment.app.DialogFragment;

public class MyDialogFragment extends DialogFragment {
  @NonNull
  @Override
  public Dialog onCreateDialog(@Nullable Bundle savedInstanceState) {
    Activity activity = requireActivity();
    AlertDialog.Builder builder = new AlertDialog.Builder(activity);
    return builder.setTitle("ダイアログの基本")
        .setMessage("AndroidはJavaで開発できますか？")
        .setIcon(R.drawable.wings)
        .setPositiveButton("はい", (dialog, which) -> {
            Toast.makeText(activity, "正解です！", Toast.LENGTH_SHORT)
                .show();
        })
        .setNegativeButton("いいえ", (dialog, which) -> {
            Toast.makeText(activity, "ミス！", Toast.LENGTH_SHORT)
                .show();
        })
        .setNeutralButton("キャンセル", (dialog, which) -> { })  ────────■
        .create();
  }
}
```

↓

図06-05 設問に対して [はい] [いいえ] ボタンをクリックすると、結果をトースト表示

ダイアログでボタンを表示するには、AlertDialog.Builderクラスの以下のメソッドを利用します。

表06-03 ダイアログにボタンを表示するためのメソッド

メソッド	ボタンの役割
setPositiveButton	肯定的な意味を持つボタン
setNegativeButton	否定的な意味を持つボタン
setNeutralButton	中性的な意味を持つボタン

ボタンの意味合いに応じて、メソッドが用意されているわけです。もちろん、常にすべてのボタンを利用しなければならないというわけではなく、どれかひとつしか使用しなくても構いませんし[2]、逆に3個すべてを利用しても構いません。
それぞれのメソッドの構文は、以下のとおりです。

*2) 前項のサンプルのように、ボタンがひとつもない場合でさえ間違いではないのです。

構文 setXxxxxxButtonメソッド（Xxxxxは Positive、Negative、Neutral）

```
public AlertDialog.Builder setXxxxxButton(CharSequence text,
    DialogInterface.OnClickListener listener)
    text    ：ボタンキャプション
    listener：クリック時に呼び出されるイベントリスナー
```

　　　　　　ここでは、設問「AndroidはJavaで開発できますか？」に対して [はい] [いいえ]
ボタンをクリックすると、それぞれ正解／不正解というメッセージをトースト表示
するようにしています。[キャンセル] ボタンをクリックすると、なにもせずにダイア
ログをクローズします。ダイアログではボタンをクリックすると、無条件にダイアロ
グを閉じるので、閉じるだけのボタンを定義するには、■のように空のイベントリス
ナーを割り当てます。

参考

ボタンの機能は自由に決めて構わない

　それぞれのボタンにはおおよその意味が割り当てられています。一般的に、
setPositiveButton ／ setNagativeButton ／ setNeutralButtonメソッドには、[はい] [いいえ] [キャ
ンセル] ボタン、もしくはそれに相当するボタンを割り当てるのが順当でしょう。

　ただし、割り当てなければならないわけではありません。極端には、setNegativeButtonメ
ソッドに [はい] ボタンを割り当てても間違いではありません。

　ボタンの配置順序はボタンの種類によって決まるので、まずは標準的な意味に沿うべきで
すが、必要に応じて、ボタンの機能は自由に割り当てられるのです。

参考

ボタンの種類を識別する

　サンプルでは利用していませんが、onClickメソッドの引数whichは押されたボタンの種類を
表します。具体的には、以下のような定数がセットされます。

　　　　・DialogInterface.BUTTON_POSITIVE
　　　　・DialogInterface.BUTTON_NEGATIVE
　　　　・DialogInterface.BUTTON_NEUTRAL

　サンプルではそれぞれのボタンに対して別々のイベントリスナーを用意していますが、実行す
べき処理をある程度共通化できるならば、ひとつのリスナーにまとめて、引数whichで分岐し
ても良いでしょう。

```
DialogInterface.OnClickListener listener = (dialog, which) ->
  switch (which) {
    case DialogInterface.BUTTON_POSITIVE:
      Toast.makeText(activity, "正解です！",
        Toast.LENGTH_SHORT).show();
      break;
    case DialogInterface.BUTTON_NEGATIVE:
```

```
        Toast.makeText(activity, "ミス",
          Toast.LENGTH_SHORT).show();
        break;
      case DialogInterface.BUTTON_NEUTRAL:
        break;
    };
```

06-01-03 アクティビティからダイアログに値を引き渡す

　ダイアログでは、固定文字列を表示するばかりではありません。アクティビティ
から受け取った値に基づいて、ダイアログ内のコンテンツを決定したいということは
あるでしょう。

　以下では、その簡単な例として、[**ダイアログ表示**] ボタンをクリックすると、テキ
ストボックスに入力された値に応じて「こんにちは、●○さん！」という文字列をダ
イアログ表示するサンプルを紹介します。

図06-06　　ボタンクリックで挨拶メッセージをダイアログ表示

　以下は、P.274のリスト06-03、06-04からの差分についてのみ掲載します。

[1] 呼び出し元のコードを修正する

まずは、呼び出し元のアクティビティとレイアウトを修正します。レイアウトには名前を入力するためのEditTextを、アクティビティにはEditTextへの入力値をフラグメントに引き渡すためのコードを、それぞれ追加します。

リスト06-08　activity_main.xml（DialogArgsプロジェクト）

```xml
<?xml version="1.0" encoding="utf-8"?>
<androidx.constraintlayout.widget.ConstraintLayout ...>
  <EditText
    android:id="@+id/txtName"
    android:layout_width="0dp"
    android:layout_height="wrap_content"
    android:ems="10"
    android:hint="名前を入力してください"
    android:inputType="textPersonName"
    app:layout_constraintEnd_toEndOf="parent"
    app:layout_constraintStart_toStartOf="parent"
    app:layout_constraintTop_toTopOf="parent" />
  <Button
    android:id="@+id/btn"
    android:layout_width="0dp"
    android:layout_height="wrap_content"
    android:text="ダイアログ表示"
    app:layout_constraintEnd_toEndOf="parent"
    app:layout_constraintStart_toStartOf="parent"
    app:layout_constraintTop_toBottomOf="@+id/txtName" />
</androidx.constraintlayout.widget.ConstraintLayout>
```

図06-07　レイアウト完成図

EditText

名前を入力してください

ダイアログ表示

Button

リスト06-09　MainActivity.java（DialogArgsプロジェクト）

```java
package to.msn.wings.dialogargs;

import androidx.appcompat.app.AppCompatActivity;
import androidx.fragment.app.DialogFragment;
import android.os.Bundle;
import android.widget.Button;
import android.widget.EditText;

public class MainActivity extends AppCompatActivity {
  @Override
  protected void onCreate(Bundle savedInstanceState) {
    ...中略...
```

```
    Button btn = findViewById(R.id.btn);
    btn.setOnClickListener(view -> {
      EditText txtName = findViewById(R.id.txtName);
      DialogFragment dialog = new MyDialogFragment();
      // フラグメントにEditTextへの入力値を引き渡す
      Bundle args = new Bundle();
      args.putString("txtName", txtName.getText().toString());
      dialog.setArguments(args);
      dialog.show(getSupportFragmentManager(), "dialog_basic");
    });
  }
}
```

レイアウトの修正については特筆すべき点はないので、ここでは❶に注目します。

フラグメントに値を引き渡すには、Bundle（android.os パッケージ）というオブジェクトを介するのが基本です。Bundleは、アプリの状態をキー／値の組み合わせで管理するためのオブジェクトです（02-03-06項）。

この例であれば、EditTextからの入力値を取得し、これをtxtNameという名前で設定しています。複数の値を保存したい場合には、putXxxxxメソッドを列記してください。準備したBundleオブジェクトは、Fragment#setArgumentsメソッドでフラグメントにセットできます。

これで、まずは呼び出し側の準備は完了です。

[2] ダイアログ（フラグメント）を修正する

アクティビティ側で設定された値を取得するには、太字のコードを追加／修正します。

リスト06-10 MyDialogFragment.java（DialogArgsプロジェクト）

```java
package to.msn.wings.dialogargs;

import androidx.annotation.NonNull;
import androidx.fragment.app.DialogFragment;
import android.app.AlertDialog;
import android.app.Dialog;
import android.os.Bundle;

public class MyDialogFragment extends DialogFragment {
  @NonNull
  @Override
  public Dialog onCreateDialog(Bundle savedInstanceState) {
    Bundle args = requireArguments();
```

```
String txtName = args.getString("txtName"); ──────────────── 1
AlertDialog.Builder builder = new AlertDialog.Builder(requireActivity());
return builder.setTitle("ダイアログの基本")
  .setMessage(String.format("こんにちは、%sさん！", txtName)) ──────── 2
  .setIcon(R.drawable.wings)
  .create();
 }
}
```

*3）こ こ で、
requireArgumentsメ
ソッドはnull判定付
きのgetArguments
メソッドであること
に注意してください。
getActivityメソッド
とrequireActivityメ
ソッドの関係と同じ
です（P.273参照）。

　フラグメントにセットされた値（Bundleオブジェクト）を取り出すのは、requireArgumentsメソッド[3]の役割です。取得したBundleオブジェクトからはgetXxxxxメソッドで個々の値にアクセスできます（1）。Xxxxxの部分は、取得したい値のデータ型に応じて、getBoolean、getString、getIntメソッドなどを使い分けます。

　この例では、取得したtxtNameの値をもとに、「こんにちは、●○さん！」というメッセージを生成し、ダイアログにセットしています（2）。

参考

何故、setArguments ／ requireArguments（getArguments）メソッド？

　setArguments ／ requireArguments（getArguments）メソッドなど使わなくとも、フラグメントのコンストラクターに値を引き渡したほうが手軽ではないか、そう考えた人はいませんか。

　それでも一見して、アプリは動作するはずです。しかし、Androidの世界では、アクティビティはシステムの都合で破棄されたり、また再作成されたりする存在です（08-01-03項）。そして、その事情はアクティビティのもとで動作するフラグメントでも同じです。

　そのような状況で、システムは空のコンストラクターを呼び出そうとします。空のコンストラクターが存在しない場合、アプリはエラーで終了してしまいます。

　同様に、setName ／ getNameなどのアクセサーメソッドを使って、値を引き渡すのも不可です。setArgumentsメソッドでセットされた値は、自動生成時にも再セットされます。しかし、独自のアクセサーメソッドで設定された値は（当然）自動では復元されません。

　以上の理由から、フラグメントの値の引き渡しには、まずはsetArguments ／ requireArguments（getArguments）メソッドを使わなければなりません。

06-01-04　リスト選択型のダイアログを作成する（1）

*4）以降、ダイア
ログ表示のための
メイン画面はリスト
06-05と同じなので、
紙面上は割愛しま
す。完全なコードは
ダウンロードサンプ
ルを参照してくださ
い。

　ダイアログでは、ボタンを表示するだけではありません。リストを利用することで不特定多数の項目からユーザに選択させることも可能です。たとえば以下は、ダイアログ上で血液型のリストを選択させ、その結果をトースト表示する例です[4]。

リスト06-11 MyDialogFragment.java（DialogListプロジェクト）

```java
package to.msn.wings.dialoglist;

import android.app.Activity;
import android.app.AlertDialog;
import android.app.Dialog;
import android.os.Bundle;
import android.widget.Toast;
import androidx.annotation.NonNull;
import androidx.annotation.Nullable;
import androidx.fragment.app.DialogFragment;

public class MyDialogFragment extends DialogFragment {
  @NonNull
  @Override
  public Dialog onCreateDialog(@Nullable Bundle savedInstanceState) {
    Activity activity = requireActivity();
    final String[] items = { "A型", "B型", "O型", "AB型" };
    AlertDialog.Builder builder = new AlertDialog.Builder(activity);
    return builder.setTitle("血液型")
      .setIcon(R.drawable.wings)
      // リスト項目とクリック時の処理を定義
      .setItems(items, (dialog, which) -> Toast.makeText(activity,
          String.format("「%s」が選択されました。", items[which]),
          Toast.LENGTH_SHORT).show())
      .create();
  }
}
```

↓

図06-08　選択されたリスト項目をトースト表示

＊5）同時に使用した場合には、setMessageメソッドが優先されます。

　ダイアログ上にリストを表示するには、setItemsメソッドを利用します（**1**）。setItemsメソッドは、setMessageメソッドと一緒には使用できません＊5。

構文　setItemsメソッド

```
public AlertDialog.Builder setItems(CharSequence[] items,
  DialogInterface.OnClickListener listener)
    items    ：リスト項目
    listener：クリック時に呼び出されるイベントリスナー
```

　　表示すべきリスト項目と、項目選択時の処理をまとめて設定するのは、先ほどのsetXxxxxButtonメソッドと同じです。OnClickListener#onClickメソッド（setItemsメソッドに渡したラムダ式）の構文は、以下のとおりです。

構文　onClick メソッド

```
public abstract void onClick(DialogInterface dialog, int which)
    dialog：イベント発生元のダイアログ
    which ：選択された項目
```

*6) 先頭項目を0と
数えます。

　　　　　onClick メソッドの引数 which には、選択されたリスト項目のインデックス番号*6
が渡されます。よって、この例であれば items[which] で、選択された項目テキストを
取得できます (items は項目テキストの配列です)。

06-01-05　リスト選択型のダイアログを作成する (2) - ラジオボタン

　　　　　ダイアログには、ラジオボタン式のリストを載せることもできます。シンプルなリ
スト型のダイアログと似ていますが、以下の点が異なります。

・既定値を設定できる (=あらかじめ特定の項目を選択しておける)
・ラジオボタンを選択しただけではダイアログは閉じない (=リスト選択の後、[**OK**]
　ボタンをクリックしなければならない)

　　　　　ひとつの目安としては、より重要な選択をさせたい場合にはラジオボタン式のダ
イアログを、手軽に選択させたい場合では、シンプルなリスト型ダイアログを、と
いう使い分けをすると良いでしょう。
　　　　　具体的な例も見てみましょう。以下は、リスト 06-11 をラジオボタン式のリストで
書き換えた例です。

リスト 06-12　MyDialogFragment.java (DialogRadio プロジェクト)

```java
package to.msn.wings.dialogradio;

import android.app.Activity;
import android.app.AlertDialog;
import android.app.Dialog;
import android.os.Bundle;
import android.widget.Toast;
import androidx.annotation.NonNull;
import androidx.annotation.Nullable;
import androidx.fragment.app.DialogFragment;

public class MyDialogFragment extends DialogFragment {
  int selected = 0;

  @NonNull
  @Override
```

```java
public Dialog onCreateDialog(@Nullable Bundle savedInstanceState) {
  final String[] items = {"A型", "B型", "O型", "AB型"};
  Activity activity = requireActivity();
  AlertDialog.Builder builder = new AlertDialog.Builder(activity);
  return builder.setTitle("血液型")
    .setIcon(R.drawable.wings)
    // 単一選択型のリストを生成
    .setSingleChoiceItems(items, selected, (dialog, which) ->
        selected = which)
    // ［OK］ボタンを生成
    .setPositiveButton("OK", (dialog, which) ->
      Toast.makeText(activity,
        String.format("「%s」が選択されました。", items[selected]),
          Toast.LENGTH_SHORT).show())
    .create();
  }
}
```

1

2

↓

図06-09　ダイアログを閉じたタイミングで、選択項目をトーストに表示

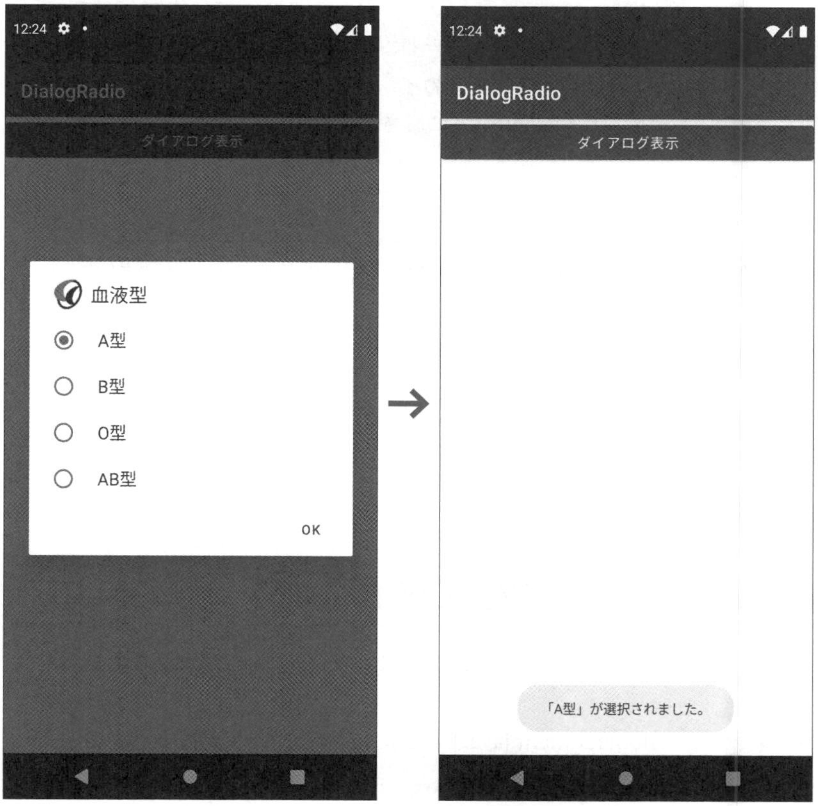

はじめての Android アプリ開発 Java 編　287

ラジオボタン式のリストを生成するには、setSingleChoiceItemsメソッドを利用します。

構文 setSingleChoiceItemsメソッド

```
public AlertDialog.Builder setSingleChoiceItems(CharSequence[] items,
  int checkedItem, DialogInterface.OnClickListener listener)
    items       ：リスト項目*7
    checkedItem：既定で選択状態にある項目（インデックス番号）
    listener   ：クリック時に呼び出されるイベントリスナー
```

*7）文字列配列の他、配列リソースやアダプターを指定することもできます。具体的なコードについては、P.172なども参考にしてください。

setItemsメソッドとよく似ていますが、引数checkedItemには、既定で選択される項目のインデックス番号を指定できます。ここでは0を指定しているので、最初から先頭項目が選択状態となります。なにも選択したくない場合には-1を指定してください。

引数listenerで指定されたイベントリスナーにも注目です（**1**）。本節冒頭でも触れたように、ラジオボタン式のリストでは、リストを選択してもダイアログは自動では閉じません。よって、クリックの時点ではまだ選択が確定したと捉えるべきではないでしょう。サンプルでも、この時点ではまだトースト表示せず、選択された項目のみを変数selectedにセットしています。

*8）setSingleChoiceItemsメソッドに渡したラムダ式です。

選択された項目（のインデックス番号）は、OnClickListener#onClickメソッド*8の引数whichに渡されます。

構文 onClickメソッド

```
public abstract void onClick(DialogInterface dialog, int which)
    dialog：ダイアログ
    which ：選択項目のインデックス番号
```

リスト選択（確定）時の処理は、setPositiveButtonメソッドで定義します（**2**）。選択された項目（のインデックス番号）はselectedに格納されているので、選択テキストはitems[selected]で取得できます。

06-01-06 リスト選択型のダイアログを作成する(3) -チェックボックス

複数選択を可能にしたいならば、チェックボタン式の選択リストを利用します。

リスト06-13 MyDialogFragment.java（DialogCheckboxプロジェクト）

```
package to.msn.wings.dialogcheckbox;
```

```java
import android.app.Activity;
import android.app.AlertDialog;
import android.app.Dialog;
import android.os.Bundle;
import android.widget.Toast;
import androidx.annotation.NonNull;
import androidx.annotation.Nullable;
import androidx.fragment.app.DialogFragment;

public class MyDialogFragment extends DialogFragment {
  @NonNull
  @Override
  public Dialog onCreateDialog(@Nullable Bundle savedInstanceState) {
    // リスト項目と既定値を準備
    final String[] items = {
      "電車", "バス", "徒歩", "マイカー", "自転車", "その他"};
    final boolean[] selected = {true, true, true, false, false, false};  ━━━■
    // ダイアログを生成
    Activity activity = requireActivity();
    AlertDialog.Builder builder = new AlertDialog.Builder(activity);
    return builder.setTitle("通勤手段")
        .setIcon(R.drawable.wings)
        // チェックボックス式のリストを準備（選択時に状態を記録）
        .setMultiChoiceItems(items, selected, (dialog, which, isChecked) -> {
          selected[which] = isChecked;                                    ┐
        })                                                                ┘■2
        // ［OK］ボタンを準備（現在の選択状態をトースト表示）
        .setPositiveButton("OK", (dialog, which) -> {
          String msg = "";
          for (int i = 0; i < selected.length; i++) {                     ┐
            if (selected[i]) {                                            │
              msg += items[i] + ",";                                      │■4
            }                                                             │
          }                                                               ┘      ┐
          Toast.makeText(activity,                                               │■3
            String.format("「%s」が選択されました。",
              msg.substring(0, msg.length() - 1)),
              Toast.LENGTH_SHORT).show();
        })                                                                       ┘
        .create();
  }
}
```

↓

図06-10　ダイアログを閉じたタイミングで、選択項目をトーストに表示

　　チェックボックス式のリストを生成するには、setMultiChoiceItemsメソッドを利用します。

構文　setMultiChoiceItemsメソッド

```
public AlertDialog.Builder setMultiChoiceItems(
    CharSequence[] items, boolean[] checkedItems,
    DialogInterface.OnMultiChoiceClickListener listener)
      items        ：リスト項目 *9
      checkedItems ：既定で選択状態にある項目（項目ごとのtrue／false）
      listener     ：クリック時に呼び出されるイベントリスナー
```

*9）文字列配列の他、「R.array.items」のような形式で配列リソース（03-02-05項）を指定することもできます。

*10）実体は、OnMultiChoiceClickListener#onClickメソッドです。

　　setSingleChoiceItemsメソッドとよく似ていますが、引数checkedItemsには、リスト項目のチェック状態をtrue／falseの配列で指定します。たとえば**1**であれば、1、2、3番目の項目がチェックされていることを表しています。
　　引数listener（*10**2**）の引数も、setItems／setSingleChoiceItemsメソッドとは異なる点に要注意です。

構文 onClick メソッド

```
public abstract void onClick(DialogInterface dialog, int which, boolean isChecked)
    dialog    ：ダイアログ
    which     ：選択項目のインデックス番号
    isChecked：チェック済か
```

　　引数whichにはクリックされた項目のインデックス番号が、isCheckedには項目のオンオフが、それぞれセットされます。よって、「selected[which] ＝ isChecked」で「which番目の項目の状態を、現在の状態で上書きしなさい」という意味になります。

　　ラジオボタン式のリストと同じく、チェックボックス式のリストも項目をチェックしただけではダイアログは閉じません。このタイミングでは、まだ選択確定と見なすべきではないので、現在の選択状態を記録だけしている点に注目です。

　　リスト選択（確定）時の処理はsetPositiveButtonメソッドで定義します（**3**）。現在のチェックボックスの状態は変数selectedに記録されているので、**4**ではこれを順番に読み出しています。そして、読み出した要素がtrueである（チェックされている）場合のみ、対応するテキスト（items[i]）を配列msgに追加していきます。

　　これですべてのチェック項目を取得できます。

06-01-07　日付ダイアログを作成する

　　日付の入力に特化した、DatePickerDialogクラスもあります。以下では、このクラスを利用して、以下のようなフォームを作成してみましょう。

図06-11 日付ダイアログを表示

具体的なコードは、以下のとおりです。

リスト06-14 activity_main.xml（DialogDateプロジェクト）

```xml
<?xml version="1.0" encoding="utf-8"?>
<androidx.constraintlayout.widget.ConstraintLayout ...>
  <EditText
    android:id="@+id/txtDate"
    android:layout_width="0dp"
    android:layout_height="wrap_content"
    android:ems="10"
    android:hint="日付を入力してください"
    android:inputType="date"
    app:layout_constraintEnd_toEndOf="parent"
    app:layout_constraintStart_toStartOf="parent"
    app:layout_constraintTop_toTopOf="parent" />
  <Button
    android:id="@+id/btn"
    android:layout_width="wrap_content"
```

```
        android:layout_height="wrap_content"
        android:text="日付入力"
        app:layout_constraintStart_toStartOf="parent"
        app:layout_constraintTop_toBottomOf="@+id/txtDate" />
</androidx.constraintlayout.widget.ConstraintLayout>
```

図06-12 レイアウト完成図

リスト06-15 MyDialogFragment.java（DialogDateプロジェクト[11]）

```java
package to.msn.wings.dialogdate;

import android.app.Activity;
import android.app.DatePickerDialog;
import android.app.Dialog;
import android.os.Bundle;
import android.widget.EditText;
import androidx.annotation.NonNull;
import androidx.annotation.Nullable;
import androidx.fragment.app.DialogFragment;
import java.util.Calendar;
import java.util.Locale;

public class MyDialogFragment extends DialogFragment {
  @NonNull
  @Override
  public Dialog onCreateDialog(@Nullable Bundle savedInstanceState) {
    // 今日の日付を準備
    final Calendar cal = Calendar.getInstance();                        ── 1
    Activity activity = requireActivity();
    return new DatePickerDialog(
      activity, (view, year, monthOfYear, dayOfMonth) -> {
        EditText txtDate = activity.findViewById(R.id.txtDate);
        txtDate.setText(String.format(Locale.JAPAN,                     3
          "%02d/%02d/%02d", year, monthOfYear + 1, dayOfMonth));
      },                                                                2
      cal.get(Calendar.YEAR),
      cal.get(Calendar.MONTH),
      cal.get(Calendar.DAY_OF_MONTH)
    );
  }
}
```

> [11]フラグメントを呼び出すためのアクティビティは、これまでに紹介してきたものとほぼ同じものであるため、割愛しています。完全なコードは、ダウンロードサンプルから参照してください。

　まずは、日付入力ダイアログ（DatePickerDialogクラス）から見ていきましょう（**2**）。DatePickerDialogコンストラクターの構文は、以下のとおりです。

構文 DatePickerDialog クラス（コンストラクター）

```
public DatePickerDialog(Context context,
  DatePickerDialog.OnDateSetListener listener, int year, int month, int dayOfMonth)
    context    ：コンテキスト
    listener   ：日付設定時に呼び出されるイベントリスナー
    year       ：表示年
    month      ：表示月（0～11）
    dayOfMonth：表示日（1～31）
```

引数 year ／ month ／ dayOfMonth は、ダイアログに既定で表示される年月日を表します。■で準備しておいた現在の日付から設定します。

引数 listener は、日付が選択された時に呼び出される DatePickerDialog. OnDateSetListener 型のイベントリスナーです。ラムダ式（■）の実体は、配下の onDateSet メソッドです。

構文 onDateSet メソッド

```
public abstract void onDateSet(DatePicker view, int year, int month, int dayOfMonth)
    view       ：DatePicker オブジェクト
    year       ：選択された年
    month      ：選択された月
    dayOfMonth：選択された日
```

ダイアログで選択された年月日は、それぞれ引数 year ／ month ／ dayOfMonth にセットされるので、ここでは「YY/MM/DD」の形式に整形し、テキストボックス txtDate にセットしています。この際、引数 month の値は 0 ～ 11 なので、文字列に整形する際はあらかじめ +1 しなければならない点に注意です。

以上で日付ダイアログの設定は完了です。生成した DatePickerDialog オブジェクトを、これまでと同じく、onCreateDialog メソッドの戻り値として返します。

◢ 06-01-08 時刻入力ダイアログを作成する

同じく、時刻の入力に特化した、TimePickerDialog クラスもあります。

図06-13　時刻ダイアログを表示

具体的なコードは、以下のとおりです。

リスト06-16　activity_main.xml（DialogTime プロジェクト）

```
<androidx.constraintlayout.widget.ConstraintLayout ...
  tools:context=".MainActivity">
  <EditText
    android:id="@+id/txtTime"
    android:layout_width="0dp"
    android:layout_height="wrap_content"
    android:ems="10"
    android:hint="時刻を入力してください"
    android:inputType="time"
    app:layout_constraintEnd_toEndOf="parent"
    app:layout_constraintStart_toStartOf="parent"
    app:layout_constraintTop_toTopOf="parent" />
  <Button
    android:id="@+id/btn"
    android:layout_width="wrap_content"
```

```
     android:layout_height="wrap_content"
     android:text="時刻入力"
     app:layout_constraintStart_toStartOf="parent"
     app:layout_constraintTop_toBottomOf="@+id/txtTime" />
</androidx.constraintlayout.widget.ConstraintLayout>
```

図06-14　レイアウト完成図

Button　　　　　　　　EditText

リスト06-17　MyDialogFragment.java（DialogTimeプロジェクト[*12]）

```java
package to.msn.wings.dialogtime;

import android.app.Activity;
import android.app.Dialog;
import android.app.TimePickerDialog;
import android.os.Bundle;
import android.widget.EditText;
import androidx.annotation.NonNull;
import androidx.annotation.Nullable;
import androidx.fragment.app.DialogFragment;
import java.util.Calendar;
import java.util.Locale;

public class MyDialogFragment extends DialogFragment {
  @NonNull
  @Override
  public Dialog onCreateDialog(@Nullable Bundle savedInstanceState) {
    // 現在の時刻を準備
    final Calendar cal = Calendar.getInstance();
    Activity activity = requireActivity();
    return new TimePickerDialog(
      activity, (view, hourOfDay, minute) -> {
        // 選択された時刻をテキストボックスに反映
        EditText txtDate = activity.findViewById(R.id.txtTime);
        txtDate.setText(String.format(Locale.JAPAN, "%02d:%02d", hourOfDay,
              minute));
      },
      cal.get(Calendar.HOUR_OF_DAY),
      cal.get(Calendar.MINUTE),
      true
    );
  }
}
```

1

＊12）フラグメントを呼び出すためのアクティビティは、これまでに紹介してきたものとほぼ同じものなので、紙面上は割愛しています。完全なコードは、ダウンロードサンプルから参照してください。

時刻入力ダイアログも、日付の場合とほぼ同じ要領で作成できます。

構文 TimePickerDialogクラス（コンストラクター）

```
public TimePickerDialog(Context context,
  TimePickerDialog.OnTimeSetListener listener, int hourOfDay,
  int minute, boolean is24HourView)
    context     ：コンテキスト
    listener    ：時刻設定時に呼び出されるイベントリスナー
    hourOfDay   ：表示時
    minute      ：表示分
    is24HourView：24時間表記で表すか
```

引数is24HourViewには、時間を24時間表記で表すかどうかをtrue ／ falseで指定します。この引数をfalseとした場合、時刻選択ダイアログにはAM ／ PM[13]の選択欄が追加されます。

＊13）日本語環境では、午前／午後です。

図06-15 引数is24HourViewがfalseの場合

＊14）実体は、OnTimeSetListener#onTimeSetメソッドです。

イベントリスナー listener（ラムダ式[14]）には、時刻が選択された時に呼び出される処理を記述します（**1**）。

構文 onTimeSet メソッド

```
public abstract void onTimeSet(TimePicker view, int hourOfDay, int minute)
    view        :TimePickerオブジェクト
    hourOfDay:選択された時間
    minute     :選択された分
```

ダイアログで選択された時分は、それぞれ引数hourOfDay／minuteにセットされるので、先ほどと同じく「HH:MM」の形式に整形した上でテキストボックスに反映します。

なお、引数hourOfDayには、時刻選択ダイアログが12時間／24時間表記いずれであるかに関わらず、0～23の値がセットされます。

06-01-09 自作のダイアログボックスを作成する

基本的なダイアログであれば、ここまでの内容でほぼ賄うことができるでしょう。しかし、アプリによっては独自のレイアウトでダイアログを作成したいというケースもあります。そのようなケースでも、AlertDialog.Builderクラスにレイアウトファイルを引き渡すことで、独自のダイアログを実装できます。

たとえば以下は、06-01-03項のサンプルを自前のレイアウトファイルでカスタマイズしたものです。ごくシンプルなダイアログですが、誤解のしようもないコードから、ダイアログ自作の基本を理解しましょう。

図06-16 自前のレイアウトファイルで作成したダイアログ

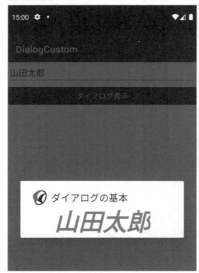

[1] ダイアログボックスのレイアウトファイルを準備する

まずは、ダイアログのためのレイアウトファイルを用意します。ただし、ダイアログの外枠（タイトルとボタン）はAlertDialogクラスの機能で賄えるので、本体部分だけを定義してください。

リスト06-18　dialog_body.xml（DialogCustomプロジェクト）

```xml
<?xml version="1.0" encoding="utf-8"?>
<androidx.constraintlayout.widget.ConstraintLayout ...>
  <TextView
    android:id="@+id/txtMsg"
    android:layout_width="wrap_content"
    android:layout_height="wrap_content"
    android:layout_gravity="center"
    android:textColor="@android:color/holo_green_dark"
    android:textSize="50sp"
    android:textStyle="bold|italic"
    app:layout_constraintEnd_toEndOf="parent"
    app:layout_constraintStart_toStartOf="parent"
    app:layout_constraintTop_toTopOf="parent" />
</androidx.constraintlayout.widget.ConstraintLayout>
```

図06-17　レイアウト完成図

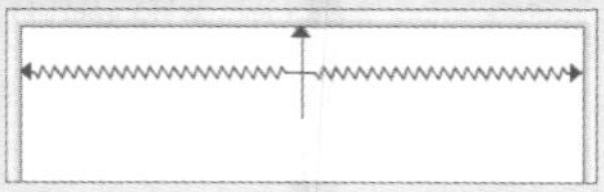

[2] ダイアログ生成のためのフラグメントを作成する

レイアウトファイルをもとにダイアログを生成するフラグメントを準備します。

リスト06-19　MyDialogFragment.java（DialogCustomプロジェクト）

```java
package to.msn.wings.dialogcustom;

import android.app.Activity;
import android.app.AlertDialog;
import android.app.Dialog;
import android.os.Bundle;
import android.view.LayoutInflater;
import android.widget.LinearLayout;
import android.widget.TextView;
import androidx.annotation.NonNull;
import androidx.annotation.Nullable;
import androidx.fragment.app.DialogFragment;

public class MyDialogFragment extends DialogFragment {
  @NonNull
  @Override
```

```
public Dialog onCreateDialog(@Nullable Bundle savedInstanceState) {
  Activity activity = requireActivity();
  ConstraintLayout layout = (ConstraintLayout) LayoutInflater.from(activity)
    .inflate(R.layout.dialog_body, null); ━━━━━━━━━━━━━━━1
  TextView txtMsg = layout.findViewById(R.id.txtMsg); ━━━━━━━━━
  txtMsg.setText(requireArguments().getString("txtName")); ━━━━2
  // ダイアログを生成
  AlertDialog.Builder builder = new AlertDialog.Builder(activity);
  return builder.setTitle("ダイアログの基本")
    .setView(layout) ━━━━━━━━━━━━━━━━━━━━━━━━━━━3
    .setIcon(R.drawable.wings)
    .create();
  }
}
```

＊15）「Avoid passing `null` as the view root」のような警告が表示されますが、親レイアウトは持たないので、ここでは無視して構いません。

レイアウトファイルをViewオブジェクトに変換するには、LayoutInflator#inflateメソッドを利用するのでした（1 ＊15）。LayoutInflatorオブジェクトは、LayoutInflater.fromメソッドから取得できます。

構文 fromメソッド

```
public static LayoutInflater from(Context context)
    context：コンテキスト
```

この場合は、先ほど作成したdialog_body.xmlを取得しているので、inflateメソッドの戻り値も、そのルート要素であるConstraintLayoutです。

レイアウトを取得できたら、あとはfindViewByIdメソッドで目的のウィジェット（ここではTextView）を取得し、フラグメントに渡された値を設定します（2）。

レイアウトの準備ができたら、setViewメソッドでダイアログ本体のレイアウトとして設定して終了です（3）。

[3] サンプルを実行する

フラグメントを呼び出すメイン画面のレイアウト／アクティビティは、06-01-03項で作成したものをそのまま利用します。完全なコードは、ダウンロードサンプルを参照してください。

以上を準備できたら、アプリを起動してみましょう。本項冒頭の図06-16のように、レイアウトファイルの定義に従ってダイアログが表示されれば成功です。

オプションメニューやコンテキストメニューを作成する

このセクションでは、オプションメニューやコンテキストメニューを作成するための方法を学びます。

このセクションのポイント

1 メニューの項目や構造は、メニュー定義ファイルで定義する。
2 オプションメニューは onCreateOptionsMenu メソッドで作成できる。
3 コンテキストメニューは onCreateContextMenu メソッドで作成できる。

メニューは、アプリの使いやすさを左右する重要な要素です。限られた項目の中で、ユーザーにとってわかりやすく、よく利用する機能にすぐにアクセスできるようにしておくことは、アプリの評価を左右すると言っても良いでしょう。

Androidでは、標準で以下のメニューを利用できるようになっています。

表06-04　Androidで利用できる主なメニュー

メニュー	概要
オプションメニュー	アクションバーから ⋮ をクリックすることで表示されるメニュー
コンテキストメニュー	画面の長押しで表示されるメニュー

図06-18　左）アクションバーから表示できるオプションメニュー／右）画面の長押しで表示されるコンテキストメニュー

以下では、これらのメニューの実装方法について学んでいきます。

06-02-01 オプションメニューを作成する

オプションメニューを作成するには、あらかじめメニュー項目を設定ファイルで用意しておく「静的な」方法と、Javaのコードからメニューを組み立てる「動的な」方法とがあります。まずは、より基本的な「静的な」アプローチから見ていくことにします。

■ アイコン画像を登録する

オプションメニューを利用するにあたっては、まずメニューと合わせて表示するアイコン画像をプロジェクトに登録しておきましょう。ダウンロードサンプルの/samples/imagesフォルダーから、menuxxxxx.png（11個）を、03-01-02項の手順に従って、プロジェクトルート配下の/res/drawableフォルダーにコピーしてください。

図 06-19　画像をインポート済みのプロジェクトウィンドウ

■ メニュー定義ファイルを作成する

オプションメニューを静的に作成するには、あらかじめメニュー定義ファイルと呼ばれるメニューの構造情報を定義しておく必要があります。メニュー定義ファイルとは、名前のとおり、メニュー項目の名前やアイコン画像、表示順、項目同士の階層関係を表すXML形式の設定ファイルです。

メニュー定義ファイルを利用することで、アプリの中のメニュー情報を1箇所で管理できるので、あとからメニュー項目が追加／変更された場合にも対応が簡単です。

[1] メニュー定義ファイルを新規作成する

メニュー定義ファイルを作成するには、プロジェクトウィンドウから/resフォルダーを右クリックし、表示されたコンテキストメニューから [New] − [Android resource file] を選択してください。

図 06-20 [New Resource File] ダイアログ

[New Resource File] ダイアログが表示されるので、以下のように必要な情報を入力し、[OK] ボタンをクリックします。これで/res/menuフォルダー配下にoption_menu.xmlが作成されます。

表 06-05 [New Resource File] ダイアログ

項目	概要	設定値
File name	ファイル名	option_menu
Resource type	リソースの種類	Menu

[2] メニュー定義ファイルを編集する

レイアウトエディターが開くので、パレットからMenu ／ MenuItemをコンポーネントツリーに対して配置していきます[1]。個々のメニュー項目を表すのがMenuItem、サブメニューのコンテナー（入れ物）となるのがMenuです。最終的に、以下のような階層となるようにします。

[1] デザインビューに配置することも可能ですが、階層を意識しながら配置するならばコンポーネントツリーの方が便利です。

図 06-21　コンポーネントツリー上のメニュー配置

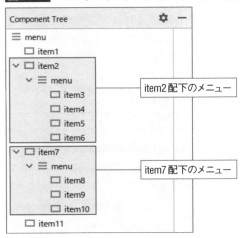

また、個々のメニュー項目（MenuItem）には、以下のように属性を設定します。

表 06-06　MenuItem の属性情報

id	icon	orderInCategory	title	showAsAction
item1	@drawable/menu1	0	@string/home	never
item2	@drawable/menu2	1	@string/help	—
item3	@drawable/menu3	0	@string/search	—
item4	@drawable/menu4	1	@string/in	—
item5	@drawable/menu5	2	@string/out	—
item6	@drawable/menu6	3	@string/version	—
item7	@drawable/menu7	3	@string/setting	—
item8	@drawable/menu8	0	@string/bulb	—
item9	@drawable/menu9	1	@string/speaker	—
item10	@drawable/menu10	2	@string/key	—
item11	@drawable/menu11	4	@string/garbage	—

MenuItem で利用できる主な属性は、以下の通りです。

表 06-07　MenuItem で指定できる主な属性

項目	概要
id	項目を識別するための id 値
title	表示名

orderInCategory	項目の表示順	
icon	アイコン画像のリソースID	
showAsAction	アクションバーへの表示方法	
	設定値	概要
	always	アクションバーに常に表示
	collapseActionView	折りたたみ可能
	ifRoom	アクションバーに表示可能な場合だけ表示
	never	アクションバーに表示しない
	withtext	ifRoomと組み合わせて ("withText | ifRoom") テキストも表示する

　title属性で使用する文字列リソースは、02-02-05項の手順に従ってstrings.xmlに登録しておきます。キー／値の組み合わせは、以下の通りです。

表06-08　メニュー定義ファイルで利用している文字列リソース

キー	値
home	ホーム
help	ヘルプ
search	検索
in	インポート
out	エクスポート
version	バージョン
setting	設定
bulb	明るさ
speaker	音量
key	暗証番号
garbage	ごみ箱

■ メニューの初期化／選択時の処理を定義する

　Activityクラスには、メニュー関連のイベントハンドラー (メソッド) が標準で用意されており、これらをオーバーライドするだけで、オプションメニューの表示から選択時の処理までを実装できます。

表06-09 メニューに関わるイベント

イベント	発生タイミング
onCreateOptionsMenu	メニューが表示される時（初回のみ）
onPrepareOptionsMenu	メニューを表示する時（毎回[*2]）
onOptionsItemSelected	メニュー項目が選択された時
onOptionsMenuClosed	メニューを閉じた時

＊2）静的なメニューを生成する場合にはOnCreateOptionsMenuを、毎回内容が異なる（可能性がある）動的なメニューを作成する場合にOnPrepareOptionsMenuを利用します。

　以下では、これらのイベントを利用してオプションメニューを有効にすると共に、メニュー選択時に選択されたメニュー名をトースト表示してみましょう[*3]。

＊3）メソッドのオーバーライドには、Android StudioのGenerate機能からメソッドの骨組みを作成するのが便利です。詳しくは04-03-02項を参照してください。

リスト06-20 MainActivity.java（MenuBasicプロジェクト）

```java
package to.msn.wings.menubasic;

import androidx.appcompat.app.AppCompatActivity;
import android.os.Bundle;
import android.view.Menu;
import android.view.MenuItem;
import android.widget.Toast;

public class MainActivity extends AppCompatActivity {
  @Override
  protected void onCreate(Bundle savedInstanceState) {
    super.onCreate(savedInstanceState);
    setContentView(R.layout.activity_main);
  }

  // メニュー定義ファイルをもとにオプションメニューを生成
  @Override
  public boolean onCreateOptionsMenu(Menu menu) {         a  1
    getMenuInflater().inflate(R.menu.option_menu, menu);
    return true;                                          b
  }
```

```
// メニュー選択時にトースト表示
@Override
public boolean onOptionsItemSelected(MenuItem item) {
  Toast toast = Toast.makeText(this, item.getTitle(), Toast.LENGTH_LONG);
  toast.show();
  return true;
}
}
```

■メニューを初期化する

　まず、オプションメニューが初回表示されるタイミング──onCreateOptionsMenuメソッドで、MenuInflaterクラスを使って、オプションメニューを初期化＆作成します。MenuInflaterクラスは、メニュー定義ファイル（option_menu.xml）を読み込み、オプションメニューに追加するためのクラスです。new演算子ではなく、getMenuInflaterメソッドから取得する点に注意してください。

　メニューそのものはinflateメソッドで生成します（ⓐ）。

構文 inflateメソッド

```
public void inflate(int menuRes, Menu menu)
    menuRes：メニュー定義ファイル
    menu    ：メニュー本体
```

　引数menu（Menuオブジェクト）には、OnCreateOptionsMenuメソッドの引数として渡されたものをそのまま指定しています。引数menuResには、「R.menu.メニュー名」の形式でメニュー定義ファイルを指定します。

　onCreateOptionsMenuメソッドでは、最後に戻り値としてtrueを返すようにします（ⓑ）。これは、オプションメニューを表示しなさい、という意味です。戻り値がfalseの場合、オプションメニューの表示はキャンセルされます[*4]。

2メニュー選択時にトースト表示する

　メニュー項目が選択されると、onOptionsItemSelectedメソッドが呼び出されます。選択された項目は、onOptionsItemSelectedメソッドの引数item（MenuItemオブジェクト）として渡されるので、ここから必要な情報にアクセスします。MenuItemオブジェクトで利用できる主なゲッターメソッドは、以下のとおりです。

*4）なにかしらの条件でメニューの表示を抑止したい場合に利用することになるでしょう。

表06-10　MenuItemクラス（android.viewパッケージ）の主なゲッターメソッド

メソッド	概要
getIcon()	メニューアイコン
getItemId()	メニュー項目のid値
getOrder()	メニューの順番
getTitle()	タイトル

　サンプルではgetTitleメソッドでメニューの表示名を取得し、これをトースト表示していますが、たとえばgetItemIdメソッドを使えば「R.id.item1」のようなメニュー項目のid値を取得できます。メニュー項目によって処理を分岐したい場合などには、こちらを利用するのが便利でしょう。

```
switch (item.getItemId()) {
  case R.id.item1: ...item1が選択された場合の処理... break;
  case R.id.item2: ...item2が選択された場合の処理... break;
  ...中略...
}
```

　以上で、オプションメニューの準備は完了です。サンプルを実行し、以下の図のような結果が得られることを確認してください。

図 06-22　左：⋮アイコンをタップした時の表示／右：[設定] メニュークリックで、サブメニューを表示 [5]

＊5）1段目のメニューではアイコン画像は表示されません。

選択項目をトーストで表示

設定

06-02-02　コンテキストメニューを表示する

　コンテキストメニューとは、パネルにしばらく触れていると表示されるメニューのことです。Windows アプリの右クリックで表示されるメニューに相当すると考えれば良いでしょう。

　コンテキストメニューもまた、オプションメニューとほとんど同じ要領で実装できるので、ここでまとめて紹介しておくことにします。

図06-23　パネルを長押しすると、コンテキストメニューを表示

[1] メニュー定義ファイルを準備する

　メニューの階層、項目を表すメニュー定義ファイルを準備します。ここでは前項で作成したoption_menu.xmlをそのまま利用させてもらいます。

　このようにメニュー定義ファイルは、オプションメニューでもコンテキストメニューでも共通して利用できるということを覚えておきましょう。

[2] レイアウトファイルを準備する

　レイアウトファイルの中身はなんでも構いませんが、一点だけ注意すべき点があります。というのも、あとからコンテキストメニューを登録するために、画面全体を表すレイアウト（ビューグループ）に対して、id値を設定しておく必要があるのです。

　さもないと、Javaのコードからレイアウトにアクセスできないためです。サンプルでは、ConstraintLayoutに対してconstraintというid値を設定しています。

[3] コンテキストメニュー初期化／選択時の処理を定義する

　Activityクラスには、コンテキストメニューに関わるイベントと、それに対応するイベントハンドラー（メソッド）があらかじめ用意されています。オプションメニューの時と同じく、これらをオーバーライドするだけでオプションメニューの表示から選択時の処理までを実装できます[6]。

＊6）メソッドのオーバーライドには、Android StudioのGenerate機能からメソッドの骨組みを作成するのが便利です。詳しくは04-03-02項を参照してください。

表06-11　メニューに関わるイベント

イベント	発生タイミング
onCreateContextMenu	メニューが表示される時
onContextItemSelected	メニュー項目が選択された時
onContextMenuClosed	メニューを閉じた時

以下では、コンテキストメニューの表示と選択時のトースト表示を有効にしてみます。

リスト06-21 MainActivity.java（MenuContextプロジェクト）

```java
package to.msn.wings.menucontext;

import androidx.appcompat.app.AppCompatActivity;
import android.os.Bundle;
import android.view.ContextMenu;
import android.view.MenuItem;
import android.view.View;
import android.widget.Toast;

public class MainActivity extends AppCompatActivity {
  @Override
  protected void onCreate(Bundle savedInstanceState) {
    super.onCreate(savedInstanceState);
    setContentView(R.layout.activity_main);
    // コンテキストメニューの発生元ビューを登録
    registerForContextMenu(findViewById(R.id.constraint));
  }

  // メニュー定義ファイルをもとにオプションメニューを生成
  @Override
  public void onCreateContextMenu(ContextMenu menu, View v,
                            ContextMenu.ContextMenuInfo menuInfo) {
    super.onCreateContextMenu(menu, v, menuInfo);
    getMenuInflater().inflate(R.menu.option_menu, menu);
  }

  // メニュー選択時にトースト表示
  @Override
  public boolean onContextItemSelected(MenuItem item) {
    Toast.makeText(this,
      item.getTitle(),
      Toast.LENGTH_LONG).show();
    return true;
  }
}
```

　06-02-01項のリスト06-20と較べるとわかるように、onCreateContextMenu
／onContextItemSelectedメソッドは、メソッド名や引数が変わっただけで
onCreateOptionsMenu／onOptionsItemSelectedメソッドと内容の違いはあ

りません。

　ここでのポイントは、太字の部分だけです。

　registerForContextMenu メソッドは、コンテキストメニューを特定のビューに登録するためのメソッドです。コンテキストメニューを有効にするには、registerForContextMenu メソッドで「このビューを長押しした時にコンテキストメニューを表示しますよ」ということをあらかじめ通知しておく必要があるのです。

構文　registerForContextMenu メソッド

```
public void registerForContextMenu(View view)
    view：コンテキストメニューを関連付けるべきビュー
```

　ここでは画面全体を表す ConstraintLayout レイアウト constraint を登録しているので、画面のどこかを長押しすることで、コンテキストメニューが表示されるようになります。

06-02-03　メニューを動的に作成する

　オプションメニュー／コンテキストメニューで表示するメニュー項目は、メニュー定義ファイルであらかじめ定義する他、Javaのコード（アクティビティ）から動的に登録することもできます。

　固定的なメニューであれば、まずはメニュー定義ファイルを利用するのが基本ですが、データベースなどのデータソースからメニューを生成したい、条件によってメニューの内容を変更したいという場合には、こちらの方法を利用する必要があります。

　たとえば以下は、06-02-01項のリスト06-20を、動的な手法で書き換えた例です。

リスト06-22　MainActivity.java（MenuDynamic プロジェクト）

```java
package to.msn.wings.menudynamic;

import androidx.appcompat.app.AppCompatActivity;
import android.os.Bundle;
import android.view.Menu;
import android.view.MenuItem;
import android.view.SubMenu;
import android.widget.Toast;

public class MainActivity extends AppCompatActivity {
  @Override
  protected void onCreate(Bundle savedInstanceState) {
    super.onCreate(savedInstanceState);
```

```
      setContentView(R.layout.activity_main);
   }


   // オプションメニューを生成する時に実行
   @Override
   public boolean onCreateOptionsMenu(Menu menu) {
      // 1段目にメニュー項目を追加
      menu.add(0, 0, 0, "ホーム").setIcon(R.drawable.menu1); ──────────1
      // サブメニューを追加
      SubMenu sm1 = menu.addSubMenu(0, 1, 1, "ヘルプ")───────────
            .setIcon(R.drawable.menu2); ───────────────2
      sm1.add(0, 2, 0, "検索").setIcon(R.drawable.menu3); ────────
      sm1.add(0, 3, 1, "インポート").setIcon(R.drawable.menu4);
      sm1.add(0, 4, 2, "エクスポート").setIcon(R.drawable.menu5);    3
      sm1.add(0, 5, 3, "バージョン").setIcon(R.drawable.menu6); ──────
      // サブメニューを追加
      SubMenu sm2 = menu.addSubMenu(0, 6, 2, "設定")
            .setIcon(R.drawable.menu7);
      sm2.add(0, 7, 0, "明るさ").setIcon(R.drawable.menu8);
      sm2.add(0, 8, 1, "音量").setIcon(R.drawable.menu9);
      sm2.add(0, 9, 2, "暗証番号").setIcon(R.drawable.menu10);
      menu.add(0, 10, 3, "ごみ箱").setIcon(R.drawable.menu11);
      return true;
   }


   @Override
   public boolean onOptionsItemSelected(MenuItem item) {
      Toast toast = Toast.makeText(this, item.getTitle(), Toast.LENGTH_LONG);
      toast.show();
      return true;
   }
}
```

　　メニューに対してメニュー項目を追加するには、Menu#add メソッドを利用します。Menu オブジェクトは、onCreateOptionMenu メソッドの引数として渡されていますので、これを利用してください（**1**）。

構文 addメソッド

```
public abstract MenuItem add(int groupId, int itemId, int order,
  CharSequence title)
    groupId：グループid
    itemId ：項目id
    order  ：並び順
    title  ：メニュータイトル
```

　　引数groupIdは、メニュー項目をグルーピングするためのid値です。本サンプルでは、利用しないので、無条件にゼロをセットしています。引数titleには、ここでは文字列をハードコーディングしていますが、他の箇所で繰り返し述べてきたように、文字列リソースとして利用するのがあるべき姿です。文字列リソースidがstrである場合、addメソッドは以下のように呼び出せます。

```
menu.add(0, 0, 0, R.string.str);
```

　　なお、アイコン画像はaddメソッドではまとめて設定できません。setIconメソッドで設定しておきましょう。

構文 setIconメソッド

```
public abstract MenuItem setIcon(Drawable icon)
    icon：アイコン画像
```

　　サブメニューを追加するには、Menu#addSubMenuメソッドを利用します（**2**）。

構文 addSubMenuメソッド

```
public abstract SubMenu addSubMenu(int groupId, int itemId, int order,
  CharSequence title)
    groupId：グループid
    itemId ：項目id
    order  ：並び順
    title  ：メニュータイトル
```

　　addSubMenuメソッドは、サブメニューのコンテナー（上位のメニュー項目）を作成し、SubMenuオブジェクトとして返します。よって、あとはSubMenu#addメソッドを利用して、サブメニューを追加していくだけです。addメソッドの構文は、Menu#addメソッドと同じです（**3**）。

静的／動的なアプローチを併用もできる

　サンプルでは一からメニューを生成していますが、■の直前でinflateメソッドを呼び出すことで、「最初にメニュー定義ファイルをもとにメニューを作成しておき、あとでメニュー項目を更に動的に追加する」ということも可能になります。

　メニューの一部だけが動的に決まる場合には、そのような併用もありでしょう。

　また、Menu#removeItemメソッドを利用することで、既存のメニュー定義から指定されたメニュー項目を削除することもできます。

構文 removeItemメソッド

```
public abstract void removeItem(int id)
    id：メニューid
```

```
menu.removeItem(0);
```

　removeItemメソッドを利用すれば、メニューを静的に追加しておき、条件に応じて特定のメニュー項目だけを削除する、というアプローチもできるでしょう。

コラム

Androidをもっと学びたい人のための関連書籍

　本書は、Android環境でのアプリ開発を初めて学ぶ人のための書籍です。その性質上、本書で扱っている内容は、広大なAndroidの世界のほんの入り口にすぎません。そこで、今後ステップアップを目指していく皆さんのために、役立つ書籍をいくつか挙げておくことにしましょう。

○独習Java 新版（翔泳社）

　Androidアプリを開発するには、プログラミング言語であるJavaの理解は欠かせません。サンプルを真似しながらならばコードは書けるが文法に自信がない、という人は、本書でまずは基礎固めすることをお勧めします。

○作って楽しむプログラミング Androidアプリ超入門（日経BP社）

　1冊を通じて簡単なおみくじアプリを開発していく中で、Androidアプリ開発の基本を理解します。まずはとにかく、アプリ開発の流れを手を動かしながらイメージしたいという人に最適な1冊です。

○［改訂新版］Java ポケットリファレンス（技術評論社）

　Javaの情報はネット中に溢れかえっています。しかしそれだけに、実際の開発では目的からすぐにひける紙のリファレンスが手元にあると便利です。著者によって厳選された、Javaの重要な機能を一望できるのも魅力です。

　書籍以外では、「アプリ デベロッパー向けのドキュメント」（https://developer.android.com/docs/）、「JavaSE ドキュメント」（https://docs.oracle.com/en/java/javase/）などの本家ドキュメントも必読です。内容に難しいところもありますが、本書を読み終えた後は、こうしたドキュメントにも徐々に慣れていくことで、より理解を深められるはずです。

Chapter
07→

ビュー開発（応用）

ここまでの章では、ビュー開発の中でも特によく利用すると思われる
基本ウィジェット、レイアウト（ビューグループ）、ダイアログ／メニュー
などの機能について学んできました。これだけの内容を理解するだけ
でも、定型的なアプリを開発できるようになっているはずです。もっ
とも、本格的なアプリを開発する上では、お仕着せの機能だけでは
次第と物足りなくなってくるはずです。そこで本章前半では、View ／
SurfaceView を使って独自のビューを実装する方法、後半ではアニメー
ション機能やテーマ／スタイルという機能を使って、アプリのデザイン
／挙動をカスタマイズする方法について学びます。

Contents

はじめての Android アプリ開発 Java 編

ビュー描画の基本をおさえる

このセクションでは、Viewクラスをもとに独自のビューを作成する方法、そして、ビュー描画の基本を理解します。

このセクションのポイント

1 カスタムのビューを作成するには、Viewクラスを継承する。
2 Canvasクラスには、ビューに対して基本的な図形を描画するためのメソッドが用意されている。
3 Paintクラスは、ビュー描画のスタイルを決めるクラスである。

Androidには、標準でさまざまなウィジェットが用意されています。しかし、もちろん、実践的なアプリを開発する上で、標準的なウィジェットだけで賄えるケースはそれほど多くはありません。たとえばゲームなどの類ではアプリ固有にビューを描画&操作することが不可欠です。そうでなくとも、アプリの一機能として独自のビューを用意したいということもあるでしょう。このセクションでは、そのようなビュー描画の基本について理解します。

07-01-01 ビューの正体

第3～6章では、さまざまなビュー（ウィジェット／レイアウト）を見てきました。そして、それらはいずれももとを辿れば、Viewクラス（android.viewパッケージ）を継承したView派生クラスです。Viewクラスは、ビュー描画に関わる基本的な機能だけを提供するクラスであり、標準的なウィジェット／レイアウトでは、Viewに対して個別の見かけや動作を与えていたわけです。

図 07-01 「ビュー」はViewの派生クラス

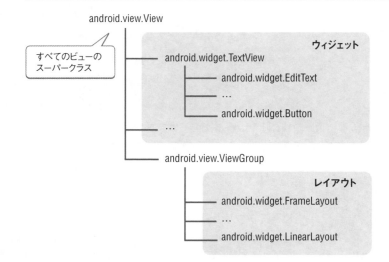

よって、独自のビューを開発したいという場合にも、このViewクラスを継承して、独自の描画処理を組み込めば良いということです。

以下では、まずView派生クラスを準備し、カスタムのビューを作成する方法、そして、カスタムビューをレイアウトファイルに組み込む方法を学んだ後、ビューに対して独自の描画を行うためのCanvasという機能について詳らかにしていきます。

07-01-02　カスタムビューの基本

それではさっそく、ビューを自作してみましょう。以下は、（100,100）の位置に大きな点[1]をひとつ描画しただけのごくシンプルなビューの例です。

> *1）結果は矩形に見えますが、内部的には点として描画しています。

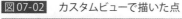
図07-02　カスタムビューで描いた点

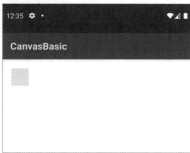

> *2）新規にJavaクラスを作成する方法については、04-03-02項も参考にしてください。

[1] View派生クラスを定義する

冒頭述べたように、カスタムビューは、まずViewクラス（android.viewパッケージ）を継承しているのが基本です[2]。

リスト07-01　SimpleView.java（CanvasBasicプロジェクト）

```java
package to.msn.wings.canvasbasic;

import android.content.Context;
import android.graphics.Canvas;
import android.graphics.Color;
import android.graphics.Paint;
import android.util.AttributeSet;
import android.view.View;

public class SimpleView extends View {
  private Paint p;

  public SimpleView(Context context, AttributeSet attrs) { ————————1
```

```
    super(context, attrs);
    // 描画のためのスタイルを準備
    p = new Paint();
    p.setColor(Color.CYAN);                                          3
    p.setStrokeWidth(100);
}


@Override
protected void onDraw(Canvas canvas) {
    super.onDraw(canvas);
    canvas.drawColor(Color.WHITE);                           4        2
    canvas.drawPoint(100, 100, p);
}
}
```

　　Viewクラスでは、もともと複数のコンストラクターが用意されていますが、最低限、

・コンテキスト（context）
・属性情報（attrs）

を受け取るためのコンストラクターを用意しておきましょう（引数attrsの使い方については、07-01-04項で改めて解説します**1**）。コンストラクターで受け取った引数は、とりあえずそのまま基底クラス（Viewクラス）に引き渡すだけで構いません。
　　View派生クラスの本体となるのは、onDrawメソッドです（**2**）。onDrawは、Androidがビューを表示／更新する際に呼び出すメソッドで、具体的な描画コードも、この中に記述します。

構文　onDrawメソッド

```
protected void onDraw(Canvas canvas)
    canvas：描画に利用するキャンバス
```

　　引数canvasには、Canvasオブジェクト（android.graphicsパッケージ）が渡されます。Canvasは、ビューへの描画を担当するオブジェクトです。詳しくはあとからも述べますが、矩形や円、点、線など、基本的な図形を描画するためのメソッド群を提供します。
　　Paintクラス（**3**）は、描画の際に利用するスタイル情報を管理するためのクラスです。setColorメソッドで描画色を、setStrokeWidthメソッドで線（点）の太さを指定しています。
　　ここでは描画色として、Colorクラス（android.graphicsパッケージ）のフィールドを利用していますが、ARGB値で指定しても構いません。ARGB値とは、透明

度、赤、緑、青の強弱を、それぞれ16進数2桁（00〜FF）で表したもので、（たとえば）0xFFFF00FFであれば紫を表します[*3]。ただし、16進数による表記は解りよいものではありません。色名（Colorクラスのフィールド）で賄えるところは、まずはそちらを優先して利用してください。

＊3）setAlphaメソッドを利用することで、透明度だけを設定することもできます。0〜255の整数値を指定できます。

その他にも、Paintクラスで利用できるメソッドはさまざまですが、それらについては登場都度に徐々に解説していくことにします。

> **注意**
>
> リスト07-01－**3**で、PaintオブジェクトをonDrawメソッドの外で（＝メンバー変数として）定義している点に注目です。onDrawメソッドでしか利用していないのだから、ローカル変数として定義しても良いのではないか、と思うかもしれませんが、これは不可です。
>
> 試しに、pメンバー変数をローカル変数としてコンストラクタにある初期化文を含めてonDrawメソッド配下に移動してみましょう。「Avoid object allocations during draw/layout operations (preallocate and reuse instead)」のような警告が発生するはずです。描画処理は、頻繁に発生する可能性があるため、オーバーヘッドの大きくなりがちなオブジェクトの割り当ては、あらかじめ行っておき、再利用してください、という意味です。
>
> ということで、ここでは警告に従って、Paintオブジェクトはクラスのメンバーとして再利用できるようにしておきましょう。

以上で描画の準備は整ったので、あとはCanvasクラスのメソッドを呼び出して、具体的に描画を指示するだけです（**4**）。

ここでは、drawColorメソッドでビューの背景色を塗りつぶした上で、drawPointメソッドで指定の座標に点を描画しています。

構文 drawColor／drawPointメソッド

```
public void drawColor(int color)
public void drawPoint(float x, float y, Paint paint)
    color：背景色
    x    ：点のX座標
    y    ：点のY座標
    paint：描画スタイル
```

＊4）アクティビティは標準で用意されたものをそのまま利用できるので、紙面上は割愛します。完全なコードはダウンロードサンプルを参照してください。

座標（引数x、y）は、左上を基点に指定します。

シンプルなコードですが、「スタイル（Paint）を設定」し、それをもとに「ビューへ描画する（Canvas）」という流れは、以降のコードでも共通しています。この基本的な流れをきちんと理解しておきましょう。

[2] レイアウトファイルを用意する

あとは、ビュー呼び出しのレイアウトファイルを用意するだけです[*4]。

手順[1]で作成したビューは、これまで利用してきた標準ビューと同じく、タ

グの形式でレイアウトファイルに配置できます。パレットの [**Containers**] タブから
「<view>」を配置してください。

図 07-03　［Views］ダイアログ

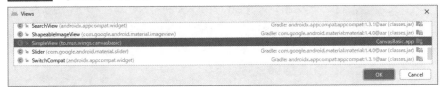

　上のような [**Views**] ダイアログが開くので、リストから「SimpleView」を選択し
ます。
　制約の設定についてもこれまでと同じです。<view>の上／左辺を親レイアウト
の境界に紐づけます。また、id値は「sv」としておきましょう。
　ここまでの操作で生成されたコードは、以下の通りです。

リスト 07-02　activity_main.xml（CanvasBasic プロジェクト）

```
<?xml version="1.0" encoding="utf-8"?>
<androidx.constraintlayout.widget.ConstraintLayout ...>
  <view
    android:id="@+id/sv"
    class="to.msn.wings.canvasbasic.SimpleView"
    android:layout_width="wrap_content"
    android:layout_height="wrap_content"
    app:layout_constraintStart_toStartOf="parent"
    app:layout_constraintTop_toTopOf="parent" />
</androidx.constraintlayout.widget.ConstraintLayout>
```

図 07-04　レイアウト完成図

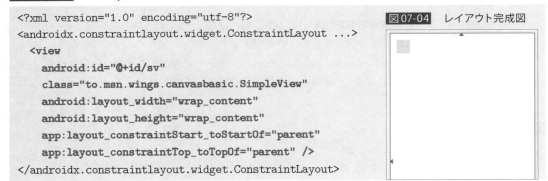

　コードエディターからタグを直接記述する場合には、class属性にパッケージまで
含めた完全修飾名で指定しなければならない点に注意してください。サンプルであ
れば、（SimpleViewではなく）「to.msn.wings.canvasbasic.SimpleView」で
あるということです。

[3] サンプルを実行する

　以上で、独自のビューを描画する準備は完了です。サンプルを実行し、P.319の図
07-02のように100×100の位置に点が描画されていることを確認してください。

07-01-03 さまざまな図形を描画する

基本的な描画の手順を理解できたところで、Canvasクラスの描画メソッドを利用して、さまざまな図形を描画してみましょう。レイアウトファイルはリスト07-02のものをそのまま利用するので、以下ではビューの本体であるSimpleViewクラスのコードについてのみ抜粋します。

■ 点を描画する

リスト07-01では、ひとつだけ点を描画するdrawPointメソッドを紹介しました。
複数の点を描画するには、このdrawPointメソッドを繰り返し呼び出しても構いませんが、drawPointsメソッドを利用することで、よりシンプルに表せます。

リスト07-03 SimpleView.java（CanvasPointsプロジェクト）

```java
public class SimpleView extends View {
  private Paint p;

  public SimpleView(Context context, AttributeSet attrs) {
    super(context, attrs);
    p = new Paint();
    p.setColor(Color.CYAN);
    p.setStrokeWidth(30);
  }

  @Override
  protected void onDraw(Canvas canvas) {
    super.onDraw(canvas);
    canvas.drawColor(Color.WHITE);
    float[] ps = { 50, 100, 80, 130, 110, 160, 140, 190 };
    canvas.drawPoints(ps, p);
  }
}
```

図07-05　複数の点を描画

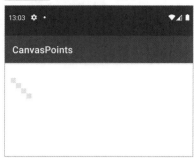

drawPointsメソッドの構文は、以下のとおりです。

構文　drawPointsメソッド

```
public void drawPoints(float[] pts, Paint paint)
    pts  ：座標群
    paint：描画スタイル
```

引数ptsには、複数の点を表すために(x1, y1, x2, y2,...)の形式で座標を指定します。ここでは、X、Y座標共に30pxずつずらしながら(50, 100)、(80, 130)、(110, 160)、(140, 190)という座標を指定しています。

■ 直線を描画する

直線を描画するには、drawLineメソッドを利用します。

リスト07-04　SimpleView.java（CanvasLineプロジェクト）

```
public class SimpleView extends View {
  private Paint p;

  public SimpleView(Context context, AttributeSet attrs) {
    super(context, attrs);
    p = new Paint();
    p.setColor(Color.CYAN);
    p.setStrokeWidth(10);
    p.setStrokeCap(Paint.Cap.ROUND);————————————————————1

  }

  @Override
  protected void onDraw(Canvas canvas) {
    super.onDraw(canvas);
    canvas.drawColor(Color.WHITE);
```

```
    canvas.drawLine(10f, 20f, 800f, 550f, p);
  }
}
```

↓

図07-06 直線を描画

drawLineメソッドの構文は、以下のとおりです。

構文 drawLineメソッド

```
public void drawLine(float startX, float startY, float stopX,
  float stopY, Paint paint)
    startX：開始点のX座標
    startY：開始点のY座標
    stopX ：終了点のX座標
    stopY ：終了点のY座標
    paint ：描画スタイル
```

Paint#setStrokeCapメソッドは、直線の先端の形状を指定します（■）。引数には、以下の表の値を指定できます。

表07-01 setStrokeCapメソッドの設定（Paint.Cap列挙体のメンバー）

設定値	概要
BUTT	先端を処理しない（既定）
ROUND	先端を丸める
SQUARE	先端を四角形にする

BUTTとSQUAREとは似ていますが、SQUAREの方が先端を加工している分

だけ、やや長めになります。以下は、setStrokeCap メソッドで変更した場合の結果です。

図 07-07　setStrokeCap メソッドによる線種の違い

■ 複数の直線を描画する

折れ線のように、複数の直線を連続して描画するならば、drawLines メソッドを利用します。

リスト 07-05　SimpleView.java（CanvasLines プロジェクト）

```java
public class SimpleView extends View {
  private Paint p;

  public SimpleView(Context context, AttributeSet attrs) {
    super(context, attrs);
    p = new Paint();
    p.setColor(Color.CYAN);
    p.setStrokeWidth(10);
  }

  @Override
  protected void onDraw(Canvas canvas) {
    super.onDraw(canvas);
    canvas.drawColor(Color.WHITE);
    float[] ps = { 50, 100, 350, 350, 350, 350, 575, 100,
                575, 100, 720, 350, 720, 350, 900, 100 };
    canvas.drawLines(ps, p);
  }
}
```

図 07-08 　折れ線を描画

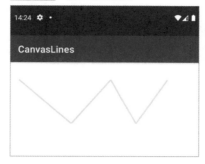

drawLinesメソッドの構文は、以下のとおりです。

構文 　drawLinesメソッド

```
public void drawLines(float[] pts, Paint paint)
    pts   ：座標群
    paint：描画スタイル
```

引数ptsには、複数の直線を描画するために (x1, y1, x2, y2, ...) の形式で座標を指定します。これによって、(x1, y1) ~ (x2, y2)、(x3, y3) ~ (x4, y4) ...のように直線が引かれます。(x1, y1) ~ (x2, y2)、(x2, y2) ~ (x3, y3) ...ではない点に注意してください[5]。ここでは、

*5) drawLinesメソッドで描画される直線は連続していなくても構わない、ということです。

- (50, 100) ~ (350, 350)
- (350, 350) ~ (575, 100)
- (575, 100) ~ (720, 350)
- (720, 350) ~ (900, 100)

という座標セットを指定しています。

■ 矩形を描画する

矩形を描画するには、drawRectメソッドを利用します。

リスト 07-06 　SimpleView.java（CanvasRectプロジェクト）

```java
public class SimpleView extends View {
  private Paint p;

  public SimpleView(Context context, AttributeSet attrs) {
    super(context, attrs);
    p = new Paint();
```

```
    p.setColor(Color.CYAN);
    p.setStrokeWidth(5);
    p.setStyle(Paint.Style.FILL_AND_STROKE);
  }

  @Override
  protected void onDraw(Canvas canvas) {
    super.onDraw(canvas);
    canvas.drawColor(Color.WHITE);
    canvas.drawRect(100, 100, 400, 400, p);
  }
}
```

図 07-09   矩形を描画

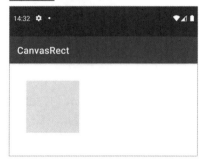

drawRect メソッドの構文は、以下のとおりです。

構文　drawRect メソッド

```
public void drawRect(float left, float top, float right,
  float bottom, Paint paint)
    left   ：左上のX座標
    top    ：左上のY座標
    right  ：右下のX座標
    bottom ：右下のY座標
    paint  ：描画スタイル
```

Paint#setStyle メソッドは、図形の描画方法を表します。引数には、以下の表の値を指定できます。

表07-02　setStyleメソッドの設定（Paint.Style列挙体のメンバー）

設定値	概要
FILL	図形を塗りつぶす（枠線は描画しない）
FILL_AND_STROKE	図形を塗りつぶし、枠線も描画
STROKE	図形の枠線のみを描画

　以下は、setStyleメソッドを変更した場合の結果です。FILLとFILL_AND_STROKEとは似ていますが、枠線の幅分だけ大きめになっていることがわかるでしょう。

図07-10　setStyleメソッドによる描画の変化

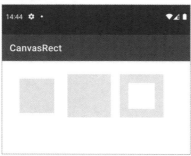

■ 円を描画する

　円を描画するにはdrawCircle／drawOvalメソッドを利用します。前者は正円を、後者は楕円を描画します。

リスト07-07　SimpleView.java（CanvasCircleプロジェクト）

```java
public class SimpleView extends View {
  private Paint p;

  public SimpleView(Context context, AttributeSet attrs) {
    super(context, attrs);
    p = new Paint();
    p.setColor(Color.CYAN);
    p.setStrokeWidth(20);
    p.setStyle(Paint.Style.FILL_AND_STROKE);
  }

  private RectF rectf = new RectF(200, 400, 800, 800);

  @Override
```

```
protected void onDraw(Canvas canvas) {
  super.onDraw(canvas);
  canvas.drawColor(Color.WHITE);
  canvas.drawCircle(200, 200, 100, p);
  canvas.drawOval(rectf, p);
  }
}
```

図 07-11　円／楕円を描画

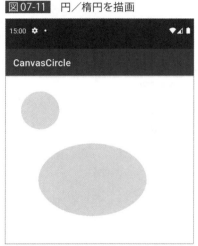

drawCircle ／ drawOval メソッドの構文は、以下のとおりです。

構文　drawCircle メソッド

```
public void drawCircle(float cx, float cy, float radius, Paint paint)
    cx     ：中心のX座標
    cy     ：中心のY座標
    radius：半径
    paint ：描画スタイル
```

構文　drawOval メソッド

```
public void drawOval(RectF oval, Paint paint)
    oval ：楕円を表す矩形領域
    paint：描画スタイル
```

引数 oval の RectF クラス（android.graphics パッケージ）は、左上、右下の座標によって矩形領域を表します。

01
02
03
04
05
06
07
08
09
10
11

構文 RectFクラス（コンストラクター）

```
RectF(float left, float top, float right, float bottom)
    left   ：左上のX座標
    top    ：左上のY座標
    right  ：右下のX座標
    bottom：右下のY座標
```

　　　　　　　　drawOvalメソッドでは、RectFオブジェクトで表された矩形領域に対して、内
接するように楕円を描画するわけです。

図07-12 drawOval メソッド

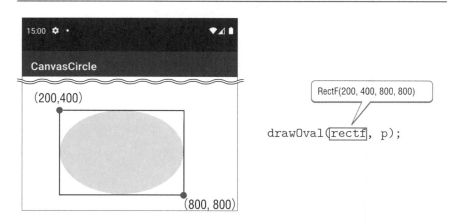

■ 円弧を描画する

　　　　円弧を描画するには、drawArcメソッドを利用します。

リスト07-08 SimpleView.java（CanvasArcプロジェクト）

```java
public class SimpleView extends View {
  private Paint p;

  public SimpleView(Context context, AttributeSet attrs) {
    super(context, attrs);
    p = new Paint();
    p.setColor(Color.CYAN);
    p.setStrokeWidth(5);
    p.setStyle(Paint.Style.FILL_AND_STROKE);
  }

  private RectF rectf = new RectF(300, 200, 800, 700);
```

```
@Override
protected void onDraw(Canvas canvas) {
  super.onDraw(canvas);
  canvas.drawColor(Color.WHITE);
  canvas.drawArc(rectf, 90, 150, true, p);
}
}
```

図 07-13　円弧を描画

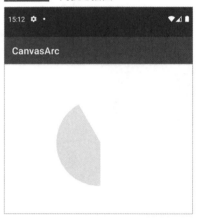

構文　drawArc メソッド

```
public void drawArc(RectF oval, float startAngle, float sweepAngle,
  boolean useCenter, Paint paint)
    oval      ：楕円を表す矩形領域
    startAngle：開始角度
    sweepAngle：描画角度
    useCenter ：中心まで描画するか
    paint     ：描画スタイル
```

　　　　　　　開始角度（引数startAngle）は右水平方向を基点に、時計回りで指定します。
　　　　　　　描画角度（引数sweepAngle）は開始角度を基点に、同じく時計回り方向に指
　　　　　　定します。この例であれば、下方向を基点に150°の弧を描きます。

図 07-14 　drawArc メソッド

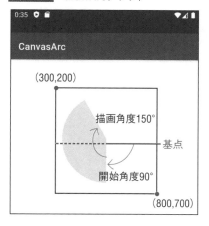

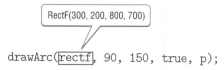

drawArc(rectf, 90, 150, true, p);

　引数 useCenter は、弧の中心点まで描画するかを表します。イメージが湧きにくいかもしれませんので、引数 useCenter を false に指定した場合の結果も見ておきましょう。

図 07-15 　引数 useCenter が false の場合

　true の場合は、中心点を加味した弧が描かれていたのに対して、false では中心点を含まないことが確認できます。

■ テキストを描画する

　ビューに対して描画できるのは図形ばかりではありません。drawText メソッドを利用することで、テキストを描画することもできます。

リスト07-09　SimpleView.java（CanvasTextプロジェクト）

```java
public class SimpleView extends View {
  private Paint p;

  public SimpleView(Context context, AttributeSet attrs) {
    super(context, attrs);
    p = new Paint();
    p.setColor(Color.CYAN);
    p.setStrokeWidth(5);
    p.setTypeface(Typeface.SERIF);
    p.setTextSize(50);
    p.setTextAlign(Paint.Align.CENTER);
    p.setTextScaleX(1.5f);
    p.setTextSkewX(-0.5f);
  }

  @Override
  protected void onDraw(Canvas canvas) {
    super.onDraw(canvas);
    canvas.drawColor(Color.WHITE);
    canvas.drawText("WINGSプロジェクト", 400, 300, p);
  }
}
```

図07-16　テキストを描画

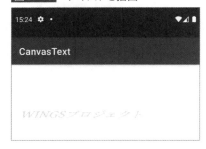

drawTextメソッドの構文は、以下のとおりです。

構文　drawTextメソッド

```
public void drawText(String text, float x, float y, Paint paint)
    text ：描画するテキスト
    x    ：描画位置のX座標
    y    ：描画位置のY座標
    paint：描画スタイル
```

drawTextメソッドの構文自体はごくシンプルですが、テキスト描画に関連してさまざまな設定があります。以下に、リスト07-09で利用しているものをまとめておきます（**1**）。もちろん、これらの設定は必要に応じて施せばよいもので、常にすべての設定が必要なわけではありません。

表07-03 テキスト関連の設定（Paintクラスの主なセッターメソッド）

メソッド	概要
setTypeface	フォントの種類（SANS_SERIF、SERIFなど）
setTextSize	テキストサイズ（単位はsp）
setTextAlign	表示位置（LEFT、CENTER、RIGHT）
setTextScaleX	水平方向への拡大率
setTextSkewX	水平方向にずらす度合い

テキストの水平方向の表示位置は、drawTextメソッドの引数xと、setTextAlignメソッドによって決まります。以下の図の太線は、引数xで指定された座標位置を表すものとします。

図07-17 テキストの水平方向の表示位置

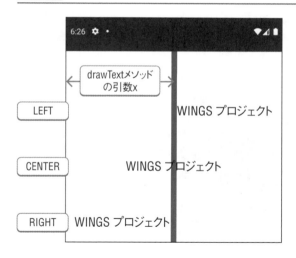

setTextSkewXメソッドは、テキストの上辺を左右にずらし、いわゆる斜体を作成します。設定値が正数の場合は左方向、負数の場合は右方向にずれます。

■ 既存の画像を貼り付ける

ビューでは、自分で一から図形を描画するばかりではありません。複雑な図はあらかじめ画像リソースとして用意しておき、ビューに貼り付けることもできます。静

的な画像はリソースとして用意しておき、変化するコンテンツ、（リソースを用意するまでもない）シンプルなコンテンツだけを動的に生成するようにすることで、コードをシンプルにできるでしょう。

たとえば以下は、あらかじめ用意したcat.jpgをビューに表示させる例です。cat.jpgは、P.126の手順に沿ってあらかじめdrawableフォルダーに登録しておくものとします。

リスト07-10　SimpleView.java（CanvasBitmapプロジェクト）

```java
public class SimpleView extends View {
  private Bitmap bmp;
  private Paint p;

  public SimpleView(Context context, AttributeSet attrs) {
    super(context, attrs);
    bmp = BitmapFactory.decodeResource(getResources(), R.drawable.cat); ――――■1
    p = new Paint();
  }

  @Override
  protected void onDraw(Canvas canvas) {
    super.onDraw(canvas);
    canvas.drawColor(Color.WHITE);
    canvas.drawBitmap(bmp, 0, 10, p); ――――――――――――――――――――■2
  }
}
```

図07-18　指定された画像cat.jpgを描画

　画像リソースをビューに描画するには、まず画像リソースを読み込み、その結果をBitmapオブジェクト（android.graphicsパッケージ）として用意しておく必要があります（**1**）。これには、BitmapFactory.decodeResourceメソッドを利用します。

構文 decodeResourceメソッド

```
static public Bitmap decodeResource(Resources res, int id)
    res：画像を管理するResourcesオブジェクト
    id ：画像リソースのid値
```

　画像リソースを含むアプリリソース（Resourcesオブジェクト）には、Activity#getResourcesメソッドでアクセスできます。リソースid（引数id）には「R.drawable.リソース名」で画像リソースを指定してください。

　なお、decodeResourceメソッドによるリソースの読み込みを（再）描画のたびに行うのは効率的ではありません。そこでサンプルでも、プライベートフィールドとして定義／初期化しています[6]。

　読み込んだ画像リソースは、drawBitmapメソッドで描画できます（**2**）。

> *6）onDrawメソッドの配下で宣言してはいけません。

構文 drawBitmapメソッド

```
public void drawBitmap(Bitmap bitmap, float left, float top,
  Paint paint)
    bitmap：描画する画像
    left  ：描画位置のX座標
    top   ：描画位置のY座標
    paint ：描画スタイル
```

　サンプルでは、読み込んだ画像をそのままビューに貼り付けているだけですが、画像の一部を拡大／縮小などした上で貼り付けることもできます。

構文 drawBitmapメソッド（2）

```
public void drawBitmap(Bitmap bitmap, Rect src, RectF dst,
  Paint paint)
    bitmap：描画する画像
    src   ：元画像の切り取り範囲
    dst   ：貼り付け先の描画範囲
    paint ：描画スタイル
```

図 07-19　drawBitmapメソッド

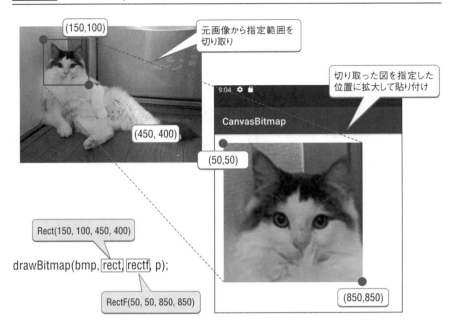

これによって画像bitmapから矩形srcの範囲を切り取り、その結果をビューの矩形dstの範囲に合うように拡大／縮小して貼り付ける、という意味になります。

以下に具体的なコードも示しておきます。

リスト 07-11　SimpleView.java（CanvasBitmapプロジェクト）

```java
public SimpleView(Context context, AttributeSet attrs) {
  ...中略...
  private Rect rect = new Rect(150, 100, 450, 400);
  private RectF rectf = new RectF(50, 50, 850, 850);

  protected void onDraw(Canvas canvas) {
    super.onDraw(canvas);
    canvas.drawColor(Color.WHITE);
    canvas.drawBitmap(bmp, rect, rectf, p);
  }
}
```

■ 図形を拡大／縮小、回転、平行移動する

座標変換することで、ビュー上の図形に対して拡大／縮小、回転、平行移動などの操作を施すことができます。座標変換とは、（図形そのものではなく）座標軸を操作することで、結果として、その中で描かれる図形を操作しようというアプロー

チです。

座標軸の操作…といってもややイメージも湧き辛いので、まずは具体的なサンプルを見てみましょう。

リスト07-12 SimpleView.java（CanvasTranslate プロジェクト）

```java
public class SimpleView extends View {
  private Paint p;

  public SimpleView(Context context, AttributeSet attrs) {
    super(context, attrs);
    p = new Paint();
    p.setColor(Color.CYAN);
    p.setStrokeWidth(5);
  }

  @Override
  protected void onDraw(Canvas canvas) {
    super.onDraw(canvas);
    canvas.translate(200, 200); ————————————————1
    canvas.scale(1.5f, 1.5f); ——————————————————2
    canvas.rotate(60);
    canvas.drawRect(0, 0, 200, 200, p);
  }
}
```

↓

図07-20 変換した座標に図形を描画した結果

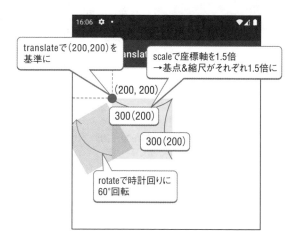

座標変換に関するメソッドには、以下のようなものがあります。

表07-04　座標変換に関するメソッド

メソッド	概要
translate(float *dx*, float *dy*)	X、Y軸方向に指定幅だけ並行移動
scale(float *sx*, float *sy*)	X、Y軸を指定倍率だけ拡大／縮小
rotate(float *degrees*)	指定角度だけ回転
skew(float *sx*, float *sy*)	X、Y軸の方向に指定量だけ歪み

　サンプルであれば、translateメソッドで引数に (200, 200) を指定しているので（**1**）、200×200 の位置が新しい座標の (0, 0) になるわけです。

　また、**2**のscaleメソッドではX軸Y軸の縮尺をそれぞれ1.5倍しているので、200×200の矩形は300×300の矩形として描画されるようになります。rotateメソッド（**3**）は、座標軸を現在の (0, 0) を中心に指定角度だけ時計回りに回転させます。

　座標軸の変化については、図07-20とも照らし合わせながら理解を深めてください。サンプルでは利用していませんが、座標軸に歪みを持たせるskewメソッドもあります。

```
canvas.skew(-0.1f, 0.5f);
canvas.drawRect(200, 200, 500, 500, p);
```

図07-21　座標軸に傾きを持たせた結果

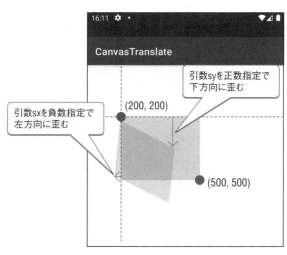

canvas.skew(-0.1f, 0.5f);
canvas.drawRect(200, 200, 500, 500, p);

引数sxに正数を指定した場合、座標軸は下辺が右方向に引っ張られるような形で変形しますし、引数syに正数を指定した場合には、座標軸は右辺が下方向に引っ張られるような形で変形します。それぞれ負数を指定した場合には、逆方向に傾きます。

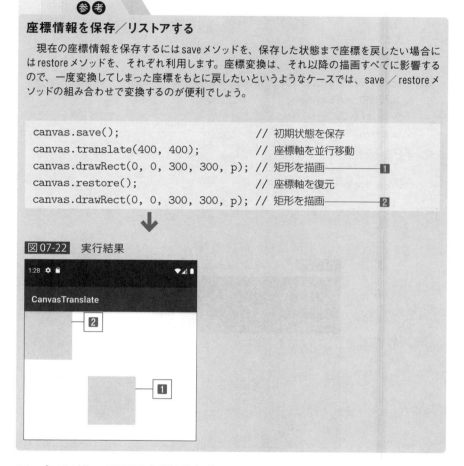

> **参考**
>
> **座標情報を保存／リストアする**
>
> 現在の座標情報を保存するにはsaveメソッドを、保存した状態まで座標を戻したい場合にはrestoreメソッドを、それぞれ利用します。座標変換は、それ以降の描画すべてに影響するので、一度変換してしまった座標をもとに戻したいというようなケースでは、save／restoreメソッドの組み合わせで変換するのが便利でしょう。

```
canvas.save();                        // 初期状態を保存
canvas.translate(400, 400);           // 座標軸を並行移動
canvas.drawRect(0, 0, 300, 300, p);   // 矩形を描画———1
canvas.restore();                     // 座標軸を復元
canvas.drawRect(0, 0, 300, 300, p);   // 矩形を描画———2
```

図 07-22 実行結果

■ パスに沿って図形を描画する

パスとは、言うなれば座標の集合です。Canvasオブジェクトでは、あらかじめパスで座標を定義しておき、あとからその座標情報に沿って図形を描画することができます。

具体的な例も見てみましょう。以下は、パスを利用して折れ線を描画する例です。

リスト07-13 SimpleView.java（CanvasPathプロジェクト）

```java
public class SimpleView extends View {
  private Paint p;
  private Path path;

  public SimpleView(Context context, AttributeSet attrs) {
```

```
    super(context, attrs);
    p = new Paint();
    path = new Path();
    p.setColor(Color.CYAN);
    p.setStrokeWidth(5);
    p.setStyle(Paint.Style.STROKE);
}

@Override
protected void onDraw(Canvas canvas) {
    super.onDraw(canvas);
    canvas.drawColor(Color.WHITE);
    path.moveTo(150, 200);
    path.lineTo(800, 500);
    path.lineTo(200, 150);
    canvas.drawPath(path, p);
}
}
```

図 07-23   パスを使って描画された折れ線

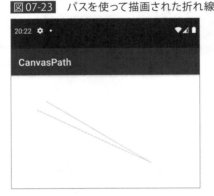

　パスを表すのは、Path クラス（android.graphics パッケージ）の役割です。この例では、まず moveTo メソッドで始点となる座標を、lineTo メソッドで終点となる座標を、それぞれ指定しています。lineTo メソッドを続けて呼び出すことで、サンプルのように連続した複数の直線（＝折れ線）を表現することもできます（**1**）。

構文   moveTo ／ lineTo メソッド

```
public void moveTo(float x, float y)
public void lineTo(float x, float y)
    x：X座標
    y：Y座標
```

図07-24 パスによる折れ線の描画

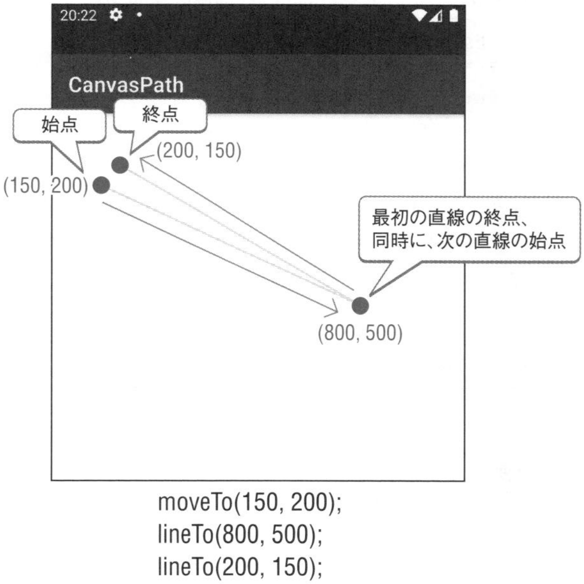

```
moveTo(150, 200);
lineTo(800, 500);
lineTo(200, 150);
```

　ただし、Pathオブジェクトそのものは単なる座標の集合にすぎません（＝これそのものでは描画されるわけではありません）。パスに沿って、実際に図形を描画するには、drawPathメソッドを呼び出す必要があります（**2**）。

　なお、パスで線を描画する場合には、あらかじめPaint#setStyleメソッドで「Paint.Style.STROKE」を宣言しておくのを忘れないようにしてください。

構文 drawPathメソッド

```
public void drawPath(Path path, Paint paint)
    path  ：パス
    paint：描画スタイル
```

　moveTo／lineToメソッドの他にも、Pathクラスには、基本的な図形（座標）をパスに追加するためのメソッドが種々用意されています。以下に、主なメソッドをまとめておきます。

*7）Path.Directionは、描画方向を表します。CWは時計回りに描画、CCWは反時計回りに描画することを意味します。

表07-05 Pathクラスの主なメソッド[7]

メソッド	定義する図形
addArc(RectF *oval*, float *startAngle*, float *sweepAngle*)	弧
addCircle(float *x*, float *y*, float *radius*, Path.Direction *dir*)	円
addOval(RectF *oval*, Path.Direction *dir*)	楕円

addRect(float *left*, float *top*, float *right*, float *bottom*, Path.Direction *dir*)	矩形
cubicTo(float *x1*, float *y1*, float *x2*, float *y2*, float *x3*, float *y3*)	3次ベジェ曲線
quadTo(float *x1*, float *y1*, float *x2*, float *y2*)	2次ベジェ曲線

　構文は、対応するdrawXxxxxメソッドにほぼ準じるので、そちらも合わせて参考にしてください。

　ベジェ曲線とは、n個の制御点をもとに描かれるn-1次曲線です。言葉では難しく聞こえるかもしれませんが、要は以下の図のような曲線です。Pathクラスでは、2次ベジェ曲線、3次ベジェ曲線に対応しています。

図 07-25　ベジェ曲線

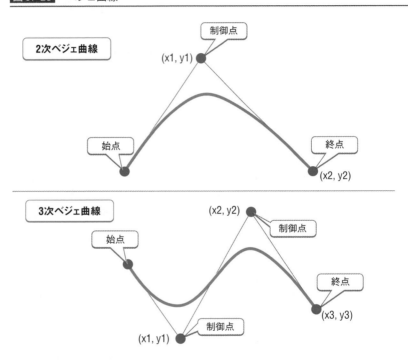

　表07-05での引数名は、図の座標に対応しています。ベジェ曲線の開始点は、lineToメソッドと同じく、moveToメソッドによって決まります。

■ 角スタイルを設定する

　Paint#setStrokeJoinメソッドでは、2直線によってできた角のスタイルを設定します。引数には、以下の値を指定できます。

表07-06　setStrokeJoinメソッドの設定（Paint.Join列挙体のメンバー）

設定値	概要
BEVEL	角を平たく
MITER	鋭角（既定）
ROUND	角を丸める

　ただし、MITERを利用するには、合わせてsetStrokeMiterメソッドも設定してください。setStrokeMiterメソッドは、鋭角の度合いをfloat値で表します。数字を大きくすると、鋭角の度合いも強まります。

リスト07-14　SimpleView.java（CanvasPathStyleプロジェクト）

```java
public class SimpleView extends View {
  private Paint p;
  private Path path;

  public SimpleView(Context context, AttributeSet attrs) {
    super(context, attrs);
    p = new Paint();
    path = new Path();
    p.setColor(Color.CYAN);
    p.setStrokeWidth(30);
    p.setStyle(Paint.Style.STROKE);
  }

  @Override
  protected void onDraw(Canvas canvas) {
    super.onDraw(canvas);
    canvas.drawColor(Color.WHITE);

    // 平たい角を描画
    path.reset();                                              ■
    path.moveTo(210, 300);
    path.lineTo(240, 650);
    path.lineTo(270, 300);
    p.setStrokeJoin(Paint.Join.BEVEL);
    canvas.drawPath(path, p);

    // 鋭角を描画
    path.reset();
    path.moveTo(400, 300);
    path.lineTo(440, 650);
    path.lineTo(470, 300);
    p.setStrokeMiter(30);
```

```
    p.setStrokeJoin(Paint.Join.MITER);
    canvas.drawPath(path, p);

    // 丸角を描画
    path.reset();
    path.moveTo(600, 300);
    path.lineTo(640, 650);
    path.lineTo(670, 300);
    p.setStrokeJoin(Paint.Join.ROUND);
    canvas.drawPath(path, p);
  }
}
```

図 07-26 setStrokeJoin メソッドによる角スタイルの違い

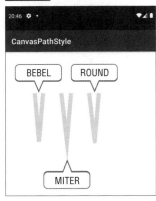

reset メソッド（**1**）は、パスから座標（直線／曲線など）の情報を破棄します。複数のパスを描画する際には、描画都度に呼び出しておきましょう。

■ パス情報に従って図形をクリッピングする

clipPath メソッドを利用することで、ビューの特定の領域だけを切り抜くことができます（くり抜かれた領域のことを**クリッピング領域**と言います）。クリッピング領域を設定することで、以降は、領域の範囲内に対してのみ図形を描画できるようになります。利用している画像（sea.jpg）は、P.126 の手順に沿ってあらかじめ drawable フォルダーに登録しておくものとします。

たとえば以下は、楕円形のクリッピング領域を定義した上で、その中に画像を貼り付ける例です。

リスト 07-15 SimpleView.java（CanvasClipPath プロジェクト）

```
public class SimpleView extends View {
  private Bitmap bmp;
```

```java
private Paint p;
private Path path;
private RectF rect;

public SimpleView(Context context, AttributeSet attrs) {
  super(context, attrs);
  bmp = BitmapFactory.decodeResource(getResources(), R.drawable.sea);
  p = new Paint();
  rect = new RectF(400, 100, 1000, 900);
  path = new Path();
  path.addOval(rect, Path.Direction.CW);
  p.setStrokeWidth(5);
}

@Override
protected void onDraw(Canvas canvas) {
  super.onDraw(canvas);
  canvas.drawColor(Color.WHITE);
  canvas.clipPath(path);
  canvas.drawBitmap(bmp, 0, 0, p);
}
}
```

■1

■2
■3

↓

図07-27　画像を楕円にくり抜いた状態で貼り付け

この例では、addOvalメソッドで定義された楕円のパス（■1）をclipPathメソッドに渡しているので（■2）、以降の画像貼り付け（■3）も楕円で囲まれた領域の内側に対してのみ反映されることになります。

構文 clipPathメソッド

```
public boolean clipPath(Path path)
    path：パス
```

ここでは、楕円だけをパスに追加していますが、もちろん、Path#addXxxxx メソッドを連続して呼び出すことで、より複雑なクリッピング領域を定義することもできます。

図 07-28 複合的なパスで定義されたクリッピング領域

単純に矩形状のクリッピング領域を定義するだけならば、（clipPathメソッドの代わりに）CanvasオブジェクトのclipRectメソッドを利用しても構いません。

構文 clipRectメソッド

```
public boolean clipRect(int left, int top, int right, int bottom)
public boolean clipRect(RectF rect)
    left  ：左上のX座標
    top   ：左上のY座標
    right ：右下のX座標
    bottom：右下のY座標
    rect  ：矩形領域
```

07-01-04 カスタムビューに属性を追加する

標準的なウィジェットと同じく、カスタムビューにも独自の属性を追加できます。ここでは、color属性（図形の描画色）、type属性（描画する図形の種類）を持つ SimpleViewクラスを定義してみましょう。

type属性にはcircle（円）、rect（矩形）、line（直線）を指定できるものとします。

図07-29   属性に応じて、描画内容／色が変化する

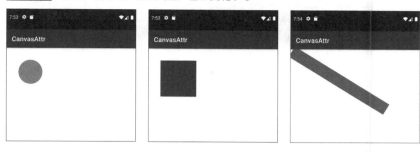

[1] 属性情報を定義する

カスタムビューに属性を追加するには、定義ファイルを作って属性の名前／型を定義します。これには、プロジェクトウィンドウから/res/valuesフォルダーを右クリックして、表示されたコンテキストメニューから [**New**] － [**Values Resource File**] を選択します。

図07-30   [New Resource File] 画面

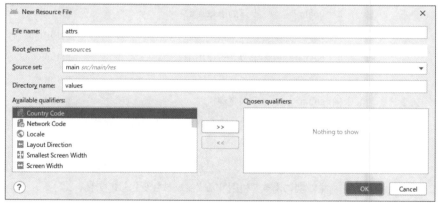

[**New Resource File**] 画面が開くので、ファイル名をattrsとし、その他は図の通りであることを確認した上で [**OK**] ボタンをクリックしてください。<resources> 要素をルート要素にした定義ファイルが生成されるので、以下のように追加します（太字が追記部分）。

リスト07-16   attrs.xml（CanvasAttrプロジェクト）

```xml
<?xml version="1.0" encoding="utf-8"?>
<resources>
  <declare-styleable name="SimpleView">
    <attr name="color" format="color" />
```

```
    <attr name="type" format="enum">
      <enum name="circle" value="0" />
      <enum name="rect" value="1" />
      <enum name="line" value="2" />
    </attr>
  </declare-styleable>
</resources>
```

属性情報は、<resources> － <declare-styleable>要素の配下で定義します。name属性は定義情報の名前で、一般的にはカスタムビューと同じ名前にすることをお勧めします[8]。

個々の属性は、配下の<attr>要素で宣言します。name属性が名前、format属性が型です。この例ではcolor、enumを指定していますが、その他にも以下のような型を指定できます。

表07-07　format属性の主な設定値

型	概要	取得メソッド
boolean	true ／ false	getBoolean
integer	整数	getInt
float	浮動小数点数	getFloat
string	文字列	getString
color	カラー（#ffffffなど）	getColor
flag	ビットフラグ	getInt
enum	列挙値	getInt
reference	リソースid（@drawable/xxxxxなど）	getResourceId

取得メソッドは、あとから属性値を取得する際に利用するためのメソッドです（属性の型によって利用するメソッドも変化します）。

また、属性値によっては配下でオプションの指定も必要になります。たとえばenum（列挙値）であれば、配下の<enum>要素で表示名（name）、実際の値（value）を列挙します。

[2] ビュークラスを修正する

属性を受け取れるように、ビュークラスも修正しておきます。

リスト07-17　SimpleView.java（CanvasAttrプロジェクト）

```
package to.msn.wings.canvasattr;

import android.content.Context;
```

```
import android.content.res.TypedArray;
import android.graphics.Canvas;
import android.graphics.Color;
import android.graphics.Paint;
import android.util.AttributeSet;
import android.view.View;

public class SimpleView extends View {
  // 属性値を格納するためのcolor／typeフィールドを準備
  private int color = Color.BLACK;
  private int type = 0;

  public int getColor() {
    return this.color;
  }

  public void setColor(int value) {
    this.color = value;
    invalidate();
    requestLayout();
  }

  public int getType() {
    return this.type;
  }

  public void setType(int value) {
    this.type = value;
    invalidate();
    requestLayout();
  }


  private Paint p = new Paint();

  // コンストラクター
  public SimpleView(Context context, AttributeSet attrs) {
    super(context, attrs);
    // 属性を取得
    TypedArray array = context.getTheme().obtainStyledAttributes(
        attrs, R.styleable.SimpleView, 0, 0);
    try {
      color = array.getColor(R.styleable.SimpleView_color, Color.BLACK);
      type = array.getInt(R.styleable.SimpleView_type, 0);
    } finally {
      array.recycle();
    }
```

■1 ■2 ■3 ■4

```
    }

    @Override
    protected void onDraw(Canvas canvas) {
      super.onDraw(canvas);
      // color属性に応じて描画色を設定
      p.setColor(color);                                          5
      p.setStrokeWidth(100);
      // type属性に応じて描画の種類を振り分け
      switch(type) {
        case 0:
          canvas.drawCircle(200, 200, 100, p);
          break;
        case 1:
          canvas.drawRect(100, 100, 400, 400, p);
          break;                                                  6
        case 2:
          canvas.drawLine(10, 20, 800, 500, p);
          break;
        default:
          break;
      }
    }
}
```

まずは渡された属性値を維持するためのフィールドを準備しておきます（**1**）。この例であればcolor／type属性を格納するcolor／typeフィールドです。この際、セッターメソッドでinvalidate／requestLayoutメソッドを呼び出している点に注目です。

属性を変更した場合、大概、ビューを再描画する必要があります。そこでinvalidateメソッドでビューを無効化した上で、requestLayoutメソッドで新たにレイアウトをリクエストするわけです（これらのメソッドは呼び出さなくても一見動作するように見えますが、問題が発生した場合には検出が困難になるので、必ず明示的に呼び出すようにしましょう）。

フィールドを準備できたら、コンストラクターで属性を読み込みましょう（**2**）。これには、Theme#obtainStyledAttributesメソッドを利用します。

構文 obtainStyledAttributesメソッド

```
public TypedArray obtainStyledAttributes(AttributeSet set, int[] attrs,
  int defStyleAttr, int defStyleRes)
    set         ：属性値のセット
    attrs       ：取得する属性
    defStyleAttr：既定値を提供するスタイルリソースへの参照（0で検索しない）
    defStyleRes ：既定値を提供するスタイルリソースの識別子（0で検索しない）
```

引数attrsは「R.styleable.名前」とします。この例であれば [1] で定義した SimpleView属性 (のセット) を取得します。

obtainStyledAttributes メソッドの戻り値は、属性値を保持するTypedArray オブジェクトです。属性セットを取得できたら、あとは、そのgetXxxxx メソッドで属性値を取得し、先ほど用意したフィールドに格納しておきます。使用する getXxxxx メソッドは、属性の型によって変化します (**3**[*9])。TypedArrayは共有リソースなので、利用後は必ずリサイクルしておきます (**4**)。

*9) 利用するメソッド
は、P.350の 表07-07
も参照してください。

属性を準備できてしまえば、あとはカンタンです。ここでは、color属性の値は Paint#setColorメソッドで設定し(**5**)、type属性に値に応じてCanvasオブジェクトの対応するメソッドを呼び出しています (**6**)。

[3] レイアウトファイルを編集する

これまでと同じく、P.350の手順 [2] と同じように<view>ウィジェットを配置したら、これを選択した状態で、属性ウィンドウを開きます。

その [**Declared Attributes**] タブから [**+**] ボタンをクリックし、属性を追加します (カスタム属性は、既定では表示されていないからです)。

図07-31 属性の入力欄が追加される

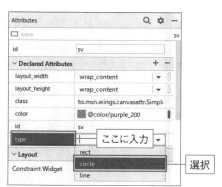

左欄に名前「app:color」、右欄に値「@color/purple_200」を追加します。同様に、もうひとつ属性を追加して、app:type属性 (値はcircle) を追加しておきましょう。app:type属性はenum型なので、値も選択ボックスから選択が可能です。

参考

flag 型

同様に、flag型も選択可能な属性です。たとえば以下のように定義することで、属性ウィンドウにはチェックボックスのリストとして表示されます。

```
<attr name="type" format="flags">
  <flag name="circle" value="1" />
```

```
    <flag name="rect" value="2" />
    <flag name="line" value="4" />
  </attr>
```

↓

図07-32 チェックボックスのリストとして表示される

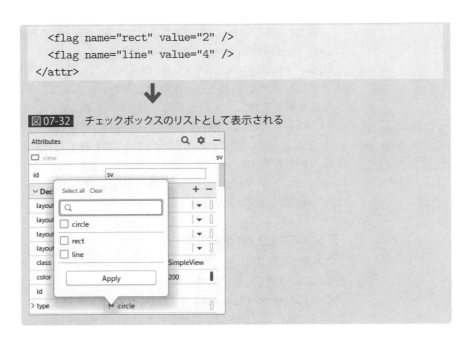

生成されたレイアウトファイルのコードは、以下の通りです。

リスト07-18 activity_main.xml（CanvasAttrプロジェクト）

```xml
<?xml version="1.0" encoding="utf-8"?>
<androidx.constraintlayout.widget.ConstraintLayout ...>
  <view
    android:id="@+id/sv"
    class="to.msn.wings.canvasattr.SimpleView"
    android:layout_width="wrap_content"
    android:layout_height="wrap_content"
    app:color="@color/purple_200"
    app:layout_constraintStart_toStartOf="parent"
    app:layout_constraintTop_toTopOf="parent"
    app:type="circle" />
</androidx.constraintlayout.widget.ConstraintLayout>
```

図07-33 レイアウト完成図

以上ができたら、属性の設定を変えながらサンプルを実行してみましょう。P.349の図07-29のように、属性値に応じて結果が変化することが確認できるはずです。

Section 07-02 ビュー描画の理解を深める

このセクションでは、タッチイベントに応じたビューの更新や、より高速な
ビュー描画のしくみなど、より高度な話題についてまとめます。

このセクションのポイント

1 View派生クラスでビューの状態を更新するには、invalidateメソッドを利用する。
2 SurfaceViewでは、アニメーションやゲームなどより高速な描画に適したビューである。
3 SurfaceView派生クラスでは別スレッドからGUIを直接更新できる。

07-02-01 簡易な落書き帳アプリを作成する

タッチイベントとパスを利用して、カンタンな落書き帳アプリを作成してみましょ
う。パネル上をタッチするのに合わせて、ビューに自由な曲線を描画します。
サンプルを通じて、カスタムのビューを動的に更新（再描画）する基本的な手法を
学んでください。

図 07-34　画面をなぞることで、自由に線を描画できる

それではさっそく、具体的な手順を確認していきます。

[1] ビュークラスを準備する

前項までと同じく、View派生クラスを準備します。ビュー描画の基本について

は割愛するので、ここではタッチイベントに関わるコードに注目してみましょう。

リスト 07-19 CanvasView.java（CanvasTouch プロジェクト）

```java
package to.msn.wings.canvastouch;

import android.content.Context;
import android.graphics.Canvas;
import android.graphics.Color;
import android.graphics.Paint;
import android.graphics.Path;
import android.util.AttributeSet;
import android.view.MotionEvent;
import android.view.View;

public class CanvasView extends View {
  // Paint／Pathの準備
  private Path path;
  private Paint p;

  public CanvasView(Context context, AttributeSet attrs) {
    super(context, attrs);
    p = new Paint();
    p.setColor(Color.BLUE);
    p.setStrokeWidth(3);
    p.setStyle(Paint.Style.STROKE);
    p.setStrokeJoin(Paint.Join.ROUND);
    path = new Path();
  }


  // パスに基づいて描画
  @Override
  protected void onDraw(Canvas canvas) {
    super.onDraw(canvas);
    canvas.drawPath(path, p);
  }


  // タッチイベントで呼び出されるイベントハンドラー
  @Override
  public boolean onTouchEvent(MotionEvent event) {
    // タッチの種類に応じて処理を分岐
    switch (event.getAction()) {
      case MotionEvent.ACTION_DOWN:
        path.moveTo(event.getX(), event.getY());
```

■1
■3
■2

```
      break;
    case MotionEvent.ACTION_MOVE:
      path.lineTo(event.getX(), event.getY());
      break;
    case MotionEvent.ACTION_UP:
      performClick();
      path.lineTo(event.getX(), event.getY());
      break;
  }
  invalidate();
  return true;
}

@Override
public boolean performClick() {
  super.performClick();                                                    4
  return true;
}
}
```

最初に、落書き帳の考え方を理解しておきましょう。「自由な曲線」とは言っても、
サンプルで描画しているのは、あくまで「ごく短い直線のつらなり」にすぎません。

図 07-35 落書き帳で描画される曲線

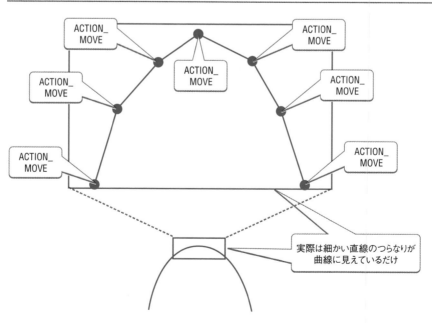

　まず、タッチダウン時に基点となる座標を記録し、指が移動したら、その位置までの直線を描画し、更に移動したらその位置まで…という処理を繰り返しているのです。このような直線の集合が遠目には曲線に見えているわけです。

　以上を念頭に、対応するコードを読み解いていくと、コードは長くとも処理内容は明快でしょう。

　まず、❶で描画のためのPaint ／ Pathオブジェクトをprivateフィールドとして用意します。

　あとは、❷のonTouchEventメソッドでタッチの状態に応じて処理を分岐するだけです。onTouchEventメソッドでは、引数event（MotionEventオブジェクト）を介して、タッチイベントに関するさまざまな情報にアクセスできます。

表07-08 MotionEventクラスの主なメソッド

メソッド	概要	
getAction	タッチの種類	
	値	概要
	ACTION_DOWN	パネルをタッチ（押下）した
	ACTION_MOVE	パネル上で指をスライドさせた
	ACTION_UP	パネルから指を離した
	ACTION_CANCEL	キャンセル
getDownTime	タッチし続けた時間（ミリ秒）	
getEdgeFlags	スクリーンの端を判定	
	値	概要
	EDGE_TOP	上端に到達
	EDGE_BOTTOM	下端に到達
	EDGE_LEFT	左端に到達
	EDGE_RIGHT	右端に到達
getX	タッチされた位置（X座標）	
getY	タッチされた位置（Y座標）	

　ここでは、getActionメソッドの戻り値（タッチの種類）によって、以下のように処理を振り分けています。

表07-09 onTouchEventメソッドの処理内容

アクション	処理内容
ACTION_DOWN	moveToメソッドでパスの基点を定義
ACTION_MOVE	lineToメソッドで、前の座標からの直線を描画

| ACTION_UP | lineToメソッドで、前の座標から終点までの直線を描画 |

　onTouchEventメソッドの中のinvalidateメソッドについては、07-01-04項でも触れた通りです。ビューを無効化し、再描画の必要のあることをシステムに伝えます。invalidateメソッドを呼び出すことで、onDrawメソッドが呼び出されると理解しておけばよいでしょう。サンプルでは、タッチイベントでパス情報を更新するたびに、invalidateメソッドを呼び出し、更新されたパスをもとに描画状態も更新しているのです。

　パス情報に基づいてビューを描画するのは、drawPathメソッドの役割でした（**3**）。

＊1） ただし、「Customview CanvasView overrides onTouchEvent but not performClick」のような警告が発生します。

参考

performClickメソッド

　リスト07-19－**4**のperformClickは、clickイベントをコードから発生させるためのメソッドです。このサンプルでは削除しても問題は出ませんが＊1、利用側（MainActivityなど）からOnClickListenerを利用している場合に必要となります（さもないと、clickイベントリスナーが動作しません）。まずは、カスタムビューでTouchイベントリスナーを実装する際には、performClickメソッドを呼び出すのが無難です。

[2] レイアウトファイルを作成する

　<view>ウィジェットを配置する手順は07-01-02項でも触れた通りです。[**Views**]画面では、「CanvasView」を選択してください。

リスト07-20 activity_main.xml（CanvasTouchプロジェクト）

```
<androidx.constraintlayout.widget.ConstraintLayout...>
  <!--落書き帳のベースとなるビューを貼り付け-->
  <view
    android:id="@+id/cv"
    class="to.msn.wings.canvastouch.CanvasView"
    android:layout_width="0dp"
    android:layout_height="wrap_content"
    app:layout_constraintEnd_toEndOf="parent"
    app:layout_constraintStart_toStartOf="parent"
    app:layout_constraintTop_toTopOf="parent" />
</androidx.constraintlayout.widget.ConstraintLayout>
```

図07-36 レイアウト完成図

[3] サンプルを実行する

　以上の準備ができたら、サンプルを実行し、実際にマウスポインター（実機であれば指）で画面をなぞってみましょう。その軌跡に応じて、P.357の図07-35のよう

に線を描画できる点に注目です。

■ 補足：マルチタッチを検出する

*2) 複数の指でパネルを同時にタッチすることです。

onTouchEventメソッドでは、マルチタッチ[2]を検出することもできます。たとえば以下は、マルチタッチの情報をLogcatにログ出力する例です。

リスト07-21 CanvasView.java（CanvasMultiTouchプロジェクト）

```java
public boolean onTouchEvent(MotionEvent event) {
  for (int i = 0; i < event.getPointerCount(); i++) {
    Log.d("MultiTouch",
        String.format("ID %s > [%s, %s]", event.getPointerId(i),
                  event.getX(i),
                  event.getY(i)
        )
    );
  }
  return true;
}
```

図07-37 マルチタッチによって出力されたログ[3]

*3) マルチタッチの動作を確認するには、P.60の手順に沿って実機にサンプルをインストールしてください。

MotionEventクラスには、マルチタッチに対応した以下のようなメソッドが用意されています。また、P.358の表で示したメソッドは、いずれも引数としてインデックス番号を与えることで、i番目のポイント情報を取得できます。

表07-10 マルチタッチ関連のメソッド

メンバー	概要
getPointerCount	タッチされたポイントの数
getPointerId(int *pointerIndex*)	pointerIndex番目のポインターidを取得
findPointerIndex(int *id*)	ポインターidからポインターを検索

サンプルでは、タッチされたポインターの数だけforループを繰り返し（**1**）、それぞれi番目のポインターについてタッチ位置（X、Y座標）を取得＆ログとして出力しています（**2**）。

07-02-02 高速描画に対応したSurfaceViewクラス

独自のビューを作成するには、まずViewクラスを利用するのが基本ですが、Viewクラスにはひとつ難点があります。というのも、描画が低速なのです。もちろん、一般的なUIを作成する分にはなんら問題ない遅さですが、即応性を求められるゲーム、表示を頻繁に更新するビューなどでは、高速な描画に対応したSurfaceViewを優先して利用してください。

SurfaceViewは、言うなれば、Surface（サーフェス）と呼ばれる描画専用のキャンバスを持つビューです。SurfaceViewでは、Surface（表面）だけを取り出して内部的に描画し、更新できたら、ビューに反映させるという処理を行っています。

これによって、描画を高速に反映できるというわけです。

■ SurfaceViewの基本

それではさっそく、具体的なサンプルを見ていきましょう。以下は、SurfaceViewを利用して矩形を描画する例です。

P.356のリスト07-19をSurfaceViewを使って書き換えたものです。

[1] SurfaceView派生クラスを準備する

まずは、Viewクラスの代わりに、SurfaceViewを継承したクラスを定義します。

リスト07-22 SimpleSurface.java（SurfaceBasicプロジェクト）

```java
package to.msn.wings.surfacebasic;

import android.content.Context;
import android.graphics.Canvas;
import android.graphics.Color;
import android.graphics.Paint;
import android.util.AttributeSet;
import android.view.SurfaceHolder;
import android.view.SurfaceView;

public class SimpleSurface extends SurfaceView {
  Paint p;

  // 初期化（サーフェイスの監視方法を定義）
  public SimpleSurface(Context context, AttributeSet attrs) {
    super(context, attrs);
    p = new Paint();
    p.setColor(Color.CYAN);
    getHolder().addCallback(
      new SurfaceHolder.Callback() {
```
1

```
        public void surfaceChanged(SurfaceHolder holder,
                                int format, int width, int height) {
        }

        public void surfaceCreated(SurfaceHolder holder) {
          draw(holder);                                            ┐2
        }

        public void surfaceDestroyed(SurfaceHolder holder) {
        }
    }
  );
}

// 描画処理の本体
private void draw(SurfaceHolder holder) {
  Canvas canvas = holder.lockCanvas();                            ─a
  canvas.drawColor(Color.WHITE);                                  ┐c  ┐3
  canvas.drawRect(100, 100, 400, 400, p);
  holder.unlockCanvasAndPost(canvas);                             ─b
}
}
```

　View派生クラスとも重複するところがあるので、以下では、SurfaceView固有の注意点に絞って解説していきます。

■1 サーフェスの動作を監視する

　SurfaceViewでは、SurfaceHolder.Callbackでサーフェスの作成／変更／破棄を監視し、それらが検知されたタイミングでSurfaceHolderを使ってサーフェスを操作する、という流れが基本です。

　これには、SurfaceHolderに対してSurfaceHolder.Callbackオブジェクトを登録してください。SurfaceHolderとは、サーフェスを管理＆操作するためのオブジェクト、SurfaceHolder.Callbackはサーフェスを監視し、状態の変化に応じて呼び出される、イベントリスナーの一種です。

　SurfaceView#getHolderメソッドでSurfaceHolderオブジェクトを取得できるので、そのaddCallbackメソッドでSurfaceHolder.Callbackオブジェクトを登録しておきましょう。

　関係するオブジェクトが多いので、複雑にも感じるかもしれませんが、SurfaceViewを利用する上で、基本のキとも言える関係なので、まずはSurfaceViewを利用する場合の定石として覚えてしまいましょう。

② SurfaceView.Callbackインターフェイスを実装する

SurfaceView.Callbackインターフェイスに用意されているメソッドは、以下のとおりです。

表07-11　SurfaceView.Callbackインターフェイスのメソッド

メソッド	呼び出しタイミング
surfaceCreated(SurfaceHolder *holder*)	SurfaceViewが作成された時
surfaceChanged(SurfaceHolder *holder*, int *format*, int *width*, int *height*)	SurfaceViewのサイズなどが変更された時
surfaceDestroyed(SurfaceHolder *holder*)	SurfaceViewが破棄された時

サンプルでは、最低限、surfaceCreatedメソッドのみを実装し、その他のメソッドは空のままとしておきます。また、surfaceCreatedメソッドも描画のためのコードは別メソッドdrawとして分離している点に注意してください。これは、あとから描画コードだけを独立して呼び出すための準備です。

③ SurfaceViewでの描画手順

描画の本体を担うdrawメソッドも見ておきましょう。引数holder（SurfaceHolderオブジェクト）は、先ほども述べたように、サーフェスを操作するためのオブジェクトです。View#onDrawメソッドでは、引数としてCanvasオブジェクトがそのまま渡されていましたが、SurfaceViewでは、SurfaceHolderオブジェクトのlockCanvasメソッドを使って、自分で取り出す必要があります（a）。

lockCanvasは、キャンバスをロックした上で取得するメソッドです。ロックするとは、画面への反映をいったん停止するということです。冒頭述べたように、SurfaceViewでは、描画処理を効率化するために、「サーフェスを画面からいったん切り離して内部的に描画処理を行ったうえで、すべて終えたところでまとめて表示を更新する」というアプローチを採っています。キャンバスのロックを解除し、画面への反映を指示するのは、unlockCanvasAndPostメソッドの役割です（b）。

図 07-38　SurfaceView における描画の流れ

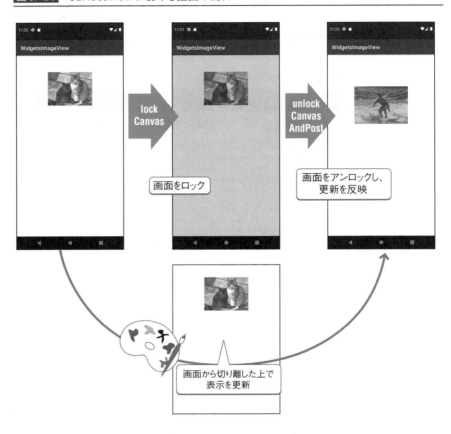

取得した Canvas オブジェクトに対する操作は、これまでと同じ要領で表現できます（**C**）。

キャンバスのロック&取得→描画→アンロックという流れは、SurfaceView での基本ですので、きちんと理解しておきましょう。

[2] レイアウトファイルを準備する

あとは、ビュー呼び出しのレイアウトファイルを用意するだけです[*4]。カスタムビューを配置する際の注意点は前述しているので、07-01-02項も合わせて参照してください。

> ＊4）アクティビティは標準で用意されたものをそのまま利用できるので、紙面上は割愛します。完全なコードはダウンロードサンプルを参照してください。

リスト 07-23　activity_main.xml（SurfaceBasic プロジェクト）

```
<?xml version="1.0" encoding="utf-8"?>
```

```
<androidx.constraintlayout.widget.ConstraintLayout ...>
  <view
    android:id="@+id/ss"
    class="to.msn.wings.surfacebasic.SimpleSurface"
    android:layout_width="0dp"
    android:layout_height="wrap_content"
    app:layout_constraintEnd_toEndOf="parent"
    app:layout_constraintStart_toStartOf="parent"
    app:layout_constraintTop_toTopOf="parent" />
</androidx.constraintlayout.widget.ConstraintLayout>
```

図 07-39 レイアウト完成図

[3] サンプルを実行する

　以上の準備ができたら、サンプルを実行し、以下のような図形が描画されること
を確認しておきましょう。

図 07-40　指定された図形を描画

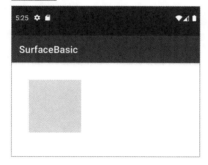

■ SurfaceViewで作成する落書き帳アプリ

　続いて、タッチイベントをトリガーに、SurfaceViewを更新してみましょう。
　以下は、先ほど作成した落書き帳アプリをSurfaceViewを使って書き直した例
です。なお、P.361のリストと共通する部分は割愛するので、完全なコードはダウン
ロードサンプルから参照してください。リスト07-22からの追記部分は太字で表し
ています。

リスト07-24　SimpleSurface.java（SurfaceTouchプロジェクト）

```
package to.msn.wings.surfacetouch;

import android.content.Context;
import android.graphics.Canvas;
import android.graphics.Color;
import android.graphics.Paint;
import android.graphics.Path;
```

```
import android.util.AttributeSet;
import android.view.MotionEvent;
import android.view.SurfaceHolder;
import android.view.SurfaceView;

public class SimpleSurface extends SurfaceView {
  Path path;
  Paint p;

  public SimpleSurface(Context context, AttributeSet attrs) {
      super(context, attrs);
    p = new Paint();
    p.setColor(Color.BLUE);
    p.setStrokeWidth(3);
    p.setStyle(Paint.Style.STROKE);
    p.setStrokeJoin(Paint.Join.ROUND);
    path = new Path();
    getHolder().addCallback(
      new SurfaceHolder.Callback() {
        ...中略...
      }
    );
  }

  private void draw(SurfaceHolder holder) {
    Canvas canvas = holder.lockCanvas();
    canvas.drawColor(Color.WHITE);
    canvas.drawPath(path, p);
    holder.unlockCanvasAndPost(canvas);
  }

  @Override
  public boolean onTouchEvent(MotionEvent event) {
    switch (event.getAction()) {
      case MotionEvent.ACTION_DOWN:
        path.moveTo(event.getX(), event.getY());
        break;
      case MotionEvent.ACTION_MOVE:
        path.lineTo(event.getX(), event.getY());
        break;
      case MotionEvent.ACTION_UP:
        performClick();
        path.lineTo(event.getX(), event.getY());
        break;
```

```
    }
    draw(getHolder());  ————————————————————————————————————— 1
    return true;
  }

  @Override
  public boolean performClick() {
    super.performClick();
    return true;
  }
}
```

　追記したコードの大部分は、P.356のそれと同じなので、実はここで注目して頂きたいのは■の一点だけです。

　SurfaceViewでは、Viewクラスで利用していたinvalidateメソッドは利用できません。代わりに、描画を担当しているdrawメソッドを明示的に呼び出す必要があるのです。これが、前項で描画コードをsurfaceCreatedメソッドに組み込まなかった理由です。

■ SurfaceViewによるアニメーションの実装

　もうひとつ、SurfaceViewでカンタンなアニメーションを実装してみましょう。冒頭述べたように、SurfaceViewは高速描画のためのビューであり、一般的には継続的に再描画を繰り返すようなケース（＝アニメーションなど）で有用です。

　たとえば以下のサンプルでは、円を左上から右下に移動させる例です。

　なお、サンプルコードのほとんどは、P.365のリスト07-24と共通なので、ここでは独自の部分であるdrawメソッドに絞って掲載しています。完全なサンプルコードは、ダウンロードサンプルから参照してください。

リスト07-25 SimpleSurface.java（SurfaceAnimationプロジェクト）

```
package to.msn.wings.surfaceanimation;

import android.content.Context;
import android.graphics.Canvas;
import android.graphics.Color;
import android.graphics.Paint;
import android.util.AttributeSet;
import android.view.SurfaceHolder;
import android.view.SurfaceView;
import java.util.concurrent.ExecutorService;
import java.util.concurrent.Executors;
```

```java
public class SimpleSurface extends SurfaceView {
  Paint p;
  ExecutorService service;

  public SimpleSurface(Context context, AttributeSet attrs) {
    super(context, attrs);
    p = new Paint();
    p.setColor(Color.BLUE);
    // スレッドプールを作成
    service = Executors.newSingleThreadExecutor();
    getHolder().addCallback(new SurfaceHolder.Callback() {
      ...中略...
      public void surfaceDestroyed(SurfaceHolder holder) {
        // ビュー破棄の際にスレッドプールも破棄
        SimpleSurface.this.service.shutdown();
      }
    });
  }

  private void draw(SurfaceHolder holder) {
    service.execute(() -> {
      for (int i = 0; i < 1000; i++) {
        Canvas canvas = holder.lockCanvas();
        canvas.drawColor(Color.WHITE);
        canvas.drawCircle(100 + i, 100 + i, 50, p);
        holder.unlockCanvasAndPost(canvas);
        // 50ミリ秒だけ処理を休止
        try {
          Thread.sleep(50);
        } catch (InterruptedException e) {
          e.printStackTrace();
        }
      }
    });
  }
```

1

↓

図07-41 円が左上から右下に移動していくアニメーション

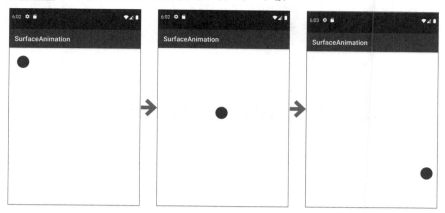

　サンプルのように、継続的に処理を繰り返すようなケースでは、アプリ本来の操作を邪魔しないように、描画処理は別スレッドで実行するのが基本です（**1**）。

　executeメソッドでは、forループで変数iを0～1000の範囲で動かしながら、drawCircleメソッドで円を描画しています。中心座標は（100 + i, 100 + i）としているので、ループの進行によって徐々に右下に移動していくわけです。

Section 07-03 動きを伴うアプリを視覚的に設計する

このセクションでは、モーションエディターとMotionLayoutを利用して、動き（モーション）を伴うアプリを視覚的に設計する方法について学びます。

このセクションのポイント

1 モーションエディターを利用することで、ウィジェットの動きを視覚的に設計できる。
2 モーションを伴うレイアウトはMotionLayoutで定義する。
3 モーションは、開始／終了時点の状態、双方を繋ぐ変化の方法（速度、変化の度合い）から構成される。
4 モーションは、クリック／スワイプなどのイベントをトリガーに実行できる。

モーションエディターとは、画面（レイアウト）上でのウィジェットの動作を定義するための機能です。従来、Androidでは、アニメーションを定義するために、XML形式の定義ファイルを直接編集する必要がありました。

しかし、モーションエディターを利用することで、アニメーション前後の状態、変化の度合いを、お馴染みのレイアウトエディター上で確認しながら、視覚的に編集することが可能になります。

図 07-42 モーションエディター

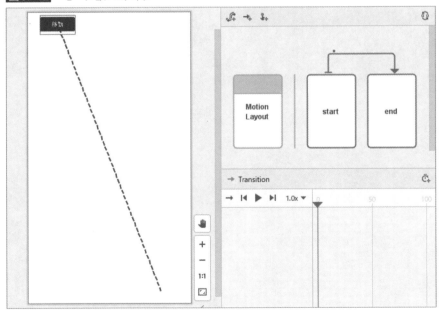

07-03-01　モーション付きのレイアウトを表す「MotionLayout」

　　モーションエディターを利用する場合に、前提となるのはMotionLayout
ウィジェットです。MotionLayoutは、これまで本書でも利用してきた
ConstraintLayoutの派生レイアウトなので、ConstraintLayoutの知識をその
ままにMotionLayoutも設計できます。

　　そして、MotionLayoutでは、モーション定義ファイル（MotionScene）を紐づ
けることで、レイアウトに対してモーションを付与できます。MotionSceneとは、
具体的には、以下のような要素から構成される情報です。

図 07-43　モーション定義ファイル

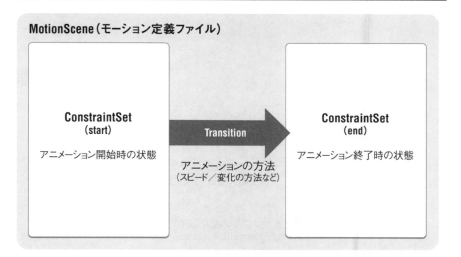

　　ConstraintSetとは、モーション開始／終了時点でのレイアウトの状態を表しま
す。初期状態では、start／endという名前のConstraintSetが用意されていま
すが、必要に応じて（もちろん）ConstraintSetを増やしても構いません。

　　Transitionは、開始／終了時点での変化の方法（スピード、変化の様子など）を
表します。

07-03-02　モーションエディターの基本

　　では、ここからはモーションエディターの基本的なしくみを理解するために、以下
のようなアプリを作成してみましょう。ボタンをクリックすると、最初左上に配置し
ていたボタンが右下に移動し、加えて半透明になります。

図 07-44　ボタンを移動した後、半透明に

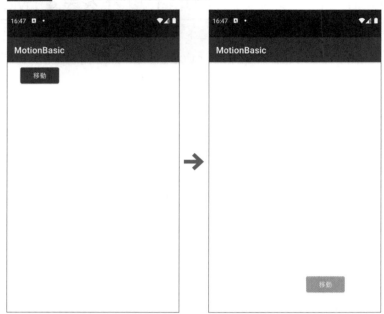

[1] ボタンを配置する

これまでと同じく、ConstraintLayoutに対してButton（ボタン）を配置します。ボタンには上下左右に制約を追加し、水平／垂直方向に中央寄せしておきます。

図 07-45　本サンプルの初期レイアウト

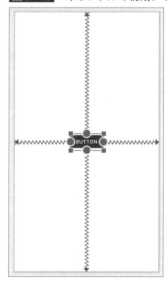

また、ボタンのその他の属性も、以下のように設定しておきましょう。

表07-12 Buttonの属性設定

属性	設定値
id	btn
Text	**移動**

最終的に、以下のようなコードが生成されていることを確認しておきましょう。

リスト07-26 activity_main.xml（MotionBasicプロジェクト）

```xml
<?xml version="1.0" encoding="utf-8"?>
<androidx.constraintlayout.widget.ConstraintLayout ...>
  <Button
    android:id="@+id/btn"
    android:layout_width="wrap_content"
    android:layout_height="wrap_content"
    android:text="移動"
    app:layout_constraintBottom_toBottomOf="parent"
    app:layout_constraintEnd_toEndOf="parent"
    app:layout_constraintStart_toStartOf="parent"
    app:layout_constraintTop_toTopOf="parent" />
</androidx.constraintlayout.widget.ConstraintLayout>
```

[2] MotionLayoutを導入する

ここからがMotionLayout固有の操作です。

ConstraintLayoutで作成したレイアウトは、そのままMotionLayoutへの変換が可能です。レイアウトエディター上で右クリックして、表示されたコンテキストメニューから[**Convert to Motion Layout**]を選択します。

図07-46　MotionLayoutへの変換

[**Motion Editor**] 画 面 が 開 く の で、[**Convert**] ボ タ ン を ク リ ッ ク す る と、MotionLayoutへの変換が行われ、レイアウトエディターもモーションエディターに切り替わります。

図07-47　モーションエディターの基本画面

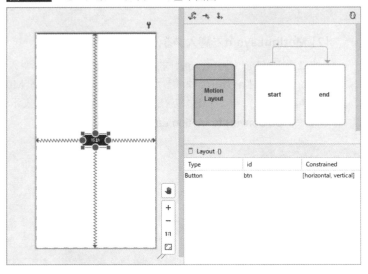

　このタイミングで、/res/xmlフォルダーにactivity_main_scene.xmlが生成されていることを確認してください。activity_main_scene.xmlは、先ほども触れたMotionScene（モーション定義ファイル）です。モーションに関わる情報は、レ

イアウトとは切り離して別ファイルとして管理されているのです。

以下は、自動生成されたモーション定義ファイルのコードです。

リスト07-27 activity_main_scene.xml（MotionBasicプロジェクト）

```xml
<?xml version="1.0" encoding="utf-8"?>
<MotionScene
  xmlns:android="http://schemas.android.com/apk/res/android"
  xmlns:motion="http://schemas.android.com/apk/res-auto">

  <!--レイアウトの変化に関わる情報-->
  <Transition
    motion:constraintSetEnd="@+id/end"
    motion:constraintSetStart="@id/start"
    motion:duration="1000">
  <KeyFrameSet>
  </KeyFrameSet>
  </Transition>

  <!--モーション開始時の状態-->
  <ConstraintSet android:id="@+id/start">
  </ConstraintSet>

  <!--モーション終了時の状態-->
  <ConstraintSet android:id="@+id/end">
  </ConstraintSet>
</MotionScene>
```

初期状態では、start／end双方のConstraintSetが空であるため、全体として何もしないモーションが定義されているわけです。

[3] モーション開始時の状態を設定する

MotionLayoutでは、モーションの開始／終了時点での状態と、変化の方法（速度や変化の度合い）を表すことで、アニメーションを定義します。

まずは、モーション開始時点での状態（ConstraintSet）を設定してみましょう。これには、モーションエディター上で [start] を選択します。すると、エディター下の [ConstraintSet (start)] ウィンドウに状態を設定可能なウィジェットが列挙されるので、ここでは「btn」を選択し、✏ （modify constraint set）− [**Create Constraint**] をクリックします。

図07-48　モーション開始時の状態を編集可能にする

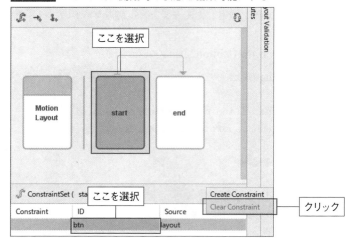

[Constraint]列にチェックが付いたら、ボタンに対してモーションを設定できるようになっています。

この状態で、デザインビューからボタンを選択し、ボタンを左上に移動させてみましょう。大まかな位置を決定できたら、細かな位置調整は属性ウィンドウから入力します。以下の属性を設定してください[1]。

表07-13　位置調整に関わる属性

属性	概要	設定値
layout_constraintVertical_bias	垂直方向の寄せ幅比率	0.01
layout_constraintHorizontal_bias	水平方向の寄せ幅比率	0.1

これで上から0.01、左から0.1の位置にボタンが配置されます。

［4］モーション終了時の状態を設定する

［2］同様に、モーション終了時点での状態も設定します。それぞれボタンの属性が以下のようになるように編集してください。

表07-14　位置調整に関わる属性

属性	概要	設定値
layout_constraintVertical_bias	垂直方向の寄せ幅比率	0.99
layout_constraintHorizontal_bias	水平方向の寄せ幅比率	0.9
alpha	透明度	0.1

これで上から0.99、左から0.9（右下）の位置に、半透明のボタンが配置されます。

参考

見た目、形状に関わる属性

本文ではalpha属性を変化させる例について説明しましたが、その他にも、以下のような属性で見た目、形状を変化させることが可能です。

表07-15 見た目、形状に関わる主な属性

属性	概要
visibility	表示／非表示
rotationX ／ Y ／ Z	回転の角度
translationX ／ Y	基点位置からの移動座標
scaleX ／ Y	拡大／縮小

これらの属性は、属性ウィンドウの [Transforms] タブから設定できます。rotation系の属性は、値に応じて上部のボックスが回転してくれるので、見た目を視覚的に調整しやすくなっています。

図07-49 [Transforms] タブ

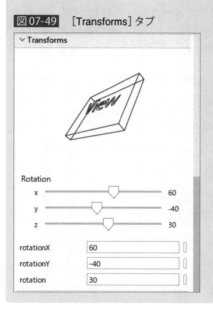

[5] モーションの動作を確認する

モーション前後の状態ができたので、今度は間――開始～終了の変化の方法（Transition）を設定します。これには、モーションエディター上でstartとendを繋ぐ矢印を選択します。

図 07-50　移動の経路が表示される

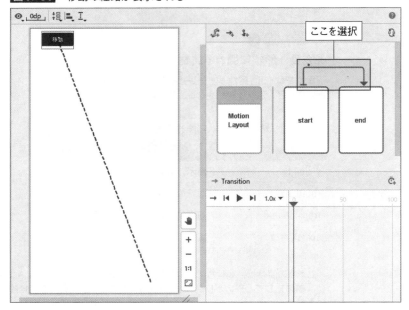

　デザインビュー上にアニメーションの経路が表示されます。また、右下には
[Transition] ウィンドウが表示されます。その ▶ (Play the transition) ボタンを
クリックすることで、デザインビュー上でボタンが左上から右下に動く様子が確認
できます。

図 07-51　デザインビュー上でアニメーションを再生

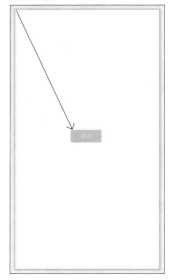

[6] Transitionを設定する

モーションの方法を変更することも可能です。モーションエディター上で
Transitionを選択した状態で、属性ウィンドウを確認してみましょう。

図07-52 Transitionの属性群

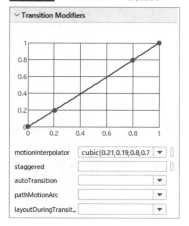

主な属性の意味は、以下の通りです。

表07-16 Transitionに関わる主な属性

属性	概要
duration	再生時間（ミリ秒）
motionInterpolator	変化の度合い（lenear、easeInOut、bounceなど）
autoTransition	モーションを自動的に開始（none、animateToStart、animateToEndなど）
pathMotionArc	要素がたどる軌跡に円弧を使用するか（startVertical、startHorizontal、flip、noneなど）

motionInterpolator属性はlinear（一定の変化）、easeInOut（開始／終了を
緩やかに）など、あらかじめ決められた値を設定することもできますが、属性ウィン
ドウのグラフから制御点をドラッグすることで、変化をカスタマイズすることも可能
です。

図 07-53　変化の度合いを視覚的に編集

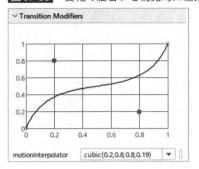

[7] ハンドラーを設定する

　autoTransition属性を指定することで、モーションは自動で再生することも可能ですが、一般的には、レイアウト上のウィジェットをタップ（クリック）／スワイプしたタイミングで再生する場合が多いでしょう。このようなモーションのトリガーとなるウィジェットを設定しておきます。

　これには、モーションエディターからTransitionを選択した状態で、ツールバーの 🔊 （Create click or swipe handler）ボタンをクリックしてください。

図 07-54　ハンドラーを設定する

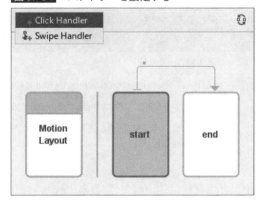

　[**CREATE ONCLICK**] 画面が表示されるので、[**View to Click**] 欄からボタンのid値（ここではbtn）を設定してください。[**Add**] ボタンをクリックすると、ハンドラーが設定されます。

[8] サンプルを実行する

　サンプルを起動し、ボタンをクリックしてみましょう。先ほどモーションエディターで確認したように、ボタンが左上から右下に向けて、半透明になりながら移動することが確認できます。

07-03-03 モーションをプログラムから操作する

　モーションはモーションエディターで静的に設定するばかりではありません。Java
のコードから動的に操作することも可能です。

　たとえば前項の例では、クリックでボタンを左上から右下に移動するだけでしたが、本項ではボタンクリックで開始地点⇔終了地点を交互に行き来させてみましょう。以下、先ほどのサンプルを書き換えていきます。

[1] ハンドラーを削除する

　設定したハンドラーは、Transitionの属性ウィンドウから [OnClick] タブで確認
できます。

図07-55　属性ウィンドウからハンドラーを確認

クリック

　本項では、コードからモーションを操作するので、ハンドラーは不要です。ハンドラーを削除したい場合には、タブ上部の ☑ ボタンからチェックを外してください。

図07-56　ハンドラーが削除された

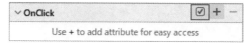

[2] MotionLayoutのid属性を設定する

　あとでコードから操作できるように、MotionLayoutに対してid値を設定しておきます。これには、モーションエディター上で「MotionLayout」と書かれたボックスを選択した上で、コンポーネントツリーから「MotionLayout」を選択してください。

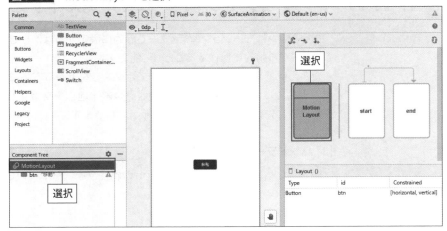

図 07-57　MotionLayoutを選択

　属性ウィンドウにMotionLayoutの属性が表示されるので、idの欄を「motion」としておきましょう。

[3] アクティビティを編集する

　あとは、アクティビティクラスを、以下のように編集するだけです。

リスト 07-28　MainActivity.java（MotionCodeプロジェクト）

```java
package to.msn.wings.motioncode;

import androidx.appcompat.app.AppCompatActivity;
import androidx.constraintlayout.motion.widget.MotionLayout;
import android.os.Bundle;
import android.widget.Button;

public class MainActivity extends AppCompatActivity {
  @Override
  protected void onCreate(Bundle savedInstanceState) {
    super.onCreate(savedInstanceState);
    setContentView(R.layout.activity_main);

    MotionLayout motion = findViewById(R.id.motion);
    Button button = findViewById(R.id.btn);
    // 現在の状態に応じてTransitionを切替
    button.setOnClickListener(v -> {
```

```
      if (motion.getCurrentState() == R.id.start) {
        motion.transitionToEnd();
      } else {
        motion.transitionToStart();
      }
    });
  }
}
```
■1

　コードそのものは明快です。MotionLayout#getCurrentStateメソッドで現在の
状態（ConstraintSet）を確認し、開始位置にある場合にはtransitionToEndメソッ
ドで順方向に、さもなければ（＝終了位置にある場合は）transitionToStartメソッ
ドで逆方向に、それぞれ再生します（■1）。

参考

モーションの進行状況を監視する

　MotionLayout#setTransitionListenerメソッドを利用することで、モーションの状況に応じた
処理を実装することもできます。

```
motion.setTransitionListener(new MotionLayout. →
TransitionListener() {
  ...
});
```

　MotionLayout.TransitionListenerインターフェイスで実装できるメソッドは、以下の通りです。

表07-17 モーションを監視するためのメソッド

メソッド	実行タイミング
onTransitionStarted	モーションが開始した時
onTransitionChange	モーション中
onTransitionCompleted	モーションが完了した時
onTransitionTrigger	モーションがトリガーされた時

---

[4] サンプルを実行する

　サンプルを起動し、ボタンをクリックしてみましょう。先ほどと同様にボタンが右
下に移動して止まったら、再度ボタンをクリックしてください。今度は、半透明が解
除されながら逆方向に移動することが確認できます。

Section 07-04
アプリのデザインを
一元管理する

このセクションでは、アプリ、またはウィジェットのデザインを一元的に管理するための、テーマ＆スタイルというしくみについて学びます。

このセクションのポイント

■1 テーマ／スタイルは、スタイル属性をまとめて定義したリソースファイルの一種である。

■2 テーマ／スタイルは、themes.xmlで<resources>－<style>要素で定義できる。

■3 スタイルは、ウィジェット側でstyle属性を指定することで適用できる。

■4 テーマは、マニフェストファイルで<application>、または<activity>要素のandroid:style属性を指定することで適用できる。

　スタイルとは、個々のウィジェットに対するスタイル関係の属性をまとめたリソースファイルの一種です。スタイルを利用することで、（たとえば）TextViewのフォントサイズ、テキスト色をまとめたスタイルを用意しておき、TextViewでは定義済みのスタイルを引用する、といったことが可能になります。スタイル情報を一箇所にまとめることで、デザインに変更があった場合にも、個別のレイアウトファイルを修正しなくてもすむ（＝スタイルさえ修正すれば良い）というメリットがあります。

　テーマは、スタイルとよく似ていますが、個々のウィジェットではなく、アクティビティ単位、またはアプリ全体で適用できるスタイル設定のことです。

　アプリも段々と規模が大きくなってくると、デザインの管理が厄介になってきます。早い段階でデザインに関わる情報は、テーマ＆スタイルに集約させておくことで、あとでデザインを更改する際にも負担を減らせるでしょう。

07-04-01　スタイルの基本

　まずは、スタイルを定義して、TextViewのテキスト色、フォントサイズを変更してみましょう。

図 07-58　スタイルで TextView の見栄えを変更（左：TextStyle1、右：TextStyle2を適用）

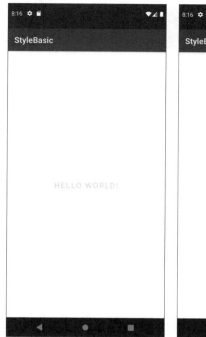

[1] スタイル情報ファイルを定義する

スタイルは、/res/values/themes.xmlに記述します。themes.xmlは、プロジェクトを作成した初期状態で既に用意されているので、プロジェクトウィンドウからダブルクリックして開きます。

コードエディターが開くので、以下のように編集してみましょう。薄字の箇所は既定で用意されている情報なので、消してはいけません。

リスト 07-29　themes.xml（StyleBasic プロジェクト）

```xml
<resources xmlns:tools="http://schemas.android.com/tools">
  <!-- Base application theme. -->
  <style name="Theme.StyleBasic" parent="Theme.MaterialComponents.DayNight.➡
DarkActionBar">
    <!-- Primary brand color. -->
    <item name="colorPrimary">@color/purple_500</item>
    <item name="colorPrimaryVariant">@color/purple_700</item>
    <item name="colorOnPrimary">@color/white</item>
    <!-- Secondary brand color. -->
    <item name="colorSecondary">@color/teal_200</item>
    <item name="colorSecondaryVariant">@color/teal_700</item>
    <item name="colorOnSecondary">@color/black</item>
```

```
    <!-- Status bar color. -->
    <item name="android:statusBarColor" tools:targetApi="l">?attr/ ⮕
colorPrimaryVariant</item>
    <!-- Customize your theme here. -->
  </style>

  <style name="TextStyle1"
    parent="@style/Widget.MaterialComponents.Button.TextButton">
    <item name="android:textSize">20sp</item>
    <item name="android:textColor">#00FFFF</item>
    <item name="android:background">#000000</item>
  </style>

  <style name="TextStyle2"
    parent="@style/Widget.MaterialComponents.Button.TextButton">
    <item name="android:textSize">30sp</item>
    <item name="android:textColor">#FF0000</item>
    <item name="android:background">#FFFACD</item>
  </style>
</resources>
```

スタイル定義ファイルは、<resources>要素を頂点に、スタイル定義を<style>要素で列記し、スタイル内部の属性情報は<item>要素で表すのが基本です。ここでは、TextStyle1、TextStyle2というスタイルに対して、以下のスタイル情報を定義しています[1]。

*1）一般的には、カラー情報もcolor.xmlとして分離するのが望ましいでしょう。color.xmlについては07-04-02項で後述します。

表07-18 TextStyle1 ／ TextStyle2で設定しているスタイル項目

スタイル項目	概要
android:textSize	テキストのフォントサイズ
android:textColor	テキスト色
android:background	背景色

parent属性にも注目です。これは、既存（標準）のスタイルを引き継ぎなさい、という意味です。この例であれば、「@style/Widget.MaterialComponents.Button.TextButton」というスタイルを引き継ぎながら、新たなスタイルを定義する、という意味になります。

parent属性を利用することで、スタイルを一から作成しなくて済むので、手間が減るというだけではありません。標準のスタイルを利用できるので、統一性を維持しながらスタイルをカスタマイズできる、というメリットがあります。

[2] レイアウトファイルを修正する

スタイルを確認するために、既定で用意されたレイアウトファイルを、以下のように修正してみましょう。

リスト07-30　activity_main.xml（StyleBasicプロジェクト）

```xml
<?xml version="1.0" encoding="utf-8"?>
<androidx.constraintlayout.widget.ConstraintLayout ...>
  <TextView
    style="@style/TextStyle1"
    android:layout_width="wrap_content"
    android:layout_height="wrap_content"
    android:text="Hello World!"
    app:layout_constraintBottom_toBottomOf="parent"
    app:layout_constraintLeft_toLeftOf="parent"
    app:layout_constraintRight_toRightOf="parent"
    app:layout_constraintTop_toTopOf="parent" />
</androidx.constraintlayout.widget.ConstraintLayout>
```

スタイル定義を適用するには、style属性で「@style/スタイル名」の形式でスタイルを指定してください[2]。

> ＊2）ファイル名は styles（複数形）ですが、参照する側は「@style/〜」（単数形）です。

[3] サンプルを実行する

サンプルを実行し、P.385の図07-58（左）のように、TextStyle1スタイルでの設定内容がTextViewに適用されていれば、正しくスタイルは適用できています。

また、リスト07-30の太字部分を「style="@style/TextStyle2"」と変更し、サンプルを再実行してみましょう。図07-58（右）のように表示が変化することを確認してください。

07-04-02　テーマの基本

ただし、一般的にはウィジェット個々にスタイルを設定するのは望ましい方法ではありません。アプリの中で類似したスタイルが乱立し、統一しにくくなるためです。一般的には、スタイル情報はテーマとして定義し、アプリ（またはアクティビティ）に対して適用することをお勧めします。

まずは、プロジェクトに既定で用意されているテーマを確認してみましょう（コメントは著者によるものです）。

■ テーマの定義

テーマもまた、themes.xmlに対して<style>要素で定義します。

リスト07-31　themes.xml（ThemeBasicプロジェクト）

```xml
<resources xmlns:tools="http://schemas.android.com/tools">
  <!--アプリの基本テーマ-->
  <style name="Theme.StyleBasic"
    parent="Theme.MaterialComponents.DayNight.DarkActionBar">
    <!-- メインカラーの設定 -->
    <item name="colorPrimary">@color/purple_500</item>
    <item name="colorPrimaryVariant">@color/purple_700</item>
    <item name="colorOnPrimary">@color/white</item>
    <!-- アクセントカラーの設定 -->
    <item name="colorSecondary">@color/teal_200</item>
    <item name="colorSecondaryVariant">@color/teal_700</item>
    <item name="colorOnSecondary">@color/black</item>
    <!-- ステータスバーのカラー設定 -->
    <item name="android:statusBarColor"
      tools:targetApi="l">?attr/colorPrimaryVariant</item>
  </style>
</resources>
```

　テーマと言っても、<resources>－<style>要素で定義する点、parent属性で既存のテーマを継承する点は、スタイルの場合と同じです。標準で用意されているテーマには、以下のようなものがあります。

表07-19　Android標準で利用できる主なテーマ

テーマ	概要
Theme.MaterialComponents	暗いテーマ（アクションバー付き）
Theme.MaterialComponents.NoActionBar	暗いテーマ（アクションバーなし）
Theme.MaterialComponents.Light	明るいテーマ（アクションバー付き）
Theme.MaterialComponents.Light.NoActionBar	明るいテーマ（アクションバーなし）
Theme.MaterialComponents.Light.DarkActionBar	明るいテーマ（暗い色に対応したアクションバー付き）
Theme.MaterialComponents.DayNight	OS依存で動的にテーマを選択（アクションバー付き）
Theme.MaterialComponents.DayNight.NoActionBar	OS依存で動的にテーマを選択（アクションバーなし）
Theme.MaterialComponents.DayNight.DarkActionBar	OS依存で動的にテーマを選択（暗い色に対応したアクションバー付き）

　リスト07-31の例であれば、Theme.MaterialComponents.DayNight.DarkActionBarテーマをもとに、新たなTheme.ThemeBasicを作成しているわ

けです。

あとは、独自のスタイルだけを配下の<item>要素で上書きしていきます。以下は、配下の<item>要素で指定できる主なスタイルです。

表07-20　主なスタイル項目

スタイル	概要
colorPrimary	メインカラー（ボタン、アクションバーなどに適用）
colorPrimaryVariant	メインカラーから一段下げた補助色
colorOnPrimary	メインカラー上でのテキスト色
colorSecondary	アクセントカラー（メインカラーに対して目立つ色）
colorSecondaryVariant	アクセントカラーから一段下げた補助色
colorOnSecondary	アクセントカラー上でのテキスト色
colorBackground	背景色
colorOnBackground	背景上でのテキスト色
colorError	エラー表示時の背景色カラー
colorOnError	エラー時のテキスト色

設定値「@color/xxxxxPrimary」に対応するカラーは、/res/values/colors.xmlで定義されています。実際のカラーを変更するには、こちらを編集してください。

リスト07-32　colors.xml（ThemeBasicプロジェクト）

```xml
<?xml version="1.0" encoding="utf-8"?>
<resources>
  <color name="purple_200">#FFBB86FC</color>
  <color name="purple_500">#FF6200EE</color>
  <color name="purple_700">#FF3700B3</color>
  <color name="teal_200">#FF03DAC5</color>
  <color name="teal_700">#FF018786</color>
  <color name="black">#FF000000</color>
  <color name="white">#FFFFFFFF</color>
</resources>
```

＊3）最初に既存のリソース一覧が表示されるので、[Custom]タブを選択することでピッカーが表示されます。

colors.xmlでは、エディター左端の■をクリックすると、カラーピッカーも表示できます＊3。実際のカラーを確認しながら設定できるので、積極的に活用していくと良いでしょう。

図 07-59　カラーピッカーで選択

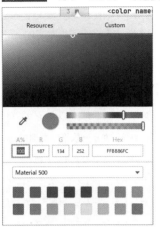

参考

マテリアルデザイン

　Theme.MaterialComponents. ～は、マテリアルデザインと呼ばれる思想のもとで準備されたテーマです。マテリアルデザインとは、Google が 2014 年に発表した画面デザインの思想で、スマホ／タブレットなど異なるデバイスに統一的なデザインを取り入れることで、直観的な操作感を目指すものです。
　マテリアルデザインでは、

・画面内の色数は 3 ～ 4 色に抑え、それぞれにも役割（意味）を持たせる
・ウィジェットには意味を持った動きを与える

などの考え方がまとめられています。詳しくは、マテリアルデザインの本家サイト（https://material.io/）も一読しておくことをお勧めします。
　まず、ピッカー下部の選択ボックスは、マテリアルデザインで決められた色の明るさを選択するものです（50 ～ 900、A100 ～ A700）。一般的には、以下のルールでカラーを設定します。

・メインカラーは 500 番台から選択
・サブカラーは同列の番号違い（濃度違い）から選択
・アクセントカラーはメインカラーに対して離れたカラーを選択

■ **テーマの適用**

　準備したテーマを適用するには、マニフェストファイルの＜application＞要素に対して、android:theme 属性を指定します。定義済みのテーマを参照する「@style/テーマ名」という形式は、先ほどと同じです。

リスト 07-33　AndroidManifest.xml（ThemeBasic プロジェクト）

```
<application
    ...中略...
  android:theme="@style/Theme.ThemeBasic">
```

　テーマやその他のスタイル要素（<item>要素）を変更することで、アプリのスタイルも変化することを確認してみましょう。

図 07-60　左：既定のスタイル、右：Theme.MaterialComponents テーマを適用した場合

　なお、<application>要素で定義されたテーマは、アプリ全体に対して適用されます。アプリでスタイルは一貫しているべきという意味では、まずは上の書き方が基本ですが、その他にもアクティビティ単位に設定したり、（設定ファイルではなく）プログラムから設定することも可能です。以下で、その方法をまとめます。

（1）アクティビティ単位の適用

　<activity>要素に対して、android:theme属性を付与します。なお、リスト07-34では動作確認のために、<application>要素のandroid:theme属性は削除していますが、両方指定しても間違いではありません[4]。

リスト 07-34　AndroidManifest.xml（ThemeBasic プロジェクト）

```
<application ...
  android:supportsRtl="true">
  <activity android:name=".MainActivity"
    android:theme="@style/Theme.MaterialComponents">
    ...中略...
  </activity>
</application>
```

[4] 一般的には、まずアプリ全体でテーマを指定しておき、異なるテーマのアクティビティに対してのみアクティビティ単位でテーマ指定するという使い方になるでしょう。

（2）プログラムから適用

アクティビティ（.javaファイル）側でテーマを設定することもできます。これには、onCreateメソッドの中で、setContentViewメソッドの前でsetThemeメソッドを呼び出してください[5]。

＊5）setContentView メソッドを呼び出した後では、テーマが適用されません。

リスト07-35　MainActivity.java（ThemeBasicプロジェクト）

```
+protected void onCreate(Bundle savedInstanceState) {
  super.onCreate(savedInstanceState);
  setTheme(R.style.Theme_MaterialComponents);
  setContentView(R.layout.activity_main);
}
```

Chapter
08 →

インテント

一般的なアプリでは、複数の画面（アクティビティ）が連携してひとつの機能を提供するのが普通です。本章では、アクティビティが別のアクティビティを起動したり、また、アクティビティ同士でデータを受け渡しするためのインテントというしくみについて学びます。インテントは Android の特徴的な概念であると共に、本格的なアプリを開発する上では欠かせないしくみです。終盤のキモとも言える本テーマを消化して、Android への理解をより深めましょう。

Contents

はじめての Android アプリ開発 Java 編

Intent・ライフサイクル

Section 08-01

インテントの基本を理解する

このセクションでは、現在のアクティビティから別のアクティビティを呼び出すためのしくみであるインテントについて学びます。

このセクションのポイント

■インテントとは、アクティビティ間で情報を受け渡しするためのしくみである。
2インテントには、明示的インテントと暗黙的インテントの2種類がある。
3アクティビティは、あらかじめマニフェストファイルで登録しておかなければならない。
4アクティビティには、生成から破棄までの過程で呼び出されるライフサイクルメソッドが用意されている。

　ごくザックリと言ってしまうならば、インテントとは、現在のアクティビティが、「他のアクティビティやアプリと情報を受け渡しするための入れ物」です。Androidの世界では、アクティビティやアプリを起動する際に、ただ「起動しなさい」という命令を実行するわけではありません。インテントに、起動するアクティビティ（または起動条件）、パラメーター情報などを詰め込んで、これをAndroidシステムに送っているのです。Android側では、インテントの中身と、現在、システムに登録されているアクティビティとを比較して、適切な相手に対してインテントを転送します。

図 08-01　インテント

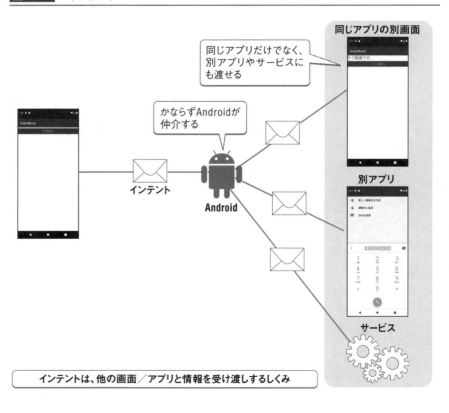

同じアプリだけでなく、別アプリやサービスにも渡せ

かならずAndroidが仲介する

同じアプリの別画面

別アプリ

サービス

インテント

Android

インテントは、他の画面／アプリと情報を受け渡しするしくみ

インテントを利用することで、起動する先が同じアプリの中の別画面（アクティビティ）はもちろん、別アプリであろうと、はたまた、サービス（セクション11-01）ですら、ほとんど同じ要領で呼び出すことができるのです。

これまでの章では、ひとつのアプリはひとつのアクティビティで完結していたので、インテントを意識することはありませんでした。しかし、一般的なアプリでは、複数の画面（アクティビティ）が連携して動作するケースがほとんどです。アプリを開発する上で、インテントの理解は不可欠と言って良いでしょう。

08-01-01　インテントの種類

インテントは、大きく**明示的インテント**と**暗黙的インテント**とに分類できます。まず、明示的インテントとは、インテントの送り先（クラス名）を明示的に指定するタイプのインテントです。主に、アプリ内部での画面移動のために利用します。

一方、暗黙的インテントとは、送り先を明示しないインテントです。送り先を指定しない代わりに、（たとえば）「画像を開きたいな」「電話をかけたいな」という振る舞いを指定するのです。暗黙的インテントを受け取ると、Androidは画像を開くのに適した、電話を掛けるのに適したアプリを自動的に判定して、起動してくれます。

主に、別のアプリを呼び出すのに利用します。

図 08-02 　明示的インテントと暗黙的インテント

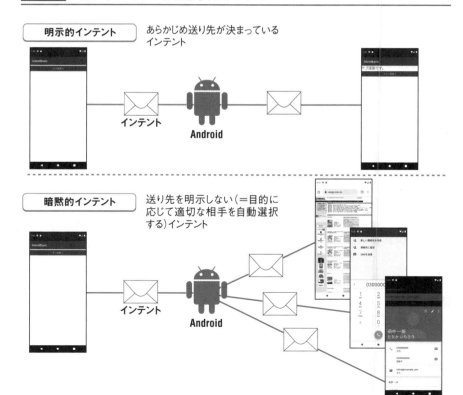

01
02
03
04
05
06
07
08
09
10
11

08-01-02 アプリ内でアクティビティを切り替える

それでは、ここからは具体的なサンプルを見ていきます。

まずは、よりシンプルでわかりやすい明示的インテントを利用して、アプリ内部でアクティビティの切り替えを行ってみましょう。インテントのもっとも基本的な用法です。

以下で作成するのは、ボタンのクリックによって、MainActivityアクティビティとSubActivityアクティビティとの間を行き来するサンプルです。

図08-03　ボタンクリックで相互に画面が切り替わる

[1] メイン画面を準備する

レイアウトファイルは、アクティビティを切り替えるためのボタンだけを持つシンプルな構成としておきます。アクティビティには、ボタンクリック時に呼び出されるイベントリスナーを用意しておきましょう。

リスト08-01　activity_main.xml（IntentBasicプロジェクト）

```xml
<?xml version="1.0" encoding="utf-8"?>
<androidx.constraintlayout.widget.ConstraintLayout ...>
  <Button
    android:id="@+id/btnSend"
    android:layout_width="0dp"
    android:layout_height="wrap_content"
    android:text="サブ画面へ"
    app:layout_constraintEnd_toEndOf="parent"
    app:layout_constraintStart_toStartOf="parent"
    app:layout_constraintTop_toTopOf="parent" />
</androidx.constraintlayout.widget.ConstraintLayout>
```

図08-04　レイアウト完成図

リスト08-02　MainActivity.java（IntentBasicプロジェクト）

```java
package to.msn.wings.intentbasic;

import androidx.appcompat.app.AppCompatActivity;
```

```java
import android.content.Intent;
import android.os.Bundle;
import android.widget.Button;

public class MainActivity extends AppCompatActivity {
  @Override
  protected void onCreate(Bundle savedInstanceState) {
    super.onCreate(savedInstanceState);
    setContentView(R.layout.activity_main);

    // ボタンクリック時に呼び出されるイベントリスナー
    Button btn = findViewById(R.id.btnSend);
    btn.setOnClickListener(v -> {
      // SubActivityへのインテントを作成
      Intent i = new Intent(this, SubActivity.class); ────────1
      // アクティビティを起動
      startActivity(i); ──────────────────────────────2
    });
  }
}
```

ポイントとなるのは、太字の部分です。

明示的インテントを作成するには、以下の構文でIntentオブジェクトを生成してください（**1**）。

構文　Intentクラス（コンストラクター）

```
public Intent(Context packageContext, Class<?> cls)
    packageContext：コンテキスト
    cls            ：起動するアクティビティ
```

引数clsには、起動するアクティビティをClassオブジェクトとして指定します。引数packageContextには、現在のアクティビティ（this）を渡しておきましょう。

Intentの準備ができたら、startActivityメソッドでアクティビティを起動します（**2**）。

構文　startActivityメソッド

```
public abstract void startActivity(Intent intent)
    intent：開始するインテント
```

これで、現在のアクティビティから指定されたアクティビティへと画面が切り替わります。

[2] サブ画面を準備する

同じようにサブ画面も用意します。

リスト08-03 activity_sub.xml（IntentBasicプロジェクト）

```xml
<?xml version="1.0" encoding="utf-8"?>
<androidx.constraintlayout.widget.ConstraintLayout ...>
  <TextView
    android:id="@+id/txt"
    android:layout_width="0dp"
    android:layout_height="wrap_content"
    android:text="サブ画面です"
    android:textSize="24sp"
    app:layout_constraintEnd_toEndOf="parent"
    app:layout_constraintStart_toStartOf="parent"
    app:layout_constraintTop_toTopOf="parent" />
  <Button
    android:id="@+id/btnBack"
    android:layout_width="0dp"
    android:layout_height="wrap_content"
    android:text="メイン画面へ"
    app:layout_constraintEnd_toEndOf="parent"
    app:layout_constraintStart_toStartOf="parent"
    app:layout_constraintTop_toBottomOf="@+id/txt" />
</androidx.constraintlayout.widget.ConstraintLayout>
```

図08-05 レイアウト完成図

TextView

サブ画面です
メイン画面へ

Button

リスト08-04 SubActivity.java（IntentBasicプロジェクト）

```java
package to.msn.wings.intentbasic;

import android.os.Bundle;
import android.widget.Button;
import androidx.appcompat.app.AppCompatActivity;

public class SubActivity extends AppCompatActivity {
  @Override
  protected void onCreate(Bundle savedInstanceState) {
    super.onCreate(savedInstanceState);
    setContentView(R.layout.activity_sub);

    // ボタンクリック時に呼び出されるイベントリスナー
    Button btn = findViewById(R.id.btnBack);
    // SubActivityを終了
    btn.setOnClickListener(v -> finish()); ——————1
```

```
    }
}
```

finishメソッドは、現在のアクティビティを終了します（**1**）。これによって、呼び出し元であるメイン画面が再び表示されます。

[3] マニフェストファイルを編集する

アクティビティは、Activityクラスを準備しただけでは有効になりません。というのも、本章冒頭でも触れたように、アクティビティはAndroidがインスタンス化するものであるからです。そのため、あらかじめAndroidに対して、どのようなアクティビティが存在しているかを伝えておく必要があるのです。

これを行うのが、マニフェストファイルの役割です。

リスト 08-05 AndroidManifest.xml（IntentBasicプロジェクト）

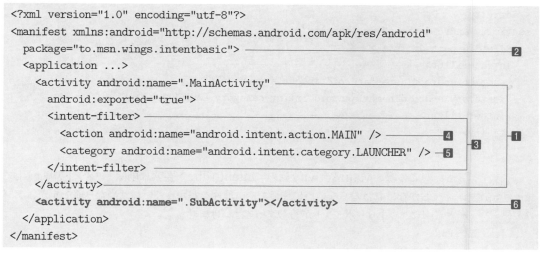

```
<?xml version="1.0" encoding="utf-8"?>
<manifest xmlns:android="http://schemas.android.com/apk/res/android"
  package="to.msn.wings.intentbasic">              ────────────2
  <application ...>
    <activity android:name=".MainActivity"
      android:exported="true">
      <intent-filter>
        <action android:name="android.intent.action.MAIN" />    ──4
        <category android:name="android.intent.category.LAUNCHER" /> ─5    3   1
      </intent-filter>
    </activity>
    <activity android:name=".SubActivity"></activity>            ────────6
  </application>
</manifest>
```

アクティビティを宣言するのは、<activity>要素の役割です（**1**）。android:name属性はアクティビティ（Activity派生クラス）の名前を表します。名前が「.MainActivity」のように始まっているのは、本来は「to.msn.wings.intentbasic.MainActivity」と完全修飾名で表すべきところを省略して書いているよ、という意味です。既定のパッケージ名は<manifest>要素のpackage属性で表しています（**2**）。

続いて、<activity>要素配下の<intent-filter>要素です（**3**）。アクティビティをどのように起動するかを表す情報です。まず、**4**の「android.intent.action.MAIN」はそのアクティビティがアプリのエントリーポイントであることを表します。また、**5**の「android.intent.category.LAUNCHER」はアクティビティをランチャーに表示することを意味します。**4 5**は、基本的にセットで覚えておきましょう。

これまで、このような設定を意識する必要がなかったのは、ここまでの設定は既定で記述されていたからなのです。しかし、アクティビティを複数追加した場合には、そうはいきません。

追加したSubActivityクラスを明示的に宣言する必要があります（**6**）。SubActivityは、MainActivityから呼び出されることを想定したアクティビティなので、**4 5**のような宣言は不要です。

もしもSubActivityをエントリーポイントにしたい場合には、マニフェストファイルを以下のように書き換えてください。

```
<activity android:name=".MainActivity"
  android:exported="true">
  <intent-filter>
    <action android:name="android.intent.action.MAIN" />
    <category android:name="android.intent.category.LAUNCHER" />
  </intent-filter>
</activity>
<activity android:name=".SubActivity"
  android:exported="true">
  <intent-filter>
    <action android:name="android.intent.action.MAIN" />
    <category android:name="android.intent.category.LAUNCHER" />
  </intent-filter>
</activity>
```

削除

追加

*1）Android側がなにを起動して良いかを判別できないからです。

この際、MainActivity側の<intent-filter>要素は削除（コメントアウト）しておかなければならない点に注目です。理屈をわかっていれば当たり前ですが、アプリにエントリーポイントが複数あってはいけません[*1]。

[4] サンプルを実行する

以上の準備ができたら、サンプルを実行してみましょう。本項冒頭の図08-03のように、ボタンクリックでMainActivityとSubActivityとが切り替わることを確認してみましょう。

08-01-03 アクティビティの表示方式とライフサイクル

さて、インテントを理解し、アクティビティの切り替えができるようになったところで、改めてアクティビティというものの特徴をまとめ、理解を深めていきましょう。

■ スタック式の表示方式

これまで何度も述べてきたように、アクティビティとはAndroidにおける画面で

す。Windowsにおけるウィンドウに相当するものだと考えても良いでしょう。

　もっとも、ウィンドウとは決定的に異なる点もあります。というのも、Windowsのウィンドウは自由にサイズを調整し、複数を並べて表示することもできます。片や、Androidのアクティビティは、ダイアログなど一部の例外を除けば、ひとつだけが全画面表示されるのが基本です[2]。

　アクティビティから別のアクティビティが呼び出されると、元のアクティビティに重なるように新しいアクティビティが表示され、新しいアクティビティを終了すると、隠れていたアクティビティが表示されるのです。前項のサンプルであれば、[サブ画面へ] ボタンを押したところでSubActivityがMainActivityの上に表示され、[メイン画面へ] ボタンを押したところでSubActivityが終了し、元のMainActivityが再表示されたわけです。

　このようなアクティビティの管理方式をスタック方式と呼びます。

*2）ただし、Android7以降では、マルチウィンドウ機能が搭載され、ひとつの画面で複数のアプリを同時に表示できるようになりました。

図08-06　スタック方式の画面表示

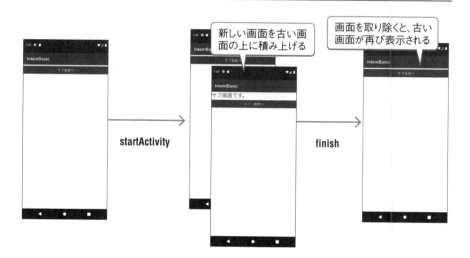

startActivity　　　finish

新しい画面を古い画面の上に積み上げる

画面を取り除くと、古い画面が再び表示される

　アクティビティというカードを順番に積み上げ、また、カードを取り除いていくようなものだと考えると、イメージしやすいかもしれません。

　現在表示されているアクティビティのことをフォアグラウンドにあるアクティビティ、その他の裏に隠れているアクティビティのことをバックグラウンドにあるアクティビティなどとも表現します。

■ アクティビティのライフサイクル

　アクティビティは、最初に生成されてから、スタック方式の管理のもとでフォアグラウンド／バックグラウンド[3]と状態を変化させながら、最終的に破棄されます。このような生成から破棄までの流れのことをアクティビティのライフサイクルと言います。そして、Activityクラスでは、ライフサイクルの変化に応じて呼び出されるさ

*3）表示／非表示、アクティブ／停止と言い換えても良いでしょう。

まざまなメソッドが用意されています。このようなメソッドのことをライフサイクル
メソッドと呼びます。

アクティビティプログラミングとは、その時どきの状態（ライフサイクル）に応じて、
どのような処理を行うかを決めることだと言い換えても良いでしょう。図08-07に、
アクティビティのライフサイクルと、その時どきで呼び出されるメソッドをまとめます。

図08-07　アクティビティのライフサイクル

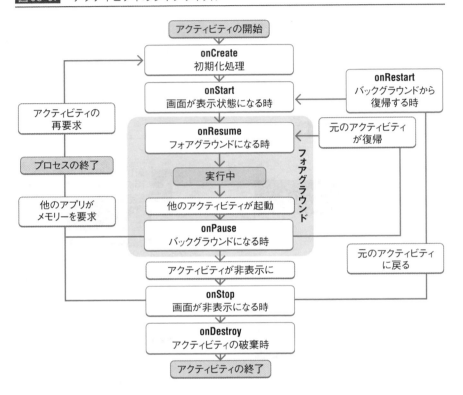

これまでなんとなく使ってきたonCreateメソッドもまた、ライフサイクルの中で
初期化の役割を担うメソッドであったわけですね。本格的にAndroidアプリを開
発していく上では、これらのライフサイクルメソッドの発生タイミングを理解しておく
ことはとても大切です。

■ ライフサイクルメソッドの確認

具体的なサンプルでも、ライフサイクルを確認しておきましょう。以下は、前項の
リスト08-02、08-03に対してライフサイクルメソッドを追加し、それぞれのタイミ
ングでLogcatにログを出力するサンプルです。

[1] アクティビティを準備する

　ライフサイクルメソッドを追加するには、カーソルをMainActivityクラスの配下に置いた状態で右クリックし、表示されたコンテキストメニューから[**Generate...**] －[**Override Methods...**] を選択してください。

図 08-08 　[Override Methods] 画面

＊4) onResume、onPauseはFragmentActivity、onStart、onStop、onDestroyはAppCompatActivity、onRestartはActivityの、それぞれ配下にあります。

　[**Override Methods**] 画面が表示されるので、オーバーライド可能なメソッドのリストから、onStart、onRestart、onResume、onPause、onStop、onDestroyを選択した上で[*4]、[**OK**] ボタンをクリックしてください。メソッドの骨組みが生成されるので、以下のようにコードを追記します。

リスト 08-06 　MainActivity.java（IntentBasicプロジェクト）

```
package to.msn.wings.intentbasic;

import androidx.appcompat.app.AppCompatActivity;
import android.content.Intent;
import android.os.Bundle;
import android.util.Log;
import android.widget.Button;

public class MainActivity extends AppCompatActivity {
  @Override
```

```java
    protected void onCreate(Bundle savedInstanceState) {
      super.onCreate(savedInstanceState);
      setContentView(R.layout.activity_main);
      Log.d("LIFE", "onCreate");
        ...中略...
    }

    @Override
    protected void onStart() {
      super.onStart();
      Log.d("LIFE", "onStart");
    }

    @Override
    protected void onStop() {
      super.onStop();
      Log.d("LIFE", "onStop");
    }

    @Override
    protected void onDestroy() {
      super.onDestroy();
      Log.d("LIFE", "onDestroy");
    }

    @Override
    protected void onPause() {
      super.onPause();
      Log.d("LIFE", "onPause");
    }

    @Override
    protected void onResume() {
      super.onResume();
      Log.d("LIFE", "onResume");
    }

    @Override
    protected void onRestart() {
      super.onRestart();
      Log.d("LIFE", "onRestart");
    }
}
```

リスト08-07 SubActivity.java（IntentBasicプロジェクト）

```java
package to.msn.wings.intentbasic;

import android.content.Intent;
import android.os.Bundle;
import android.util.Log;
import android.widget.Button;
import androidx.appcompat.app.AppCompatActivity;

public class SubActivity extends AppCompatActivity {
  @Override
  protected void onCreate(Bundle savedInstanceState) {
    super.onCreate(savedInstanceState);
    setContentView(R.layout.activity_sub);
    Log.d("LIFE", "sub_onCreate");
    ...中略...
  }

  @Override
  protected void onStart() {
    super.onStart();
    Log.d("LIFE", "sub_onStart");
  }

  @Override
  protected void onStop() {
    super.onStop();
    Log.d("LIFE", "sub_onStop");
  }

  @Override
  protected void onDestroy() {
    super.onDestroy();
    Log.d("LIFE", "sub_onDestroy");
  }

  @Override
  protected void onPause() {
    super.onPause();
    Log.d("LIFE", "sub_onPause");
  }

  @Override
  protected void onResume() {
```

```
    super.onResume();
    Log.d("LIFE", "sub_onResume");
  }

  @Override
  protected void onRestart() {
    super.onRestart();
    Log.d("LIFE", "sub_onRestart");
  }
}
```

[2] Logcatのフィルターを設定する

　ログを見やすくするため、タグ「LIFE」で絞り込むフィルターを定義しておきましょう。Logcat右上の選択ボックスから [**Edit Filter Configration**] を選択します。

図08-09　[**Edit Filter Configration**] を選択

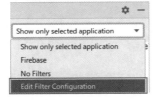

　[**Create New Logcat Filter**] 画面が表示されるので、図08-10のようにフィルター条件を入力してください。これでLifeCycleフィルターが準備できました。

図08-10　Logcatのフィルターを登録

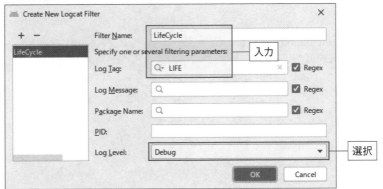

[3] サンプルを実行する

　以下の流れで、サンプルを実行します。

(1) サンプルを起動する
(2) [**サブ画面へ**] ボタンでサブ画面を表示
(3) [**メイン画面へ**] ボタンでメイン画面に戻る

以下のようなログが出力されることを確認してください。

図08-11 ライフサイクルに応じてログを出力（[**Logcat**] ビュー）

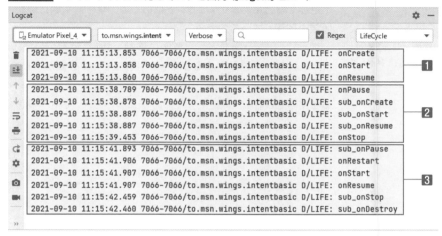

まず、アクティビティの起動時 (**1**) には、onCreate → onStart → onResume の順番でライフサイクルメソッドが呼び出され、画面が利用可能な状態になります。

画面の切り替え (**2**) では、まずメイン画面でonPauseメソッドが呼び出され、画面が一時停止状態になったところで（この段階ではまだメイン画面がフォアグラウンドにあります）、サブ画面側でonCreate → onStart → onResumeが呼び出されます。そして、サブ画面がフォアグラウンドになったところで、メイン画面ではonStopメソッドが呼び出され、停止状態になります。これが、フォアグラウンドとバックグラウンドとの切り替えで起こる、内部的な状態の変化です。

3は、finishメソッドでサブ画面が終了した時の流れです。**2**にも似ていますが、微妙に異なる点があります。まず、メイン画面ではonCreateメソッドの代わりにonRestartメソッドが呼び出されています。図08-11を見てもわかるように、バックグラウンドにあるアクティビティが再びフォアグラウンドに復帰する際には、初期化のためのonCreateメソッドは呼び出されず、再起動を表すonRestartメソッドが呼び出されるのです。

また、サブ画面では最後にonDestroyメソッドが呼び出されている点にも注目です。onDestroyメソッドは、アクティビティが（バックグラウンドに移っただけでなく）完全に破棄された場合に呼び出されます。

以上が、基本的なアクティビティ切り替えの流れです。

ただし、条件によっては、上の結果は変化することもあります。というのも、Androidの世界では、いったん背後に追いやられたアクティビティはシステムが自由に破棄して構わないというルールがあるからです。

高性能になってくるとつい忘れがちになりますが、スマホのメモリー容量はパソコンなどに較べるとはるかに少ないものです。また、ハードディスクのような記憶装置を（一般的には）持たないので、メモリーが不足した時に、パソコンでは良く行われているスワップ処理[*5]に頼ることもできません。そこでAndroidでは、メモリーが不足した場合にバックグラウンドにあるアプリを強制的に破棄することで、メモリー領域を確保しているのです[*6]。

従って、アプリ開発者も、背後に移動したアクティビティがいつ破棄されても良いように、データを保存するしくみを用意しておく必要があります。具体的には、アプリが一時停止するonPauseメソッドのタイミングで、データを保存するようにすると良いでしょう。データ管理の方法については、改めて第9章で解説します。

*5）使われていないプロセスをファイルとしてハードディスクに書きだして、メモリーの空きを作ることです。

*6）この場合の処理の流れは、図08-07の左側を参照してください。

Intent・startActivityForResult

画面間でデータを授受する

Section 08-02

このセクションでは、アクティビティ間でデータを受け渡しする方法について学びます。

このセクションのポイント

1 インテントにデータを設定するには、Intent#putExtra メソッドを利用する。
2 インテントに設定されたデータを取得するには、Intent#getXxxxxExtra メソッドを利用する。
3 呼び出し先のアクティビティから結果を受け取るには、startActivityForResult メソッドを使ってアクティビティを起動する。

インテントの役割は、単にアクティビティを呼び出すだけではありません。呼び出す際に、データを引き渡したり、逆に、起動したアクティビティから呼び出し元に対して結果を返すこともできます。

08-02-01 アクティビティ起動時にデータを引き渡す

まずは、呼び出し先のアクティビティにデータを引き渡す方法から見ていきましょう。以下は、MainActivityで入力された名前をSubActivityで受け取り、「こんにちは、●○さん！」のようなメッセージをトースト表示する例です。

図 08-12 入力した文字列を移動先のアクティビティで利用

[1] メイン画面を準備する

呼び出し元のMainActivityから作成していきます。レイアウトファイルには名前を入力するためのテキストボックスと[**送信**]ボタンを配置しておきます。

リスト08-08　activity_main.xml（IntentDataプロジェクト）

```xml
<?xml version="1.0" encoding="utf-8"?>
<androidx.constraintlayout.widget.ConstraintLayout ...>
  <EditText
    android:id="@+id/txtName"
    android:layout_width="0dp"
    android:layout_height="wrap_content"
    android:ems="10"
    android:hint="名前を入力してください"
    android:inputType="textPersonName"
    app:layout_constraintEnd_toEndOf="parent"
    app:layout_constraintStart_toStartOf="parent"
    app:layout_constraintTop_toTopOf="parent" />
  <Button
    android:id="@+id/btnSend"
    android:layout_width="0dp"
    android:layout_height="wrap_content"
    android:text="サブ画面へ"
    app:layout_constraintEnd_toEndOf="parent"
    app:layout_constraintStart_toStartOf="parent"
    app:layout_constraintTop_toBottomOf="@+id/txtName" />
</androidx.constraintlayout.widget.ConstraintLayout>
```

図 08-13　レイアウト完成図

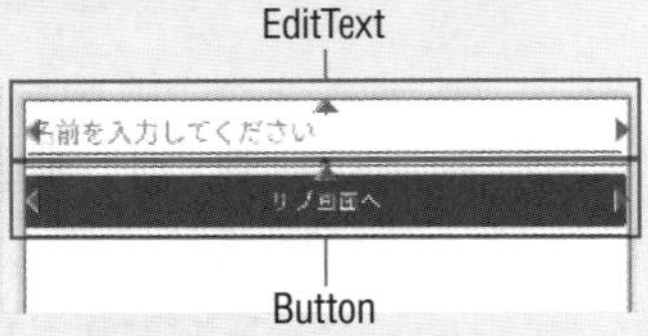

EditText / Button

リスト08-09　MainActivity.java（IntentDataプロジェクト）

```java
package to.msn.wings.intentdata;

import androidx.appcompat.app.AppCompatActivity;
import android.content.Intent;
import android.os.Bundle;
import android.widget.Button;
import android.widget.EditText;

public class MainActivity extends AppCompatActivity {
  @Override
  protected void onCreate(Bundle savedInstanceState) {
    super.onCreate(savedInstanceState);
    setContentView(R.layout.activity_main);
```

```
    // インテントを生成&データをセット
    Button btn = findViewById(R.id.btnSend);
    btn.setOnClickListener(v-> {
      EditText txtName = findViewById(R.id.txtName);
    Intent i = new Intent(this, SubActivity.class);
      i.putExtra("txtName", txtName.getText().toString()); ─────────── 1
      startActivity(i); ──────────────────────────────────────────── 2
    });
  }
}
```

呼び出し先のアクティビティにデータを渡すには、インテントに対して名前／値の
セットでデータを登録しておきます。これを行うのが、putExtraメソッドの役割で
す（**1**）。

構文 putExtraメソッド

```
public Intent putExtra(String name, T value)
    name  :名前
    T     :int、float、char、boolean、Stringなど
    value :値
```

ここでは、txtNameという名前で、テキストボックス（EditText）の入力値を登
録しています。引数nameは、あとでデータにアクセスするためのキーとなる情報
です。

EditText#getTextメソッドの戻り値はEditableオブジェクトなので、入力値を
セットする際には、あらかじめtoStringメソッドで文字列に変換しておく必要があ
ります。

データを登録したインテントは、先ほどと同じく、startActivityメソッドに渡す
ことでアクティビティを起動できます（**2**）。

[2] サブ画面を準備する（SubActivity）

[1]で登録したデータをサブ画面（SubActivity）で取り出してみましょう。
レイアウトファイル（activity_sub.xml）は前項のものと同じですので、紙面上
は割愛します。完全なコードはダウンロードサンプルを参照してください。

リスト08-10 SubActivity.java（IntentDataプロジェクト）

```
package to.msn.wings.intentdata;

import android.os.Bundle;
import android.widget.Button;
```

```java
import android.widget.Toast;
import androidx.appcompat.app.AppCompatActivity;

public class SubActivity extends AppCompatActivity {
  @Override
  protected void onCreate(Bundle savedInstanceState) {
    super.onCreate(savedInstanceState);
    setContentView(R.layout.activity_sub);

    // インテントを取得＆トーストに反映
    String txtName = getIntent().getStringExtra("txtName");  ──────────────────────────1
    Toast.makeText(
        this,
        String.format("こんにちは、%sさん！", txtName),
        Toast.LENGTH_SHORT
    ).show();

    // ボタンクリック時に呼び出されるイベントリスナー
    Button btn = findViewById(R.id.btnBack);
    btn.setOnClickListener(v -> finish());
  }
}
```

　アクティビティ起動に利用したインテント（Intentオブジェクト）は、getIntentメソッドで取得できます。Intentオブジェクトを取得できたら、あとはgetStringExtraメソッドでデータを文字列として取得するだけです（1）。

　今回は、取得すべきデータが文字列だったのでgetStringExtraメソッドを使いましたが、データに応じて、太字の部分はBoolean、ByteArray、Char、Double、Int、Longなどに置き換えることもできます。

構文 getXxxxxExtraメソッド

```
public T getXxxxxExtra(String name)
    T   ：Boolean、ByteArray、Char、Double、Int、Long、Stringなどのデータ型
    name：キー
```

---

*1）完全なコードは、ダウンロードサンプル内のIntentObjectプロジェクトを参照してください。

参考

オブジェクトも受け渡し可能

　インテント経由でオブジェクトを受け渡しするには、Intent#getSerializaleExtraメソッドを利用します。たとえば、以下はBookクラスを受け取る例です[*1]。

```
// appキーからBookオブジェクトを取得
Book b = (Book) intent.getSerializableExtra("app");
```

getSerializableExtraメソッドの戻り値はSerializable型なので、本来の型として操作するには型キャストしなければならない点に注意してください。また、名前のとおり、シリアライズ可能なオブジェクトのみを取扱い可能です。受け渡しするオブジェクトは必ずSerializableインターフェイスを実装してください。

```
public class Book implements Serializable { ... }
```

[3] マニフェストファイルを編集する

マニフェストファイルを編集して、SubActivityを追加します。

リスト08-11　AndroidManifest.xml（IntentDataプロジェクト）

```xml
<?xml version="1.0" encoding="utf-8"?>
<manifest xmlns:android="http://schemas.android.com/apk/res/android"
  package="to.msn.wings.intentdata">
  <application ...>
    ...中略...
    <activity android:name=".SubActivity"></activity>
  </application>
</manifest>
```

[4] サンプルを実行する

サンプルを実行し、P.409の図08-12のように、MainActivityで入力したデータがSubActivityに反映されていること（＝アクティビティ間でデータの受け渡しができていること）を確認してください。

08-02-02　呼び出し先のアクティビティから結果を受け取る

アクティビティ間への移動は一方通行なケースばかりではありません。ある画面から別の画面に移動して、なんらかの処理を行った後、もとの画面に処理結果を返したいというケースもあります。その際に、（もちろん）移動先のアクティビティで改めて元のアクティビティへのインテントを作成してデータを受け渡ししても良いのですが、ActivityResultLauncherオブジェクトを利用することで、よりシンプルに「戻る」という操作を表現できます。

たとえば以下は、サブ画面（SubActivity）のテキストボックスで入力された内容を、呼び出し元（MainActivity）でトースト表示する例です。

図 08-14　SubActivityで入力した文字列を元のアクティビティで表示

[1] メイン画面を準備する

　　レイアウトファイル（activity_main.xml）はP.396のものと同じなので、紙面上は割愛します。完全なコードはダウンロードサンプルを参照してください。

リスト 08-12　MainActivity.java（IntentForResultプロジェクト）

```java
package to.msn.wings.intentforresult;

import androidx.activity.result.ActivityResultLauncher;
import androidx.activity.result.contract.ActivityResultContracts;
import androidx.appcompat.app.AppCompatActivity;
import android.content.Intent;
import android.os.Bundle;
import android.widget.Button;
import android.widget.Toast;

public class MainActivity extends AppCompatActivity {
  @Override
  protected void onCreate(Bundle savedInstanceState) {
    super.onCreate(savedInstanceState);
    setContentView(R.layout.activity_main);

    // 結果を受け取った時の処理を準備
```

```
    ActivityResultLauncher<Intent> startForResult = registerForActivityResult(
      new ActivityResultContracts.StartActivityForResult(), result -> {
        // 結果コードをチェック
        if (result.getResultCode() == RESULT_OK) {
          Intent intent = result.getData();
          if(intent != null) {
            String txtName = intent.getStringExtra("txtName");
            Toast.makeText(MainActivity.this,
                          String.format("こんにちは、%sさん！", txtName),
                          Toast.LENGTH_SHORT).show();
          }
        }
    });

    Button btn = findViewById(R.id.btnSend);
    btn.setOnClickListener(v -> {
      // SubActivityを結果を戻してもらう前提で呼び出し
      startForResult.launch(new Intent(this, SubActivity.class));
    });
  }
}
```

■1

■2

■3

呼び出し先のアクティビティから結果（戻り値）を受け取るには、Activity
ResultLauncher オブジェクトを利用します。ActivityResultLauncher は、アク
ティビティの呼び出しと結果受け取りまでの流れを管理するためのオブジェクトで、
registerForActivityResult メソッドから生成できます（■1）。

構文　registerForActivityResult メソッド

```
@NonNull
public abstract @NonNull ActivityResultLauncher<@NonNull I>
    <I, O> registerForActivityResult(
  @NonNull ActivityResultContract<@NonNull I, @NonNull O> contract,
  @NonNull ActivityResultCallback<@NonNull O> callback)
    contract：リクエストの種類
    callback：結果を受け取った時に実行すべき処理
```

引数 contract は、リクエストの種類を表すための情報です。アクティビティ経
由で結果を受け取りたいならば、まずは StartActivityForResult オブジェクト
（androidx.activity.result.contract.ActivityResultContracts パッケージ）を
渡しておきます。
引数 callback は、呼び出し先からのアクティビティが終了し、現在のアクティ

ビティが再起動する際に呼び出されるコードを表します。ラムダ式（実体は、ActivityResultCallback#onActivityResultメソッド）は、引数として結果情報（ActivityResultオブジェクト）を受け取ります。ActivityResultクラスの主なメソッドは、以下の通りです。

表08-01 ActivityResultクラス（androidx.activity.resultパッケージ）の主なメソッド

メソッド	概要
getResultCode()	結果コード
getData()	結果値（Intent）

❷であれば、結果ステータス（getResultCode()）が成功（RESULT_OK）だった場合に、その結果値（Intent#getExtraStringメソッド）から戻り値を取得し、トースト表示する、という意味になります。

これでActivityResultLauncherオブジェクトの準備ができました。あとは、そのlaunchメソッドをボタンクリックのタイミングで呼び出し、アクティビティ（SubActivity）を起動するだけです（❸）。

構文 launchメソッド

```
public void launch(Intent input)
    input：アクティビティ呼び出しのための入力
```

[2] サブ画面を表示する

続いて、サブ画面（SubActivity）から呼び出し元（MainActivity）に結果を返します。サブ画面には、名前を入力できるようテキストボックスと、メイン画面に移動するためのボタンを配置しておきます。

リスト08-13 activity_sub.xml（IntentForResultプロジェクト）

```xml
<?xml version="1.0" encoding="utf-8"?>
<androidx.constraintlayout.widget.ConstraintLayout ...>
  <EditText
    android:id="@+id/txtName"
    android:layout_width="0dp"
    android:layout_height="wrap_content"
    android:ems="10"
    android:hint="名前を入力してください"
    android:inputType="textPersonName"
    app:layout_constraintEnd_toEndOf="parent"
    app:layout_constraintStart_toStartOf="parent"
    app:layout_constraintTop_toTopOf="parent" />
```

```
<Button
    android:id="@+id/btnBack"
    android:layout_width="0dp"
    android:layout_height="wrap_content"
    android:text="メイン画面へ"
    app:layout_constraintEnd_toEndOf="parent"
    app:layout_constraintStart_toStartOf="parent"
    app:layout_constraintTop_toBottomOf="@+id/txtName" />
</androidx.constraintlayout.widget.ConstraintLayout>
```

図08-15　レイアウト完成図

リスト08-14　SubActivity.java（IntentForResultプロジェクト）

```java
package to.msn.wings.intentforresult;

import android.content.Intent;
import android.os.Bundle;
import android.widget.Button;
import android.widget.EditText;
import androidx.appcompat.app.AppCompatActivity;

public class SubActivity extends AppCompatActivity {
  @Override
  protected void onCreate(Bundle savedInstanceState) {
    super.onCreate(savedInstanceState);
    setContentView(R.layout.activity_sub);

    Button btn = findViewById(R.id.btnBack);
    btn.setOnClickListener(v -> {
      EditText txtName = findViewById(R.id.txtName);
      // 結果情報を設定し、現在のアクティビティを終了
      Intent i = new Intent();                                      ━━━━━
      // インテントにテキストボックスからの入力値をセット                          ①
      i.putExtra("txtName", txtName.getText().toString());          ━━━━━
      setResult(RESULT_OK, i);                                      ━━②
      finish();                                                     ━━③
    });
  }
}
```

　　アクティビティ間で受け渡しすべきデータは、先ほどと同じく、Intent#putExtraメソッドでセットします（①）。Intentオブジェクトを生成する際に、戻り先はMainActivityであることが判っているので、特に引数は指定してい

ない点に注目です。

生成したインテントは、setResult メソッドで結果データとして登録します（**2**）。

構文　setResult メソッド

```
public final void setResult(int resultCode, Intent data)
    resultCode：結果コード
    data      ：インテント
```

＊2）もうひとつ、RESULT_FIRST_USER（ユーザー定義）もありますが、単体で利用することはあまりないでしょう。

引数 resultCode（結果コード）は、呼び出し元に対して処理の成否を通知するための情報です。RESULT_OK（成功）、RESULT_CANCELED（キャンセル）などの値を指定します＊2。

最後に finish メソッドを呼び出すことで、現在のアクティビティを終了し、呼び出し元のアクティビティが再表示されます（**3**）。

[3] マニフェストファイルを編集する

マニフェストファイルを編集して、SubActivity を追加します。

リスト08-15　AndroidManifest.xml（IntentForResult プロジェクト）

```xml
<?xml version="1.0" encoding="utf-8"?>
<manifest xmlns:android="http://schemas.android.com/apk/res/android"
  package="to.msn.wings.intentforresult">
  <application ...>
    ...中略...
    <activity android:name=".SubActivity"></activity>
  </application>
</manifest>
```

---

[4] サンプルを実行する

サンプルを実行し、メイン画面からサブ画面に移動します。サブ画面で入力した名前が、その後戻ったメイン画面でトースト表示で確認できることを確認してください（P.414 の図 08-14）。

Section 08-03 「やりたいこと」からアプリを起動する

このセクションでは、暗黙的インテントの利用方法と、暗黙的インテントを受け取る方法を学びます。

このセクションのポイント

1 暗黙的インテントは、やりたいことから起動すべき画面を指定するインテントである。
2 暗黙的インテントを受け取るには、処理できるアクションと、データの種類をマニフェストファイルで宣言しておく。

起動するアクティビティを具体的にこれと指定する明示的インテントに対して、暗黙的インテントは、自分の「やりたいこと」だけを指定したインテントです。明示的に起動するアクティビティ（クラス名）を表さないことから、暗黙的（Implicit）と呼ばれます。

「やりたいこと」とは、たとえば「このURLを開きたい」「この番号に電話を掛けたい」「この画像を表示したい」などです。Androidは、このような暗黙的インテントを受け取ると、システムの中から目的に応じたアプリ（アクティビティ）を選択して、起動してくれるのです。

明示的インテントに較べると曖昧でイメージしにくいせいか、「なんとなく難しそう」と思うかもしれませんが、心配することはありません。まずはさっそく、具体的な例を見てみましょう。

08-03-01 暗黙的インテントの基本

以下は、[移動] ボタンをクリックすると、ブラウザーを起動し、テキストボックスで指定されたURLのページを表示する例です。

リスト 08-16 activity_main.xml（IntentImplicit プロジェクト）

```xml
<?xml version="1.0" encoding="utf-8"?>
<androidx.constraintlayout.widget.ConstraintLayout ...>
  <EditText
    android:id="@+id/txtKeywd"
    android:layout_width="0dp"
    android:layout_height="wrap_content"
    android:ems="10"
    android:hint="URLを入力してください"
    android:inputType="textUri"*1
    android:text="https://wings.msn.to/"
    app:layout_constraintEnd_toEndOf="parent"
    app:layout_constraintStart_toStartOf="parent"
    app:layout_constraintTop_toTopOf="parent" />
```

＊1）inputTypeはテキストボックスに入力する値の型を表すものです。詳しくは、03-03-01項も参照してください。

1

```
  <Button
    android:id="@+id/btnSend"
    android:layout_width="0dp"
    android:layout_height="wrap_content"
    android:text="移動"
    app:layout_constraintEnd_toEndOf="parent"
    app:layout_constraintStart_toStartOf="parent"
    app:layout_constraintTop_toBottomOf="@+id/txtKeywd" />
</androidx.constraintlayout.widget.ConstraintLayout>
```

図08-16　レイアウト完成図

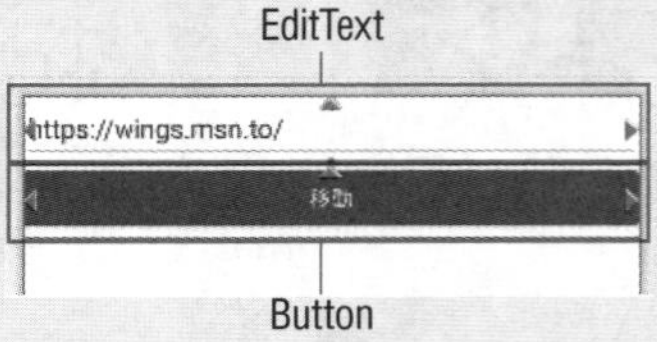

EditText

https://wings.msn.to/

移動

Button

リスト08-17　MainActivity.java（IntentImplicit プロジェクト）

```
package to.msn.wings.intentimplicit;

import androidx.appcompat.app.AppCompatActivity;
import android.content.Intent;
import android.os.Bundle;
import android.widget.Button;
import android.widget.EditText;

public class MainActivity extends AppCompatActivity {
  @Override
  protected void onCreate(Bundle savedInstanceState) {
    super.onCreate(savedInstanceState);
    setContentView(R.layout.activity_main);

    Button btn = findViewById(R.id.btnSend);
    btn.setOnClickListener(v -> {
      EditText txtKeywd = findViewById(R.id.txtKeywd);
      // インテントを作成してアクティビティを起動
      startActivity(
            new Intent(
                Intent.ACTION_VIEW,
                Uri.parse(txtKeywd.getText().toString())
            )
      );
    });
  }
}
```

2

↓

図 08-17　ボタンクリックでブラウザーを表示

　　暗黙的インテントとは言っても、ポイントとなるのは太字の部分だけです。Intentコンストラクターの構文が変化しています。

構文　Intentクラス（コンストラクター）

```
public Intent(String action, Uri uri)
    action：アクションの種類
    uri    ：アクションに関係するURI
```

　　暗黙的インテントでは、インテントに具体的なアクティビティではなく、要求する動作（アクション）と、それに関連するデータ（URI）を指定するのです。この例であれば、

テキストボックスで入力されたURIを表示（ACTION_VIEW）しなさい

と指示しているわけです。

　　Uri#parseメソッドは、指定された文字列をUri形式に変換しなさいという意味です。

　　具体的に起動するアプリが指定されているわけですらありません。しかし、これによって、AndroidがURIを表示するのに最適なアプリを選択し、この場合は

*2) たとえば Firefox が既定のブラウザーとして登録されている環境では、そちらを優先して起動するでしょう。

Chromeを起動しているわけです。

　明示的に起動するアプリを指定せず、やりたいことだけを指示する——暗黙的インテントと言われる所以です。ここでは、たまたまブラウザーが起動していますが、これはAndroidでWebページを参照するためのアプリとしてブラウザーが登録されていたからで、起動するアプリは環境や設定によって異なる可能性があります*2。

08-03-02 さまざまなアクションの指定方法

　暗黙的インテントでは、アクション、またはそれに付随するデータを変更することで、さまざまなアプリを起動できます。リスト08-16の**1**を（必要に応じてリスト08-17の**2**も）修正して、動作の変化を確認してみましょう。

■ 電話を起動する

　電話を起動するには、ACTION_VIEWに「tel:電話番号」の形式でUriを渡します。

リスト08-18　activity_main.xml（IntentImplicitプロジェクト）

```
<EditText ...
  android:inputType="phone"
  android:text="tel:03-000-0000" ...>
</EditText>
```

図08-18　電話番号がセットされた状態で電話が起動する

■ 連絡帳を起動する

連絡帳を起動するには、ACTION_VIEWに「content://contacts/people/番号」の形式でUriを渡します。エミュレーターから動作を確認する場合は、あらかじめ連絡帳にデータを入力しておかないとエラーとなるので、注意してください。

リスト08-19 activity_main.xml（IntentImplicit プロジェクト）

```xml
<EditText ...
  android:inputType="text"
  android:text="content://contacts/people/1" ...>
</EditText>
```

図08-19 連絡帳の1番目のデータが表示される

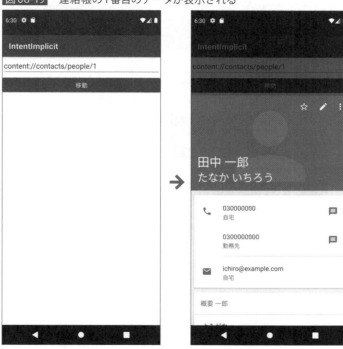

■ メールを送信する

ACTION_SENDTOに「mailto:メールアドレス」の形式でUriを渡すことで、メール送信画面を起動できます。エミュレーターから動作を確認する場合は、あらかじめメールクライアントにアカウント設定しておかないと「サポートされていない操作です」のようなエラーダイアログが表示されるので、注意してください。

リスト08-20 activity_main.xml（IntentImplicitプロジェクト）

```
<EditText ...
  android:inputType="textEmailAddress"
  android:text="mailto:taro@example.com" ...>
</EditText>
```

リスト08-21 MainActivity.java（IntentImplicitプロジェクト）

```
btn.setOnClickListener(v -> {
  EditText txtKeywd = findViewById(R.id.txtKeywd);
  startActivity(
    new Intent(
      Intent.ACTION_SENDTO,
      Uri.parse(txtKeywd.text.toString())
    )
  );
});
```

↓

図08-20 指定されたアドレスでメール送信画面が表示される

■ Web検索を実行する

　Web検索を実行するには、ACTION_WEB_SEARCHアクションを利用
します。ACTION_WEB_SEARCHアクションに対して検索文字列を渡すに

は、（Intentコンストラクターではなく）putExtraメソッドで、SearchManager.
Queryキーの値として指定する点に注意してください。

リスト08-22 activity_main.xml（IntentImplicitプロジェクト）

```
<EditText ...
  android:inputType="text"
  android:text="WINGSプロジェクト" ...>
</EditText>
```

リスト08-23 MainActivity.java（IntentImplicitプロジェクト）

```
import android.app.SearchManager;
...中略...
    Button btn = findViewById(R.id.btnSend);
    btn.setOnClickListener( v -> {
      EditText txtKeywd = findViewById(R.id.txtKeywd);
      Intent i = new Intent(Intent.ACTION_WEB_SEARCH);
      i.putExtra(SearchManager.QUERY, txtKeywd.getText().toString());
      startActivity(i);
    });
  }
}
```

図 08-21　指定された文字列に対して検索結果が表示される

08-03-03　暗黙的インテントを受け取る

暗黙的インテントは、既に用意されているアプリで受け取るばかりではありません。もちろん、自分で開発したアプリでも暗黙的インテントを受け取ることは可能です。

以下では、08-02-01 項のサンプルを暗黙的アクティビティを使って置き換えたものを示します。

[1] 暗黙的インテントでアクティビティを起動する

まずは、MainActivity 側からです。暗黙的インテントを使って、ACTION_SENDアクションを送信してみましょう。

リスト 08-24　MainActivity.java（IntentMyApp プロジェクト）

```java
package to.msn.wings.intentmyapp;

import androidx.appcompat.app.AppCompatActivity;
import android.content.Intent;
import android.os.Bundle;
import android.widget.Button;
import android.widget.EditText;
```

```
public class MainActivity extends AppCompatActivity {
  @Override
  protected void onCreate(Bundle savedInstanceState) {
    super.onCreate(savedInstanceState);
    setContentView(R.layout.activity_main);

    Button btn = findViewById(R.id.btnSend);
    btn.setOnClickListener(v -> {
      EditText txtName = findViewById(R.id.txtName);
      // ACTION_SENDアクションでテキストボックスの値を送信
      Intent i = new Intent(Intent.ACTION_SEND); ───────────────┐
      i.setType("text/plain"); ──────────────────────────────[2]  │[1]
      i.putExtra(Intent.EXTRA_TEXT, txtName.getText().toString()); ──[3]┘
      startActivity(i);
    });
  }
}
```

　ACTION_SENDは「データを他のアクティビティに送信する」ためのアクション
です（[1]）。ACTION_SENDを利用する際には、データの種類とデータそのもの
を指定しなければなりません。

　まず、データの種類を指定するsetTypeメソッド（[2]）には、text/plain（平のテ
キスト）、text/html（HTML文書）のような形式で、データを識別するための情報
を指定します。暗黙的インテントの受け取り側では、アクションとこの情報をキーと
して、自分が起動すべきかどうかを決めます（サンプルではテキストボックスに入力
されたテキストを送信するので、text/plainを指定しています）。

　そして、データ本体を設定するのは、putExtraメソッドの役割です（[3]）。ここ
では、キーにテキストデータであることを表すIntent.EXTRA_TEXTを、値には
テキストボックスからの入力値を指定しておきます。

　これでACTION_SENDアクションを送信する準備が整いました。

[2] 受け取り側のアクティビティを用意する

　受け取り側のSubActivityには、さほどの修正は必要ありません。
MainActivity側に合わせて、getStringExtraメソッドの引数をIntent.EXTRA_
TEXTとしておきましょう。

リスト08-25　SubActivity.java（IntentMyAppプロジェクト）

```
package to.msn.wings.intentmyapp;

import android.content.Intent;
```

```
import android.os.Bundle;
import android.widget.Button;
import android.widget.Toast;
import androidx.appcompat.app.AppCompatActivity;

public class SubActivity extends AppCompatActivity {
  @Override
  protected void onCreate(Bundle savedInstanceState) {
    super.onCreate(savedInstanceState);
    setContentView(R.layout.activity_sub);

    // インテント経由で渡されたデータをトーストに反映
    Intent i = this.getIntent();
    String txtName = i.getStringExtra(Intent.EXTRA_TEXT);
    Toast.makeText(this, String.format("こんにちは、%sさん！", txtName),
                   Toast.LENGTH_SHORT).show();
    ...中略...
  }
}
```

[3] マニフェストファイルを編集する

　　最後に、SubActivity側でACTION_SENDアクションを受け取れるように設定します。暗黙的インテントでは、具体的に「どのアクティビティを起動するか」を指定しているわけではありません。そこで受け取り側[*3]では、「どのアクションで」「どのようなデータを受け取った時に」起動するのかを、あらかじめシステム側に伝えておく必要があるのです。

*3) ここではSub Activityです。

　　これを行うのが、マニフェストファイルにおける<activity>－<intent-filter>要素の役割です。

リスト08-26　AndroidManifest.xml（IntentMyAppプロジェクト）

```
<?xml version="1.0" encoding="utf-8"?>
<manifest ...>
  <application ...>
    ...中略...
    <activity android:name=".SubActivity"
    android:exported="true">
      <intent-filter>
        <action android:name="android.intent.action.SEND" />
        <data android:mimeType="text/plain" />
        <category android:name="android.intent.category.DEFAULT" />
      </intent-filter>
    </activity>
```

```
    </application>
</manifest>
```

　<action>、<data>要素は、それぞれ処理できるアクションとデータの種類を表します。この例であれば、「SubActivityがACTION_SENDアクションで送信されたtext/plain型のデータを処理できる」ことを宣言しているわけです。

　<category>要素の「android.intent.category.DEFAULT」は、暗黙的インテントを受け取る際のお約束です。この宣言がないと、暗黙的インテントを正しく受信できません。

[4] サンプルを実行する

　早速、サンプルを実行してみましょう。テキストボックスに適当な値を入力した上で、[**サブ画面へ**]ボタンをクリックします。すると、[**共有**]ダイアログが表示されます。

図 08-22　[共有]ダイアログ

*4)[常 時] ボタ
ンをクリックした
場合、以降は常に
[IntentMyApp]が
起動するようになり
ます。

　これはシステム上に「ACTION_SENDアクションからplain/textデータを受け取る」アプリが複数存在するため、どれを起動しますかと訊かれているのです。[**IntentMyApp**]を選択して、[**1回のみ**]ボタンをクリックしてください*4。

図 08-23　入力したメッセージをトースト表示

　　MainActivityで入力された名前を元にメッセージがトースト表示されれば、サンプルは正しく動作しています。

　　ここでは便宜上、同じアプリの中で暗黙的インテントを利用していますが、もちろん、呼び出し元（ここではMainActivity）は他のアプリであっても構いません[5]。

*5）むしろ暗黙的インテントを利用するのは、異なるアプリ間であるのが一般的です。

フラグメント

画面サイズの異なるデバイスに対応する

このセクションでは、画面の断片を定義するためのしくみであるフラグメントについて学びます。

　かつてのAndroidアプリの世界は、アクティビティがすべてでした。コンテンツを切り替える際には、アクティビティごと、画面全体を切り替えていたわけです。

　これは、表示領域が限られたスマホ環境では理に叶ったアプローチですが、タブレットのような大画面のデバイスではどうでしょう。広い画面に表示されたすべてのコンテンツをまとめて書き換えるのはモッサリ感もありますし、なにより合理的ではありません。画面を複数のペイン（領域）にわけて、目的の箇所だけを書き換えた方がスマートです。

　そこで登場するのがフラグメントというしくみです。フラグメントとは、fragment（断片）という名前のとおり、画面の断片を表します。フラグメントを利用することで、画面を複数のペインにわけて、変更されたペインだけを書き換える、といったことが可能になります。

　フラグメントそのものは、インテントとは直接関係ありませんが、インテントの理解が前提となるため、本章でまとめて解説するものとします。

図 08-24　フラグメントとは？

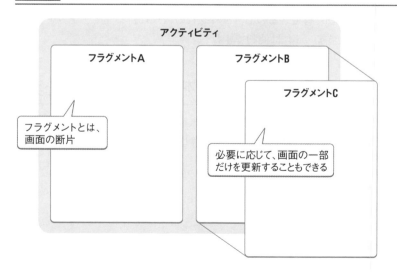

また、コンテンツをフラグメント化することで、タブレット/スマホ双方に対応したアプリも開発しやすくなります。たとえば、よくありがちな一覧/詳細画面を持ったアプリを考えてみましょう。

図 08-25 画面サイズの異なるデバイスに対応しやすくする

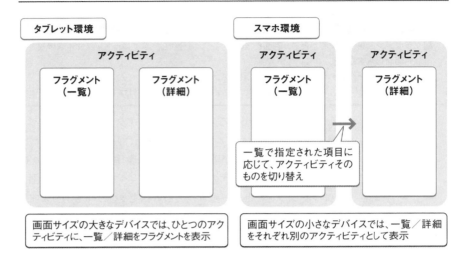

この場合、タブレット環境であれば、ひとつの画面に一覧フラグメント、詳細フラグメントを配置することになるはずです。そして、一覧フラグメントから特定の項目を選択すると、詳細フラグメントだけを置き換えるのです。

一方、スマホ環境では、まず一覧フラグメントだけを表示する画面を用意します。そして、特定の項目を選択したら、詳細フラグメントを配置した画面に遷移するわけです。

一覧/詳細フラグメントと、メインのアクティビティは、タブレット/スマホ環境で共有できるので、それぞれの環境に合わせてアプリを作りわける必要がなくなります。これは便利ですね!

08-04-01　一覧/詳細画面を持ったアプリを実装する

*1)Android Studioでは、一覧/詳細画面を生成するために、専用の「Primary/Details Flow」テンプレートが用意されています。しかし、本書では基本的なコードをおさえるために、これまでと同じく「Empty Activity」テンプレートから作成していきます。

では、フラグメントの基本的なしくみを理解するために、以下のような一覧/詳細画面を持ったアプリを作成してみましょう*1。

図 08-26　一覧から特定の項目を選択すると、詳細情報を表示

　フラグメントを利用した実装では関連するファイルも増えてくるので、例によって、サンプルを構成するファイルの関係を図にまとめておきます。以降の解説で、自分が何を作成しているのかを見失ってしまったら、ここまで戻ってきて、サンプル全体の構造を再確認してください。

図 08-27　本節で作成するサンプルアプリの構造（★はスマホ／タブレット共通）

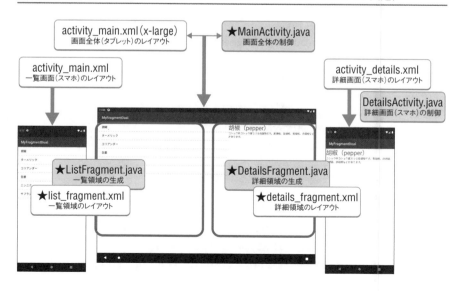

なお、本項で作成するのはタブレット専用のアプリです。スマホ環境への対応は次項で行うものとします。

[1] ListFragmentフラグメントを作成する

最初に、メインレイアウトに埋め込むべきフラグメントを作成していきます。まずは、メインレイアウトの左側に対して埋め込むべき一覧部分（ListFragment）からです。

もっとも、フラグメントと言っても、なんら特別なものではなく、画面レイアウトをレイアウトファイルで、画面の制御をJavaのコードで分業する点は、アクティビティと同じです。

Javaクラス、レイアウトファイルを作成する方法については、それぞれ04-03-01、04-03-02項を参照してください[*2]。

*2）レイアウトファイルのルート要素（[New Resource File] ダイアログの[Root element] 欄）には「ListView」を指定してください。

リスト08-27 fragment_list.xml（MyFragmentプロジェクト）

```xml
<?xml version="1.0" encoding="utf-8"?>
<ListView xmlns:android="http://schemas.android.com/apk/res/android"
  xmlns:tools="http://schemas.android.com/tools"
  android:id="@+id/list"
  android:layout_width="match_parent"
  android:layout_height="match_parent"
  tools:context=".ListFragment" />
```

リスト08-28 ListFragment.java（MyFragmentプロジェクト）

```java
package to.msn.wings.myfragment;

import android.app.Activity;
import androidx.fragment.app.Fragment;
import android.os.Bundle;
import android.view.LayoutInflater;
import android.view.View;
import android.view.ViewGroup;
import android.widget.ArrayAdapter;
import android.widget.ListView;

public class ListFragment extends Fragment {                                      ■1
  @Override
  public View onCreateView(LayoutInflater inflater,
                        ViewGroup container, Bundle savedInstanceState) {
    // レイアウトファイルからViewオブジェクトを生成
    View view = inflater.inflate(R.layout.fragment_list, container, false);       ■2
    Activity activity = requireActivity();
```

```
ArrayAdapter<String> adapter = new ArrayAdapter<>(
    activity, android.R.layout.simple_list_item_1,
    ListDataSource.getAllNames());*3
ListView list = view.findViewById(R.id.list);
list.setAdapter(adapter);
// リスト項目をクリックした時に、詳細情報（フラグメント）を置換
list.setOnItemClickListener((parent, v, pos, id) -> {
    DetailsFragment fragment = new DetailsFragment();
    // フラグメントに値を設定
    Bundle bundle = new Bundle();
    bundle.putString("name", (String) parent.getItemAtPosition(pos));
    fragment.setArguments(bundle);
    // フラグメントの操作を開始
    getParentFragmentManager().beginTransaction()
        .replace(R.id.detailsFrame, fragment)
        .commit();
});
return view;
}
}
```

*3）ListDataSource クラスは、リストに表示すべきデータを生成するためのクラスです。スパイス情報の配列（ArrayList<String>）を生成しているだけなので、紙面上は割愛します。

レイアウトファイルは、<ListView> 要素を配置しているだけなので、特筆すべき点はありません。以下では、フラグメントクラスに注目して、ポイントとなる部分を順番に見ていきます。

■1 Fragmentクラスを継承する

フラグメントは、名前の通り、Fragmentクラス（androidx.fragment.app パッケージ）を継承していなければなりません。Fragmentは、Activityクラスと同じく、画面制御のための基本的な機能を提供するクラスです。アクティビティと連動して、フラグメントの生成から破棄までの流れ（ライフサイクル）を管理するためのクラス、と言い換えても良いでしょう。

以下は、アクティビティに対応するフラグメントのライフサイクルと、その時どきで呼び出されるメソッドをまとめたものです。08-01-03項とも合わせて、大まかな処理の流れを整理しておきましょう。

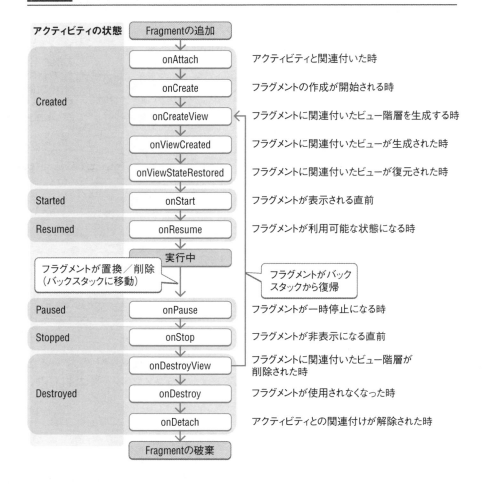

図 08-28　フラグメントのライフサイクル

2 画面を生成するのは onCreateView メソッド

フラグメントで画面を生成するのは onCreateView メソッドの役割です。大雑把には、アクティビティの onCreate に相当するメソッドと考えれば良いでしょう。

構文　onCreateView メソッド

```
public View onCreateView(@NonNull LayoutInflater inflater,
  ViewGroup container, Bundle savedInstanceState)
    inflator           ：レイアウト生成のためのInflator
    container          ：Viewの親コンテナー
    savedInstanceState：フラグメント生成に必要なパラメーター情報
```

レイアウトファイルから View オブジェクトを生成するには、04-03-02 項などでも利用した LayoutInflater#inflate メソッドを利用します。LayoutInflater オブ

ジェクトは、onCreateView メソッドの第1引数として渡されたものを、そのまま利用できます。

あとは、取得したビューから ListView オブジェクトを検索し、表示すべきデータを割り当て、イベントリスナーを宣言しているだけです。ListView の操作についてはセクション 04-02 でも触れているので、合わせて参照してください。

onCreateView メソッドの戻り値は View オブジェクトなので、諸々の操作を終えた View オブジェクトを最後に返すのを忘れないようにしてください。

❸ 別のフラグメントを起動する

フラグメント（アクティビティ）から別のフラグメントを起動するには、FragmentTransaction クラス（androidx.fragment.app パッケージ）を利用します。トランザクション（Transaction）というと、データベースの用語を思い出す人も多いかもしれませんが、まさにそれです。❶ FragmentManager#begin Transaction メソッドでトランザクションを開始し、❷ フラグメントを操作した後、❸ commit メソッドで変更を確定します。

FragmentManager はフラグメントを管理／操作するためのクラスで、Fragment#getParentFragmentManager メソッドから取得できます。

❷ では、フラグメントの追加／置換／削除などが可能です。ここでは、replace メソッドでメインレイアウト上の FrameLayout（R.id.detailsFrame [*4]）配下の内容を変数 fragment（DetailsFragment フラグメント）で置き換えています。

*4）右側の詳細情報を表示するためのエリアです。現時点では、メインレイアウトを作成していないため、エラーが発生しますが、無視して構いません。

表08-02　FragmentTransaction クラスの主なメソッド

メソッド	概要
add(int *id*, Fragment *f*)	指定された領域（id）に対してフラグメント f を追加
replace(int *id*, Fragment *f*)	指定された領域（id）をフラグメント f で置換
remove(Fragment *f*)	指定されたフラグメントを除去

❹ フラグメントに値を設定する

フラグメントには、Bundle オブジェクト（02-03-06 項）を介して画面生成に必要な情報を引き渡すこともできます。この例では、クリックされたリスト項目の値（スパイスの名前）を name という名前で登録しています。クリックされたリスト項目には、イベントリスナーに渡された AdapterView オブジェクト（parent）から getItemAtPosition メソッドを呼び出すことでアクセスできます。

ここでは、name キーをひとつ追加しているだけですが、もちろん、必要に応じて複数のキー、文字列以外の値 [*5] を引き渡しても構いません。

作成した Bundle オブジェクトは、Fragment#setArguments メソッドでフラグメントに設定します。

*5）その場合は、データ型に応じて putBoolean、putInt、putFloat などのメソッドを利用してください。

[2] DetailsFragmentフラグメントを作成する

続いて、リスト項目のクリックによって、メインレイアウトの右側に表示される詳細情報 (DetailsFragment) を作成します。

リスト08-29　details_fragment.xml（MyFragmentプロジェクト）

```xml
<?xml version="1.0" encoding="utf-8"?>
<androidx.constraintlayout.widget.ConstraintLayout ...>
  <TextView
    android:id="@+id/name"
    android:layout_width="0dp"
    android:layout_height="wrap_content"
    android:text="Hello"
    android:textSize="34sp"
    app:layout_constraintEnd_toEndOf="parent"
    app:layout_constraintStart_toStartOf="parent"
    app:layout_constraintTop_toTopOf="parent" />
  <TextView
    android:id="@+id/info"
    android:layout_width="0dp"
    android:layout_height="wrap_content"
    android:text="TextView"
    app:layout_constraintEnd_toEndOf="parent"
    app:layout_constraintStart_toStartOf="parent"
    app:layout_constraintTop_toBottomOf="@+id/name" />
</androidx.constraintlayout.widget.ConstraintLayout>
```

図08-29　レイアウト完成図

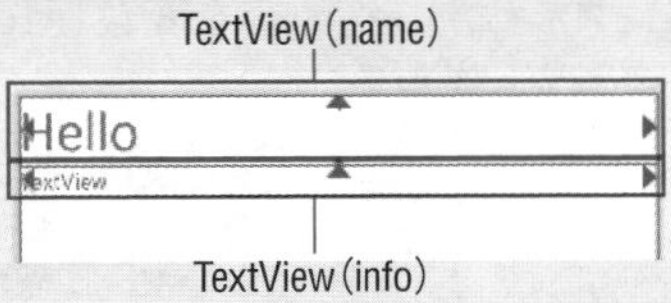

TextView（name）

Hello

TextView

TextView（info）

リスト08-30　DetailsFragment.java（MyFragmentプロジェクト）

```java
package to.msn.wings.myfragment;

import android.os.Bundle;
import android.view.LayoutInflater;
import android.view.View;
import android.view.ViewGroup;
import android.widget.TextView;
import androidx.fragment.app.Fragment;
import java.util.Map;

public class DetailsFragment extends Fragment {
  @Override
  public View onCreateView(LayoutInflater inflater,
                   ViewGroup container, Bundle savedInstanceState) {
    // レイアウトファイルからViewオブジェクトを生成
```

```
View view = inflater.inflate(R.layout.details_fragment, container, false);
// ListFragmentフラグメントから渡された値を取得
Bundle bundle = requireArguments(); ─────────────────────┐
// 渡された値をTextViewにセット                              │
Map<String, String> item = ListDataSource.getInfoByName(   │
        bundle.getString("name")); ──────────────────2    ┤1
((TextView)view.findViewById(R.id.name)).setText(String.format( ─┐
        "%s (%s) ",bundle.getString("name"), item.get("alias"))); ┤3
((TextView) view.findViewById(R.id.info)).setText(item.get("info")); ─
    return view;
  }
}
```

　フラグメントの基本的な構文は、手順 [1] でも触れた通りです。ここでは、ListFragmentフラグメントから渡された値を取得し、ビューに反映させている部分に注目してみます。

　呼び出し元のフラグメントから渡された値には、requireArgumentsメソッドでアクセスできます（1）。requireArgumentsメソッドはBundleオブジェクトを返すので、あとは、そのgetStringメソッドで格納された値（ここではスパイスの名前）にアクセスするだけです（2）。

　ListDataSource#getInfoByNameメソッドは、指定された名前をキーにスパイス情報を取得します。あらかじめ用意した配列からname（名前）／alias（別名）／info（説明）をキーに持つHashMapオブジェクトを生成しているだけなので、紙面上は割愛します。

　取り出したスパイスの詳細情報（name、alias、info）をレイアウトファイルの対応するTextViewに割り当てたら（3）、ビューの準備は完了です。

[3] メインレイアウトを作成する

　これで画面を構成するフラグメントの準備はできたので、あとはメインレイアウトと、これを呼び出すためのアクティビティを作成するだけです。もっとも、アクティビティについては既定で作成されたものをそのまま利用できるので、紙面上は割愛します（完全なコードはダウンロードサンプルも参照してください）。

　メインレイアウトの作成については05-02-03項でも触れた通りですが、保存先のフォルダーに注目です。

図08-30 ［New Resource File］画面

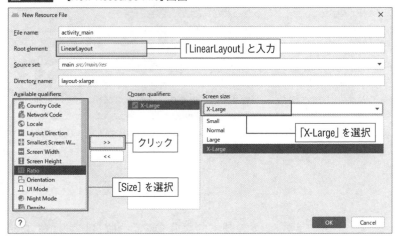

「layout-xlarge」とは、「xlarge（大画面）のデバイスでは、この配下のレイアウトファイルを利用しなさい」という意味です。Androidでは、「layout-xxx」のようにフォルダー名に接尾辞を付けることで、画面サイズや向きなどに応じてレイアウトファイルを切り替えることができるのです。

利用できる主な接尾辞を、以下にまとめておきます。

表08-03 主なlayout-xxxxxフォルダー

接尾辞	概要
small	小
normal	標準
large	大
xlarge	特大
swXXXdp	最小幅がXXXdp以上
port	縦向き
land	横向き

保存先のフォルダー名は直接入力しても構いませんが、（この例であれば）画面下部の［Available qualifiers］から［Size］−［X-Large］と選択するのが間違いもなく、便利です。

参考

プロジェクトウィンドウの表示

レイアウトファイルを作成したら、プロジェクトウィンドウも確認しておきましょう。
プロジェクトウィンドウの［Android］ビューでは、物理的なフォルダーの違いを意識しなく

ても済むように、/layoutフォルダーの配下に「activity_main.xml（xlarge）」のように表示されています。しかし、[Project Files] ビューで確認すると、確かにフォルダー自体が分かれていることが確認できるはずです。

図 08-31　左：[Android] ビュー／右：[Project Files] ビュー

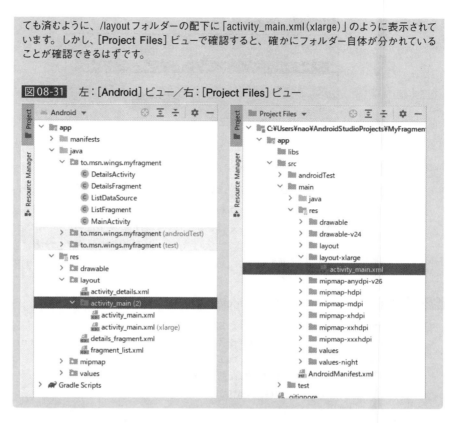

本項ではLinearLayoutにウィジェットを横並びさせるので、orientation属性を「horizontal」としておきましょう。

また、画面の構成上、レイアウトエディター上も端末を横向き表示にした方が見やすくなります。これには、エディター上部のツールバーから◎ (Orientation for Preview) ボタン−[Landscape] を選択します。

レイアウトが横向きになるので、以下のようにウィジェットを編集しておきましょう。

図 08-32　メインレイアウトのデザイン

FragmentContainerViewは、フラグメントを埋め込むためのコンテナー (置き場所) です。パレットの [Containers] タブから選択できます。配置に際して [Fragments] 画面が表示されるので、ここでは手順 [1] で作成したListFragment (一覧情報) を選択し、[OK] ボタンをクリックします。

図 08-33 [Fragments] 画面

FrameLayoutは、ウィジェットをひとつだけ配置するための、一風変わったレイアウトです（複数のウィジェットを配置した場合には重ねて表示されます）。ひとつしか表示されないならば意味がないではないかと思われるかもしれませんが、今回のようにフラグメント（ここでは詳細情報を表すDetailsFragment）をあとから埋め込むようなケースでは、埋め込み場所を表すために利用できます。

その他、属性の設定については、以下の完成コードも参考にしてください。layout_weight属性は、ウィジェットの横幅に占める割合を表します（05-01-02項）。

リスト 08-31 activity_main.xml（MyFragmentプロジェクト）

```xml
<?xml version="1.0" encoding="utf-8"?>
<LinearLayout xmlns:android="http://schemas.android.com/apk/res/android"
    android:orientation="horizontal" ...>
  <!--一覧を表示するための領域（静的に配置）-->
  <androidx.fragment.app.FragmentContainerView
    android:id="@+id/listFragment"
    android:name="to.msn.wings.myfragment.ListFragment"
    android:layout_width="match_parent"
    android:layout_height="match_parent"
    android:layout_weight="0.4" />
  <!--詳細情報を表示するための領域（あとで動的に反映）-->
  <FrameLayout
    android:id="@+id/detailsFrame"
    android:layout_width="match_parent"
    android:layout_height="match_parent"
    android:layout_weight="0.6" />
</LinearLayout>
```

[4] タブレットからサンプルを起動する

以上で準備は完了です。早速、サンプルの動作を確認してみましょう。

ただし、現時点でのサンプルはタブレット端末を想定したものなので、01-02-03項で作成した仮想デバイスでは動作しません。Android Studioのメニューバーから [Tools] − [AVD Manager] でAVD Managerを開き、01-02-03項の手順に従って、[Tablet] タブから「Pixel C」を作成しておきましょう[*6]。[API Level] は30を選択し、その他は既定の設定のままで構いません。

＊6）AVD Managerは、[Welcome to Android Studio] 画面右下の [Configure] − [AVD Manager] から起動することもできます。

図08-34 ［Virtual Device Configuration］画面

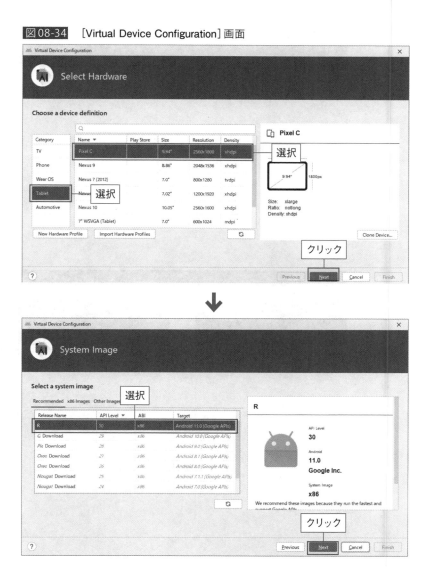

　仮想デバイスを作成できたら、サンプルを実行してみましょう。P.433の図のように左右に分かれた一覧／詳細画面が表示されれば、まずは成功です。

08-04-02 一覧／詳細画面をスマホ環境に対応する

　先ほども触れたように、前項のサンプルはタブレット環境でしか動作しません。しかし、フラグメントを利用するメリットは、複数のデバイスに応じて画面の構成を自由に変えられる点にあります。
　そこで本項では、前項で作成したフラグメントを、スマホ向けに再編成して、ひとつのアプリでスマホ／タブレット環境に対応できるようにしてみましょう。

図08-35　上：タブレット環境では1画面で表示／下：スマホ環境では2画面に分割

[1] 一覧／詳細画面のレイアウトファイルを作成する

　先ほど作成した ListFragment ／ DetailsFragment フラグメントを、それぞれ個々の画面で表示するためのレイアウトファイルを作成します。

　activity_main.xml は、先ほど P.439 の手順 [3] で作成したものと同じ名前ですが、activity_main.xml(xlarge) ではなく、ただの activity_main.xml を編集してください。xlarge なしの activity_main.xml は、xlarge サイズ以外に適用されるレイアウトを表します。

リスト08-32 acivity_main.xml（MyFragmentDual プロジェクト）

```xml
<?xml version="1.0" encoding="utf-8"?>
<androidx.constraintlayout.widget.ConstraintLayout ...>
  <androidx.fragment.app.FragmentContainerView
    android:id="@+id/fragmentContainerView"
    android:name="to.msn.wings.myfragmentdual.ListFragment"
    android:layout_width="0dp"
    android:layout_height="0dp"
    app:layout_constraintBottom_toBottomOf="parent"
    app:layout_constraintEnd_toEndOf="parent"
    app:layout_constraintStart_toStartOf="parent"
    app:layout_constraintTop_toTopOf="parent" />
</androidx.constraintlayout.widget.ConstraintLayout>
```

図08-36 レイアウト完成図

リスト08-33 activity_details.xml（MyFragmentDual プロジェクト）

```xml
<?xml version="1.0" encoding="utf-8"?>
<androidx.constraintlayout.widget.ConstraintLayout ...>
  <androidx.fragment.app.FragmentContainerView
    android:id="@+id/fragmentContainerView"
    android:name="to.msn.wings.myfragmentdual.→
DetailsFragment"
    android:layout_width="0dp"
    android:layout_height="0dp"
    app:layout_constraintBottom_toBottomOf="parent"
    app:layout_constraintEnd_toEndOf="parent"
    app:layout_constraintStart_toStartOf="parent"
    app:layout_constraintTop_toTopOf="parent">
  </androidx.fragment.app.FragmentContainerView>
</androidx.constraintlayout.widget.ConstraintLayout>
```

図08-37 レイアウト完成図

　　先ほどと同じく、具体的な処理はフラグメントに委ねているので、レイアウトファイルには、外枠となるConstraintLayoutと、その配下にFragmentContainerViewを配置しているだけです。

　　フラグメントの内容をそのまま表示させる場合にも、フラグメント単体で画面を生成することはできない点に注意してください。フラグメントは、あくまでアクティビティの配下で動作する「断片的な画面」にすぎないからです。

[2] 詳細画面のアクティビティを作成する

　　詳細画面を制御するためのDetailsActivityアクティビティを準備します[7]。

*7）一覧画面のアクティビティは、プロジェクト既定で用意されているものをそのまま使用しています。

もっとも、MainActivityアクティビティと同じく、ほとんどの処理はフラグメントに委ねているので、アクティビティ側ですべきことはメインレイアウトを呼び出すだけです。

リスト08-34 DetailsActivity.java（MyFragmentDualプロジェクト）

```java
package to.msn.wings.myfragmentdual;

import androidx.appcompat.app.AppCompatActivity;
import android.os.Bundle;

public class DetailsActivity extends AppCompatActivity {
  @Override
  protected void onCreate(Bundle savedInstanceState) {
    super.onCreate(savedInstanceState);
    setContentView(R.layout.activity_details);
  }
}
```

また、DetailsActivityアクティビティをマニフェストファイルに登録しておきましょう。

リスト08-35 AndroidManifest.xml（MyFragmentDualプロジェクト）

```xml
<?xml version="1.0" encoding="utf-8"?>
<manifest xmlns:android="http://schemas.android.com/apk/res/android"
  package="to.msn.wings.myfragmentdual">
  <application ...>
    ...中略...
    <activity android:name=".DetailsActivity"></activity>
  </application>
</manifest>
```

[3] ListFragmentフラグメントを修正する

これで、スマホ環境では一覧／詳細が別アクティビティで、タブレット環境ではひとつのアクティビティで表示される環境が整いました。先ほども触れたように、レイアウトファイルの選択はAndroidが面倒を見てくれるので、特別な準備は必要ありません。

しかし、画面サイズに応じてフラグメント（またはアクティビティ）の処理が分岐する場合、これを管理するのはアプリ開発者の責任です。具体的には、リスト項目クリック時に、以下のように処理を分岐しなければなりません。

・スマホ画面ではDetailsActivityアクティビティを起動
・タブレット画面ではDetailsFragmentフラグメントを追加

　　このような分岐を行うには、以下のようなコードを追加します。修正部分は、太字で表しています。

リスト08-36　ListFragment.java（MyFragmentDual プロジェクト）

```java
import android.content.Intent;
...中略...
public class ListFragment extends Fragment {
  private boolean isTwoPane = false;                                     ■1

  @Override
  public void onViewCreated(@NonNull View view, Bundle savedInstanceState) {
    super.onViewCreated(view, savedInstanceState);
    if(requireActivity().findViewById(R.id.detailsFrame) != null) {
        isTwoPane = true;                                                ■2
    }
  }


  @Override
  public View onCreateView(LayoutInflater inflater,
                          ViewGroup container, Bundle savedInstanceState) {
    // レイアウトファイルからViewオブジェクトを生成
    View view = inflater.inflate(R.layout.fragment_list, container, false);
    // ビュー上のListViewを準備済みのデータで初期化
    Activity activity = requireActivity();
    ArrayAdapter<String> adapter = new ArrayAdapter<String>(
        activity, android.R.layout.simple_list_item_1,
        ListDataSource.getAllNames());
    ListView list = view.findViewById(R.id.list);
    list.setAdapter(adapter);
    list.setOnItemClickListener((parent, v, pos, id) -> {
      DetailsFragment fragment = new DetailsFragment();
      Bundle bundle = new Bundle();
      bundle.putString("name", (String) parent.getItemAtPosition(pos));
      // タブレット環境の場合、フラグメントを追加
      if (isTwoPane) {
        fragment.setArguments(bundle);
        getParentFragmentManager().beginTransaction()
                .replace(R.id.detailsFrame, fragment)            ■3
                .commit();
      // スマホ環境の場合、アクティビティを起動
```

```
    } else {
    Intent intent = new Intent(requireActivity(), DetailsActivity.class);  ┐
    intent.putExtras(bundle);                                              ├ 4
    startActivity(intent);  ──────────────────────────────────────────────┘
  }
});
  return view;
  }
}
```

　isTwoPaneフィールドは、現在採用されているレイアウトを判定するためのフラグです（**1**）。タブレット向けの2ペインレイアウトであれば、trueとします。

　レイアウトファイルを判定しているのは、onViewCreatedメソッドです（**2**）。P.436の図08-28でも見たように、onViewCreatedメソッドは、フラグメントに紐づいたアクティビティが準備できたところで呼び出されます。アクティビティを操作する必要がある場合には、まずは、このメソッドを利用してください。

　ここでは、アクティビティ上にR.id.detailsFrame（＝DetailsFragmentフラグメントを埋め込むために用意されたFrameLayout）が存在するか——findViewByIdメソッドの戻り値がnullでないかを判定しています。R.id.detailsFrameは、タブレット向けレイアウトにしか存在しないはずなので、存在しなければisTwoPaneフィールドはfalse（＝スマホ向け画面）とするわけです。

図08-38　スマホ／タブレットの判定

　レイアウトファイルの判定ができたら、あとはListViewのclickイベントリスナーの中で処理を分岐します。まず、タブレット環境（＝isTwoPaneがtrue）の場合は、先ほどのコードそのままにフラグメントを追加します（**3**）。

追加しているのは、スマホ環境（＝isTwoPaneがfalse）の場合です。この場合は、startActivityメソッド（P.397）で新たなアクティビティを起動しています。アクティビティに値を引き渡すには、Intentクラスを利用するのでした（**4**）。

［4］DetailsFragmentフラグメントを修正する

同じく、DetailsFragmengフラグメントも、レイアウトファイルに応じてデータの受け取り方が変わります。処理を分岐しておきましょう。修正／追記しているのは、以下の部分です。

リスト08-37 DetailsFragment.java（MyFragmentDualプロジェクト）

```
...中略...
public class DetailsFragment extends Fragment {
  private boolean isTwoPane = false;

  @Override
  public void onCreate(Bundle savedInstanceState) {
    super.onCreate(savedInstanceState);
    if(requireActivity().findViewById(R.id.detailsFrame) != null) {
      isTwoPane = true;
    }
  }

  @Override
  public View onCreateView(LayoutInflater inflater,
                           ViewGroup container, Bundle savedInstanceState) {
    // レイアウトファイルからViewオブジェクトを生成
    View view = inflater.inflate(R.layout.details_fragment, container, false);
    // ListFragmentフラグメントから渡された値を取得
    Bundle bundle;
    if(isTwoPane) {
      bundle = requireArguments();
    } else {
      Intent intent = requireActivity().getIntent();
      bundle = intent.getExtras();
    }

    // 渡された値をTextViewにセット
    Map<String, String> item = ListDataSource.getInfoByName(
        bundle.getString("name"));
    ((TextView)view.findViewById(R.id.name)).setText(String.format(
        "%s (%s) ",bundle.getString("name"), item.get("alias")));
    ((TextView) view.findViewById(R.id.info)).setText(item.get("info"));
    return view;
```

```
  }
}
```

　　アクティビティにR.id.detailsFrameが存在しているかによって、レイア
ウトを判定しているのは、先ほどと同じです。ただし、今度は処理の分岐
がonCreateViewメソッドで必要になるので、レイアウトの判定そのものは
onCreateメソッドで行っている点に注目です（**1**）。

　　タブレット向けのレイアウトでは、DetailsFragmentフラグメントが呼び出され
たところで、アクティビティは準備できているはずなので、onCreateメソッドのタ
イミングでも正しくR.id.detailsFrameを取得できます。

　　あとは、それぞれのレイアウトに応じて、データの受け取りコードを分岐します
（**2**）。まず、タブレット環境（＝isTwoPaneがtrue）の場合は、先ほどのコード
そのままにrequireArgumentsメソッドでデータを取得できます。スマホ環境（＝
isTwoPaneがfalse）の場合は、Activity#getIntentメソッドでIntentオブジェ
クトを取得し、そのgetExtrasメソッドでBundleオブジェクトを取り出します。

[5] サンプルを実行する

　　以上の手順を理解できたら、サンプルを実行してみましょう。タブレット／スマホ
環境（それぞれのエミュレーター）を起動することで、P.444の図08-35のように、
それぞれ画面サイズに応じて一覧／詳細情報が切り替え表示されることを確認して
ください。

ナビゲーションエディター

画面遷移を伴うアプリを視覚的に設計する

このセクションでは、ナビゲーションエディターとNavHostFragmentウィジェットを利用して、画面遷移を伴うアプリを視覚的に設計する方法について学びます。

このセクションのポイント

1 ナビゲーションエディターを利用することで、画面の遷移図を視覚的に設計できる。

2 画面遷移図のことをナビゲーショングラフを呼ぶ。

3 NavHostFragment を利用することで、ナビゲーショングラフに従った画面遷移をごく少ないコードで実装できる。

4 Arguments を介すれば画面間で任意の値を受け渡しすることも可能である。

　ナビゲーションエディターとは、画面遷移図を定義するための機能です。これまでに紹介してきたしくみでは、インテント／フラグメントなど、いずれにしてもプログラム経由でしか画面遷移を表現することができませんでした。しかし、ナビゲーションエディターを利用することで、視覚的に画面を配置し、これをドラッグ＆ドロップで紐づけることで、画面遷移を表現できます。

図 08-39 ナビゲーションエディター（出典：https://android-developers.googleblog.com/2019/01/android-studio-33.html）

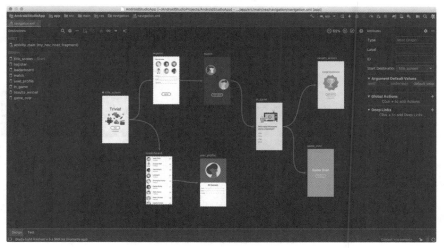

　作成した遷移図に基づいて、実際の遷移を行うのがNavHostFragmentウィジェットです。NavHostFragmentの世界では、具体的には、以下のような構造で画面を設計します。

図 08-40　NavHostFragment による画面遷移

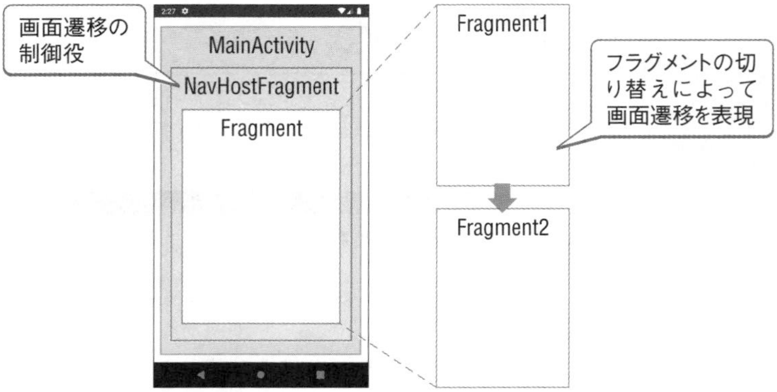

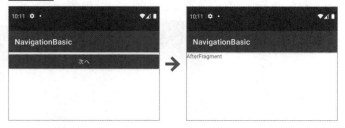

　基盤となるアクティビティの上で、NavHostFragment が画面の制御役を果た
し、配下のフラグメントを切り替えるという関係です。NavHostFragment の世界
では、まずはアクティビティひとつ、フラグメントの切り替えだけで複数画面を表現
できる、と覚えておきましょう。

08-05-01　ナビゲーションエディターの基本

　では、ここからはナビゲーションエディターの基本的なしくみを理解するために、
以下のような画面遷移を伴うアプリを作成してみましょう。

図 08-41　ボタンクリックでページを移動

[1] ナビゲーショングラフを作成する

　ナビゲーションエディターで作成する画面遷移図のことをナビゲーショングラフと
呼びます。まずは、簡単なナビゲーショングラフを作成する中で、ナビゲーションエ
ディターの用法を理解していきます。

　ナビゲーショングラフを作成するには、/res フォルダーを右クリックし、表示され
たコンテキストメニューから [New] － [Android Resource File] を選択してください。

図08-42　[New Resource File]画面

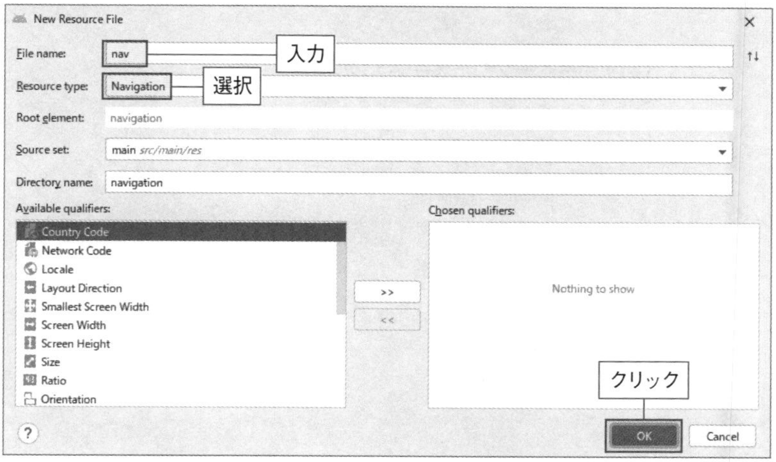

[**New Resource File**]画面が表示されるので、上の図のように必要な情報を入力します。ナビゲーションファイルを作成するには、[**Resource type**]は「Navigation」で固定です。Resource Typeによって保存先（Directory name）も決まるので、「Navigation」で変更しないようにしてください。

[**OK**]ボタンをクリックすると、以下のような画面が表示されて、不足しているライブラリのインストールを提案されます。[**OK**]ボタンをクリックして、合わせてインストールしておきましょう。

図08-43　[Add Project Dependency]画面

[2] デスティネーションを追加する

/res/navigationフォルダー配下にnav.xmlが生成され、中央には専用のナビゲーションエディターが表示されます。最初は空の状態なので、画面と、その遷移情報を追加してみましょう。

まずは、アプリを構成する画面からです。ナビゲーションエディターでは、遷移元／先の画面のことをDestination（デスティネーション）と呼びます。デスティネーションを追加するには、エディター上部の （New Destination）ボタンをクリッ

クします。

図08-44　デスティネーションの追加

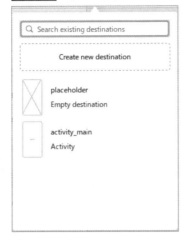

上のようなポップアップが表示されるので、ここでは [**Create new destination**] で新規にデスティネーション（フラグメント[*1]）を作成します。既存のフラグメントがある場合は列挙されるので、それを選んでも構いません。

図08-45　[New Android Fragment] 画面

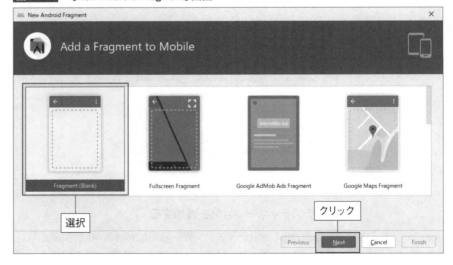

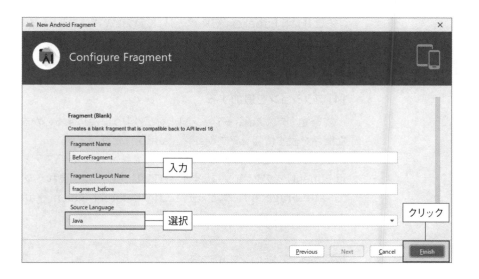

[**New Android Fragment**] 画面が表示されるので、図のように必要な情報を入力します。同じように、AfterFragmentフラグメントも作成しておきましょう。

[3] デスティネーションの情報を設定する

追加されたデスティネーションは、ナビゲーションエディターにも反映されます。エディター上でデスティネーションを選択することで、それぞれの属性を確認／設定することもできます。

図08-46　デスティネーションの属性を設定

ここではIDが「beforeFragment」「afterFragment」になっていることを確認

すると共に、Labelを「初期ページ」「遷移後のページ」としておきましょう。エディター上はIDが表示されます。Labelは、現時点では利用しませんが、あとで画面上にタイトルを反映するために利用します。判りやすい名前を付けておきましょう。

[4] アクションを追加する

続いて、デスティネーション同士をどのように遷移するのかを決めます。このような関係を表す情報をアクション（Action）と呼びます。

アクションを追加するには、まず遷移元となるデスティネーション（beforeFragment）をアクティブにします。枠に丸いハンドルが現れるので、これをドラッグして、afterFragmentに繋ぎます。これでbeforeFragment→afterFragmentの遷移が設定されました。

図08-47　アクションを追加する

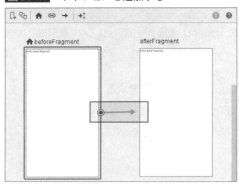

参考

見た目を整える

デスティネーションが増えてくると、散らかった見た目を整えたくなるかもしれません。そのような場合には、エディター上部の ✛ （Auto Arrange）をクリックすることで、デスティネーション同士を見やすく整列できます。

[5] レイアウトファイルを編集する

ナビゲーショングラフを準備できたので、これをメインとなるレイアウトファイル（activity_main.xml）に紐づけます。これには、パレットの [Containers] － [NavHostFragment] を配置してください [*2]。NavHostFragmentは、ナビゲーショングラフに基づいてページを切り替えるためのコンテナーです。

＊2）既定で配置されているTextViewは削除しておきます。

図 08-48　NavHostFragmentを配置する（idはfragment）

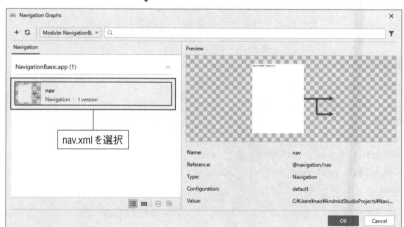

　[Navigations Graphs] 画面が表示されるので、[nav] に先ほど作成したnav.xml
のパスが指定されていることを確認したうえで、[OK]ボタンをクリックしてください。
　レイアウトファイル（main_activity.xml）にNavHostFragmentが紐づくので、
これまでと同じく上下左右に制約を設定し、縦／横の幅もレイアウト全体に広げて
おきましょう。
　自動生成されたコードは、以下の通りです。

リスト 08-38 activity_main.xml（NavigationBasic プロジェクト）

```xml
<?xml version="1.0" encoding="utf-8"?>
<androidx.constraintlayout.widget.ConstraintLayout ...>
  <androidx.fragment.app.FragmentContainerView
    android:id="@+id/fragmentContainerView"
    android:name="androidx.navigation.fragment.NavHostFragment"
    android:layout_width="0dp"
    android:layout_height="0dp"
    app:defaultNavHost="true"
    app:layout_constraintBottom_toBottomOf="parent"
    app:layout_constraintEnd_toEndOf="parent"
    app:layout_constraintStart_toStartOf="parent"
    app:layout_constraintTop_toTopOf="parent"
    app:navGraph="@navigation/nav" />
</androidx.constraintlayout.widget.ConstraintLayout>
```

[6] フラグメントを編集する（レイアウトファイル）

最後に、BeforeFragmentを編集して、[**次へ**] ボタンでAfterFragmentに移動できるようにします。AfterFragmentの方は、表示テキストを「AfterFragment」としているだけなので、紙面上は割愛します。

リスト 08-39 fragment_before.xml（NavigationBasic プロジェクト）

```xml
<?xml version="1.0" encoding="utf-8"?>
<FrameLayout xmlns:android="http://schemas.android.com/apk/res/android" ...>
  <Button
    android:id="@+id/btnNext"
    android:layout_width="match_parent"
    android:layout_height="wrap_content"
    android:text="次へ" />
</FrameLayout>
```

リスト 08-40 BeforeFragment.java（NavigationBasic プロジェクト）

```java
package to.msn.wings.navigationbasic;

import android.os.Bundle;
import androidx.fragment.app.Fragment;
import androidx.navigation.Navigation;
import android.view.LayoutInflater;
import android.view.View;
import android.view.ViewGroup;
import java.util.Random;
```

```
public class BeforeFragment extends Fragment {
  @Override
  public View onCreateView(LayoutInflater inflater, ViewGroup container,
                           Bundle savedInstanceState) {
    // レイアウトファイルを取得
    View view = inflater.inflate(R.layout.fragment_before, container, false);
    // clickイベントリスナーを登録
    view.findViewById(R.id.btnNext).setOnClickListener(v -> {
      Navigation.findNavController(v).navigate(R.id.afterFragment);————1
    });
    return view;
  }
}
```

inflateメソッドによるレイアウトの取得からイベントリスナーの登録の
流れは、これまでにも触れてきた内容なので、ここでは■に注目します。
NavHostFragementの中で画面遷移するには、NavController#navigateメ
ソッドを呼び出すだけです。NavControllerはNavHostFragmentで管理された
画面遷移を制御するためのクラスで、Navigation.findNavControllerメソッド
で取得できます。

構文 navigateメソッド

```
public void navigate(int resId)
    resId：移動先のID
```

引数resIdには、手順[3]で設定したIDを指定します。

[7] サンプルを実行する

それでは早速、サンプルの動作を確認してみましょう。サンプルを起動すると、
まずはBeforeFragmentの内容が表示され、[次へ] ボタンをクリックすることで
AfterFragmentに切り替わること、Android本体の◀ボタンをクリックすると、
BeforeFragmentに戻ることも確認しておきましょう。

08-05-02 デスティネーション間で値を引き渡す

NavHostFragmentでは、単に画面を遷移するばかりではありません。画面移
動時に、任意の値を引き渡すこともできます。たとえば以下は、BeforeFragment
で生成された乱数をAfterFragmentに引き渡し、表示する例です。

図08-49　BeforeFragmentで生成された乱数をAfterFragmentで表示

[1] 遷移先に値を引き渡す（BeforeFragment）

フラグメント（デスティネーション）間で値を受け渡しするには、02-03-06項でも登場したBundleオブジェクトを利用するのが基本です。フラグメントクラスを、以下のように書き換えてみましょう。

リスト08-41　BeforeFragment.java（NavigationBasicプロジェクト）

```java
import java.util.Random;

public class BeforeFragment extends Fragment {
  @Override
  public View onCreateView(LayoutInflater inflater, ViewGroup container,
                          Bundle savedInstanceState) {
    View view = inflater.inflate(R.layout.fragment_before, container, false);
    view.findViewById(R.id.btnNext).setOnClickListener(v -> {
      // 0～100の乱数をAfterFragmentに送信
      Bundle bundle = new Bundle();
      bundle.putInt("num", (new Random()).nextInt(100));
      Navigation.findNavController(v).navigate(R.id.afterFragment, bundle);
    });
    return view;
  }
}
```

生成したBundleは、navigateメソッドの第2引数に引き渡すことで、移動先のフラグメントに引き渡されます（太字）。

[2] 送信された値を受け取る（AfterFragment）

引き渡されたArgumentを取得するのは、requireArgumentsメソッドの役割です。requireArgumentsメソッドと、それによって得られたBundleからの値取得については、02-03-06項でも触れているので、こちらも合わせて参照してください。

リスト08-42　fragment_after.xml（NavigationBasicプロジェクト）

```xml
<?xml version="1.0" encoding="utf-8"?>
<FrameLayout xmlns:android="http://schemas.android.com/apk/res/android" ...>
  <TextView
    android:id="@+id/txtValue"
    android:layout_width="match_parent"
    android:layout_height="match_parent"
    android:text="AfterFragment" />
</FrameLayout>
```

リスト08-43　AfterFragment.java（NavigationBasicプロジェクト）

```java
public class AfterFragment extends Fragment {
  @Override
  public View onCreateView(LayoutInflater inflater, ViewGroup container,
                          Bundle savedInstanceState) {
    View v = inflater.inflate(R.layout.fragment_after, container, false);
    TextView txt = v.findViewById(R.id.txtValue);
    Bundle args = requireArguments();
    // arguments経由で得られた値を設定
    txt.setText("乱数：" + args.getInt("num"));
    return v;
  }
}
```

[3] サンプルを実行する

　サンプルを起動し、BeforeFragmentからAfterFragmentに移動してみましょう。P.460の図08-49のように、BeforeFragmentで生成された乱数がAfterFragmentで表示されることが確認できます（乱数なので、その時々で表示される値は異なります）。

08-05-03　Argumentを型安全に操作する「SafeArgs」

　Bundle（Argument）を利用した値の受け渡しにはひとつ問題があります。というのも、Argumentの型／名前を縛るしくみがありません（＝誤った名前／型の値を渡したとしても、それが発覚するのは実行時です）。

　そのような状況を解決するのがSafeArgsです。SafeArgsを利用することで、あらかじめArgumentの型を明示的に宣言し、誤った値を渡した場合にもコンパイル時に検出できるようになります。

[1] SafeArgsを有効にする

SafeArgsはGradleのプラグインとして提供されています。build.bundleを以下のように修正してプラグインを有効化します。修正の内容に応じて、編集すべきbuild.bundleも異なるので、要注意です。

リスト08-44 build.bundle（Project:NavigationBasic）（NavigationBasicプロジェクト）

```
dependencies {
  classpath "androidx.navigation:navigation-safe-args-gradle-plugin:2.3.5"
  classpath "com.android.tools.build:gradle:4.2.1"
  ...中略...
}
```

リスト08-45 build.bundle（Module:app）（NavigationBasicプロジェクト）

```
plugins {
  id 'com.android.application'
  id 'androidx.navigation.safeargs'
}
```

build.bundleを編集した場合には、エディター右上の Sync Now リンクをクリックして、再ビルド＆ライブラリをインストールしてください。

[2] Argument情報を定義する

SafeArgsを利用するための準備ができたら、値を受け取る側のデスティネーション（AfterFragment）で、値（Argument）情報を宣言します。これには、ナビゲーションエディターでAfterFragmentを選択した上で、属性ウィンドウのArgumentsタブ右端から + （Add Argument）ボタンをクリックしてください。

図08-50 Argumentを追加

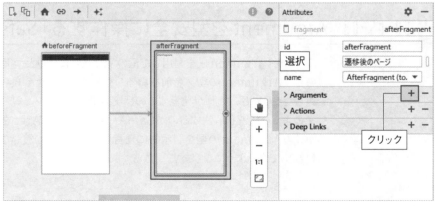

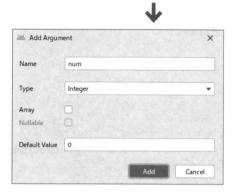

[**Add Argument**] 画面が表示されるので、図のように名前（Name）、データ型
（Type）、既定値（Default Value）を入力しておきます。[**Add**] ボタンをクリック
すると、属性ウィンドウにも Argument 情報が追加されます。

図08-51 Argument が追加された

Argument 情報を更新した場合には、[Build] - [Make Project] からプロジェク
トの再ビルドを行ってください。これによって、内部的に以下のクラスが生成されま
す。以下では、これらのクラスを利用して、Argument を操作します。

・*AfterFragment*Args：型安全な Argument を扱うためのクラス
・*BeforeFragment*Directions：型安全な Argument を受け渡しするためのアクション

　なお、これらのクラスは、ナビゲーショングラフから自動生成されているので、
斜体の部分はデスティネーション／アクションの id 値によって変動します [3]。

*3) いずれも本来
のアプリと同じパッ
ケージに属している
ので、利用にあたっ
てインポートは不要
です。

［3］遷移先に値を引き渡す（BeforeFragment）

　SafeArgs 対応に BeforeFragment を書き換えてみましょう。

リスト08-46　BeforeFragment.java（NavigationBasicプロジェクト）

```
ublic class BeforeFragment extends Fragment {
  @Override
  public View onCreateView(LayoutInflater inflater, ViewGroup container,
                    Bundle savedInstanceState) {
    View view = inflater.inflate(R.layout.fragment_before, container, false);
    view.findViewById(R.id.btnNext).setOnClickListener(v -> {
      BeforeFragmentDirections.ActionBeforeFragmentToAfterFragment action =
          BeforeFragmentDirections.actionBeforeFragmentToAfterFragment(); ──■1
        action.setNum((new Random()).nextInt(100)); ──────────────■2
        Navigation.findNavController(v).navigate(action); ─────────■3
    });
    return view;
  }
}
```

SafeArgsではアクションを介して画面を遷移します。アクションは、自動生成されたBeforeFragmentDirectionsクラスからactionBeforeFragmentToAfterFragmentメソッドを呼び出すことで生成できます（■1）。長いメソッド名ですが、要はアクションのID値をcamelCase記法[*4]に置き換えたものです。アクションのID値は、ナビゲーションエディターからアクション（デスティネーションを繋ぐ矢印）を選択することで、属性ウィンドウから確認できます。

*4）単語の区切りは大文字で、先頭は小文字で表す記法です。LowerCamelCase記法とも言います。

図08-52　アクションのID値を確認

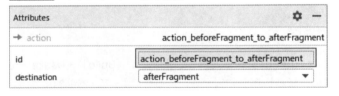

この例であれば、IDがaction_beforeFragment_to_afterFragmentなので、メソッド名はactionBeforeFragmentToAfterFragmentです。また、自動生成されるアクションクラスは、アクションのIDをPascal記法[*5]で表したもの――この例であれば、ActionBeforeFragmentToAfterFragmentとなります（正確には、BeforeFragmentDirectionsのネストクラスです）。

*5）単語の区切りも先頭文字も大文字で表す記法です。UpperCamelCase記法とも言います。

アクションを表すオブジェクトを生成できたら、あとはそのメソッドでArgumentを設定できます（■2）。この例では、getNumメソッドでArgumentを設定しています。メソッドは手順[2]で定義された型を元に自動生成されるので、当然、型安全です。

あとは、Argumentを設定したアクションをnavigateメソッドに渡すことで、

Argument付きの画面遷移が為されます（**3**）。

参考

必須のArgument

本項で扱っているnumフィールドは既定値を持った任意のArgumentなので、セッターメソッド経由で値を設定していますが、必須の（＝既定値を持たない）Argumentはコンストラクターの引数として値を渡します。

その場合、**1**は以下のように書き換えが可能です。

```
BeforeFragmentDirections.actionBeforeFragmentToAfterFragment(
    Random().next(100));
```

[4] 送信された値を受け取る（AfterFragment）

同じく、SafeArgs対応にAfterFragmentを書き換えます。

リスト08-47 AfterFragment.java（NavigationBasicプロジェクト）

```
import androidx.navigation.fragment.navArgs;

public class AfterFragment extends Fragment {
  @Override
  public View onCreateView(LayoutInflater inflater, ViewGroup container,
                           Bundle savedInstanceState) {
    View v = inflater.inflate(R.layout.fragment_after, container, false);
    TextView txt = v.findViewById(R.id.txtValue);
    Bundle args = requireArguments();
    txt.setText("乱数：" +
            AfterFragmentArgs.fromBundle(args).getNum()); ────────────1
    return v;
  }
}
```

渡されたArgumentを処理するのは、AfterFragmentArgsクラスの役割です。fromBundleメソッドでBundle(args) を解析してしまえば、あとは、メソッドgetNum経由でArgumentにアクセスできます（**1**）。

08-05-04 ページタイトルをツールバーに反映させる

ここまでの例を見てきて、ページが切り替わったのにヘッダー（タイトル）が変化しないのは不便に思われたかもしれません。NavHostFragmentの世界では、あくまでアクティビティはひとつで、配下のフラグメントだけが置き換わるので、ヘッ

ダーの変更もアプリ側で気にしてやらなければならないのです。

　気にしなければならない、といっても、面倒の大部分はNavHostFragmentとToolbarとが賄ってくれるので、難しいことはありません。以下に、具体的な例を見ていきましょう。作成するのは、以下のようなサンプルです。

図 08-53　本項で作成するサンプル（画面遷移に応じてタイトルも変化）

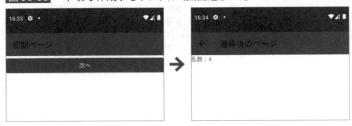

　手順は、前項から差分について紹介していきます。

　また、タイトルは、P.455の手順[3]で設定したLabel値を利用するものとします。

[1] ツールバーを配置する

　パレットから[Containers]－[Toolbar]を、レイアウトファイルの上部に配置します（idはtoolbar）。Toolbarの上、左右を親レイアウトに紐づけると共に、既存のNavHostFragmentの上制約をToolbarの下に紐づけ直すのを忘れないようにしてください。

　NavHostFragmentの上制約は既に親レイアウトに紐づいているはずなので、属性ウィンドウの[Layout]タブから ── (Delete Top Constraint)をクリックし、一旦制約を解除した方が操作はしやすくなります。

図 08-54　属性ウィンドウ（Layout）

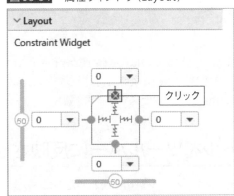

修正したレイアウトファイルのコードは、以下の通りです。

リスト08-48　activity_main.xml（NavigationToolBarプロジェクト）

```xml
<?xml version="1.0" encoding="utf-8"?>
<androidx.constraintlayout.widget.ConstraintLayout ...>
  <androidx.appcompat.widget.Toolbar
    android:id="@+id/toolbar"
    android:layout_width="0dp"
    android:layout_height="wrap_content"
    android:background="?attr/colorPrimary"
    android:minHeight="?attr/actionBarSize"
    android:theme="?attr/actionBarTheme"
    app:layout_constraintEnd_toEndOf="parent"
    app:layout_constraintStart_toStartOf="parent"
    app:layout_constraintTop_toTopOf="parent" />
  <androidx.fragment.app.FragmentContainerView
    android:id="@+id/fragment"
    android:name="androidx.navigation.fragment. ⊡
NavHostFragment"
    android:layout_width="0dp"
    android:layout_height="0dp"
    app:defaultNavHost="true"
    app:layout_constraintBottom_toBottomOf="parent"
    app:layout_constraintEnd_toEndOf="parent"
    app:layout_constraintStart_toStartOf="parent"
    app:layout_constraintTop_toBottomOf="@id/toolbar"
    app:navGraph="@navigation/nav" />
</androidx.constraintlayout.widget.ConstraintLayout>
```

図08-55　レイアウト完成図

Toolbar

NavHostFragment

[2] テーマを修正する

　ツールバーを明示的に配置した場合、アクティビティ標準で適用されているアクションバーは不要になります。これを無効化するには、リソースファイルからテーマを修正します。

リスト08-49　themes.xml（NavigationToolBarプロジェクト）

```xml
<style name="Theme.NavigationToolBar"
  parent="Theme.MaterialComponents.DayNight.NoActionBar">
```

リスト08-50　themes.xml（night）（NavigationToolBarプロジェクト）

```xml
<style name="Theme.NavigationToolBar"
  parent="Theme.MaterialComponents.DayNight.NoActionBar">
```

[3] ToolbarとNavHostFragmentを紐付ける

最後に、アクティビティからToolbarとNavHostFragmentとを紐づけます。

リスト08-51 MainActivity.java（NavigationToolBarプロジェクト）

```java
package to.msn.wings.navigationtoolbar;
...中略...
public class MainActivity extends AppCompatActivity {
  @Override
  protected void onCreate(Bundle savedInstanceState) {
    super.onCreate(savedInstanceState);
    setContentView(R.layout.activity_main);

    // ツールバーとの紐づけ
    NavController navController = ((NavHostFragment)getSupportFragmentManager().
        findFragmentById(R.id.fragment)).getNavController();
    NavigationUI.setupWithNavController(
        (Toolbar)findViewById(R.id.toolbar),
        navController,
        new AppBarConfiguration.Builder(navController.getGraph()).build());
  }
}
```

setupWithNavControllerメソッドの一般的な構文は、以下です。

構文 setupWithNavControllerメソッド

```
public static final void setupWithNavController(@NonNull Toolbar toolbar,
  @NonNull NavController navController,
  @NonNull AppBarConfiguration configuration)
    toolbar        ：ツールバー
    navController：タイトルに反映されるNavController
    configuration：ツールバーの動作に関する追加の構成オプション
```

NavControllerはナビゲーション情報を管理するための、AppBarConfiguration
はナビゲーション情報と関連するウィジェット（ここではToolbar）との紐
づけを管理するための、それぞれオブジェクトです。NavControllerは
NavHostFragment#getNavControllerメソッドから、AppBarConfigurationは
NavController#getGraphメソッドから、それぞれ生成できます。

[4] サンプルを実行する

以上を理解できたら、サンプルを実行してみましょう。P.466の図08-53のように、現
在表示しているページに応じてツールバーのタイトルも変化することを確認してください。

Chapter 09 →

データ管理

アプリの本質は、データ処理です。さまざまな入口からデータを受け取り、処理します。そして、処理したデータはあとで利用できるように、なんらかの形で保存しておくのが一般的です。アプリにとって、データ保存（管理）は必須の要件とすら言えます。本章では、データを保存する典型的な方法として、ファイルシステム、データベース、そしてPreferenceというしくみについて学びます。

はじめての Android アプリ開発 Java 編

openFileInput・openFileOutput

Section 09-01

ファイルにデータを保存する

このセクションでは、デバイス上のファイルシステムにファイルを書き込み、読み込むための基本的な方法について解説します。

このセクションのポイント

■ アプリからアクセスできるフォルダーは、既定では制限されている。
② アプリ専用のフォルダーに対してアクセスするには、openFileInput ／ openFileOutput メソッドを利用する。
③ エミュレーター上のファイルシステムを確認するには、Device File Explorerを利用すれば良い。

ファイルは、データを保存するもっともシンプルな手段です。このセクションでは、アプリ上のデータをテキストファイルに保存し、また、既存のファイルからデータを読み込む方法について学びます。

09-01-01 データをファイルに保存する

まずは、ファイルにデータを保存してみましょう。

以下は、テキストボックスに入力された文字列をmemo.datというファイルに保存する、簡単なメモアプリのサンプルです。

図 09-01　入力した文字列を [保存] ボタンでファイルに記録

[1] レイアウトファイルを準備する

まずは、メモを入力し、記録するためのフォームを作成します。

リスト09-01　activity_main.xml（FileBasicプロジェクト）

```xml
<?xml version="1.0" encoding="utf-8"?>
<androidx.constraintlayout.widget.ConstraintLayout ...>
  <Button
    android:id="@+id/btnSave"
    android:layout_width="0dp"
    android:layout_height="wrap_content"
    android:text="保存"
    app:layout_constraintEnd_toEndOf="parent"
    app:layout_constraintStart_toStartOf="parent"
    app:layout_constraintTop_toTopOf="parent" />
  <EditText
    android:id="@+id/txtMemo"
    android:layout_width="0dp"
    android:layout_height="wrap_content"
    android:ems="10"
    android:gravity="top"
    android:hint="メモを入力してください"
    android:inputType="textMultiLine"
    android:lines="10"
    app:layout_constraintEnd_toEndOf="parent"
    app:layout_constraintStart_toStartOf="parent"
    app:layout_constraintTop_toBottomOf="@+id/btnSave" />
</androidx.constraintlayout.widget.ConstraintLayout>
```

図09-02　レイアウト完成図

メモを入力しやすいように、EditTextにはinputType／lines属性を指定し、複数行入力に対応したテキストエリアを作成しておきましょう。

[2] アクティビティを準備する

あとは、[**保存**]ボタンをクリックした時の保存処理をイベントリスナーとして準備します。

リスト09-02　MainActivity.java（FileBasicプロジェクト）

```java
package to.msn.wings.filebasic;

import androidx.appcompat.app.AppCompatActivity;
import android.content.Context;
import android.os.Bundle;
```

```
import android.widget.Button;
import android.widget.EditText;
import java.io.BufferedWriter;
import java.io.IOException;
import java.io.OutputStreamWriter;

public class MainActivity extends AppCompatActivity {
  @Override
  protected void onCreate(Bundle savedInstanceState) {
    super.onCreate(savedInstanceState);
    setContentView(R.layout.activity_main);

    EditText txtMemo = findViewById(R.id.txtMemo);
    Button btn = findViewById(R.id.btnSave);
    btn.setOnClickListener(v -> {
      // EditTextへの入力値をファイルに書き込み
      try(BufferedWriter writer = new BufferedWriter(
          new OutputStreamWriter(
            openFileOutput("memo.dat", Context.MODE_PRIVATE)))) {
        writer.write(txtMemo.getText().toString());
      } catch (IOException e) {
        e.printStackTrace();
      }
    });
  }
}
```

Androidでファイルを保存する、とはいっても、実はそれほど大したことではありません。というのも、Androidでも標準でjava.ioパッケージが用意されているので、JavaSEを理解している人であれば、ほとんど同じ要領でファイルにアクセスできるのです。

もっとも、まったく同じ、というわけにはいきません。というのも、Androidではセキュリティ上の理由から

アプリでアクセスできるフォルダーは限られています。

アプリでファイルを読み書きする際も、あらかじめ許可されたフォルダー以外にアクセスしようとすると、例外を発生します。

それでは、アプリ専用のフォルダーを知り、これにアクセスするにはどのようにしたら良いのでしょうか。これはなんら難しい事ではありません。Activityクラス[1]では、既定でopenFileOutputというメソッドが用意されており、アプリの専用フォルダーにも簡単にアクセスできます（■）。

[1]正確には、その基底クラスであるContextクラスです。

構文 openFileOutputメソッド

```
public abstract FileOutputStream openFileOutput(String name, int mode)
    name：ファイル名
    mode：オープンモード
```

　　　引数nameには、ファイル名だけを指定する点に注意してください。アプリの専用フォルダーにアクセスすることが前提となっているので、パスを記述してはいけません。
　　　引数modeは、ファイルを開く際のモードを表します。

表09-01　引数modeの設定値（Contextクラスの定数）

設定値	概要
MODE_PRIVATE	現在のアプリからのみ利用可
MODE_APPEND	追記モードで開く

　　openFileOutputメソッドは、戻り値として出力ストリームを表すFileOutputStreamオブジェクトを返します。ただし、FileOutputStreamはバイトストリーム（バイトデータを扱うためのストリーム）なので、文字列を扱うには不向きです。
　　そこでbufferedWriterメソッドで、文字列操作のためのライター（BufferedWriterオブジェクト）に変換しておきましょう（**2**）。あとは、そのwriteメソッドで文字列を記録できます（**3**）。ファイルそのものは処理途中で例外が発生した場合に備えて、try-with-resources構文で確実に閉じるようにします。

参考

try-with-resources構文

　　Java 7とAndroid API 19以降では、try-with-resources構文によってリソースの後始末をよりシンプルに表現できるようになっています（リスト09-02の**2**）。try-with-resources構文では、リソース（ここではBufferedWriter）を生成する文をtry直後のカッコの中で宣言することで[*2]、そのリソースはtryブロックを抜けるタイミングで自動的に解放されます。
　　アプリ共通のようなリソースを利用する場合、例外の発生によって、使用中のリソースが放置されてしまうのは望ましくありません。そこで、このようにtry-with-resources構文を利用することで、リソースを確実に後始末しておくわけです。

＊2）複数のリソースを宣言するならば、セミコロン（;）で区切ります。

[3] サンプルを実行する

　　サンプルを実行し、動作を確認してみましょう。テキストエリアから適当な文字列を入力し、[**保存**]ボタンをクリックします。
　　現時点ではファイルの中身を確認する機能は用意していないので、Android Studioから結果を確認してみましょう。[**View**]－[**Tool Window**]－[**Device File**

Explorer] からDevice File Explorerを開きます。

図 09-03　Device File Explorer

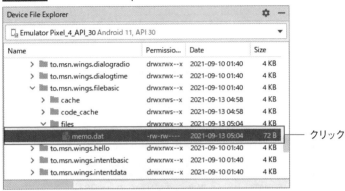

クリック

Device File Explorerを利用することで、デバイス(エミュレーター／実機本体)のファイルシステムを確認したり、ファイルを受け渡したり (アップロード／ダウンロード) することが可能になります。

アプリの専用フォルダーは「/data/data/パッケージ名/files」です。配下にアプリから保存したmemo.datがあることを確認してください。

中身も確認してみましょう。memo.datをダブルクリックしてください。ファイルが表示されるので、記録した内容が保存されていることを確認しておきましょう。

図 09-04　memo.datをエディターで開いたところ

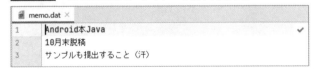

なお、Device File Explorerでは、フォルダーを右クリックして表示されるコンテキストメニューからファイルのアップロードやダウンロード、フォルダー／ファイルの追加や削除などもできます。

09-01-02　データをファイルから読み込む

続けて、メモアプリに既存のファイルを読み込む機能を追加してみましょう。

図09-05　memo.datの内容をテキストエリアに初期表示

これには、アクティビティのonCreateメソッドに以下のようなコードを追加します。

リスト09-03　MainActivity.java（FileBasicプロジェクト）

```
package to.msn.wings.filebasic;

import androidx.appcompat.app.AppCompatActivity;
import android.content.Context;
import android.os.Bundle;
import android.widget.Button;
import android.widget.EditText;
import java.io.BufferedReader;
import java.io.BufferedWriter;
import java.io.IOException;
import java.io.InputStreamReader;
import java.io.OutputStreamWriter;

public class MainActivity extends AppCompatActivity {
  @Override
  protected void onCreate(Bundle savedInstanceState) {
    super.onCreate(savedInstanceState);
    setContentView(R.layout.activity_main);

    StringBuilder str = new StringBuilder();
    // memo.datから行単位に読み込み、その内容をStringBufferに保存
    try(BufferedReader reader = new BufferedReader(new InputStreamReader(
        openFileInput("memo.dat")))) {
      String line;
```

```
    while ((line = reader.readLine()) != null) {
      str.append(line);
      str.append(System.getProperty("line.separator"));
    }
  } catch (IOException e) {
    e.printStackTrace();
  }

  EditText txtMemo = findViewById(R.id.txtMemo);
  // StringBufferの内容をテキストエリアに反映
  txtMemo.setText(str.toString());
  ...中略...
  }
}
```

❸ （whileループ部分）

❹ （txtMemo.setText部分）

アプリ専用フォルダーからファイルを取得するのは、openFileInput メソッドの役割です（❶）。

構文 openFileInput メソッド

```
public abstract FileInputStream openFileInput(String name)
    name：ファイル名
```

＊3）パスを指定してはいけません。

openFileOutput メソッドと同じく、引数 name にはファイル名のみを指定してください＊3。

openFileInput メソッドは、戻り値として入力ストリームを表す FileInputStream オブジェクトを返します。bufferedReader メソッドで BufferedReader オブジェクト（文字ストリーム）に変換しておきましょう（❷）。FileInputStream は先ほどの FileOutputStream に、BufferedReader は BufferedWriter に対応するオブジェクトです。

＊4）似たクラスにStringBufferもありますが、こちらはマルチスレッド対応です。StringBufferはマルチスレッドには対応していませんが、その分、高速に動作しますので、必要がないのであれば、まずはStringBufferを利用すべきです。

BufferedReader を準備できたら、❸のようにテキストファイルを行単位に読み込み、その内容を StringBuilder オブジェクトに転記していきます。StringBuilder は可変長の文字列を表すクラスで、文字列を繰り返し連結するような用途でよく利用します＊4。

readLine メソッドは、現在のファイルポインター（以降、ポインター）位置から行単位でテキストを読み込みます。ポインターとは、テキストファイルの現在の読み取り位置を表す BufferedReader 内部の目印のことで、ファイルを開いた時点ではファイルの先頭を指しています。

readLine メソッドは、次に読み取るべき行がない場合に null を返します。ここでは、readLine メソッドのその性質を活かして、「readLine メソッドでファイルを行単位に読み込みながら（ポインターを1行ずつずらしながら）、読み取り結果を

StringBuilderに記録する処理」を、ポインターがファイルの終わりに達するまで繰り返しているというわけです。readLineメソッドがnullを返したところで、whileループは終了します。

図09-06　ファイル読み込みの流れ

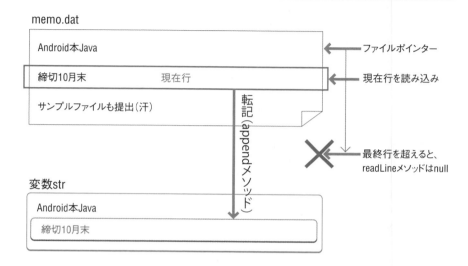

これはファイル読み込みの定型的な手法ですので、理解していなかった人はここで改めて理解を確かにしておきましょう。

StringBuilderの内容は、最終的に、**4**のEditText#setTextメソッドでテキストボックスに反映させます。

09-01-03 ファイル名を指定して保存する

09-01-01項では保存すべきファイル名をアプリで決め打ちで指定していました。しかし、ユーザーが作成したドキュメントなどは、名前もエンドユーザー側で決めるのが一般的です。以前は、そのようなアプリを作成するために、ファイル名を指定するためのアクティビティを自前で用意しなければなりませんでしたが、**Strorage Access Framework**と呼ばれるしくみを利用することで、ファイル選択／入力のしくみを簡単に実装できます。本項では、Storage Access Frameworkを利用して、09-01-01項のサンプルを書き換えてみます。

リスト09-04　MainActivity.java（FileStorageプロジェクト）

```
package to.msn.wings.filestorage;

import androidx.activity.result.ActivityResultLauncher;
```

```
import androidx.activity.result.contract.ActivityResultContracts;
import androidx.appcompat.app.AppCompatActivity;
import android.content.Intent;
import android.net.Uri;
import android.os.Bundle;
import android.widget.Button;
import android.widget.EditText;
import java.io.BufferedWriter;
import java.io.IOException;
import java.io.OutputStreamWriter;
import java.util.Objects;

public class MainActivity extends AppCompatActivity {
  @Override
  protected void onCreate(Bundle savedInstanceState) {
    super.onCreate(savedInstanceState);
    setContentView(R.layout.activity_main);

    Button btnSave = findViewById(R.id.btnSave);
    EditText txtMemo = findViewById(R.id.txtMemo);

    // ファイル選択後の処理 (ファイルへの書き込み)
    ActivityResultLauncher<Intent> startForResult = registerForActivityResult(
        new ActivityResultContracts.StartActivityForResult(), result -> {
        Intent i = result.getData();
        if (i != null) {
          Uri title = i.getData();
          if (title != null && result.getResultCode() == RESULT_OK) {
            try (BufferedWriter writer = new BufferedWriter(
              new OutputStreamWriter(
                getContentResolver().openOutputStream(title)))) {
              writer.write(txtMemo.getText().toString());
            } catch (IOException e) {
              e.printStackTrace();
            }
          }
        }
    });

    // ボタンクリック時にファイル選択画面を起動
    btnSave.setOnClickListener(view -> {
        Intent i = new Intent(Intent.ACTION_CREATE_DOCUMENT);
        i.setType("text/plain");
```

2 **3** **1**

```
        i.putExtra(Intent.EXTRA_TITLE, "memo.txt");
        startForResult.launch(i);
    });
  }
}
```

↓

図09-07　[保存]ボタンをクリックすると、ファイル選択画面を表示

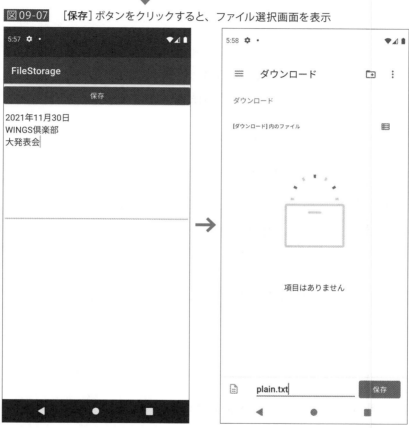

　[保存]ボタンをクリックすると、ファイル選択画面が起動し、指定された名前で
ファイルを保存できます。画面左上の 三 から保存先を変更できる点も確認してみ
ましょう[5]。

　サンプルが正しく動作することが確認できたら、コードの流れも見ていきま
す。もっとも、大まかな流れは08-02-02項で学んだものです。ActivityResult
Launcher#launch メソッド（■）でアクティビティを呼び出し、アクティビティでの
結果はあらかじめ用意しておいたラムダ式（■）の内容で処理する、という一連の
流れを思い出してみましょう。

*5) 環境によって異
なりますが、Googleド
ライブ、Microsoft One
Driveなどのストレー
ジサービスを選択す
ることも可能です。

1 ファイル選択画面を呼び出す

まずは、アクティビティ呼び出しのコードから見ていきましょう。暗黙的インテントには、要求するアクションとしてACTION_CREATE_DOCUMENT（ドキュメントの作成）を渡しておきます。また、setTypeメソッドで作成するファイルの種類を、putExtraメソッドでEXTRA_TITLE（既定のファイル名）としてmemo.txtを、それぞれ渡しておきます[6]。

あとは、作成したインテントをlaunchメソッドに渡すことで、アクティビティを起動できます。

2 選択されたファイルにテキストを保存する

ファイル選択画面で［保存］ボタンが押されると、元のアクティビティに処理が返されます。その際に実行すべき処理を表すのがregisterForActivityResultメソッドに登録されたラムダ式です。

結果処理の基本的な流れについては08-02-02項を参照いただくとして、ここで注目すべきは 3 のコードです。

ファイル選択画面で指定されたファイル名（Uriオブジェクト）は、Intent#getDataメソッドで取得できます[7]。あとは、これをContentResolver#openOutputStreamメソッドに渡すことでOutputStreamオブジェクトを取得できるので、09-01-01項の要領でBufferedWriterオブジェクトを生成してください。

09-01-04 指定されたファイルを読み込む

同じく、Storage Access Frameworkを利用して、指定されたファイルを読み込んでみましょう。以下はP.475のコードを修正して、アプリ起動時にファイル選択画面を立ち上げ、指定されたファイルを読み込むようにしてみます。

リスト09-05　MainActivity.java（FileStorageプロジェクト）

```java
public class MainActivity extends AppCompatActivity {
  @Override
  protected void onCreate(Bundle savedInstanceState) {
    super.onCreate(savedInstanceState);
    setContentView(R.layout.activity_main);

    Button btnSave = findViewById(R.id.btnSave);
    EditText txtMemo = findViewById(R.id.txtMemo);

    // アプリ起動時にファイル選択画面を起動
    ActivityResultLauncher<Intent> forResult = registerForActivityResult(
```

```
        new ActivityResultContracts.StartActivityForResult(), result -> {
        Intent i = result.getData();
        if (i != null) {
          Uri title = i.getData();
          // 選択時の処理（指定ファイルの読み込み）
          if (title != null && result.getResultCode() == RESULT_OK) {
            StringBuilder str = new StringBuilder();
            // ファイルから行単位に読み込み、その内容をStringBuilderに保存
            try (BufferedReader reader = new BufferedReader(
              new InputStreamReader(
                getContentResolver().openInputStream(title)))) {
              String line;
              while ((line = reader.readLine()) != null) {
                str.append(line);
                str.append(System.getProperty("line.separator"));
              }
            } catch (IOException e) {
              e.printStackTrace();
            }
            // StringBuilderの内容をテキストエリアに反映
            txtMemo.setText(str.toString());
          }
        }
      });
    Intent is = new Intent(Intent.ACTION_OPEN_DOCUMENT);
    is.setType("text/plain");
    is.putExtra(Intent.EXTRA_TITLE, "memo.txt");
    forResult.launch(is);
    ...中略...
  }
}
```

図 09-08　ファイル選択ボックスから選択したファイルをEditTextに反映

前項のコードと比較しながら、ポイントとなるコードを追っていきます。

■1 ファイル選択画面を表示する

既存のファイルを開くには、暗黙的インテントにアクションとしてACTION_OPEN_DOCUMENTを渡します。setTypeメソッドでファイルの種類を、putExtraメソッドで既定のファイル名を指定している点は、先ほどと同じです。

■2 選択されたファイルからテキストを取得する

ファイル選択画面で目的のファイルを選択すると、元のアクティビティに処理が返されます。選択されたファイルは、registerForActivityResultメソッドのラムダ式に、引数result（ActivityResultオブジェクト）として渡されます。

ActivityResult#getDataメソッドでデータ本体（Intentオブジェクト）を、更にIntent#getDataメソッドでファイル名（Uriオブジェクト）を取得できるので、あとは、これをContentResolver#openInputStreamメソッドに渡すだけです。

InputStreamオブジェクトからBufferedReaderオブジェクトを生成し、テキストを読み込む流れについては09-01-02項も合わせて参照してください。

SQLite

データベースにデータを保存する

このセクションでは、Androidに標準で用意されているデータベースSQLiteに対して、データを保存する方法について学びます。

このセクションのポイント

■1 SQLiteデータベースを作成＆オープンするには、SQLiteOpenHelperを利用する。
■2 SQLiteに対してSQL命令を発行するには、execSQLメソッドを利用する。
■3 insert ／ update ／ deleteなどのメソッドを利用することで、SQLレスでデータベースを操作できる。

ファイルによるデータ管理は手軽です。しかし、ひとつ大きな欠点があります。

というのも、データの出し入れが意外と面倒なのです。データを上書き、または単純な追記だけを行っている分には問題ありません。しかし、既存のデータを更新したり、一部のデータだけを削除したり、はたまた、新規のデータをファイルの途中に挿入したり、とちょっと複雑なことをしようとすると、途端に操作が煩雑になってしまいます。

一般的には、ファイルでのデータ管理はごく限定された局面に留め、本格的なデータ管理ではデータベースを利用することを強くお勧めします。Androidでは、標準でSQLiteと呼ばれるデータベースを利用できるようになっており、特別なソフトウェアやライブラリなどを導入することなく、すぐさまに利用できます。

参考

Room

Androidアプリでデータベースを利用する最もよくあるシーンは、関連データのキャッシュです。ネットワーク越しで取得したデータを保存しておくことで、オフライン時にもアプリを利用できるようにするわけです。更新されたデータはオンラインになったところで同期します。

このような操作は、標準的なSQLiteライブラリだけでは面倒ですが、Roomライブラリを利用することで自動化が可能になります。本書ではまず、データベースの基本を学ぶという意味で、より原始的なライブラリでの操作を解説しますが、より本格的なアプリではRoomの利用を検討しても良いでしょう。Roomについては、以下のページも合わせて参照してください。

・Roomを使用してローカル データベースにデータを保存する (https://developer.android.com/training/data-storage/room?hl=ja)

09-02-01 データベース概論

データベースアプリについて学んでいく前に、ごく軽くデータベースについて概説しておきます。

データベースとは、言うなればデータの管理に特化したソフトウェアです[1]。データの出し入れを確実に、素早く行うためのしくみを提供します。データベースに

もさまざまな種類がありますが、本書で扱うSQLiteデータベースは、リレーショナルデータベース（RDB）の一種です。

　リレーショナルデータベースでは、データをテーブルと呼ばれる表形式の箱に保存します。Microsoft Excelなどの表計算ソフトで作成できるワークシートの世界を思い浮かべるとわかりやすいかもしれません。

　テーブルに含まれる項目（列）をフィールド、またはカラムと言い、ひと組の項目セットのことをレコードと言います。リレーショナルデータベースの世界では、データベースとはテーブルを中心としたオブジェクトの集合体であり、テーブルはレコードの集合体です。

図09-09　リレーショナルデータベースとは？

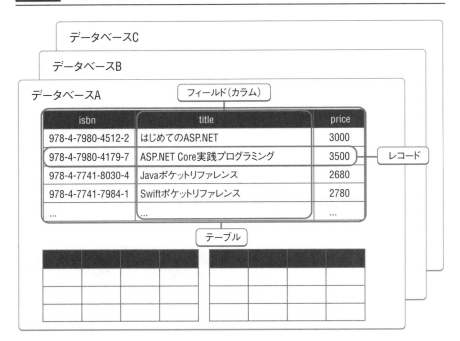

　リレーショナルデータベースに対して、テーブルを作成する、テーブルにデータを追加する、更新／削除するといった操作を行うには、専用のSQLという言語を利用します。具体的には、以下のような命令があります。

表09-02　SQLの主な命令

命令	概要
CREATE TABLE	テーブルの作成
INSERT	テーブルにデータを新規登録
UPDATE	テーブル上の既存データを更新

| DELETE | テーブル上の既存データを削除 |
| SELECT | テーブルのデータを検索&取得 |

　SQLはそれ自体が1冊の本になるほど奥深いテーマですが、本章の目的はデータベースそのものの理解ではないので、そこまでは踏み込みません。SQLの解説もコードの理解を補う程度に留めるので、詳しくは山田祥寛著「書き込み式SQLのドリル 改訂新版」(日経BP社)などの専門書を参考にしてください。

09-02-02　SQLite データベース利用の流れ

　SQLite データベースをアプリから利用する大まかな流れは、以下のとおりです。

- SQLiteOpenHelperでデータベースを生成&オープン (SQLiteDatabase を取得)
- SQLiteDatabaseでデータベースを操作
- 操作した結果を画面に反映

　ひとつひとつのステップが長いので、初見の人は戸惑うかもしれませんが、以下でも、この流れを念頭に、個々のコードを追っていきましょう。いきなり細部に分け入ってしまうのではなく、時には、自分が今、どこにいるのかを俯瞰することで、理解を整理しやすくなります。

09-02-03　SQLite データベースを開く - SQLiteOpenHelper

　先ほど述べたように、SQLite データベースにデータを記録するには、まずデータベースそのものと、その配下には、データの入れ物となるテーブルを用意しておく必要があります。

　データベースとテーブルの準備にはさまざまな方法がありますが、一般的には、SQLiteOpenHelperという抽象クラスを利用します。SQLiteOpenHelperは、名前のとおり、SQLite データベースを開く[2]ためのヘルパークラス[3]です。

　SQLiteOpenHelperに、データベース/テーブルを作成する手順を組み込んでしまうことで、SQLite データベースを開く際に、もしもデータベース/テーブルが存在しなければ、合わせて作成できるというわけです。これによって、データベースを利用する個別のアクティビティ側では、データベース/テーブルの有無を気にすることなく、データベース操作のコードに集中できます。

*2) 接続する、とも言います。

*3) 特定の操作を補助/支援するためのユーティリティクラスのことを言います。

図 09-10 SQLiteOpenHelper クラスの役割

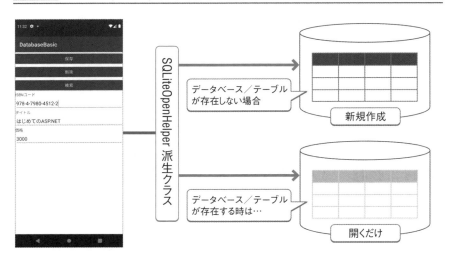

SQLiteOpenHelper 派生クラスを実装するには、08-01-03項の手順に従ってメソッドをオーバーライドするのが簡単です。[**Override Members**] 画面からonOpen、onCreate、onUpgrade メソッドを自動生成してください。

リスト 09-06 SimpleDatabaseHelper.java（DatabaseBasic プロジェクト）

```java
package to.msn.wings.databasebasic;

import android.content.Context;
import android.database.sqlite.SQLiteDatabase;
import android.database.sqlite.SQLiteOpenHelper;

public class SimpleDatabaseHelper extends SQLiteOpenHelper {
  static final private String DBNAME = "sample.sqlite";
  static final private int VERSION = 1;                                    ─5

  SimpleDatabaseHelper(Context context) {
    super(context, DBNAME, null, VERSION);                                 ─1
  }

  // データベース作成時にテーブルとテストデータを作成
  @Override
  public void onCreate(SQLiteDatabase db) {
    if (db != null) {
      db.execSQL("CREATE TABLE books (" +
              "isbn TEXT PRIMARY KEY, title TEXT, price INTEGER)");         ─2
      db.execSQL("INSERT INTO books(isbn, title, price)" +
```

```
                " VALUES('978-4-7980-4512-2', 'はじめてのASP', 3000)");
        db.execSQL("INSERT INTO books(isbn, title, price)" +
                " VALUES('978-4-7980-4179-7',
                'ASP.NET Core実践プログラミング', 3500)");
        db.execSQL("INSERT INTO books(isbn, title, price)" +
                " VALUES('978-4-7741-8030-4',
                'Javaポケットリファレンス ', 2680)");
        db.execSQL("INSERT INTO books(isbn, title, price)" +
                " VALUES('978-4-7741-9617-6',
                'Swiftポケットリファレンス', 2780)");
        db.execSQL("INSERT INTO books(isbn, title, price)" +
                " VALUES('978-4-7981-3547-2', '独習PHP 第3版', 3200)");
    }
}

// データベースをバージョンアップした時、テーブルを再作成
@Override
public void onUpgrade(SQLiteDatabase db, int oldVersion, int newVersion) {
    if (db != null) {
        db.execSQL("DROP TABLE IF EXISTS books");
        onCreate(db);
    }
}

@Override
public void onOpen(SQLiteDatabase db) {
    super.onOpen(db);
}
}
```

1 コンストラクターを準備する

SQLiteOpenHelperコンストラクターの構文は、以下のとおりです。派生クラスでも、最低限、このコンストラクターを呼び出すためのコンストラクターを準備しておきましょう。

構文 SQLiteOpenHelperコンストラクター

```
public SQLiteOpenHelper(Context context, String name,
    SQLiteDatabase.CursorFactory factory, int version)
    context：コンテキスト
    name    ：データベースファイルの名前
    factory：カーソル（後述）のファクトリー
    version：バージョン番号
```

openFileInput ／openFileOuput メソッドと同じく、引数 name にはファイル名だけを指定しなければなりません（パスを指定してはいけません）。これによって、「/data/data/パッケージ名/databases」フォルダー配下にデータベースファイルが作成されます[*4]。

*4）引 数 n a m e を null とした場合には、データベースはメモリ上に作成されます。

2 テーブルを作成する - onCreate メソッド

SQLiteOpenHelper クラスには、以下のような抽象メソッドが用意されています。よって、派生クラスを定義する際にも、最低限、これらのメソッドはオーバーライドしなければなりません。

表 09-03　SQLiteOpenHelper クラスの抽象メソッド

メソッド	呼び出されるタイミング
onCreate	データベースを作成する時
onUpgrade	データベースをバージョンアップした時

まずは、onCreate メソッドから見ていきましょう。onCreate メソッドは、データベースを作成する際に呼び出されるメソッドで、一般的には、このタイミングでアプリで利用するテーブルを作成します。

テーブルを作成するには、SQL 命令のひとつ「CREATE TABLE」を利用します。サンプルであれば、以下の部分がそれです。

```
CREATE TABLE books (isbn TEXT PRIMARY KEY, title TEXT, price INTEGER)
```

やや複雑な命令ですが、以下の図も参考に、命令のどの部分がなにを表しているのかを大掴みしておきましょう。ここでは、以下のような books テーブルが新たに作成されることだけを理解できれば十分です。

図 09-11　CREATE TABLE 命令

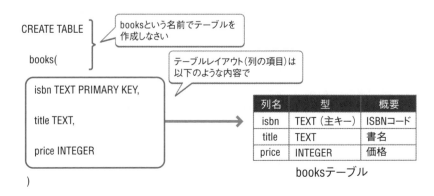

booksテーブル

参考

主キーは _id

Androidでテーブルを作成する場合、主キー[*5]の列名は_idとするのが慣例的です。というのも、Android関係のライブラリでは、_id列を既定の主キーとして動作するものが存在するためです。

本書ではあとからの解説の都合上、主キーは_id以外（isbn列）としていますが、特別な理由がないのであれば、まずは慣例に従っておくのが無難です。

*5) レコードを一意に識別するための情報です。テーブルにひとつだけ設置します。

用意したSQL命令をデータベースに送信するのは、SQLiteDatabase#execSQLメソッドの役割です。SQLiteDatabaseは、データベース操作全般を管理するためのオブジェクトです。onCreateメソッドの引数dbとして渡されるので、これをそのまま利用させてもらいましょう。

構文 onCreateメソッド

```
public abstract void onCreate(SQLiteDatabase db)
    db：データベース本体
```

構文 execSQLメソッド

```
public void execSQL(String sql)
    sql：実行するSQL文
```

参考

テーブルが二重に作成される心配は？

SQLiteOpenHelperは、データベースを開く際に、内部的にデータベースの有無を判定し、データベースが存在しない場合にのみデータベースを作成し、onCreateメソッドを呼び出します。よって、既にテーブルが存在する時に二重に作成される心配はありません。

これが、冒頭、個別のアプリ側では、データベース／テーブルの有無を意識する必要はない、と述べた理由です。

③ テストデータを準備する

テーブルを作成する際に、合わせてテストデータを準備しておくこともできます。テーブルに新規データを投入するには、SQLのINSERT INTO命令を利用します。

図 09-12　INSERT命令

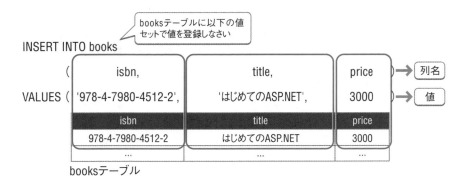

booksテーブル

これによって、テーブルの指定された列に、対応する値がセットされるわけです。

◢ テーブルを再作成する - onUpgrade メソッド

onUpgrade メソッドは、データベースのバージョン更新に際して呼び出されるメソッドです。

構文　onUpgrade メソッド

```
public abstract void onUpgrade(SQLiteDatabase db, int oldVersion,
   int newVersion)
     db         ：データベース
     oldVersion：更新前のバージョン
     newVersion：更新後のバージョン
```

サンプルでは、既存のテーブルを削除した上で、onCreate メソッドを呼び出してテーブルを再作成しています。

既存のテーブルを削除するには、SQLのDROP TABLE命令を利用します。「IF EXISTS」とは、「テーブルがもし存在するならば」という意味です。

◤ 09-02-04　補足：複数件のデータを効率よく登録する方法

リスト09-06の **2** は、別解として、以下のように表すことも可能です。準備済みSQL命令、トランザクションと、データベースが初めてという人にはやや難しいテーマも含まれるので、まずは全体像を把握したいという人は、この項はスキップしても構いません。

しかし、いずれも重要なテーマですので、ひととおり読了した後は、あとからでもきちんと読み解くようにしてください。

リスト09-07 SimpleDatabaseHelper.java（DatabaseBasic プロジェクト）

```java
import android.database.SQLException;
...中略...
  @Override
  public void onCreate(SQLiteDatabase db) {
    if (db != null) {
      db.execSQL("CREATE TABLE books (" +
              "isbn TEXT PRIMARY KEY, title TEXT, price INTEGER)");
      // データベースに登録する値を準備
      String[] isbns = {"978-4-7980-4512-2",
                        "978-4-7980-4179-7", "978-4-7741-8030-4",
                        "978-4-7741-9617-6", "978-4-7981-3547-2"};
      String[] titles = {"はじめてのASP.NET",
                        "ASP.NET Core実践プログラミング", "Javaポケットリファレンス",
                        "Swiftポケットリファレンス", "独習PHP 第3版"};
      int[] prices = {3000, 3500, 2680, 2780, 3200};
      // トランザクションを開始
      db.beginTransaction();
      try {
        SQLiteStatement sql = db.compileStatement(
            "INSERT INTO books(isbn, title, price) VALUES(?, ?, ?)");  ①
        // 値を順に代入しながら、SQL命令を実行
        for (int i = 0; i < isbns.length; i++) {
          sql.bindString(1, isbns[i]);
          sql.bindString(2, titles[i]);                                ②
          sql.bindLong(3, prices[i]);
          sql.executeInsert();                                         ③   ④
        }
        // トランザクションを成功
        db.setTransactionSuccessful();
      } catch (SQLException e) {
        e.printStackTrace();
      } finally {
        // トランザクションを終了
        db.endTransaction();
      }
    }
  }
```

■ 準備済みSQLで処理を効率化

compileStatementメソッドは、あらかじめSQL命令（ステートメント）を準備しておきなさい、という意味です（①）。execSQLメソッドは、SQL命令を毎回「解析→コンパイル→実行」という手順を踏んで実行するので、実行効率がよくあり

ません。そこで、値が異なるだけでSQL命令そのものは共通している場合には、compileSQLメソッドでSQL命令を「解析→コンパイル」だけしておくのです。こうしておくことで、実行時には値部分を引き渡すだけで、そのまま実行できるので、処理を効率化できます。

そして、可変な値部分を表すのは「?」という文字です。あとから動的に値を渡せる「置き場所」という意味で、プレイスホルダーとも呼ばれます。

図09-13 プレイスホルダーによる値のセット

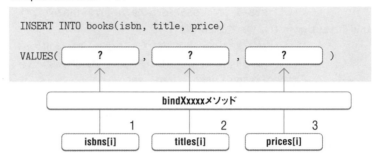

compileStatementメソッド

プレイスホルダーに値を渡すには、SQLiteStatement#bindXxxxxメソッドを使います（**2**）。SQLiteStatementは「準備されたSQL命令」を表すオブジェクトで、compileStatementメソッドの戻り値として取得できます。bindXxxxxメソッドのXxxxxの部分は、セットする値のデータ型に応じて、String、Long、Double、Blobなどを使い分けてください。

構文 compileStatementメソッド

```
public SQLiteStatement compileStatement(String sql)
    sql：準備するSQL命令
```

構文 bindXxxxxメソッド

```
public void bindXxxxx(int index, xxxxx value)
    index：インデックス番号
    xxxxx：String、Long、Double、Blobなど
    value：値
```

引数index（インデックス番号）は「?」の登場順に1、2、3...と数えてください。

値をセットできたら、最後にexecuteInsertメソッドでSQL命令を実行します（**3** *6）。サンプルでは、あらかじめ用意しておいた値（配列isbns、titles、

*6）UPDATE（更新）、DELETE（削除）命令を呼び出すならば、代わりにexecuteUpdateDeleteメソッドを利用します。

prices）を順に読み込みながら、**2** **3** の手順を繰り返すことで、複数件のデータを
まとめて登録しています。

■ トランザクションの基本を理解する

トランザクションとは、言うなれば、「データベースへの関連する操作をまとめ
たもの」です。サンプルであれば、テストデータ5件を登録するための一連の処理
を、トランザクションとしてまとめています。

図 09-14 トランザクションとは

関連する操作をひとまとめにしたもの＝トランザクション

トランザクションとしてまとめられた処理（＝トランザクション処理）は、すべて
の処理が成功した場合にだけ処理を確定し、ひとつでも処理が失敗した場合には
すべての処理をキャンセルします。これによって、トランザクション処理全体として
「すべてが成功」するか、「すべてが失敗」することが保証されます。たとえば4件
だけが登録できて、1件は登録できなかった、ということは起こりません。5件すべ
て登録できるか、5件とも登録できないか、なのです。

トランザクションを利用することで、データベース操作の途中でなんらかのエラー
が生じた場合にも、データの整合性を維持できます。また、SQLiteデータベースで
は、トランザクションを利用することで処理効率が向上するというメリットもありま
す。複数データの操作に際しては、トランザクションは必須と覚えておきましょう。

ある処理をトランザクションとしてまとめるためには、以下のようなコードで表し
ます（**d**）。

```
db.beginTransaction();
try {
  ...トランザクション処理...
  db.setTransactionSuccessful();
} finally {
```

```
    db.endTransaction();
}
```

トランザクション処理の範囲は、beginTransactionメソッドが呼び出されてからendTransactionメソッドが呼び出されるまでです。トランザクション処理そのものはtryブロックの配下で、例外の有無に関わらずトランザクションを終了できるようにendTransactionメソッドはfinallyブロックに、それぞれ記述します。

setTransactionSuccessfullは、トランザクションが成功したことを通知するためのメソッドです。このメソッドを呼び出しておくことで、endTransactionメソッドのタイミングで最終的にデータベースへの変更を確定（コミット）するのです。確定できなかった場合、トランザクションはキャンセル（ロールバック）されます。

図 09-15　トランザクション処理

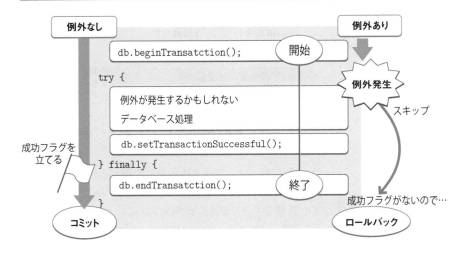

09-02-05 SQLiteデータベースに接続&作成する

さて、SQLiteOpenHelper派生クラスを準備できたところで、アクティビティからこれを呼び出し、実際にデータベースを作成&接続してみましょう。

また、作成したデータベースをDatabase Inspectorから確認してみます。

■ アクティビティの作成

以下のようにアクティビティを準備します。レイアウトファイルは、既定のまま編集しないので、紙面上は割愛します。

MainActivity.java（DatabaseBasic プロジェクト）

```java
package to.msn.wings.databasebasic;

import androidx.appcompat.app.AppCompatActivity;
import android.database.sqlite.SQLiteDatabase;
import android.os.Bundle;
import android.widget.Toast;

public class MainActivity extends AppCompatActivity {
  @Override
  protected void onCreate(Bundle savedInstanceState) {
    super.onCreate(savedInstanceState);
    setContentView(R.layout.activity_main);

    // ヘルパーを準備
    SimpleDatabaseHelper helper = new SimpleDatabaseHelper(this); ──────■1
    // データベースを取得
    try (SQLiteDatabase db = helper.getWritableDatabase()) {
      Toast.makeText(this, "接続しました",
          Toast.LENGTH_SHORT).show();             ■2
      // 本来であれば、ここにデータベース処理を記述 ─────
    }
  }
}
```

　　サンプルを実行し、図09-16のようにトーストが表示されれば、データベースは正しく生成&取得できています。

図 09-16　データベースへの接続に成功

1 SQLiteOpenHelper 派生クラスをインスタンス化する

前項でも触れたように、SQLite データベースを開くのは SQLiteOpenHelper 派生クラスの役割です。前項で作成した SimpleDbHelper クラスを画面起動時にインスタンス化しておきましょう。

2 SQLiteDatabase オブジェクトを取得する

SQLiteOpenHelper 派 生 ク ラ ス は、SQLite デ ー タ ベ ー ス を 開 く(取 得 する) ためのヘルパーにすぎません。データベースを操作するには、まず SQLiteDatabase オブジェクト[7]を準備しなければなりません。

これを行っているのが、getWritableDatabase メソッドです。これによって、編集モードで SQLiteDatabase オブジェクトを取得できます。登録／更新／削除など、データベースに対してなんらかの変更を施す場合に利用します。

もしもデータ検索などの読み取り専用でデータベースを利用するならば、代わりに getReadableDatabase メソッドを利用してください。

開いたデータベースは、処理途中で例外が発生した場合に備えて、try ブロックで確実に閉じるようにします。

*7) **SQLiteOpen Helper** では、onCreate ／ onUpgrade メソッドの引数として受け取っていたオブジェクトです。

■ Database Inspectorからデータベースに接続する

アプリの正常動作を確認できたら、一旦アプリを終了させたうえで、作成した
データベースの中身をAndroid StudioのDatabase Inspectorから確認してみ
ましょう。もちろん、アプリ側でデータを参照するための機能を作成しても構いま
せん。しかし、本項での方法を理解していれば、アプリがうまく動作しない場合に
も、データを取得する側の問題なのか、そもそもデータを保存する際の問題なのか
を特定しやすくなります。

[1] App Inspectionを起動する

App Inspectionは、Android Studioのウィンドウ下部 ▇ App Inspection をクリッ
クするか、メニューバーから [View] − [Tool Windows] − [App Inspection] を選
択することで、起動できます。

図 09-17 App Inspection

[2] テーブルの内容を表示する

[Database Inspector] タブが選択されていることを確認します。また、左上に
選択ボックスがあるので、[デバイス（エミュレーター）> プロジェクト]（ここでは
[Pixel 4 API 30 > to.msn.wings.databasebasic]）を選択すると、配下のデータベー
ス（ここでは sample.sqlite）が表示されます。これを展開すると、配下に先ほど作
成したbooksテーブルが表示されるので、ダブルクリックしてみましょう。

右ペインにbooksテーブルの内容がグリッド表示されます。

図 09-18　booksテーブルの内容を表示

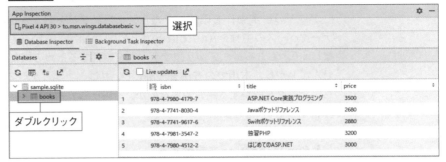

　グリッド上のセルをダブルクリックすることで、テーブル配下の値を編集すること
もできますし、上部の [Live updates] を有効にすれば、アプリからの更新をリアル
タイムに反映させることも可能です。

[3] テーブルを操作する

　更に、左ペインから 📰 (Open New Query Tab) をクリックすることで、クエ
リー (SQL命令) を実行するためのタブが開きます。たとえば以下は、INSERT命
令を入力した例です。

図 09-19　INSERT命令を実行

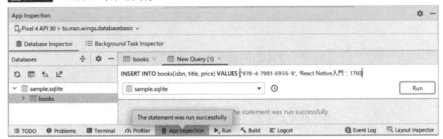

　入力したクエリーは右側の [Run] ボタンで実行できます。ウィンドウ下部に実行
結果が表示されることを確認しておきましょう。

09-02-06　書籍管理アプリを作成する

　データベースを作成できたところで、以下では、具体的なアプリを作成していきま
しょう。ここで作成するのは、書籍情報 (ISBNコード、書名、価格) をデータベー
スで管理するためのアプリです。

図09-20　アプリから書籍情報の登録／更新／削除／検索が可能

　基本的な情報管理アプリを通じて、データベースの基本的な操作——登録／更新／削除／検索の手法を学びましょう。

[1] レイアウトファイルを準備する

　書籍情報の入力フォームを作成します。これまでに比べると長めのレイアウトですが、Button／TextView／EditTextを縦に並べただけの単純な作りです。コードを確認しながら、上下に順に制約を設定していきましょう。

リスト09-09　activity_main.xml（DatabaseBasicプロジェクト）

```
<?xml version="1.0" encoding="utf-8"?>
<androidx.constraintlayout.widget.ConstraintLayout ...>
  <Button
    android:id="@+id/btnSave"
    android:layout_width="0dp"
    android:layout_height="wrap_content"
    android:text="保存"
    app:layout_constraintEnd_toEndOf="parent"
```

```
      app:layout_constraintStart_toStartOf="parent"
      app:layout_constraintTop_toTopOf="parent" />
  <Button
      android:id="@+id/btnDelete"
      android:layout_width="0dp"
      android:layout_height="wrap_content"
      android:text="削除"
      app:layout_constraintEnd_toEndOf="parent"
      app:layout_constraintStart_toStartOf="parent"
      app:layout_constraintTop_toBottomOf="@+id/btnSave" />
  <Button
      android:id="@+id/btnSearch"
      android:layout_width="0dp"
      android:layout_height="wrap_content"
      android:text="検索"
      app:layout_constraintEnd_toEndOf="parent"
      app:layout_constraintStart_toStartOf="parent"
      app:layout_constraintTop_toBottomOf="@+id/btnDelete" />
  <TextView
      android:id="@+id/tvIsbn"
      android:layout_width="0dp"
      android:layout_height="wrap_content"
      android:labelFor="@id/txtIsbn"
      android:text="ISBNコード"
      app:layout_constraintEnd_toEndOf="parent"
      app:layout_constraintStart_toStartOf="parent"
      app:layout_constraintTop_toBottomOf="@+id/btnSearch" />
  <EditText
      android:id="@+id/txtIsbn"
      android:layout_width="0dp"
      android:layout_height="wrap_content"
      android:ems="10"
      android:inputType="textPersonName"
      android:minHeight="48dp"
      app:layout_constraintEnd_toEndOf="parent"
      app:layout_constraintStart_toStartOf="parent"
      app:layout_constraintTop_toBottomOf="@+id/tvIsbn" />
  <TextView
      android:id="@+id/tvTitle"
      android:layout_width="0dp"
      android:layout_height="wrap_content"
      android:labelFor="@id/txtTitle"
      android:text="タイトル"
      app:layout_constraintEnd_toEndOf="parent"
      app:layout_constraintHorizontal_bias="0.0"
```

```
      app:layout_constraintStart_toStartOf="parent"
      app:layout_constraintTop_toBottomOf="@+id/txtIsbn" />
  <EditText
      android:id="@+id/txtTitle"
      android:layout_width="0dp"
      android:layout_height="wrap_content"
      android:ems="10"
      android:inputType="textPersonName"
      android:minHeight="48dp"
      app:layout_constraintEnd_toEndOf="parent"
      app:layout_constraintStart_toStartOf="parent"
      app:layout_constraintTop_toBottomOf="@+id/tvTitle" />
  <TextView
      android:id="@+id/tvPrice"
      android:layout_width="0dp"
      android:layout_height="wrap_content"
      android:labelFor="@id/txtPrice"
      android:text="価格"
      app:layout_constraintEnd_toEndOf="parent"
      app:layout_constraintStart_toStartOf="parent"
      app:layout_constraintTop_toBottomOf="@+id/txtTitle" />
  <EditText
      android:id="@+id/txtPrice"
      android:layout_width="0dp"
      android:layout_height="wrap_content"
      android:ems="10"
      android:inputType="textPersonName"
      android:minHeight="48dp"
      app:layout_constraintEnd_
toEndOf="parent"
      app:layout_constraintStart_
toStartOf="parent"
      app:layout_constraintTop_
toBottomOf="@+id/tvPrice" />
</androidx.constraintlayout.widget.
ConstraintLayout>
```

図 09-21　レイアウト完成図

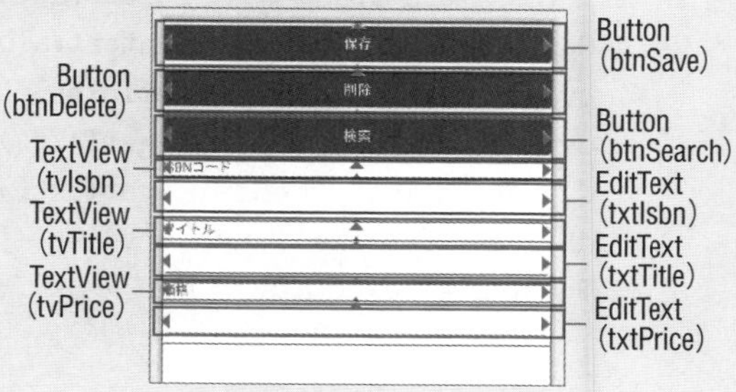

[2] アクティビティを準備する

　操作ボタンに対して、それぞれ対応する処理を割り当てます。btnSave（登録）、onDeleteメソッド（削除）、onSearchメソッド（検索）が、それです。

リスト09-10 MainActivity.java（DatabaseBasicプロジェクト）

```
package to.msn.wings.databasebasic;

import androidx.appcompat.app.AppCompatActivity;
import android.content.ContentValues;
import android.database.Cursor;
import android.database.sqlite.SQLiteDatabase;
import android.os.Bundle;
import android.widget.Button;
import android.widget.EditText;
import android.widget.Toast;

public class MainActivity extends AppCompatActivity {

  @Override
  protected void onCreate(Bundle savedInstanceState) {
    super.onCreate(savedInstanceState);
    setContentView(R.layout.activity_main);

    // ヘルパーを準備
    SimpleDatabaseHelper helper = new SimpleDatabaseHelper(this);
    EditText txtIsbn = findViewById(R.id.txtIsbn);
    EditText txtTitle = findViewById(R.id.txtTitle);
    EditText txtPrice = findViewById(R.id.txtPrice);

    // ［保存］ボタンを押した時に呼び出されるコード
    ((Button) findViewById(R.id.btnSave)).setOnClickListener(v -> {
      try (SQLiteDatabase db = helper.getWritableDatabase()) {            ─┐
        ContentValues cv = new ContentValues();                 ─┐        │
        cv.put("isbn", txtIsbn.getText().toString());           │ a      │
        cv.put("title", txtTitle.getText().toString());         │        │
        cv.put("price", txtPrice.getText().toString());         ─┘        │ 1
        db.insert("books", null, cv);                            ─ b      │
        Toast.makeText(this, "データの登録に成功しました。",     ─┐ c      │
            Toast.LENGTH_SHORT).show();                          ─┘        │
      }                                                                  ─┘
    });

    // ［削除］ボタンを押した時に呼び出されるコード
    ((Button) findViewById(R.id.btnDelete)).setOnClickListener(v -> {
      try (SQLiteDatabase db = helper.getWritableDatabase()) {            ─┐
        String[] params = {txtIsbn.getText().toString()};                  │ 2
        db.delete("books", "isbn = ?", params);                            │
        Toast.makeText(this, "データの削除に成功しました。",               │
```

```
        Toast.LENGTH_SHORT).show();
    }
});

//  ［検索］ボタンを押した時に呼び出されるコード
((Button) findViewById(R.id.btnSearch)).setOnClickListener(v -> {
    String[] cols = {"isbn", "title", "price"};
    String[] params = {txtIsbn.getText().toString()};
    try (SQLiteDatabase db = helper.getReadableDatabase();     a      b
        Cursor cs = db.query("books", cols, "isbn = ?",
            params, null, null, null, null)) {
        if (cs.moveToFirst()) {
            txtTitle.setText(cs.getString(1));
            txtPrice.setText(cs.getString(2));                        3
        } else {
            Toast.makeText(this, "データがありません。",
                Toast.LENGTH_SHORT).show();                    c
        }
    }
});

try (SQLiteDatabase db = helper.getWritableDatabase()) {
    Toast.makeText(this, "接続しました",
        Toast.LENGTH_SHORT).show();
    }
  }
}
```

■データを登録する

先ほどは、execSQL、compileStatement／executeInsert メソッドを利用して、データを登録しました。これらのメソッドは、SQLを理解している人にとっては汎用性もあって便利なメソッドですが、反面、初学者にとってはSQLを改めて習得しなければならないというハードルの高さもあります。

そこでSQLiteDatabaseクラスでは、定型的な登録／更新／削除／検索を、SQL命令を記述することなく実行できる専用メソッドを用意しています。以下でも、これらの専用メソッドを使ったコードを紹介していきます。コードの可読性という観点からも、まずは専用メソッドを優先して利用し、それで賄えない操作をexecSQLメソッドなどで、といった使いわけをしていくと良いでしょう。

表09-04　主な専用メソッド

メソッド	概要
insert	新規にデータを登録
insertWithOnConflict	新規にデータを登録（重複にも対応）
update	既存のデータを更新
delete	既存のデータを削除
query	データを検索

まずは、データの登録から見ていきます。

新規にデータを登録するには、まず、登録データをContentValuesオブジェクトにまとめます。ContentValuesは、データを列名／値のセットで管理するためのオブジェクトです。ContentValuesオブジェクトにデータを追加するには、putメソッドを使います（**a**）。

構文　putメソッド

```
public void put(String key, T value)
    key  ：キー名（列名）
    T    ：データ型（String、Boolean、Long、Double、ByteArrayなど）
    value：値
```

ここでは、EditText(txtIsbn、txtTitle、txtPrice)への入力値を、それぞれセットしておきます。以前にも触れたように、EditText#getTextメソッドの戻り値はEditableオブジェクトなので、putメソッドに渡す際にはtoStringメソッドで文字列に変換するのを忘れないようにしてください。

ContentValuesオブジェクトを用意できたら、あとはこれをinsertメソッドに渡すことで、データを登録できます（**b**）。

構文　insertメソッド

```
public long insert(String table, String nullColumnHack,
  ContentValues values)
    table          ：テーブル名
    nullColumnHack：null列の処理方法
    values         ：登録する値
```

引数nullColumnHackには、null列に対して設定する値を指定します。ここでは利用していませんので、nullをセットしておきます。

データを登録できたら、トーストで成功の旨を通知して完了です（**c**）。

☑ データを削除する

既存のデータを削除するのは、deleteメソッドの役割です。

構文 deleteメソッド

```
public int delete(String table, String whereClause, String[] whereArgs)
    table      :テーブル名
    whereClause:削除条件
    whereArgs  :条件値
```

引数whereClauseには、削除するデータを特定するための条件式を指定します。「isbn = ?」であれば「isbn列が＜?＞であるデータ」という意味です。「?」は、先ほど登場したプレイスホルダー（データの置き場所）を表す記号ですね。

プレイスホルダーには、引数whereArgsを介して値を渡せます。ここでは、プレイスホルダーがひとつだけなので、渡す配列paramsも要素をひとつしか持ちませんが[8]、もちろん、プレイスホルダーが複数であれば、その数だけ値も渡さなければなりません。

データを削除できたら、例によって、その旨をトースト表示して完了です。

☒ データを検索する

データを検索するには、先ほども述べたように、読み込みモードでデータベースを開いておく必要があります。これには、getReadableDatabaseメソッドを利用するのでした（**a**）。

検索処理そのものは、queryメソッドで実行します（**b**）。

構文 queryメソッド

```
public Cursor query(String table, String[] columns, String selection,
  String[] selectionArgs, String groupBy, String having,
  String orderBy, String limit)
    table        :テーブル名
    columns      :取得する列
    selection    :条件式
    selectionArgs:条件値
    groupBy      :グループ化（GROUP BY句）
    having       :グループ絞り込み条件（HAVING BY句）
    orderBy      :ソート式（ORDER BY句）
    limit        :LIMIT句
```

引数の数が多く複雑にも見えますが、引数groupby～limitまでは今回は利用

＊9）これら引数の詳細は、本書では割愛します。詳細は、SQLの専門書でSELECT命令の該当する句の説明を確認してください。

しないので、すべてnullを指定しておきます＊9。

以下に、その他の引数に渡した値をまとめておきます。

表09-05 queryメソッドの引数

引数	設定値
table	books
columns	{ "isbn", "title", "price" }
selection	isbn = ?
selectionArgs	{ txtIsbn.getText().toString() }

引数selection／selectonArgsの関係は、deleteメソッドの引数whereClause／whereArgsの関係と同じです。

queryメソッドによる検索の結果は、Cursorオブジェクトとして返されます。

Cursorとは、言うなれば、テーブルから取り出したデータ（＝結果セット）を保持すると共に、その読み取り手段を提供するオブジェクトです。

図09-22 結果セット

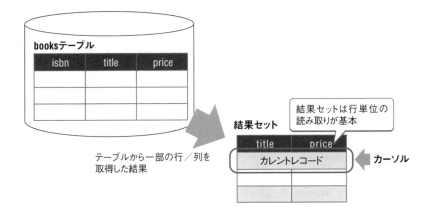

結果セットはいわゆる2次元の表ですが、Cursorオブジェクトでは、表の任意の位置にランダムにアクセスすることはできません。行単位に順に読み込んでいく必要があるのです＊10。このとき、「現在読み取り可能な行」を表す目印をカーソル、カーソルが示す現在行のことをカレントレコードと言います。

＊10）一種のイテレーターのようなものと考えても良いでしょう。

🄲のmoveToFirstメソッドは、カーソルを結果セットの先頭行に移動するためのメソッドです。moveToFirstメソッドは、カーソルを移動できない——データがない場合にfalseを返します。ここでは、moveToFirstメソッドのその性質を利用して、データが存在する場合は、その読み込みと画面への反映を、さもなければトー

ストでデータが見つからなかった旨を通知しています。

図 09-23 if (cs.moveToFirst()) { … }の意味

データが見つかった場合

isbn	title	price
978-4-7980-4512-2	はじめてのASP.NET	3000

→ movetoFirstメソッドで
先頭行に移動

条件式は
true

ifブロックの内容を処理（取得データをフォームに表示）

該当データがない場合

isbn	title	price

条件式は
false

✕ 先頭行に移動
できない（false）

elseブロックでエラーメッセージを表示

　　カレントレコードから列の値を取得するには、getXxxxx メソッドを利用します。
Xxxxxの部分は取得するデータ型に応じて、Blob、Int、Long、Stringなどに読
み替えてください。

構文 getXxxxx メソッド

```
public abstract T getXxxxx(int columnIndex)
     T          ：取得するデータ型（Blob、Int、Long、Stringなど）
     columnIndex：列番号（0、1、2...）
```

　　取り出したデータは、EditText#setText メソッドで対応するテキストボックスに
反映させています。

参考

Cursor クラスの主なメソッド

　　Cursor クラスには、その他にも、さまざまなメソッドが用意されています。以下に主なもの
をまとめておきます。

表09-06 Cursorクラスの主なメソッド

メソッド	概要
getColumnCount()	列の数を取得
getCount()	行数を取得
isAfterLast()	カーソルが最終行の後ろにあるか
isBeforeFirst()	カーソルが先頭行の前にあるか
isFirst()	カーソルが先頭行にあるか
isLast()	カーソルが最終行にあるか
getColumnIndex(String *columnName*)	列名に対応する列番号を取得
getColumnName(int *columnIndex*)	列番号に対応する列名を取得
moveToFirst()	先頭行にカーソルを移動
moveToLast()	最終行にカーソルを移動
moveToNext()	次の行にカーソルを移動
moveToPosition(int *position*)	*position* 行目にカーソルを移動
moveToPrevious()	前の行にカーソルを移動

　たとえば、moveToFirst ／ moveToNext メソッドを利用することで、結果セットのすべての
データを読み込むこともできます。

```
String msg = "";
boolean eol = cs.moveToFirst();──────────────────────1
while (eol) {
  msg += cs.getString(1);
  eol = cs.moveToNext();──────────────────────2
}
Toast.makeText(this, msg, Toast.LENGTH_SHORT).show();
```

　moveToFirst メソッドでカーソルを先頭行に移動した後（1）、moveToNext メソッドで順に
カーソルを次行に移動しながら最終行まで読み込んでいきます（2）。moveToNext メソッドも、
moveToFirst メソッドと同じく、移動先に行がない場合（＝末尾に到達した場合）にfalse を返
すので、ここではその性質を利用して、while ブロックの終了条件としています。

09-02-07　更新処理を実装する

　前項のコードは、実はまだ不完全です。というのも、既存のデータを編集しよう
とすると、重複エラーでSQLiteConstraintException 例外が発生してしまうので
す。これは、常にデータを新規で登録しようとしているためです。このため、キー
であるISBNコードが重複していると、データベースは「同じデータですよ」と拒否

するわけです。現時点では、既存のデータを更新するには、いったん元のデータを削除して、新たにデータを入力しなおさなければなりません。

　もちろん、このような状態は不便ですから、**[保存]** ボタンをクリックした時に、既存のデータであれば（＝ISBNコードが既に存在していれば）、データを更新するようにしてみましょう。

　これには、リスト09-10の**1**を、以下のように書き換えるだけです。

リスト09-11　MainActivity.java（DatabaseBasicプロジェクト）

```
try (SQLiteDatabase db = helper.getWritableDatabase()) {
  ...中略...
  db.insertWithOnConflict("books", null, cv, SQLiteDatabase.CONFLICT_REPLACE);
  Toast.makeText(this, "データの登録に成功しました。",
    Toast.LENGTH_SHORT).show();
}
```

　insertWithOnConflict メソッドは、データが重複した時の処理を決められる insert メソッドです。

構文　insertWithOnConflict メソッド

```
public long insertWithOnConflict(String table, String nullColumnHack,
  ContentValues initialValues, int conflictAlgorithm)
    table          ：テーブル名
    nullColumnHack ：null列の処理方法
    initialValues  ：登録する値
    conflictAlgorithm：データが重複した時の処理
```

　引数conflictAlgorithmで指定できる値には、以下のようなものがあります。

表09-07　引数conflictAlgorithmの設定値

設定値	概要
CONFLICT_NONE	指定なし（insertメソッドと同じ挙動）
CONFLICT_IGNORE	重複した時、何も行わない
CONFLICT_REPLACE	重複した時、該当の行を置き換え
CONFLICT_ROLLBACK	重複した時にロールバック

*11）このため、新規登録のつもりで既存のISBNコードを指定してしまうと、そのまま既存のデータが更新されてしまいます。

　ここでは、insertWithOnConflict メソッドでデータの登録／更新双方を賄っていますが*11、更新を行う専用メソッドとしてupdateメソッドもあります。

構文 update メソッド

```
public int update(String table, ContentValues values,
  String whereClause, String[] whereArgs)
    table       :テーブル名
    values      :更新する値
    whereClause:更新条件
    whereArgs   :条件値
```

```
ContentValues cv = new ContentValues();
cv.put("title", txtTitle.getText().toString());
cv.put("price", txtPrice.getText().toString());
String[] params = {txtIsbn.getText().toString()};
db.update("books", cv, "isbn = ?", params);
```

アプリの設定情報を管理する

このセクションでは、アプリの設定を管理するためのPreferenceというしくみについて学びます。

このセクションのポイント

■ 設定定義ファイルでは、<PreferenceScreen>要素の配下に、個別の設定項目を表す<XxxxxPreference>要素を列記する。

■ <XxxxxPreference>要素には、EditTextPreferenceをはじめ、CheckBoxPreference、ListPreference、MultiSelectListPreferenceなどがある。

アプリでは、アプリの挙動や表示をカスタマイズするためにさまざまな設定を持っています。これらの設定は、データベースに保存しても構いませんが、データの入力画面から保存処理までをいちいち作りこむのは、(定型的な作業であるにせよ) なかなかに面倒なことです。

そこでAndroidの世界では、Preferenceというしくみを提供しています。Preferenceは、主にアプリの設定情報のようなアプリ固有の、しかもごくシンプルなデータの集合を管理するためのしくみです。複雑なデータを扱うことはできませんが、代わりに、設定項目 (Preference) を表す定義ファイルを準備するだけで、設定情報を出し入れするためのUIから設定情報の保存までをほぼ自動で行ってくれます。アプリに設定情報が必要となった場合には、まず、このPreferenceの利用を検討してください。

09-03-01 基本的な設定画面を作成する

それではさっそく、基本的な設定画面を作成してみましょう。メイン画面で [**設定**] ボタンをクリックすると、設定画面に遷移し、設定を終えて再びメイン画面を開くと、現在の設定値をトースト表示するというしくみです。

図 09-24　設定画面での設定をメイン画面でトースト表示

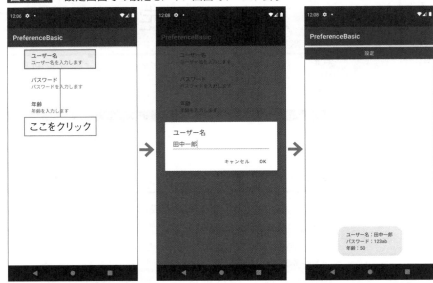

[1] ライブラリを追加する

Preferenceを使うには、preferenceライブラリ（1.1.1）を追加する必要があります。これには、[File] － [Project Structure...] からプロジェクト設定画面を表示します。

図 09-25　[Project Structure] 画面

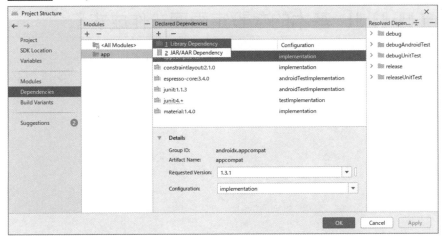

[Project Structure] 画面が開くので、[Dependencies] タブを開き、[app] モジュールの [Declared Dependencies] から ＋（Add Dependency）－[Library Dependency] を選択します。

図 09-26 [Add Library Dependency] 画面

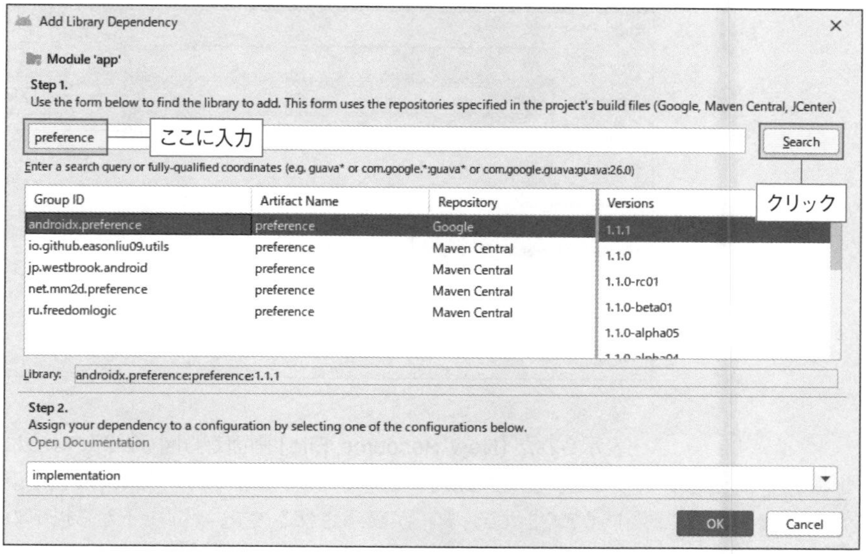

[Add Library Dependency] 画面が開くので、上のテキストボックスに「preference」と入力し、[Search] ボタンをクリックします。下のグリッドに合致したライブラリが表示されるので、「androidx.preference」を選択し、[Version] 列から「1.1.1」を選択したら、[OK] ボタンをクリックします。

先ほどの [Project Structure] 画面に戻るので、一覧に「androidx.preference:1.1.1」が追加されていることを確認し、[OK] ボタンをクリックします。

ライブラリのインストールと再ビルドが始まるので、しばらく待ちましょう。終了すると、preference が有効になります。

[2] 設定定義ファイルを作成する

設定画面を作成するには、まず、設定画面の「レイアウト」を定義ファイルで決めておく必要があります。ただし、設定画面のレイアウトは、これまで学んできたレイアウトファイルの構文とは異なりますので、注意してください。

プロジェクトウィンドウから /res フォルダーを右クリックし、表示されたコンテキストメニューから [New] − [Android resource file] を選択してください。

図 09-27　[New Resource File] 画面

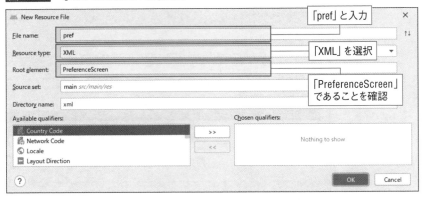

表示された [**New Resource File**] 画面から図 09-27 のように情報を入力し、[**OK**] ボタンをクリックします。これで /res/xml フォルダーに pref.xml[*1] が作成されます。

*1) フォルダーが存在しない場合は、自動的に作成されます。

レイアウトエディターが表示されるので、パレットから以下のようにウィジェットを配置しておきます。ConstraintLayout とは異なり、上から順に並べていくだけで構いません。

図 09-28　pref.xml のレイアウト

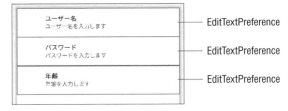

ユーザー名
ユーザー名を入力します　—— EditTextPreference

パスワード
パスワードを入力します　—— EditTextPreference

年齢
年齢を入力します　—— EditTextPreference

また、属性ウィンドウから以下のように属性を設定しておきます。

表 09-08　pref.xml の属性設定

ウィジェット	属性	設定値
EditTextPreference	key	edittext_name
	defaultValue	ゲスト
	summary	ユーザー名を入力します
	title	ユーザー名
EditTextPreference	key	edittext_pw
	defaultValue	123ab
	summary	パスワードを入力します
	title	パスワード

EditTextPreference	key	edittext_age
	defaultValue	20
	summary	年齢を入力します
	title	年齢

　設定できたらコードエディターに切り替え、以下のようなコードが生成されていることも確認しておきましょう。

リスト09-12 pref.xml（PreferenceBasicプロジェクト）

```xml
<?xml version="1.0" encoding="utf-8"?>
<PreferenceScreen xmlns:android="http://schemas.android.com/apk/res/android">
  <EditTextPreference
    android:defaultValue="ゲスト"
    android:key="edittext_name"
    android:selectAllOnFocus="true"
    android:singleLine="true"
    android:summary="ユーザー名を入力します"
    android:title="ユーザー名" />
  <EditTextPreference
    android:defaultValue="123ab"
    android:key="edittext_pw"
    android:selectAllOnFocus="true"
    android:singleLine="true"
    android:summary="パスワードを入力します"
    android:title="パスワード" />
  <EditTextPreference
    android:defaultValue="20"
    android:key="edittext_age"
    android:selectAllOnFocus="true"
    android:singleLine="true"
    android:summary="年齢を入力します"
    android:title="年齢" />
</PreferenceScreen>
```

　設定定義ファイルでは、ルート要素を表す<PreferenceScreen>要素の配下に、個別の設定項目を<XxxxxPreference>要素で列記するのが基本です。設定項目（<XxxxxxPreference>要素）には、<EditTextPreference>の他にも設定する内容に応じて、さまざまな種類がありますが、詳しくは改めて後述します。
　<EditTextPreference>要素に指定された属性の意味は、それぞれ以下の通りです。selectAllOnFocusを除く属性は、以降で登場する設定項目でも共通して

利用できます。

表09-09 設定項目の主な属性

属性	概要
key	設定項目のキー
title	設定項目の表示タイトル
summary	設定項目の説明文
defaultValue	既定の設定値
selectAllOnFocus	フォーカス時に既存のテキストを全選択

[3] フラグメントを作成する（設定画面）

　設定画面は、ダイアログ（セクション06-01）と同じく、（アクティビティではなく）フラグメントとして定義します。専用のPreferenceFragementCompatクラスを継承してください。

　PreferenceFragmentCompatクラスは、設定定義ファイルをロードし、設定画面を整形するまでの機能を、あらかた標準で用意しています。よって、アプリ側で追加すべきコードはほとんどありません。

リスト09-13 MyConfigFragment.java（PreferenceBasicプロジェクト）

```java
package to.msn.wings.preferencebasic;

import android.os.Bundle;
import androidx.preference.PreferenceFragmentCompat;

public class MyConfigFragment extends PreferenceFragmentCompat {
  @Override
  public void onCreatePreferences(Bundle bundle, String s) {
    addPreferencesFromResource(R.xml.pref);
  }
}
```

　設定定義ファイルは、addPreferencesFromResourceメソッドで読み込むことで、自動的に設定画面として展開できます。引数resIdは「R.xml.ファイル名」の形式で指定できます。

構文 addPreferencesFromResourceメソッド

```
public void addPreferencesFromResource(int preferencesResId)
    preferencesResId：設定定義ファイル（id値）
```

[4] アクティビティを作成する（設定画面）

06-01-01項でも触れたように、フラグメントはそれ単体では動作しません。フラグメントを動作するためのアクティビティを作成します。

リスト09-14 MyConfigActivity.java（PreferenceBasicプロジェクト）

```java
package to.msn.wings.preferencebasic;

import android.os.Bundle;
import androidx.appcompat.app.AppCompatActivity;

public class MyConfigActivity extends AppCompatActivity {
  @Override
  protected void onCreate(Bundle savedInstanceState) {
    super.onCreate(savedInstanceState);
    getSupportFragmentManager().beginTransaction()
        .replace(android.R.id.content, new MyConfigFragment())
        .commit();
  }
}
```

フラグメントを適用する方法については、08-04-01項でも触れた通りです。replaceメソッドでフラグメントの適用対象としているandroid.R.id.contentは、setContentViewメソッドで適用されたビューのコンテナー（つまり、画面全体）を表します。

[5] アクティビティを作成する（メイン画面）

設定画面を呼び出すためのメイン画面（アクティビティとレイアウト）を作成します。メイン画面には[設定]ボタンだけを設置しておきます。

リスト09-15 activity_main.xml（PreferenceBasicプロジェクト）

```xml
<?xml version="1.0" encoding="utf-8"?>
<androidx.constraintlayout.widget.ConstraintLayout ...>
  <Button
    android:id="@+id/btn"
    android:layout_width="0dp"
    android:layout_height="wrap_content"
```

```
      android:text="設定"
      app:layout_constraintEnd_toEndOf="parent"
      app:layout_constraintStart_toStartOf="parent"
      app:layout_constraintTop_toTopOf="parent" />
</androidx.constraintlayout.widget.ConstraintLayout>
```

図 09-29　レイアウト完成図

リスト 09-16　MainActivity.java（PreferenceBasicプロジェクト）

```java
package to.msn.wings.preferencebasic;

import androidx.appcompat.app.AppCompatActivity;
import androidx.preference.PreferenceManager;
import android.content.Intent;
import android.content.SharedPreferences;
import android.os.Bundle;
import android.widget.Button;
import android.widget.Toast;

public class MainActivity extends AppCompatActivity {
  @Override
  protected void onCreate(Bundle savedInstanceState) {
    super.onCreate(savedInstanceState);
    setContentView(R.layout.activity_main);

    // 設定情報の取得＆表示
    SharedPreferences pref = PreferenceManager.getDefaultSharedPreferences(this);──■1
    String msg = "";
    msg += "ユーザー名：" + pref.getString("edittext_name", "ゲスト");
    msg += "\nパスワード：" + pref.getString("edittext_pw", "123abc");          ■2
    msg += "\n年齢：" + pref.getString("edittext_age", "20");
    Toast.makeText(this, msg, Toast.LENGTH_LONG).show();──────────────────■3

    // ボタンクリックで設定画面を起動
    ((Button) findViewById(R.id.btn)).setOnClickListener(v -> {
      Intent i = new Intent(this, MyConfigActivity.class);
      startActivity(i);
    });
  }
}
```

　　P.516のリスト09-13では、設定情報を記録するためのコードを一切記述していませんでした。これは、基底クラスであるPreferenceFragmentCompatが「画面からの入力を受け取り、その情報を保存する」という処理を一手に引き受けてい

たからなのです。

そして、保存された情報は、SharedPreferencesというオブジェクトを使って読み出すことができます*2。SharedPreferencesオブジェクトを利用することで、データの保存先や形式などをまったく意識することなく、Mapにもよく似た手順で、設定情報にアクセスできるようになります。

SharedPreferencesオブジェクトは、PreferenceManager.getDefaultSharedPreferencesメソッドで取得できます（**1**）。

> *2) データ本体は「/data/data/パッケージ名/shared_prefs」に保存されます。

構文 getDefaultSharedPreferencesメソッド

```
public static SharedPreferences getDefaultSharedPreferences(
  Context context)
    context：コンテキスト
```

SharedPreferencesオブジェクトを取得できてしまえば、あとはgetXxxxxメソッドで設定値にアクセスするだけです（**2**）。Xxxxxには読み出すデータの型に応じて、Boolean、Float、Int、Long、String、StringSetなどの値を指定できます。

構文 getXxxxxメソッド

```
public abstract T getXxxxx(String key, T defValue)
    T ：取得するデータ型（Boolean、Float、Int、Long、String、MutableSet<String>）
    key：取得するキー    defValue：既定値
```

EditTextPreferenceは文字列型の値を入力しているはずなので、ここではgetStringメソッドを利用しています。

引数keyには、設定定義ファイルで<EditTextPreference>要素のkey属性で宣言したキーを指定します。引数defValueは、対応するキーが見つからなかった場合に取得できる既定値を表します。

あとは読み出した値を変数msgにまとめて、トーストで表示して完了です（**3**）。

[6] マニフェストファイルを編集する

最後に、設定画面を認識するように、マニフェストファイルに設定画面のアクティビティを追加します。

リスト09-17 AndroidManifest.xml（PreferenceBasicプロジェクト）

```
<manifest ...>
  <application ...>
    ...中略...
```

```
    <activity android:name=".MyConfigActivity"></activity>
  </application>
</manifest>
```

[7] サンプルを実行する

　以上の準備ができたら、サンプルを実行してみましょう。本項冒頭の図09-24のように、設定画面で入力した情報がメイン画面でトースト表示されることを確認してみましょう。初回は既定値が表示されますし、設定画面から設定値を変更した後はその値が反映されます。

09-03-02　さまざまなPreference

　設定定義ファイルで利用できる設定項目（Preference）は、もちろん、EditTextPreference（テキストボックス）だけではありません。その他にも、以下のようなPreferenceを利用できます。

　以下では、それぞれのPreferenceを表す設定定義ファイルの記述と、設定値を取得するためのアクティビティ側のコードを抜粋して示します。完全なコードについては、ダウンロードサンプルから参照してください。

■ CheckBoxPreference

　オンオフの設定を行うチェックボックス式のPreferenceです。

リスト09-18　pref.xml（PreferenceCustomプロジェクト）

```
<CheckBoxPreference
  android:defaultValue="true"
  android:key="chk"
  android:summary="ニュースを購読する場合は、チェックしてください。"
  android:title="News購読" />
```

リスト09-19　MainActivity.java（PreferenceCustomプロジェクト）

```
String msg = "News購読：" + pref.getBoolean("chk", true);
```

図09-30　チェックボックスによる設定

■ SwitchPreference

　CheckBoxPreferenceと同じくオンオフの設定を行いますが、スイッチ式のUIを提供します。

リスト09-20　pref.xml（PreferenceCustomプロジェクト）

```
<SwitchPreference
  android:defaultValue="true"
  android:key="switch"
  android:summary="ニュースを購読しますか"
  android:title="News購読" />+
```

リスト09-21　MainActivity.java（PreferenceCustomプロジェクト）

```
String msg = "News購読：" + pref.getBoolean("switch", true);
```

図09-31　スイッチによる設定

■ ListPreference

　ラジオボタン式のリストから単一選択するタイプのPreferenceです。

リスト09-22　pref.xml（PreferenceCustomプロジェクト）

```
<ListPreference
  android:defaultValue="A型"
  android:entries="@array/blood_items"
```

```
    android:entryValues="@array/blood_items"
    android:key="list"
    android:summary="血液型を選んでください"
    android:title="血液型" />
```

リスト09-23　MainActivity.java（PreferenceCustomプロジェクト）

```
String msg = "血液型：" + pref.getString("list", "A型");
```

図09-32　ラジオボタンリストによる設定

android:entries属性はリストに表示するテキストの配列を、android:entryValues属性はSharedPreferencesに保存される値の配列を、それぞれ表します。

配列リソースの定義方法については、03-02-05項も参照してください。

■ MultiSelectListPreference

チェックボックス式のリストから複数選択するタイプのPreferenceです。

リスト09-24　pref.xml（PreferenceCustomプロジェクト）

```
<MultiSelectListPreference
  android:entries="@array/os_items"
  android:entryValues="@array/os_items"
  android:key="multi"
  android:summary="ご使用のOSをチェックしてください"
  android:title="OS" />
```

リスト09-25　MainActivity.java（PreferenceCustomプロジェクト）

```
Set<String> set = pref.getStringSet("multi", new HashSet<String>());
for (String str: set) {
  msg += str + " ";
}
```

図09-33 チェックボックスリストによる設定

<MultiSelectListPreference>要素で利用できる属性は、ListPreferenceとも共通なので、特筆すべき点はありません。

注目すべきは、設定値を取得するコードです。複数値を取得するには、SharedPreferenceオブジェクトのgetStringSetメソッドを利用してください。getStringSetメソッドの戻り値はSet<String>オブジェクトなので、あとは拡張for構文で配下の要素を順番に取り出せます。

■ PreferenceCategory

これまでのPreferenceと異なり、PreferenceCategoryはPreferenceをカテゴライズする（まとめる）ためのしくみです。設定画面に含まれるPreferenceが多くなった場合、関連する塊でもってグループ化することで、画面を見やすくすることができるでしょう。

<PreferenceCategory>要素は、<PreferenceScreen>要素の配下にいくつでも含めることができます。

リスト09-26 pref.xml（PreferenceCustomプロジェクト）

```xml
<PreferenceCategory android:title="プロフィール">
  <EditTextPreference
    android:defaultValue="ゲスト"
    android:key="edittext_name"
    android:summary="ユーザー名を入力します"
    android:title="ユーザー名" />
  <ListPreference
    android:defaultValue="A型"
    android:entries="@array/blood_items"
    android:entryValues="@array/blood_items"
    android:key="list"
    android:summary="血液型を選んでください"
    android:title="血液型" />
```

図09-34 レイアウト完成図

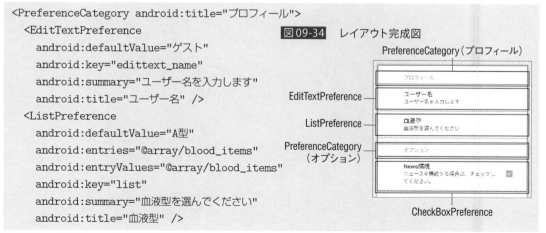

```
</PreferenceCategory>
<PreferenceCategory android:title="オプション">
  <CheckBoxPreference
    android:defaultValue="true"
    android:key="chk"
    android:summary="ニュースを購読する場合は、チェックしてください。"
    android:title="News購読" />
</PreferenceCategory>
```

リスト 09-27　MainActivity.java（PreferenceCustom プロジェクト）

```
String msg = "ユーザー名：" + pref.getString("edittext_name", "なし");
msg += "\n血液型：" + pref.getString("list", "A型");
msg += "\nNews購読：" + pref.getBoolean("chk", true);
```

図 09-35　カテゴライズされた設定項目

Chapter

10→

ハードウェアの活用

Android 実機には、GPS（全地球測位システム）、カメラ、タッチパネル、マイク、ネットワーク機能、そして、加速度センサー／ジャイロセンサーをはじめとした種々のセンサー、さまざまなハードウェア機能が標準で搭載されています。

これらを利用することで、Android アプリで実現できることは一段と広がります。本章では、あまたあるハードウェア機能の中でも特によく利用すると思われるものを学んでいきます。

はじめての Android アプリ開発 Java 編

位置情報を取得する

このセクションでは、GPS機能を利用して現在位置を取得し、それを地図に描画する方法を学びます。

このセクションのポイント

1 Googleマップを利用することで、アプリにカスタマイズ可能な地図を組み込むことができる。

2 Googleマップを利用するには、Google Maps Activityテンプレートを利用するのが便利である。

3 FusedLocationProviderApiクラスを利用することで、適切な方法で現在位置を取得できる。

GPS（Global Positioning System：全地球測位システム）とは、現在位置を測定するためのシステムのこと。機能としてはシンプルそのものですが、GPS機能を利用することで、現在位置に応じた周辺地域の情報を収集したり、自分の出かけた先をログとして残すことで独自のマップを作ったり、はたまた、特定の場所でポイントや（ゲーム上の）アイテムを得られたりと、アイデア次第でアプリにさまざまな機能を組み込むことができます。あまたあるハードウェア機能の中でも、持ち運びを前提としたスマホの特長を十全に活かせることから、もっともスマホらしい機能であると言えるでしょう。

このセクションでは、まず、GPS機能と連動して利用することの多いGoogleマップ（https://maps.google.co.jp/）をアプリに組み込む方法について学びます。その後、地図の表示方法や位置／ズームの操作について触れた後、FusedLocationProviderApiクラスを利用して、現在位置を取得し、地図に反映する方法について理解していきます。

10-01-01 Googleマップを利用するための準備&設定

Googleマップを自作のアプリで利用するには、Google Play servicesというライブラリをインストールした後、専用の「Google Maps Activity」テンプレート経由で、Google Maps API Keyを入手するのが簡便です。

以下では、具体的なセットアップの手順を追っていきます。

[1] Google Play servicesをインストールする

まずは、Googleマップを利用するための準備として、Google Play servicesをインストールしておきましょう。ライブラリのインストールには、Android Studioのメニューバーから [Tools] - [SDK Manager] を選択します。

Android SDK Managerが起動するので、[SDK Tools]タブを選択し、[Google Play services] にチェックを入れます。

[OK] ボタンをクリックすると、変更の確認画面が表示されるので、[OK] ボタンをクリックしてインストールを開始します。

図10-01 Google Play services のインストール

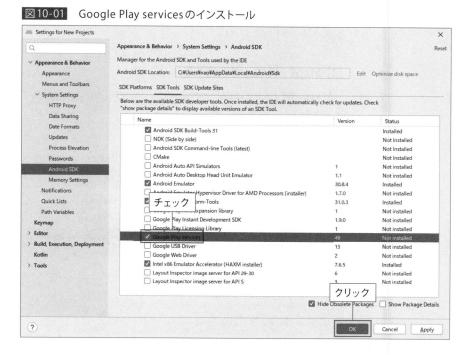

[2] 新規にプロジェクトを作成する

　P.52の手順に沿って、新規にMapBasicプロジェクトを作成します。ただし、[**Choose your project**]画面では[**Google Maps Activity**]を選択してください。

図10-02 [Add an activity to Mobile]画面

以降の画面は、すべて既定値のままで構いません。最後の画面で [Finish] ボタンをクリックしてください。

[3] Maps API Keyを取得する

Maps API Keyは、/res/values/google_maps_api.xmlで記されたアドレスにアクセスして取得します。

図10-03　Maps API Keyの入手先

ブラウザーが起動したら、画面の指示に従って手順を進めます。最後に表示されるAPIキーはコピーして、手元に控えておきましょう[*1]。

図10-04　Google Developers Console

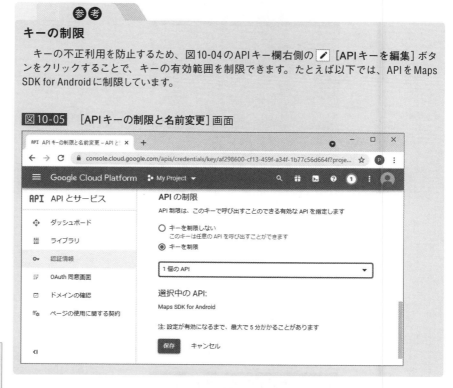

参考

キーの制限

キーの不正利用を防止するため、図10-04のAPIキー欄右側の 🖉 [APIキーを編集] ボタンをクリックすることで、キーの有効範囲を制限できます。たとえば以下では、APIを Maps SDK for Android に制限しています。

図10-05　[APIキーの制限と名前変更] 画面

*2）配布サンプルもそのままでは動作しません。本文の手順に従って、自分で新規プロジェクトを作成し、取得したキーで差し替えるようにしてください。

[4] リソースを準備する

入手した Maps API Key を /res/values/google_maps_api.xml に登録しておきましょう。初期状態では「YOUR_KEY_HERE」と書かれているので、自分で入手したものに置き換えてください*2。

リスト10-01　google_maps_api.xml（MapBasicプロジェクト）

```
<resources>
    ...中略...
    <string name="google_maps_key" templateMergeStrategy="preserve" →
```

```
translatable="false">AIzaSyCSgjqw...</string>
</resources>
```

[5] サンプルを実行する

　以上で、Googleマップを利用する最低限の手順は終了です。早速、サンプルを実行してみましょう。以下のような地図が表示され、シドニーがポイントされていれば、サンプルは正しく動作しています。

図10-06　地図が表示される

10-01-02　地図表示の基本を理解する

　プロジェクト標準のアプリを実行できたところで、初期状態で用意されたソースコードを読み解きながら、マップ表示の基本を理解してみましょう。

■ マップの準備

　まずは、メインレイアウトからです。

リスト10-02　activity_maps.xml（MapBasicプロジェクト）

```
<fragment xmlns:android="http://schemas.android.com/apk/res/android"
  xmlns:map="http://schemas.android.com/apk/res-auto"
  xmlns:tools="http://schemas.android.com/tools"
  android:id="@+id/map"
  android:name="com.google.android.gms.maps.SupportMapFragment"
  android:layout_width="match_parent"
  android:layout_height="match_parent"
  tools:context=".MapsActivity" />
```

　　　　　　　レイアウトは<fragment>要素だけから構成されます。<fragment>要素は、フラグメント（08-04-01項）をレイアウトに反映させるための要素です。この例であれば、標準で用意されたcom.google.android.gms.maps.SupportMapFragmentクラスを使って、Googleマップをレイアウトに反映させているわけです[3]。

> ＊3）現在では FragmentContainer View（08-04-01項）を優先して利用すべきですが、本項ではプロジェクト既定の記述を優先します。

■ マップの操作

　続いて、マップを操作するアクティビティに注目します（既定で記載されているコメントなどは割愛しています）。

リスト10-03　MapsActivity.java（MapBasicプロジェクト）

```
public class MapsActivity extends FragmentActivity
    implements OnMapReadyCallback {                                ―――――――― 2
  private GoogleMap mMap;
  private ActivityMapsBinding binding;

  @Override
  protected void onCreate(Bundle savedInstanceState) {
    super.onCreate(savedInstanceState);

    binding = ActivityMapsBinding.inflate(getLayoutInflater());
    setContentView(binding.getRoot());

    // フラグメントを取得
    SupportMapFragment mapFragment =
      (SupportMapFragment) getSupportFragmentManager()―――――――――――――
      .findFragmentById(R.id.map);                                          1
    mapFragment.getMapAsync(this);  ―――――――――――――――――――――
  }

  @Override
```

```
public void onMapReady(GoogleMap googleMap) {
  mMap = googleMap;

  // Add a marker in Sydney and move the camera
  // 指定の座標にマーカーを追加
  LatLng sydney = new LatLng(-34, 151);
  mMap.addMarker(new MarkerOptions().position(sydney)
    .title("Marker in Sydney"));
  // 表示位置を移動
  mMap.moveCamera(CameraUpdateFactory.newLatLng(sydney));
}
}
```

⊣3

Googleマップを利用するには、まず、FragmentManager#findFragmentById メソッドでレイアウトに配置されたフラグメントを取得します(■)。FragmentManager は、現在のクラスの基底クラスであるFragmentActivityオブジェクトから getSupportFragmentManagerメソッドを呼び出すことで取得できます。

構文 findFragmentByIdメソッド

```
@Nullable
public abstract Fragment findFragmentById(int id)
    id：フラグメントのid値
```

あとは、得られたSupportMapFragmentオブジェクトからgetMapAsyncメ ソッドを呼び出すことで、マップを得られます。

構文 getMapAsyncメソッド

```
public void getMapAsync(OnMapReadyCallback callback)
    callback：コールバックオブジェクト
```

ただし、getMapAsyncは非同期に動作するメソッドです。得られたマップ (GoogleMapオブジェクト)は、コールバックオブジェクト(引数callback)に渡さ れる点に注意してください。

引数callbackには、OnMapReadyCallbackインターフェイス(com.google. android.gms.mapsパッケージ)の実装オブジェクトを指定します。サンプルでは、 現在のアクティビティにそのまま実装しているので(②)、getMapAsyncメソッド にもthisキーワードで渡せます。

OnMapReadyCallbackインターフェイスは、onMapReadyメソッドひとつ を提供する、シンプルなインターフェイスです。onMapReadyメソッドは、マッ

プが準備できたところで呼び出されるメソッドで（**3**）、引数には準備できたマップ（GoogleMapオブジェクト）が渡されます。これを利用して、マップを操作していくわけですね。

ここでは、GoogleMap#addMarkerメソッドでマーカーを追加した後、moveCameraメソッドで表示位置を変更します。

構文 addMarkerメソッド

```
public final Marker addMarker(MarkerOptions options)
    options：追加するマーカー
```

構文 moveCameraメソッド

```
public final void moveCamera(CameraUpdate update)
    update：表示位置情報
```

MarkerOptionsクラス（com.google.android.gms.maps.modelパッケージ）で利用できる主な設定メソッドは、以下の通りです。

表10-01 MarkerOptionsクラスの主な設定メソッド

メソッド	概要
alpha(Float *alpha*)	透明度
icon(BitmapDescriptor *icon*)	アイコン画像
position(LatLng *latlng*)	表示位置[4]
rotation(Float *rotation*)	回転角度
title(String *title*)	タイトル

＊4）LatLngコンストラクターには、緯度／経度を指定します。

moveCameraメソッドに渡すCameraUpdateオブジェクトは、CameraUpdateFactoryクラス経由で作成できます。ここでは、newLatLngメソッドでLatLngオブジェクト（緯度／経度）を指定していますが、たとえばnewLatLngZoomメソッドを利用すれば、緯度／経度と共に拡大率も指定できます。

構文 newLatLng／newLatLngZoomメソッド

```
public static CameraUpdate newLatLng(LatLng latLng)
public static CameraUpdate newLatLngZoom(LatLng latLng, float zoom)
    latLng：緯度／経度
    zoom  ：拡大率（2.0～21.0）
```

10-01-03 表示切替ボタン／ズームボタンを設置する

地図の基本を理解できたところで、地図をカスタマイズしてみましょう。まず、本項では、表示モード（標準地図／衛星写真）の切り替えボタンとズームボタンを設置してみます。

図10-07 ボタンクリックで表示を切り替え

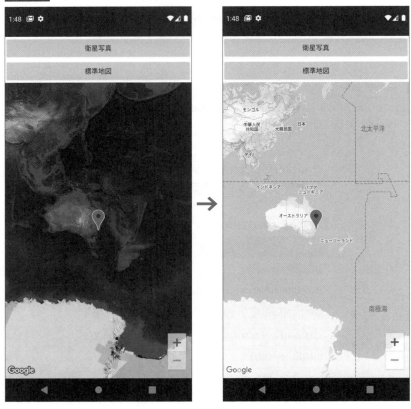

図10-08　ズームボタンで拡大率を変更

[1] レイアウトファイルを準備する

＊5）用法は同じなので、迷うところはないはずです。

　レイアウトファイルには、衛星写真／標準地図を表示するためのボタンを配置しておきます。また、テンプレート既定では<fragment>が利用されていましたが、このタイミングで、あるべきFragmentContainerViewで置き換えておきましょう＊5。

リスト10-04　layout/activity_maps.xml（MapButtonプロジェクト＊6）

```
<androidx.constraintlayout.widget.ConstraintLayout ...>
  <Button
    android:id="@+id/btnSatellite"
    android:layout_width="0dp"
    android:layout_height="wrap_content"
    android:text="衛星写真"
    app:layout_constraintEnd_toEndOf="parent"
    app:layout_constraintStart_toStartOf="parent"
    app:layout_constraintTop_toTopOf="parent" />
  <Button
    android:id="@+id/btnNormal"
```

＊6）警告が表示されますが、これは文字列リソースをハードコーディングしているためです。本来は、P.71のように、文字列リソースはstrings.xmlで定義すべきです。

```
    android:layout_width="match_parent"
    android:layout_height="0dp"
    android:text="標準地図"
    app:layout_constraintEnd_toEndOf="parent"
    app:layout_constraintStart_ ➡
toStartOf="parent"
    app:layout_constraintTop_ ➡
toBottomOf="@+id/btnSatellite" />
  <androidx.fragment.app.
FragmentContainerView
    android:id="@+id/map"
    android:name="com.google.android.gms. ➡
maps.SupportMapFragment"
    android:layout_width="match_parent"
    android:layout_height="0dp"
    app:layout_constraintBottom_ ➡
toBottomOf="parent"
    app:layout_constraintEnd_toEndOf="parent"
    app:layout_constraintStart_ ➡
toStartOf="parent"
    app:layout_constraintTop_ ➡
toBottomOf="@+id/btnNormal"
    tools:context=".MapsActivity" />
</androidx.constraintlayout.widget. ➡
ConstraintLayout>
```

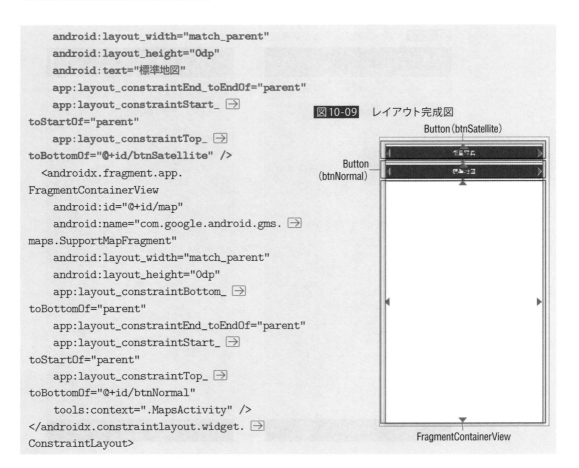

図10-09　レイアウト完成図

Button (btnSatellite)

Button
(btnNormal)

FragmentContainerView

[2] アクティビティを準備する

　　メニュー定義ファイルに従ってコンテキストメニューを表示すると共に、メニュー
選択時に地図の表示モードを切り替えます。追加箇所は太字で表しています。

リスト10-05　MapsActivity.java（MapButtonプロジェクト）

```
public class MapsActivity extends FragmentActivity implements OnMapReadyCallback {
  private GoogleMap mMap;
  private ActivityMapsBinding binding;

  @Override
  protected void onCreate(Bundle savedInstanceState) {
    ...中略...
    // ［衛星写真］への切り替え
```

```
    Button btnSatellite = findViewById(R.id.btnSatellite);
    btnSatellite.setOnClickListener(v ->
        mMap.setMapType(GoogleMap.MAP_TYPE_SATELLITE));

    // [標準地図] への切り替え
    Button btnNormal = findViewById(R.id.btnNormal);
    btnNormal.setOnClickListener(v ->
        mMap.setMapType(GoogleMap.MAP_TYPE_NORMAL));
  }

  @Override
  public void onMapReady(GoogleMap googleMap) {
    mMap = googleMap;

    // Add a marker in Sydney and move the camera
    LatLng sydney = new LatLng(-34, 151);
    mMap.addMarker(new MarkerOptions().position(sydney).title("Marker in Sydney"));
    mMap.moveCamera(CameraUpdateFactory.newLatLng(sydney));
    // ズームボタンを有効化
    mMap.getUiSettings().setZoomControlsEnabled(true);
  }
}
```

まず、ズームボタンを設置するのはカンタンです。onMapReadyメソッドは、Googleマップが利用可能になったところで呼び出されるメソッドです。引数としてGoogleマップ本体を表すGoogleMapオブジェクトが渡されるので、そのgetUiSettingsメソッドで設定情報を管理するUiSettingsオブジェクトを取得し、setZoomControlsEnabledメソッドでズームコントロールを有効化します（**1**）。

一方、表示モード切り替えボタンは標準で用意されていないので、サンプルではレイアウト上にボタンを追加しています。それぞれ対応するイベントリスナーで、衛星写真モード／道路地図モードを切り替えています（**2**）。

表示モードを切り替えるのは、setMapTypeメソッドの役割です。設定値には、以下の定数を指定できます。

表10-02 setMapTypeメソッドで利用できる主な定数

定数	概要
MAP_TYPE_NORMAL	標準の道路地図
MAP_TYPE_SATELLITE	衛星地図
MAP_TYPE_TERRAIN	地形図

10-01-04 現在位置を監視&表示する

　Android端末では、現在地を取得するためにGPS（全地球測位システム）、Wi-Fi、携帯電話の基地局などから位置情報を割り出します。しかし、それぞれにメリット／デメリットがあります。たとえばGPSは高い精度を期待できますが、低速なうえ、バッテリーの消費も激しいというデメリットがあります。そこで用途に応じて、これらデータソースから最適なものを選んで、位置情報を取得してくれるのがFusedLocationProviderClientです。

　本項では、このFusedLocationProviderClientクラスを利用して、現在位置を監視し、Googleマップにも現在位置を反映してみましょう。

図10-10 現在位置に応じて地図を表示

■ FusedLocationProviderClientの準備

　FusedLocationProviderClientを利用するには、play-services-locationライブラリを有効にしておく必要があります。P.512の手順に従って、プロジェクトにplay-services-location:18.0.0を導入しておきましょう。

図 10-11 [Project Structure] 画面

また、マニフェストファイルに対してメタデータ（google_play_services_version）を設定しておきます。

リスト10-06 AndroidManifest.xml（MapMyLocation プロジェクト）

```xml
<application ...>
  <meta-data
    android:name="com.google.android.gms.version"
    android:value="@integer/google_play_services_version" />
  ...中略...
</application>
```

これで FusedLocationProviderClient を利用するための準備が完了しました。

■ FusedLocationProviderClient による現在位置を取得

では、具体的なコードを見ていきましょう（Android Studio が自動生成したコメントは割愛しています）。

リスト10-07 MapsActivity.java（MapMyLocation プロジェクト）

```java
package to.msn.wings.mapmylocation;

import androidx.core.app.ActivityCompat;
import androidx.fragment.app.FragmentActivity;
import android.content.pm.PackageManager;
import android.location.Location;
import android.os.Bundle;
import android.os.Looper;
```

```java
import android.util.Log;
import com.google.android.gms.location.FusedLocationProviderClient;
import com.google.android.gms.location.LocationCallback;
import com.google.android.gms.location.LocationRequest;
import com.google.android.gms.location.LocationResult;
import com.google.android.gms.location.LocationServices;
import com.google.android.gms.location.LocationSettingsRequest;
import com.google.android.gms.location.LocationSettingsResponse;
import com.google.android.gms.location.SettingsClient;
import com.google.android.gms.maps.CameraUpdateFactory;
import com.google.android.gms.maps.GoogleMap;
import com.google.android.gms.maps.OnMapReadyCallback;
import com.google.android.gms.maps.SupportMapFragment;
import com.google.android.gms.maps.model.LatLng;
import com.google.android.gms.maps.model.MarkerOptions;
import com.google.android.gms.tasks.OnFailureListener;
import com.google.android.gms.tasks.OnSuccessListener;
import to.msn.wings.mapmylocation.databinding.ActivityMapsBinding;

public class MapsActivity extends FragmentActivity implements OnMapReadyCallback {
  private FusedLocationProviderClient fusedClient;
  private SettingsClient setClient;
  private LocationSettingsRequest locSetReq;
  private LocationCallback locCallback;
  private LocationRequest locReq;
  private GoogleMap mMap;
  private ActivityMapsBinding binding;

  @Override
  protected void onCreate(Bundle savedInstanceState) {
    super.onCreate(savedInstanceState);
    binding = ActivityMapsBinding.inflate(getLayoutInflater());
    setContentView(binding.getRoot());

    // Clientの準備
    fusedClient = LocationServices.getFusedLocationProviderClient(this);
    setClient = LocationServices.getSettingsClient(this);

    // パーミッションの確認＆要求
    if (ActivityCompat.checkSelfPermission(this,
        android.Manifest.permission.ACCESS_FINE_LOCATION)
      != PackageManager.PERMISSION_GRANTED) {
      ActivityCompat.requestPermissions(this,
        new String[] {android.Manifest.permission.ACCESS_FINE_LOCATION}, 1);
    }
```

5

```
SupportMapFragment mapFragment = (SupportMapFragment) getSupportFragmentManager()
    .findFragmentById(R.id.map);
mapFragment.getMapAsync(this);

// 位置情報取得時の処理を準備
locCallback = new LocationCallback() {
  @Override
  public void onLocationResult(LocationResult locationResult) {
    super.onLocationResult(locationResult);
    Location loc = locationResult.getLastLocation();
    mMap.animateCamera(CameraUpdateFactory.newLatLngZoom(
      new LatLng(loc.getLatitude(), loc.getLongitude()), 16f));
  }
};

// 位置リクエストを生成
locReq = new LocationRequest();
locReq.setPriority(LocationRequest.PRIORITY_HIGH_ACCURACY).
    setInterval(5000).
    setFastestInterval(1000);

// 位置情報に関する設定リクエスト情報を生成
LocationSettingsRequest.Builder builder =
    new LocationSettingsRequest.Builder();
locSetReq = builder.addLocationRequest(locReq).build();

// 位置情報の監視を開始
startWatchLocation();
}

// 位置情報の監視
private void startWatchLocation() {
  // 位置情報の設定を確認
  setClient.checkLocationSettings(locSetReq)
    .addOnSuccessListener(this,
    new OnSuccessListener<LocationSettingsResponse>() {
    @Override
    public void onSuccess(
      LocationSettingsResponse locationSettingsResponse) {
        // ACCESS_FINE_LOCATIONへのパーミッションを確認
        if (ActivityCompat.checkSelfPermission(MapsActivity.this,
            android.Manifest.permission.ACCESS_FINE_LOCATION) !=
            PackageManager.PERMISSION_GRANTED ) {
```

2

1

3

4

```
        return;
      }
      // 位置情報の取得を開始
      fusedClient.requestLocationUpdates(
          locReq, locCallback, Looper.myLooper());
    }
  })
  .addOnFailureListener(this, new OnFailureListener() {
    @Override
    public void onFailure(Exception e) {
      Log.d("MapMyLocation",  e.getMessage());
    }
  });
}


@Override
public void onMapReady(GoogleMap googleMap) {
  ...中略...*7
}


// 位置情報収集の解除
@Override
protected void onPause() {
  super.onPause();
  fusedClient.removeLocationUpdates(locCallback);
}


@Override
protected void onResume() {
  super.onResume();
  // 位置情報収集の再開
  startWatchLocation();
}
}
```

4

*7)Google Maps Activity テンプレートで生成されたコードをそのまま利用します。

7

6

FusedLocationProviderClient クラスを利用するには、以下のようなクラス／インターフェイスを利用します。複数のクラス／インターフェイスが絡み合っているので、一見、複雑に見えますが、いずれも定型的なコードです。恐れず、まずは大掴みにそれぞれのクラス／インターフェイスの関係を理解してください。

表10-03 現在位置の取得に利用するクラス／インターフェイス

クラス／インターフェイス	概要
SettingsClient	位置情報の設定 API と対話するためのクラス
LocationSettingsRequest	利用する位置情報サービスを特定
LocationCallback	FusedLocationProviderApi からの通知に応じての挙動を定義
LocationRequest	FusedLocationProviderApi へのリクエスト情報を管理
LocationListener	位置情報の変化を受けるためのリスナー

*8)FusedLocation
ProviderClientオブ
ジェクトには、Location
Services#getFused
LocationProviderClient
メソッドでアクセスで
きます。

　それでは、詳細なコードを追っていくことにしましょう。複雑なコードに見えますが、位置情報を取得するのは、FusedLocationProviderClient#requestLocationUpdates メソッド（太字部分）——これだけです[*8]。

　他のコードは、実は、このメソッドを呼び出すために必要となるオブジェクトを、ひたすら準備しているわけですね。

構文 requestLocationUpdatesメソッド

```
public Task<Void> requestLocationUpdates(LocationRequest request,
  LocationCallback callback, Looper looper)
    request ：位置情報への問い合わせ
    callback：位置情報を取得した時の処理
    looper  ：メッセージを処理するためのLooper
```

　では、引数request ／callbackに渡すべきオブジェクトを準備していきます。
　Looperは位置情報サービスで取得したデータをメインスレッド（UIスレッド）に反映するためのオブジェクトです。getMainLooperメソッドで既定のLooperを取得しておきましょう。

参考

位置情報取得の開始／終了タイミング

　画面がバックグラウンドにある時まで、位置情報を定期的に取得し続けるのは無駄です。そこで本サンプルでも、画面がフォアグラウンドになるタイミング（onResume❻）でrequestLocationUpdatesメソッド[*9]を呼び出し、バックグラウンドになるタイミング（onPause❼）でremoveLocationUpdatesメソッドを呼び出し、位置情報の取得を有効／無効化しています。

*9)より正しくは、
requestLocation
Updatesを呼び出して
いるstartWatch
Locationメソッドです。

❶ LocationRequestオブジェクト

　位置情報のリクエストに利用するクラスです。以下のようなセッターメソッドでリクエストに関わる情報を宣言しておきましょう。

表10-04　LocationRequestクラスの主なセッターメソッド

メソッド	概要	
setPriority(int *priority*)	優先順位	
	設定値	概要
	PRIORITY_BALANCED_POWER_ACCURACY	約100m以内の誤差精度
	PRIORITY_HIGH_ACCURACY	できるだけ正確な位置
	PRIORITY_LOW_POWER	約10km以内の誤差精度消費電力が少ない
	PRIORITY_NO_POWER	消費電力なしでできるだけ正確な位置
setInterval(long *millis*)	取得間隔	
setFastestInterval(long *millis*)	取得間隔（最速）	
setMaxWaitTime(long *millis*)	最大待ち時間	
setExpirationTime(long *millis*)	要求の有効期限	

　PRIORITY_HIGH_ACCURACY（できるだけ正確な位置）は電力の消費も激しい設定です。そこまでの精度を求めないならば、優先順位を落としたり、取得間隔を伸ばすことで電池の消耗を抑えられます。

❷ LocationCallbackクラス

　位置情報を取得した時に実行すべき処理を表します。最低限実装すべきメソッドはひとつ、onLocationResultメソッドです。

構文　onLocationResultメソッド

```
public void onLocationResult(LocationResult result)
    result：位置情報
```

　引数のLocationResultオブジェクトからは、getLastLocationメソッドで最近取得した位置情報（Locationオブジェクト）を得られます[*10]。Locationオブジェクトの主なゲッターメソッドは、以下の通りです。

＊10）これまでに取得した位置情報（群）を古い順に取得するには、getLocationsメソッドを利用してください。戻り値はList<Location>オブジェクトです。

表10-05　Locationクラスの主なゲッターメソッド

メソッド	概要
double getLatitude()	緯度
double getLongitude()	経度

float getAccuracy()	経度／緯度の誤差（m）
double getAltitude()	高度
float getBearing()	ベアリング（度）
float getBearingAccuracyDegrees()	方位の誤差（度）
float getSpeed()	速度（m/ 秒）
long getTime()	取得日時（1970/01/01 からの経過時間）

　ここではgetLatitude ／ getLongitudeメソッドの値を元に、LatLng オブジェクト（緯度／経度）を生成し、その値でanimateCamera メソッドによって地図位置を移動しています。

❸ LocationSettingsRequest クラス

　あとは、FusedLocationProviderClient#requestLocationUpdates メソッドを呼び出す前に、アプリが要求する位置情報の設定をデバイス側が満たしているかを確認する必要があります。このための情報を収集するのがLocationSettingsRequest クラスの役割です。

　LocationSettingsRequest クラスは直接はインスタンス化できないので、LocationSettingsRequest.Builder オブジェクトを介して生成します。

　addLocationRequest メソッドで位置情報のリクエストを渡すことで、デバイス側で必要な設定情報を判定するわけです。複数のリクエストがある場合には、addLocationRequest メソッドを複数回渡しても構いません。最後にbuild メソッドを呼び出すことで、LocationSettingsRequest オブジェクトを準備できます。

❹ SettingsClient クラス

　準備できた位置取得の設定を判定するのが、SettingsClient#checkLocationSettings メソッドです。SettingClient オブジェクトは、LocationServices#getSettingsClient メソッドから取得できます。

構文　checkLocationSettings メソッド

```
public Task<LocationSettingsResponse> checkLocationSettings(
  LocationSettingsRequest request)
    request：要求する位置情報の種類
```

　checkLocationSettings メ ソ ッ ド は、 判 定 の 成 否 をTask<LocationSettingsResponse>オブジェクトとして返すので、そのaddOnSuccessListener／addOnFailureListener メソッドで成功／失敗時の処理を登録しておきます。

構文 addOnSuccessListener ／ addOnFailureListener メソッド

```
public abstract Task<TResult> addOnSuccessListener(Activity activity,
  OnSuccessListener<? super TResult> listener)
public abstract Task<TResult> addOnFailureListener(Activity activity,
  OnFailureListener listener)
    TResult ：タスクの結果を表す型
    activity：紐づくアクティビティ
    listener：成功／失敗時に実行すべきイベントリスナー
```

ここでは成功時に位置情報の取得を開始し、失敗時にはログにエラーエッセージを出力しています。

■ 位置情報を取得するためのパーミッション設定

最後に、GPSを利用して位置情報を取得する場合の、パーミッション設定について補足しておきます。

（1）マニフェストファイルでの宣言

パーミッション設定には、まず、P.164などでも解説した<uses-permission>要素を、マニフェストファイルに追加する必要があります。

リスト10-08 AndroidManifest.xml（MapMyLocation プロジェクト）

```xml
<?xml version="1.0" encoding="utf-8"?>
<manifest xmlns:android="http://schemas.android.com/apk/res/android" ...>
  ...中略...
  <uses-permission android:name="android.permission.ACCESS_FINE_LOCATION" />
  <uses-permission android:name="android.permission.ACCESS_COARSE_LOCATION" />
  ...中略...
</manifest>
```

もっとも、本節で採用している「Google Maps Activity」テンプレートでは、既定でACCESS_FINE_LOCATION（正確な位置情報の取得）の設定が記載されているので、ここではACCESS_COARSE_LOCATION（大まかな位置情報の取得）の設定だけ追加します。

（2）Runtime Permissionによる権限の要求

ただし、Android 6以降では、このままでは動作しません。というのも、Android 6以降ではRuntime Permissionというしくみが導入されたためです。

Runtime Permissionとは、名前の通り、実行時に個々の機能へのアクセス許可を与えるしくみです。従来、位置情報やカメラなどの機能を利用するにあたって、

利用の許可をインストール時に行っていました。しかし、この方法にはいくつかの問題があります。

・その機能がなんのために利用されるかが、ユーザーにとってわかりにくい
・一度許可された機能は、アプリをアンインストールされるまで永続的に許可される

　Runtime Permissionは、このような問題を解決します。位置情報の取得のような重要な機能を利用するにあたっては、（インストール時ではなく）実行時に許可を確認／取得するのです。これによって、ユーザーは「なぜその機能が必要なのか」理解しやすくなりますし、一旦与えた許可をあとから解除することも可能です。
　Runtime Permissionを利用しているのは、**5**のコードです。ActivityCompat#checkSelfPermissionメソッドは、指定された機能が許可されているかどうかを確認します。

構文　checkSelfPermissionメソッド

```
public static int checkSelfPermission(@NonNull Context context,
  @NonNull String permission)
    context    ：コンテキスト
    permission：チェックするパーミッション
```

　checkSelfPermissionメソッドは、目的のパーミッションが与えられている場合にPackageManager.PERMISSION_GRANTEDを返します。ここでは戻り値がPERMISSION_GRANTEDでない（＝許可されていない）場合に、ActivityCompat#requestPermissionsメソッドでパーミッションを要求しています。

構文　requestPermissionsメソッド

```
public static void requestPermissions(@NonNull Activity activity,
  @NonNull String[] permissions, int requestCode)
    activity    ：アクティビティ
    permissions：要求するパーミッション
    requestCode：リクエストコード
```

　リクエストコードには、アクティビティの複数個所からパーミッション要求された場合にも要求を識別できるよう、アクティビティ内で一意になるよう値を指定してください[11]。

＊11）一意でありさえすれば、任意の値で構いません。

　requestPermissionsメソッドを呼び出すことで、デバイス側では以下のようなダイアログが表示されます。

図10-12　パーミッションの要求

ここでは利用していませんが、要求に対して「許可／許可しない」を選択した後の
処理を定義したい場合には、ActivityCompat#onRequestPermissionsResult
メソッドをオーバーライドしてください。

構文　onRequestPermissionsResult メソッド

```
public abstract void onRequestPermissionsResult(int requestCode,
  String[] permissions, int[] grantResults)
    requestCode ：リクエストコード
    permissions ：要求したパーミッション
    grantResults：要求の結果
```

一般的には、以下のようなコードでリクエストコードと、その結果を確認した上
で、なんらかの処理を実施することになるでしょう。

```
@Override
public void onRequestPermissionsResult(int code, String[] perms, int[] results) {
  if(code == 1 && results[0] == PackageManager.PERMISSION_GRANTED) {
    // 任意の処理
  }
}
```

HTTPでサーバーと通信する

このセクションでは、HTTP経由でネットワーク上からデータを取得／送信する方法について学びます。

このセクションのポイント

■1HTTP経由での通信には、HttpURLConnectionクラスを利用する。
■2Androidでは、メインスレッドでのネットワークアクセスは許していない。
■3非同期処理を実装するための標準的なクラスとして、Handler／Looperなどのクラスがある。

　Androidアプリを開発する場合、欠かせないのがネットワークとの連携です。自前であると外部サービスであるとに関わらず、リアルタイムなデータの取得、共有すべきデータの保存などに、サーバー連携（＝ネットワーク通信）は必須です。

　本節では、Androidアプリでよく利用するHTTP通信の基本的な概念について触れた後、具体的なサンプルでネットワーク通信のイディオムについて解説していきます。

10-02-01　HTTPの基本

　HTTP（HyperText Transfer Protocol）とは、名前の通り、HTMLやXMLのようなハイパーテキストの転送を目的としたプロトコル（通信規約）です。あまり馴染みのない人は、いわゆるWebで利用されている通信方法と理解しておけばよいでしょう。

　ここではまず、HTTPを利用する上で知っておきたい、基本的なキーワードと概念を理解しておきます。

　まず、HTTPの世界の主な登場人物は、以下の2者です。

・クライアント：コンテンツやサービスを要求するコンピューター
・サーバー：クライアントからの要求に際してコンテンツやサービスを配信するコンピューター

＊1）ChromeやEdge、Safariなどです。

　HTTPでは、クライアントがサーバーに対してコンテンツを要求（リクエスト）し、サーバーがこれに応答（レスポンス）する、というシンプルなやりとりを規定しているのです。

＊2）サーバーは、皆さんからのリクエストを待って、インターネットのどこかで四六時中待機しているわけです。

　イメージしにくいな、と感じたら、皆さんが普段利用しているブラウザー[1]を思い出してみてください。この場合、ブラウザーがクライアントであり、ページを提供しているコンピューターがサーバーです[2]。皆さんがページを要求することで、ページのもととなるデータを、サーバーが応答しているわけですね。

図 10-13 HTTPとは

もっとも、ブラウザーはHTTPのような原始的な通信の手続きを隠ぺいしているので、エンドユーザーがこれを意識することはほとんどありません[*3]。そこで以下では、もう少しクライアント／サーバー間でやりとりされている情報を詳らかにしていきましょう。まずは、以下の図10-14と表10-06に注目してください。

*3）意識するとしたら、URLの先頭に見えている「http://～」という文字列によってくらいでしょう。

図 10-14 HTTP通信の構成要素

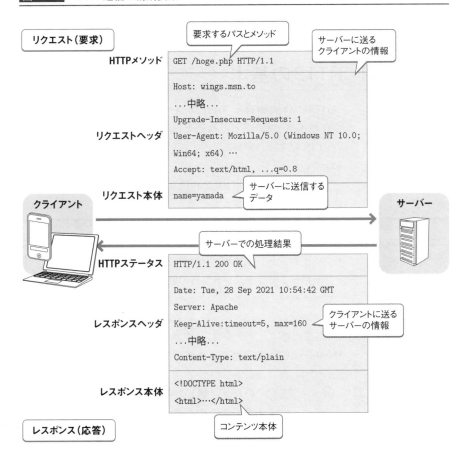

表10-06　HTTP通信を構成する要素

分類	名称	概要
要求	HTTPメソッド	要求の種類と要求先のパス
	リクエストヘッダー	要求の構成やクライアントに関する情報
	リクエスト本体	サーバーに送信すべきデータ
応答	HTTPステータス	サーバーでの処理結果を表すコード／メッセージ
	レスポンスヘッダー	コンテンツの構成やサーバーに関する情報
	レスポンス本体	コンテンツ本体

(1) HTTPメソッド／HTTPステータス

　まず、HTTPメソッドは、クライアントからサーバーに送信する端的な命令です。図10-14であれば、「/hoge.phpを取得（GET）しなさい」という意味になります。GETの代わりにPOSTを利用することで、「/hoge.phpに対してデータを送信（POST）」することもできます。

　サーバーへの命令を表すHTTPメソッドに対して、サーバーでの処理結果を表すのがHTTPステータスです。先ほどの図であれば「200 OK」で、サーバーでの処理が成功して、正しく結果を得られたことを表しています。クライアント側では、この情報を利用して、受け取ったコンテンツをどのように処理するかを決定します。

表10-07　主なHTTPステータス

ステータス	概要
200 OK	正常終了
201 Created	要求成功（新規リソースを作成）
301 Moved Permanently	リソースが恒久的に移動
302 Found	リソースが一時的に移動
401 Unauthorized	HTTP認証が必要
403 Forbidden	アクセスを拒否
404 Not Found	リソースが見つからない
500 Internal Server Error	サーバー内部エラー
503 Service Unavailable	サービスが利用できない

　たとえば「302 Found」はコンテンツが別の場所で見つかったことを意味するので、サーバーから返された情報をもとに、新たなアドレスからコンテンツを再取得しようと試みます。また、「401 Unauthrorized」（未認証）であれば、ユーザーに対して認証を促すダイアログボックスを表示します。

　HTTPステータスとは、単に結果を表すだけでなく、クライアントの挙動を決めるための情報と言っても良いでしょう。

(2) ヘッダー情報

ヘッダー情報とは、要求／応答時にコンテンツに付与される追加情報です。コンテンツそのもの、またはクライアント／サーバーに関わる情報を「名前：値」の形式で表します。

以下に、主なヘッダーをまとめます。ヘッダーの中には、リクエスト／レスポンスそのものに関する情報、コンテンツそのものに関する情報を表すものなどがあります。

表10-08 HTTP通信で利用できる主なヘッダー

ヘッダー名	概要
Cache-Control	キャッシュのルール
Date	コンテンツの作成日時
Transfer-Encoding	コンテンツ転送のエンコーディング方式
Content-Encoding	コンテンツのエンコーディング方式
Content-Length	コンテンツのサイズ
Content-Type	コンテンツの種類
Expires	コンテンツの有効期限
Last-Modified	コンテンツの最終更新日時
Accept	利用可能なコンテンツの種類（優先順）
Accept-Language	利用可能な言語（優先順）
Host	要求先のホスト名
Referer	リンク元のURI
User-Agent	クライアントの種類
Location	リダイレクト先のURL
Server	サーバーの種類
WWW-Authenticate	クライアントに認証を要求

たとえばAccept-Language（利用言語）を利用すれば、サーバー側ではユーザーに適した言語を選択できますし、Referer（リンク元）を記録しておけば、そのページがどこからアクセスされてくるのか、アクセス傾向の分析にも利用できます。

また、LocationヘッダーのようにLocationヘッダーのように、特定のHTTPステータスとのセットで意味ある情報もあります。一般的なブラウザーは「302 Found」ステータスが返された時に、Locationヘッダーを見て、再要求すべきページのアドレスを決定します。

これらはヘッダー情報を利用したほんの一例ですが、コンテンツの添え物と片付けてしまうにはあまりに重要な情報を含んでいることがおわかりになるでしょう。

＊4）HTTP GETでも
URLの末尾に付与
する形でデータを送
信することは可能で
す。ただし、その性
質上、データ量には
制約があり、一定以
上のデータ送信には
HTTP POSTを利用す
べきです。

（3）リクエスト本体／レスポンス本体

　クライアント／サーバー間でやりとりするデータそのものを表します。

　リクエスト本体は、HTTPメソッドとしてPOSTを利用した場合に利用できます。「キー：値」の組み合わせで、サーバーに送信すべき情報を表します＊4。

　一方、レスポンス本体は、ブラウザー上に表示すべき、いわゆるコンテンツそのものです。一般的なブラウザーでは、HTMLで書かれたコンテンツを受け取り、これを人間の目にも見やすくレイアウトしたものを画面に表示します。

10-02-02　ネットワーク通信の基本

　以上、HTTP通信の基本を理解できたところで、具体的な例を確認していきます。ここでは、まず「https://wings.msn.to/」にアクセスし、取得したページを画面にテキスト表示してみます。

図10-15　指定されたページのソースを表示

パーミッションの宣言

03-03-02項でも触れたように、Androidではセキュリティ上の理由から、アプリからのインターネット接続を制限しています。ネットワーク通信を利用するには、マニフェストファイルで明示的に制限を解除しなければなりません。

以下のように、<uses-permission>要素を追加してください。

リスト10-09　AndroidManifest.xml（NetworkBasicプロジェクト）

```xml
<?xml version="1.0" encoding="utf-8"?>
<manifest xmlns:android="http://schemas.android.com/apk/res/
android"
  package="to.msn.wings.networkbasic">
  <uses-permission android:name="android.permission.INTERNET" />
  <application ...>...</application>
</manifest>
```

では、具体的なコードを見ていきます。

リスト10-10　activity_main.xml（NetworkBasicプロジェクト）

```xml
<?xml version="1.0" encoding="utf-8"?>
<androidx.constraintlayout.widget.ConstraintLayout ...>
  <TextView
    android:id="@+id/txtResult"
    android:layout_width="0dp"
    android:layout_height="0dp"
    app:layout_constraintBottom_toBottomOf="parent"
    app:layout_constraintLeft_toLeftOf="parent"
    app:layout_constraintRight_toRightOf="parent"
    app:layout_constraintTop_toTopOf="parent" />
</androidx.constraintlayout.widget.ConstraintLayout>
```

図10-16　レイアウト完成図

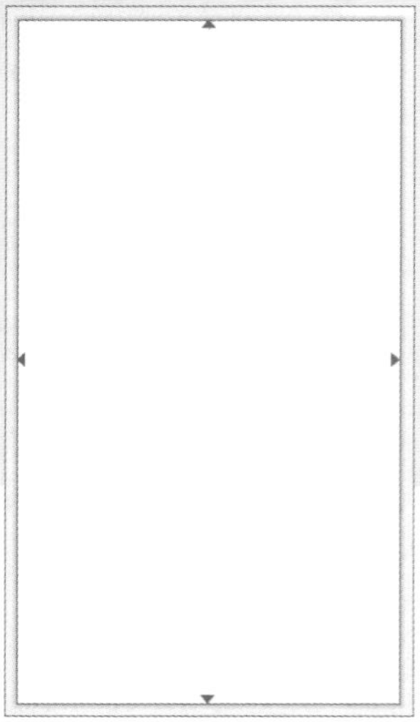

リスト10-11　MainActivity.java（NetworkBasicプロジェクト）

```java
package to.msn.wings.networkbasic;

import androidx.appcompat.app.AppCompatActivity;
import android.os.Bundle;
import android.widget.TextView;
import java.io.BufferedReader;
```

```java
import java.io.IOException;
import java.io.InputStreamReader;
import java.net.HttpURLConnection;
import java.net.URL;
import java.nio.charset.StandardCharsets;

public class MainActivity extends AppCompatActivity {
  @Override
  protected void onCreate(Bundle savedInstanceState) {
    super.onCreate(savedInstanceState);
    setContentView(R.layout.activity_main);

    try {
      // 指定されたアドレスにアクセス
      URL url = new URL("https://wings.msn.to/");
      HttpURLConnection con = (HttpURLConnection) url.openConnection();
      con.setRequestMethod("GET");
      // レスポンスを順に読み込み
      BufferedReader reader = new BufferedReader(new InputStreamReader(
          con.getInputStream(), StandardCharsets.UTF_8));
        StringBuilder builder = new StringBuilder();
        String line;
        while ((line = reader.readLine()) != null) {
          builder.append(line);
        }
      // 読み込んだテキストをTextViewに反映
      TextView txtResult = findViewById(R.id.txtResult);
      txtResult.setText(builder.toString());
    } catch (IOException e) {
      e.printStackTrace();
    }
  }
}
```

HTTP通信を担うのは、HttpURLConnectionクラスの役割です（**1**）。URL#openConnectionメソッドから取得できます。ただし、openConnectionメソッドの戻り値は、HttpURLConnectionオブジェクトの基底クラスであるURLConnection型です。利用にあたっては型キャストしておきましょう。

あとは、setRequestMethodメソッドでHTTPメソッドを宣言した後、getInputStreamメソッドでサーバーからの応答にアクセスできます（**2**）。ここでは、戻り値のInputStreamからBufferedReaderオブジェクトを生成し、コンテンツを行単位にStringBuilderオブジェクトに転記しています。ストリーム操作の手順については09-01-02項でも触れているので、忘れてしまったという人は、改

めて確認しておきましょう。

　StringBuilderオブジェクトにストックした文字列は、最後にTextView（txtResult）に反映させ、完了です（**3**）。

参考

HttpURLConnection クラスの主な設定メソッド

　HttpURLConnection クラスでは、リクエストにあたって、setRequestMethodの他にも、さまざまな設定を施すことが可能です。以下に、主なメソッドをまとめておきます。

表10-09　HttpURLConnectionクラスの主な設定メソッド

メソッド	概要
setConnectTimeout(int *timeout*)	接続にかかるタイムアウト時間（ミリ秒）
setReadTimeout(int *timeout*)	読み取りタイムアウト時間（ミリ秒）
setDoInput(boolean *doinput*)	接続を入力用途で利用するか
setDoOutput(boolean *dooutput*)	接続を出力用途で利用するか
setUseCaches(boolean *usecaches*)	キャッシュを使用するか

　以上を理解したら、サンプルを動作してみましょう。冒頭の図10-15のような結果が…得られず、NetworkOnMainThread例外が発生するはずです。

　本項では、ネットワークの基本を理解するために、ごく基本的な通信コードをアクティビティに直書きしましたが、実はAndroidではこれを許していません（＝メインスレッドからのネットワーク通信はできません）。

　一般的に、ネットワーク通信はアプリ内部での処理に比べると低速です。そこでAndroidでは、あらかじめ通信処理を別スレッドに委ねることを強制することで、アプリのレスポンス低下を防いでいるのです。

図10-17 スレッド

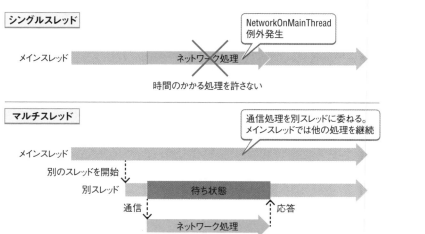

10-02-03 Handler ／ Looperによる非同期処理の実装

ということで、本項では前項で作成した通信コードを別スレッドに移動し、ネットワークアクセスが正しく動作するよう、修正してみましょう。

リスト10-12 MainActivity.java（NetworkBasicプロジェクト）

```java
...中略...
import androidx.core.os.HandlerCompat;
import java.util.concurrent.Executors;
...中略...
public class MainActivity extends AppCompatActivity {
  @Override
  protected void onCreate(Bundle savedInstanceState) {
    super.onCreate(savedInstanceState);
    setContentView(R.layout.activity_main);

    StringBuilder result = new StringBuilder();
    // 別スレッドでネットワークアクセスを実行
    Executors.newSingleThreadExecutor().execute(() -> {      ───1
      try {
        URL url = new URL("https://wings.msn.to/");
        HttpURLConnection con =  (HttpURLConnection) url.openConnection();
        con.setRequestMethod("GET");
        BufferedReader reader = new BufferedReader(new InputStreamReader(
            con.getInputStream(), StandardCharsets.UTF_8));
        String line;
```

```
    while ((line = reader.readLine()) != null) {
      result.append(line);
    }
    // 処理結果をHandler経由でUIに反映
    HandlerCompat.createAsync(getMainLooper()).post(() ->
      ((TextView) findViewById(R.id.txtResult))
        .setText(result.toString()));
  } catch (IOException e) {
    e.printStackTrace();
  }
});
  }
}
```

＊5)以前はAndroid
標準のAsyncTaskと
いうクラスが用意さ
れていましたが、現
在では非推奨となっ
ています。

Java(Kotlin)ではマルチスレッド処理を実装するために、標準でjava.util. concurrentパッケージを提供しています。Androidアプリでも、まずはこのjava.util. concurrentパッケージを利用してマルチスレッド処理を実装するのが基本です＊5。

そして、java.util.concurrentパッケージの中でも中核となるのがExecutor ——非同期処理の実行を管理するためのオブジェクトです＊6。Executorは、Executors(複数形)クラスの以下のようなメソッドを用いることで生成できます。

＊6)Executorそのも
のはインターフェイ
スなので、実際に利
用するのはその実装
クラスのインスタン
スです。

表10-10 Executorsクラスの主なインスタンス生成メソッド

メソッド	概要
ExecutorService newCachedThreadPool()	必要時に新規スレッドを作成。ただし、利用可能であれば以前のスレッドを再利用(一定期間でスレッドを破棄するため、短時間で繰り返し非同期実行するアプリで有効)
ExecutorService newSingleThreadExecutor()	単一のスレッドを準備し再利用
ExecutorService newFixedThreadPool(int *size*)	指定数のスレッドを準備
ScheduledExecutorService newScheduledThreadPool(int *size*)	指定の時間ごと実行するスレッドを生成
ScheduledExecutorService newSingleThreadScheduledExecutor()	指定の時間ごと実行するスレッドを生成(シングルスレッド)

この例では、ネットワークアクセスを別スレッドにすれば良いだけなので、newSingleThreadExecutorメソッドでExecutorオブジェクト(正しくは、その派生インターフェイスであるExecutorServiceのインスタンス)を生成します(１)。

Executorオブジェクトを生成できたら、あとは、そのexecuteメソッドを呼び出すだけで、指定の処理をスレッド経由で実行できます。

構文　executeメソッド

```
public void execute(Runnable command)
    command：非同期で行う処理
```

引数commandの内容は、リスト10-11の処理とほぼイコールですが、**2**のコードにのみ要注意です。というのも、AndroidのUIはシングルスレッドで動作しています。そのため、別スレッドからUIを更新しようとすると、例外が発生してしまうのです。

このような制約を乗り越えるために利用するのが、Handlerクラス（app.osパッケージ）です。Handlerクラスは、言うなればスレッド間でメッセージを受け渡しするためのしくみです。UIを管理するメインスレッドでは、内部的にLooperというオブジェクトを保持しています。Looperクラスは、言うなればメッセージキューであり、別スレッドからのメッセージを管理し、順に処理します。Handlerは、このLooperに対して、メッセージを送信するためのオブジェクトです。

図10-18　Handlerクラス

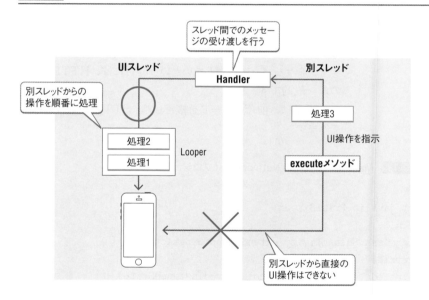

Handlerオブジェクトを生成するのは、HandlerCompat.createAsyncメソッドの役割です。

構文　createAsyncメソッド

```
@NonNull
public static Handler createAsync(@NonNull Looper looper)
    looper：Handlerを紐づけるLooper
```

　　　引数looperには、Activity#getMainLooperメソッド経由でメインスレッド既定のLooperを引き渡します（つまり、UIスレッドに対してメッセージを送信するためのHandlerを生成します）。

　　　Handlerを生成できたら、あとはpostメソッドでUIスレッドで処理すべき内容を指定するだけです。この例であれば、TextView（txtResult）に対してネットワークからの応答を書き込みます（**3**）。

　　　以上を理解できたら、サンプルを再実行してみましょう。今度はNetworkOnMainThread例外が解消され、P.553の図10-15のような結果を得られることを確認してください。

10-02-04　HTTP POST でサーバーにデータを送信する

　　　前項まではHTTP GETメソッドを利用して、コンテンツを取得してきました。HTTP GETでも簡単なデータを送信することは可能ですが、ある程度まとまったデータをサーバーに送信したいという場合には、HTTP POSTメソッドを利用するのが一般的です。

　　　本項では、前項のコードを修正して、HTTP POSTを利用した具体的な例を見てみます。

リスト10-13　MainActivity.java（NetworkPostプロジェクト）

```
...中略...
import java.io.PrintStream;
...中略...
public class MainActivity extends AppCompatActivity {
  @Override
  protected void onCreate(Bundle savedInstanceState) {
    super.onCreate(savedInstanceState);
    setContentView(R.layout.activity_main);

    StringBuilder result = new StringBuilder();
    Executors.newSingleThreadExecutor().execute(() -> {
      try {
        URL url = new URL("https://wings.msn.to/tmp/it/sample.php");
        // HTTP POST通信の準備
        HttpURLConnection con =  (HttpURLConnection) url.openConnection();
```

```
    con.setRequestMethod("POST"); ─────────────────────┐
    con.setRequestProperty("Content-Type", "text/plain; charset=utf-8");  ■1
    con.setDoOutput(true); ────────────────────────────┘
    // リクエスト本体にデータを出力
    OutputStream os = con.getOutputStream(); ──────────┐
    PrintStream ps = new PrintStream(os);
    ps.print("山田太郎");                                  ■2
    ps.close(); ───────────────────────────────────────┘
    // レスポンス結果を取得
    BufferedReader reader = new BufferedReader(new InputStreamReader( ─┐
        con.getInputStream(), StandardCharsets.UTF_8));
    String line;
    while ((line = reader.readLine()) != null) {          ■3
      result.append(line);
    } ─────────────────────────────────────────────────┘
    HandlerCompat.createAsync(getMainLooper()).post(() ->
      ((TextView) findViewById(R.id.txtResult)).setText(result.toString())));
  } catch (IOException e) {
    e.printStackTrace();
  }
 });
}
}
```

　　HTTP POSTを利用するには、setRequestMethodメソッドでHTTP POST
を指定した上で、setRequestPropertyメソッドでContent-Typeヘッダーを宣言
します（■1）。Content-Typeは送信するデータの種類と文字コードを表す情報で
す。ここでは「text/plain」としていますので、テキスト形式のデータを送信するこ
とを意味します。

　　setDoOutputメソッドは、現在の接続を出力用途で利用することを宣言します。
HTTP POSTでデータを送信する場合には、まずはsetDoOutputメソッドで出
力を有効にしておく、と覚えておきましょう。あとは、getOutputStreamメソッド
で出力ストリーム（OutputStreamオブジェクト）を取得できるので、これをもとに
PrintStreamオブジェクトを生成します（■2）。

　　PrintStreamは、ストリームに対してさまざまな形式のデータを書き込むための
機能を提供するオブジェクトです。ここでは、PrintStream#printメソッドでスト
リームに文字列を書き込んでいます。

　　これでHTTP POSTによるデータ送信は、完了です。サーバーから受け取った
文字列を取得する流れは、前項までと同様です（■3）。

　　以上を理解したら、サンプルを実行してみましょう。
　　アクセス先のsample.phpは、受け取った文字列をもとに「こんにちは、●○さ

＊7）本書ではPHP
を利用していますが、
サーバーサイドの
コードは用途に応じ
て自由に選択して構
いません。

ん！」のような文字列を出力するだけのコードです。具体的なコードは、ダウンロードサンプルから確認してください＊7。この例であれば、**2**で「山田太郎」という文字列を書き込んでいるので、「こんにちは、山田太郎さん！」という文字列が画面に表示されるはずです。

＊8）配布サンプル
のままでは動作しま
せん。お使いのWeb
サーバーにsample.
phpを配置の上、
URLを変更してお試
しください。

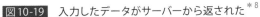
図10-19　入力したデータがサーバーから返された＊8

10-02-05　ネットワーク経由で構造化データを取得する

＊9）JavaScriptの機
能を使って、非同期
にサーバーとデータ
を授受する通信のこ
とを言います。

HTTP経由でデータを受け渡しする場合、**JSON**（JavaScript Object Notation）と呼ばれるデータ形式を利用するのが一般的です。JSONとは、名前の通り、JavaScriptのオブジェクトリテラルをもとにしたデータ形式で、その性質上、JavaScriptとの親和性が高く、特にAjax通信＊9でよく利用されます。

JSONそのものは、なにもネットワークに特化したしくみではありませんが、密接に関係するため、本節で基本的な操作方法をまとめておきます。以下は、サーバー側であらかじめ用意したJSONデータ（書籍リスト）をネットワーク経由で取得し、その内容をTextViewに一覧表示するサンプルです。

図10-20　JSONデータから取得した書籍情報を一覧表示

＊10）たとえば「は
てなブックマー
クAPI」（http://
developer.hatena.
ne.jp/ja/documents/
bookmark/apis/rest）
であれば、対象の
URLを渡すことで、
登録済みのブック
マーク情報を応答し
ます。

[1] JSON形式のデータを準備する

まずは、サーバー側にJSON形式のデータ（ファイル）を用意し、配置しておきましょう。ただし、本来のアプリであれば、リクエスト時のパラメーターに応じて、サーバー側で動的にデータを生成するのが一般的です＊10。

リスト10-14 books.json（NetworkJsonプロジェクト[11]）

```
{
  "books":
  [
    {
      "isbn":"978-4-7980-4535-1",
      "title":"はじめてのASP.NET",
      "author":"WINGSプロジェクト",
      "published":"秀和システム",
      "price":"3000"
    },
    {
      "isbn":"978-4-7980-4179-7",
      "title":"ASP.NET Core実践プログラミング",
      "author":"山田祥寛",
      "published":"秀和システム",
      "price":"3500"
    },
    {
      "isbn":"978-4-7981-3547-2",
      "title":"独習PHP",
      "author":"山田祥寛",
      "published":"翔泳社",
      "price":"3200"
    }
  ]
}
```

> [11]配布サンプルのままでは動作しません。お使いのWebサーバーにbooks.jsonを配置の上、URLを変更してお試しください。

[2] アクティビティを修正する

10-02-03項で作成したアクティビティを、books.jsonを取得／解析できるように修正してみましょう。修正／追記箇所は太字部分です。

リスト10-15 MainActivity.java（NetworkJsonプロジェクト）

```java
...中略...
import org.json.JSONObject;
...中略...
public class MainActivity extends AppCompatActivity {
  @Override
  protected void onCreate(Bundle savedInstanceState) {
    ...中略...
    Executors.newSingleThreadExecutor().execute(() -> {
      try {
```

```
        StringBuilder result = new StringBuilder();
        URL url = new URL("https://wings.msn.to/tmp/it/books.json");
        ...中略...
        String line;
        while ((line = reader.readLine()) != null) {
          result.append(line);
        }
        HandlerCompat.createAsync(getMainLooper()).post(() -> {
          StringBuilder list = new StringBuilder();
          try {
            JSONObject json = new JSONObject(result.toString()); ─────────1
            // booksキーにアクセス
            JSONArray books = json.getJSONArray("books"); ─────────────2
            // 配下のオブジェクトから順にtitle／priceキーを取得
            for (int i = 0; i < books.length(); i++) {
              JSONObject book = books.getJSONObject(i); ──────────3
              list.append(book.getString("title")).append("／");
              list.append(book.getString("price")).append("円\n");
            }                                                    ┘4
          } catch (JSONException e) {
            e.printStackTrace();
          }
          ((TextView) findViewById(R.id.txtResult)).setText(list.toString());
        });
      } catch (IOException e) {
        e.printStackTrace();
      }
    });
  }
}
```

JSONデータを解析するには、JSONObjectクラス（org.jsonパッケージ）を利用します（1）。

構文 JSONObjectクラス（コンストラクター）

```
public JSONObject(String json)
    json：JSON文字列
```

これでJSONデータのルートへのアクセス手段を得たことになります。JSONObjectでは、このルートを基点に、配下の要素へとデータを辿っていくのが基本です。

②では、ルート配下のbooksキーを得るために、JSONObject#getJSONArray
メソッドを利用しています。

構文　getJSONArrayメソッド

```
public JSONArray getJSONArray(String name)
    name：キー名
```

　　　ここでは、キーに対応する値が配列であるため、getJSONArrayメソッドで
JSONArrayオブジェクトを取得していますが、単一のオブジェクトを取得するなら
ば、getJSONObjectメソッドにアクセスしてください。

構文　getJSONObjectメソッド

```
public JSONObject getJSONObject(String name)
    name：キー名
```

　　　取得したJSONArrayオブジェクト（配列）から個々の要素にアクセスするにも、
getJSONObjectメソッドを利用します（③）。名前はJSONObjectのそれと同じ
ですが、シグニチャが異なります。

構文　getJSONObjectメソッド（JSONArrayクラス）

```
public JSONObject getJSONObject(int index)
    index：インデックス番号
```

　　　lengthメソッドで要素数を得られるので、一般的な配列を走査するのと同じ要
領で0 ～ length － 1番目の要素にアクセスすることで、すべての要素にアクセスで
きます（④）。個別の要素を取得できたら、あとはgetStringメソッドで対応する値
を取得するだけです。取得したい値のデータ型に応じて、getInt、getBoolean、
getDoubleなどのメソッドを使い分けてください。

Section 10-03 ハードウェアのその他の機能

このセクションでは、ここまでの例では扱いきれなかったハードウェアに関わる機能——センサー、ジェスチャー（タッチパネル）、バイブレーション、カメラ撮影、音声再生などの機能について学びます。

このセクションのポイント

■ SensorManager／Sensorクラスを介することで、デバイスに搭載されている種々のセンサーを利用できる。
■ パネルの長押しやフリックなどの動作を検出するには、GestureDetectorクラスを利用すると便利である。
■ バイブレーション動作を実装するには、Vibratorクラスを利用する。
■ ContentResolverは、カメラで撮影した画像情報を受け渡しできる。
■ MediaPlayerクラスは、指定された音声ファイルを再生する。

10-03-01 Androidの各種センサーを利用する

Androidデバイスでは、標準で搭載されているセンサーの豊富さが特長のひとつです。

以下に、Android SDKで定義されている主なセンサーをまとめます。もちろん、これらのセンサーはあくまでSDKで定義されているというだけで、すべてのデバイスですべてのセンサーを利用できるというものではありません。そのセンサーが利用できるかどうかは、デバイスの説明書などを参照してください。

表10-11 Androidで利用できる主なセンサー（Sensorクラスの定数）

*1）センサーによって得られる値の数を表します。たとえば加速度センサーであればX、Y、Z軸方向で3個の値を得られます。

定数	概要	単位	次元[*1]
TYPE_ACCELEROMETER	加速度センサー	m/s^2	3
TYPE_AMBIENT_TEMPERATURE	温度センサー	℃	1
TYPE_GRAVITY	重力センサー	m/s^2	3
TYPE_GYROSCOPE	ジャイロセンサー	rad/s	3
TYPE_LIGHT	照度センサー	lux	1
TYPE_LINEAR_ACCELERATION	線形加速センサー	m/s^2	3
TYPE_MAGNETIC_FIELD	磁界センサー	uT	3
TYPE_PRESSURE	圧力センサー	hPa	1
TYPE_PROXIMITY	近接センサー	cm	1
TYPE_RELATIVE_HUMIDITY	相対湿度センサー	%	1

以下では、これらのセンサーの中でも、特によく利用すると思われる加速度センサーを利用してみましょう。加速度とは、単位時間あたりの速度の変化のことで、

加速度センサーは、デバイスを左右上下に動かした時の加速度をX、Y、Z軸方向それぞれに対してm/s^2（メートル毎秒毎秒）の単位で計測します。

図10-21 加速度センサーにおけるX、Y、Z軸

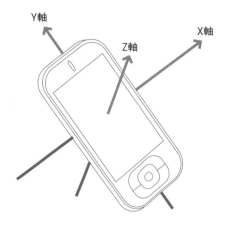

それではさっそく具体的なコードを見てみます。以下のサンプルは、現在のX軸加速度をトースト表示する例です。

リスト10-16 MainActivity.java（SensorBasic プロジェクト）

```java
package to.msn.wings.sensorbasic;

import androidx.appcompat.app.AppCompatActivity;
import android.content.Context;
import android.hardware.Sensor;
import android.hardware.SensorEvent;
import android.hardware.SensorEventListener;
import android.hardware.SensorManager;
import android.os.Bundle;
import android.widget.Toast;
import java.util.List;

public class MainActivity extends AppCompatActivity {
  private SensorManager manager;
  private SensorEventListener listener;
  private List<Sensor> list;

  @Override
  protected void onCreate(Bundle savedInstanceState) {
    super.onCreate(savedInstanceState);
```

```java
        setContentView(R.layout.activity_main);

        // 加速度センサーを取得
        manager = (SensorManager) getSystemService(Context.SENSOR_SERVICE);
        list = manager.getSensorList(Sensor.TYPE_ACCELEROMETER);


        listener = new SensorEventListener() {
          // センサー情報が変化した時の処理を実装
          public void onSensorChanged(SensorEvent event) {
            Toast.makeText(MainActivity.this,
              "加速度；" + event.values[0], Toast.LENGTH_LONG).show();
          }

            public void onAccuracyChanged(Sensor sensor, int accuracy) { }
        };
      }


      @Override
      protected void onResume() {
        super.onResume();
        // SensorManagerにリスナーを設定
        if (list.size() > 0) {
          manager.registerListener(listener, list.get(0),
            SensorManager.SENSOR_DELAY_NORMAL);
        }
      }


      @Override
      protected void onPause() {
        super.onPause();
        // SensorManagerからリスナーを削除
        manager.unregisterListener(listener, list.get(0));
      }
    }
```

1

2

3

4

図10-22 現在の加速度情報をトースト表示

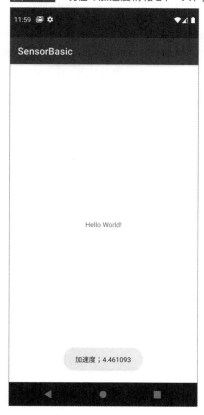

エミュレーターでの確認方法

　エミュレーターで加速度センサーを確認するには、ツールバーから … （More）をクリックし、[Extended controls] 画面を開いてください。[virtual sensors] ペインの [Device Pose] タブを選択すると、以下の画面が開くので、[X-Rot] スライダーを左右に動かすことでエミュレーターを疑似的に回転できます。

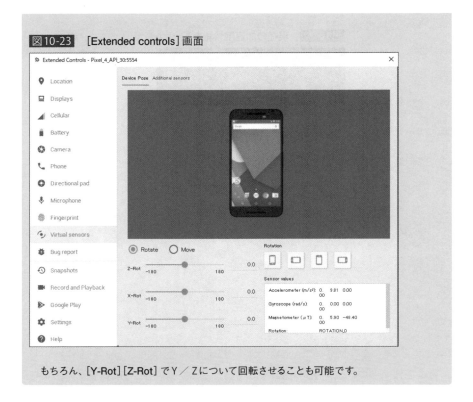

図 10-23 ［Extended controls］画面

もちろん、[Y-Rot] [Z-Rot] でY／Zについて回転させることも可能です。

■加速度センサーを取得する

加速度センサー（Sensorオブジェクト）を取得するには、まずActivity#
getSystemServiceメソッドでSensorManagerオブジェクトを取得します。
getSystemServiceメソッドは（SensorManagerに限らず）Androidの諸サービス
にアクセスするためのメソッドで、引数には取得したいサービスを指定します。

構文 getSystemServiceメソッド

```
public abstract Object getSystemService(String name)
    name：サービス名
```

表 10-12 主なサービス名（引数name）

定数	概要
ACTIVITY_SERVICE	システムグローバルなアクティビティの状態を管理
ALERM_SERVICE	アラームサービス
CONNECTIVITY_SERVICE	ネットワーク接続サービス
DOWNLOAD_SERVICE	HTTP経由でのダウンロードサービス
LOCATION_SERVICE	ロケーションサービス

NOTIFICATION_SERVICE	イベント通知サービス
POWER_SEVICE	電源管理
SEARCH_SERVICE	検索サービス
VIBRATOR_SERVICE ／ VIBRATOR_MANAGER_SERVICE	バイブレーターサービス
WIFI_SERVICE	Wi-Fiサービス
WINDOW_SERVICE	Windowマネージャー

　getSystemServiceメソッドの戻り値はObject型なので、利用にあたっては型キャストを忘れないようにしてください。

　SensorManagerオブジェクトを取得できたら、そのgetSensorListメソッドで個々のセンサー（Sensorオブジェクト）を取得できます。

構文 getSensorListメソッド

```
public List<Sensor> getSensorList(int type)
    type：センサーの種類
```

　引数typeには、P.566の表10-11で示した値を指定してください。

2 SensorEventListener実装クラスを準備する

　SensorEventListenerは、センサー情報の変化を監視するためのインターフェイスです。

　具体的には、以下のようなメソッドを公開しています。

表10-13 SensorEventListenerインターフェイス（android.hardwareパッケージ）のメソッド

メソッド	呼び出しタイミング
onSensorChanged	センサーの値が変化した時
onAccuracyChanged	センサーの精度が変化した時

　ここでは最低限、onSensorChangedメソッドを実装しています。

構文 onSensorChangedメソッド

```
public abstract void onSensorChanged(SensorEvent event)
    event：センサー情報
```

　onSensorChangedメソッドは、引数としてセンサー情報を表すSensorEvent

オブジェクトを受け取ります。メソッドの中では、このSensorEventオブジェクトを利用して、センサー値を受け取り、その値に応じた処理を実装することになるでしょう。

以下に、SensorEventオブジェクトの主なフィールドをまとめておきます。

表10-14 SensorEventクラスの主なフィールド

フィールド	概要
int accuracy	精度
Sensor sensor	イベントの発生元 (Sensorオブジェクト)
long timestamp	イベントの発生時刻
float[] values	センサー値 (float配列)

valuesプロパティの戻り値は、利用しているセンサーによって異なります。加速度センサーでは、values配列には、先頭からX、Y、Z軸方向の加速度がセットされます。

サンプルでは、この中からX軸方向の加速度 (values[0]) を受け取り、トースト表示しています。

❸ イベントリスナーを登録する

SensorEventListener実装クラスを準備できたら、あとはこれをSensorManagerクラスに登録／登録解除するためのコードを記述するだけです。イベントリスナー登録の考え方は、P.543でも示した通りで、onResumeメソッドの中で記述します。

構文 registerListenerメソッド

```
public boolean registerListener(SensorEventListener listener,
  Sensor sensor, int samplingPeriodUs)
    listener         :イベントリスナー
    sensor           :対象のセンサー
    samplingPeriodUs :通知頻度
```

冒頭述べたように、センサーはすべてのデバイスで搭載されているとは限りませんので、リスナー登録にあたってはセンサーが存在することを確認してください。❶で見たgetSensorListメソッドの戻り値は、List<Sensor>オブジェクトです。センサーの有無は、そのisNotEmptyメソッドがtrueを返すか (=ひとつでもセンサーを取得できたか) で判定できます。

また、registerListenerメソッドの引数sensorには、「list[0]」で取得した最初のセンサーをセットしています。getSensorListメソッドの戻り値そのままを引き渡

すことはできないので要注意です。

　引数samplingPeriodUsは、センサー値の通知頻度を以下の定数、もしくはマイクロ秒で表します。

表10-15 引数samplingPeriodUsの設定値

設定値	概要
SENSOR_DELAY_FASTEST	デバイスが対応する最頻度で通知
SENSOR_DELAY_GAME	ゲームに適した頻度で通知
SENSOR_DELAY_NORMAL	一般的な通知頻度（既定）
SENSOR_DELAY_UI	UI利用に適した通知頻度

　たとえばゲームなど即応性が求められるアプリでは、「SENSOR_DELAY_GAME」を指定することで短いスパンでセンサー値を取得できます。

４イベントリスナーを解除する

　イベントリスナーを解除するのは、unregisterListenerメソッドの役割です。アクティビティがバックグラウンドに退避されたタイミングで、リスナーを解除します。

構文 unregisterListenerメソッド

```
public void unregisterListener(SensorEventListener listener,
    Sensor sensor)
    listener：イベントリスナー
    sensor   ：対象のセンサー
```

10-03-02　加速度センサーでシェイクを検出する

> *2）デバイスを振ることです。

　加速度センサーを利用して、シェイク[2]を検出してみましょう。もっとも、シェイクを検出するための直接のメソッドはありませんので、加速度センサーの値からシェイクらしい操作を自分で判定する必要があります。

　以下のサンプルでは、シェイクを検出したら、「シェイク」とトースト表示するだけですが、一般的にはシェイク動作によってなんらかの処理を実行したり、画面を再描画したりするなど、実行のトリガーとして利用することが多いでしょう。

　なお、サンプルは前項のものからの変更分のみを示しています。センサー利用の基本的な考え方は前項を参照してください。

リスト10-17 MainActivity.java（SensorShakeプロジェクト）

```
package to.msn.wings.sensorshake;
```

```
import androidx.appcompat.app.AppCompatActivity;
import android.content.Context;
import android.hardware.Sensor;
import android.hardware.SensorEvent;
import android.hardware.SensorEventListener;
import android.hardware.SensorManager;
import android.os.Bundle;
import android.widget.Toast;
import java.util.List;

public class MainActivity extends AppCompatActivity {
  private SensorManager manager;
  private SensorEventListener listener;
  private List<Sensor> list;
  // 以前のセンサー値取得時間
  private long b_time;
  // 以前のセンサー値
  private float b_value;

  @Override
  protected void onCreate(Bundle savedInstanceState) {
    super.onCreate(savedInstanceState);
    setContentView(R.layout.activity_main);

    manager = (SensorManager) getSystemService(Context.SENSOR_SERVICE);
    list = manager.getSensorList(Sensor.TYPE_ACCELEROMETER);

    // センサー情報が変化した時の処理を実装
    listener = new SensorEventListener() {
      public void onSensorChanged(SensorEvent event) {
        // 現在のセンサー値&時間を取得
        float c_value = event.values[0] + event.values[1];    ┐
        long c_time = System.currentTimeMillis();              │ ■1
        // ひとつ前の判定からの経過時間を算出                    │
        long diff = c_time - b_time;                           ┘
        // 1000ミリ秒以上経過している時のみ処理
        if (diff > 1000) {                                     ┐
          // 時間当たりの変化量（スピード）を算出                 │
          float speed = Math.abs(c_value - b_value) / diff * 10000; ■4
          if (speed > 30) {                                    │ ■3
            Toast.makeText(MainActivity.this, "シェイク",        │
              Toast.LENGTH_LONG).show();                       │
          }                                                    ┘
```

```
        b_value = c_value;
        b_time = c_time;
    }
  }

  public void onAccuracyChanged(Sensor sensor, int accuracy) {}
  };
}
...中略...
}
```

冒頭述べたように、Androidではシェイクかどう
かを判定する直接のメソッドはありません。そこで
本項では、単位時間あたりの加速度の変化が決め
られた値以上である場合に、シェイクであると見な
します。加速度の変化は、以下の式で求めます。

絶対値（現在のXY加速度−前のXY加速度）÷経過
時間×10000

図10-24　シェイクされた場合
にはトースト表示

XY加速度とは、X軸／Y軸方向の加速度の合
計です。Z軸の変化はシェイク判定にあまり意味が
なさそうなので、無視しています。また、現在値と
前の値の差分を採る際には、変化量だけが問題で
±は問わないので、絶対値に変換します。
サンプルでは、この式によって求められた値が30
より大きい場合にシェイクであると見なしています。
ただし、30というのはあくまで著者環境での調整
値であり、用途によってはより判定を厳しくしたり、
逆に緩くしたりする必要があるかもしれません。
以上の考え方を念頭に、コードも眺めてみましょう。

まず、■で現在のXY加速度（cValue）、現在時刻（cTime）、前回判定からの
経過時間（diff）を、それぞれ求めています。変化量を求めたいので、変数cValue
／cTimeは処理のあとで変数bValue／bTimeへ退避させている点にも注目です
（■）。

＊3）これもまた調整
した時間で、絶対的
な値ではありません。

■では、時間が1000ミリ秒以上＊3経過している場合にのみシェイクの判定処理
を行っています。■は、先ほど触れた計算式をコードに落とし込んだものです。こ
の値が30よりも大きい場合にトーストで通知しています。

10-03-03 複雑なタッチイベントを処理する - GestureDetectorクラス

P.358でも触れたように、onTouchEventメソッドを利用することで、基本的なタップ、フリップなどの動作を検知することは可能です。しかし、ダブルタップや長押しなどの動作をonTouchEventメソッドで検知するのは困難です[4]。そこで、Androidでは一連のタッチイベントをより直感的なコードで検出できる、GestureDetectorというクラスを用意しています。以下では、GestureDetectorクラスを利用して、アプリ画面に対するタッチ操作を検知し、Logcatにログ出力してみます。

> [4] 不可能ではありませんが、イベント情報を取り出して、個別に値を判定するのはなかなかに厄介なことです。

リスト10-18 MainActivity.java（GestureDetectorプロジェクト）

```java
package to.msn.wings.gesturedetector;

import androidx.appcompat.app.AppCompatActivity;
import android.os.Bundle;
import android.util.Log;
import android.view.GestureDetector;
import android.view.MotionEvent;

public class MainActivity extends AppCompatActivity {
  GestureDetector gd;

  @Override
  protected void onCreate(Bundle savedInstanceState) {
    super.onCreate(savedInstanceState);
    setContentView(R.layout.activity_main);

    // タッチ動作に対応するイベントリスナーを登録
    gd = new GestureDetector(this,
      new GestureDetector.SimpleOnGestureListener() {
        // ダブルタップ時に呼び出されるコード
        @Override
        public boolean onDoubleTap(MotionEvent e) {
          Log.d("Gesture", "DoubleTap");
          return true;
        }

        // ダブルタップ時のイベント（押す、移動、離す）で呼び出されるコード
        @Override
        public boolean onDoubleTapEvent(MotionEvent e) {
          Log.d("Gesture", "DoubleTapEvent");
          return super.onDoubleTapEvent(e);
```

■1

```
    }

    // 画面に指を降ろした時に呼び出されるコード
    @Override
    public boolean onDown(MotionEvent e) {
      Log.d("Gesture", "Down");
      return true;
    }

    // 画面を指で弾いた時に呼び出されるコード
    @Override
    public boolean onFling(MotionEvent e1, MotionEvent e2,
        float velocityX, float velocityY) {
      Log.d("Gesture", "Fling");
      return true;
    }

    // 画面を長押しした時に呼び出されるコード
    @Override
    public void onLongPress(MotionEvent e) {
      Log.d("Gesture", "LongPress");
      super.onLongPress(e);
    }

    // 画面をスクロールした時に呼び出されるコード
    // 引数e1、e2はスクロール前後のタッチ情報
    // 引数distanceX、distanceYは最後にonScrollが呼び出されてからの移動距離
    @Override
    public boolean onScroll(MotionEvent e1, MotionEvent e2,
        float distanceX, float distanceY) {
      Log.d("Gesture", "Scroll");
      return true;
    }

    // 画面を押した時に呼び出されるコード
    @Override
    public void onShowPress(MotionEvent e) {
      Log.d("Gesture", "ShowPress");
    }

    // シングルタップで呼び出されるコード
    @Override
    public boolean onSingleTapConfirmed(MotionEvent e) {
      Log.d("Gesture", "SingleTapConfirmed");
```

```
      return true;
    }


    // シングル／ダブルタップで呼び出されるコード
    @Override
    public boolean onSingleTapUp(MotionEvent e) {
      Log.d("Gesture", "SingleTapUp");
      return true;
    }
  }
);

}


@Override
public boolean onTouchEvent(MotionEvent event) {
  // タッチイベントをGestureDetectorに引き渡す
  gd.onTouchEvent(event);                                          2
  return true;
}
}
```

　　GestureDetectorクラスは、言うなれば、一連のタッチ操作を判別し、適
切なメソッド（イベントリスナー）に引き渡すための振り分け役です。まずは、
GestureDetectorクラスに対して、イベントを処理するためのリスナーを登録して
おきましょう（**1**）。

構文 GestureDetectorクラス（コンストラクター）

```
public GestureDetector(Context context,
  GestureDetector.OnGestureListener listener)
    context ：コンテキスト
    listener：イベントリスナー
```

　　SimpleOnGestureListenerイベントリスナーは、GestureDetectorクラスで
検知できるタッチ動作をまとめた便利クラスです。SimpleOnGestureListenerの
代わりに、基本動作に特化したOnGestureListener、ダブルタップを検知するた
めのOnDoubleTapListenerを個別に実装しても構いません。
　　SimpleOnGestureListenerクラスで利用可能なメソッドは、以下のとおりです。

表10-16　SimpleOnGestureListenerイベントリスナーの主なメソッド

メソッド	呼び出しタイミング
onDoubleTap	ダブルタップされた
onDoubleTapEvent	ダブルタップ中の各イベント（押す、移動、離す）
onDown	画面に指を降ろした
onFling	画面を指で弾いた
onLongPress	画面を長押しした
onScroll	画面をスクロール（ドラッグ）した
onShowPress	画面を押した（移動したり、すぐ離したら発生しない）
onSingleTapConfirmed	シングルタップされた（ダブルタップでは呼ばれない）
onSingleTapUp	シングルタップされた（ダブルタップでも呼ばれる）

　GestureDetectorクラスをインスタンス化できたら、あとは、アクティビティ（またはビュー）のonTouchEventメソッドで、GestureDetector#onTouchEventメソッドにイベント情報を引き渡すだけです（**2**）。これによって、GestureDetectorクラスがタッチの種類を判別して、適切なメソッドに処理を振り分けてくれるようになります。

　以上を理解できたら、サンプルを実行し、画面をタッチしてみてください。タッチの種類に応じて、さまざまなイベントが発生していることがLogcatから確認できます。もしもLogcatの結果が見難いようであれば、フィルター機能で [**Gesture**] タグのみを表示するようにしておくと良いでしょう[*5]。

*5）詳しくは、P.113 も参照してください。

図10-25　Logcatへのログ結果

10-03-04　バイブレーション動作を実装する

　Vibratorクラス（android.osパッケージ）を利用することで、バイブレーション動作を簡単に実装できます。第11章で後述するNotificationをはじめ、ユーザーに注意を促したいような局面でよく利用します。その性質上、濫用は避けるべきですが、要所要所で利用することでスマホならではの効果を演出できるでしょう。

　たとえば以下は、アプリの起動時にデバイスを100ミリ秒だけバイブレートする例です。

[1] アクティビティを準備する

まずは、アクティビティにバイブレート動作のコードを追加します。

リスト10-19　MainActivity.java（VibratorBasicプロジェクト）

```java
package to.msn.wings.vibratorbasic;

import androidx.appcompat.app.AppCompatActivity;
import android.os.Bundle;
import android.os.Vibrator;

public class MainActivity extends AppCompatActivity {
  @Override
  protected void onCreate(Bundle savedInstanceState) {
    super.onCreate(savedInstanceState);
    setContentView(R.layout.activity_main);

    // 100ミリ秒、バイブレート
    Vibrator v = (Vibrator) getSystemService(VIBRATOR_SERVICE);
    v.vibrate(100);
  }
}
```

　バイブレーション機能を利用するには、10-03-01項でも利用したgetSystemServiceメソッドでバイブレーターサービス（Vibratorオブジェクト）を取得してください。

　Vibratorオブジェクトを取得してしまえば、あとはvibrateメソッドでバイブレーションさせる時間をミリ秒単位で指定するだけです。

構文　vibrateメソッド

```
public void vibrate(long milliseconds)
    milliseconds：バイブレートする時間（ミリ秒）
```

　与えられたパターンで、バイブレートさせたい場合には、以下のような構文を利用することもできます。

構文　vibrateメソッド（2）

```
public void vibrate(long[] pattern, int repeat)
    pattern：オンオフのパターン
    repeat　：繰り返し回数
```

```
v.vibrate(new long[] { 1000, 500, 1000, 500, 2000, 500 }, -1);
```

たとえば上の例では、1000（OFF）→500（ON）→1000（OFF）→500（ON）→2000（OFF）→500（ON）のパターンでバイブレートします。引数repeatに-1を指定した場合、バイブレーションは繰り返されません。

[2] マニフェストファイルを編集する

バイブレーションを利用するには、マニフェストファイルでバイブレート動作のパーミッションを与えておく必要があります。

リスト10-20 AndroidManifest.xml（VibratorBasicプロジェクト）

```
<manifest...>
  <uses-permission android:name="android.permission.VIBRATE" />
  ...中略...
</manifest>
```

これでバイブレートする準備は完了です。サンプル実行にあたっては、P.60の手順に従って、実機にインストールしてください。

参考

vibrateメソッドの新しい構文

本文で紹介したvibrateメソッドの構文はAPI26で非推奨となり、代替として以下の構文が導入されています。本書では、下位互換性を優先して古い構文を利用していますが、今後は（可能であるならば）新構文を優先して利用すべきです。

構文 vibrateメソッド（API 26以上）

```
public void vibrate(VibrationEffect vibe)
    vibe：VibrationEffectオブジェクト
```

VibrationEffectは、バイブレーションのパターンを表すためのオブジェクトで、以下のようなメソッドで生成できます。createOneShotは単発のバイブレートを、createWaveformは複雑な波形を、それぞれ生成します。

構文 createOneShot ／ createWaveform メソッド

```
public static VibrationEffect createOneShot(long milliseconds,
    int amplitude)
public static VibrationEffect createWaveform(long[] timings,
    int[] amplitude, int repeat)
    milliseconds：バイブレートする時間（ミリ秒）
    amplitude   ：振動の強さ（1～255）。DEFAULT_AMPLITUDEはデバイス既
                  定の振動強度
    timings     ：オンオフのパターン
    repeat      ：繰り返し回数
```

以下は、本文の例を書き換えたものです。

リスト10-21 AndroidManifest.xml（NetworkBasicプロジェクト）

```
Vibrator v = (Vibrator) getSystemService(VIBRATOR_SERVICE);
v.vibrate(VibrationEffect.createOneShot(100, DEFAULT_ →
AMPLITUDE));
v.vibrate(
  VibrationEffect.createWaveform(
    new long[] {1000, 500, 1000, 500, 2000, 500},
    new int[] {
      0, DEFAULT_AMPLITUDE,
      0, DEFAULT_AMPLITUDE,
      0, DEFAULT_AMPLITUDE
    },
  -1)
);
```

参考

VIBRATOR_MANAGER_SERVICEについて

　本文で紹介したVIBRATOR_SERVICEは、API31で非推奨となり、代替としてVIBRATOR_
MANAGER_SERVICEが導入されています。本書では、API30以下でアプリを作成しているた
め、VIBRATOR_SERVICEを使用していますが、今後、API31（minimumSDK12）以降でアプリ
を作成する場合は、VIBRATOR_MANAGER_SERVICEを使用してください。
　VIBRATOR_MANAGER_SERVICEを使う場合は、リスト10-19のVibratorオブジェクト生成の
コードを以下のように書き換えます。

```
VibratorManager vm = (VibratorManager) getSystemService(VIBRA →
TOR_MANAGER_SERVICE);
Vibrator v = vm.getDefaultVibrator();
```

10-03-05 カメラ機能を使って静止画を撮影する

Androidでは、標準でカメラ機能が搭載されており、静止画／動画を撮影することができます。本項では、このカメラ機能をアプリから呼び出して、静止画を撮影し、撮影した画像はアプリ上で表示するための機能を実装してみましょう。

図10-26 ボタンクリックでカメラを起動、撮影後に静止画をアプリに表示

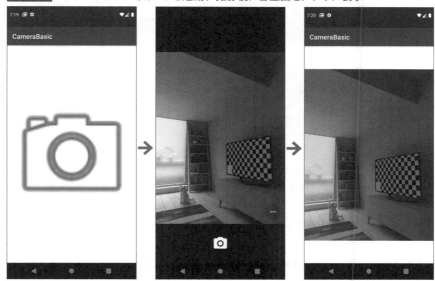

[1] レイアウトファイルを準備する

カメラで撮影した画像を表示するためのImageViewを用意します。ImageViewには、Android標準で用意されたカメラアイコンを割り当てておきます。

図10-27　[Pick a Resource] 画面

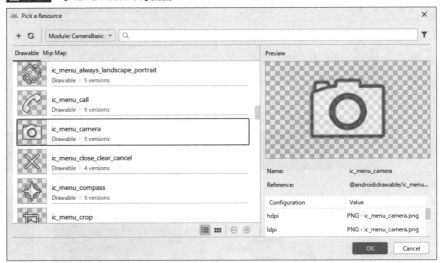

ImageViewをレイアウトエディターに配置すると、[Pick a Resource] 画面が開くので、[android] カテゴリーから [ic_menu_camera] を選択しておきましょう。ImageViewそのものは画面全体に広げます。

完成したレイアウトファイルは、以下の通りです。

リスト10-22　activity_main.xml（CameraBasicプロジェクト）

```xml
<?xml version="1.0" encoding="utf-8"?>
<androidx.constraintlayout.widget.ConstraintLayout ...>
  <ImageView
    android:id="@+id/img"
    android:layout_width="0dp"
    android:layout_height="0dp"
    android:contentDescription="撮影画像"
    app:layout_constraintBottom_toBottomOf="parent"
    app:layout_constraintEnd_toEndOf="parent"
    app:layout_constraintStart_toStartOf="parent"
    app:layout_constraintTop_toTopOf="parent"
    app:srcCompat="@android:drawable/ic_menu_camera" />
</androidx.constraintlayout.widget.ConstraintLayout>
```

図10-28　レイアウト完成図

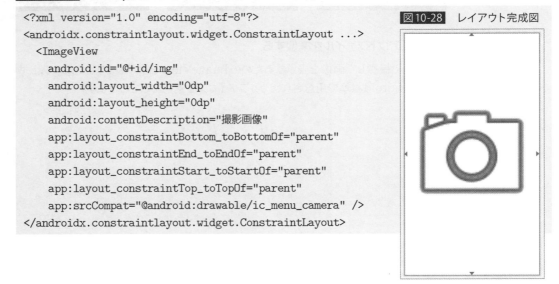

[2] アクティビティを準備する

ボタンクリック時にカメラを呼び出し、カメラから制御が戻ってきた時に、撮影し

た静止画をImageViewに反映させるためのコードを追加します。

リスト10-23　MainActivity.java（CameraBasicプロジェクト）

```java
package to.msn.wings.camerabasic;

import androidx.activity.result.ActivityResultLauncher;
import androidx.activity.result.contract.ActivityResultContracts;
import androidx.appcompat.app.AppCompatActivity;
import android.content.ContentValues;
import android.content.Intent;
import android.net.Uri;
import android.os.Bundle;
import android.provider.MediaStore;
import android.widget.ImageView;
import java.util.Date;
import java.util.concurrent.atomic.AtomicReference;

public class MainActivity extends AppCompatActivity {
  @Override
  protected void onCreate(Bundle savedInstanceState) {
    super.onCreate(savedInstanceState);
    setContentView(R.layout.activity_main);

    AtomicReference<Uri> uri = new AtomicReference<Uri>();
    ImageView img = findViewById(R.id.img);
    // 撮影を終了して、このアクティビティに戻ってきた時の処理
    ActivityResultLauncher<Intent> startForResult = registerForActivityResult(
        new ActivityResultContracts.StartActivityForResult(), result -> {
      // 撮影した静止画をImageViewに反映
      if (result.getResultCode() == RESULT_OK) {
        img.setImageURI(uri.get());                                    ──────── 4
      }
    });

    // ボタンクリック時にカメラを起動
    img.setOnClickListener(v -> {
      // 画像へのURIを生成
      ContentValues cv = new ContentValues(); ─────────────────────────┐
      cv.put(MediaStore.Images.Media.TITLE, "mypic-"+new Date().getTime()+
".jpg");                                                                │ 2
      cv.put(MediaStore.Images.Media.MIME_TYPE, "image/jpeg");          │
      uri.set(getContentResolver().insert(MediaStore.Images.Media.EXTERNAL_ [→]
CONTENT_URI, cv)); ────────────────────────────────────────────────────┘
```

```
    // カメラアプリを起動
    Intent i = new Intent(MediaStore.ACTION_IMAGE_CAPTURE); ─────────────┐
    i.putExtra(MediaStore.EXTRA_OUTPUT, uri.get()); ────────────3        1
    startForResult.launch(i);
  });
 }
}
```

本サンプルの大雑把な流れは、以下の通りです。

・ImageView（カメラアイコン）をクリックした時にカメラを起動する
・カメラ起動時に、データを識別するための情報（URI）を渡す
・撮影が完了したら、あらかじめ生成しておいたURI情報をImageViewに反映させる

　インテント経由でアプリを起動し、その結果を現在のアクティビティで処理するのはActivityResultLauncherクラスの役割です。詳細は08-02-02項でも解説しているので、合わせて参照してください。ここでは、それ以外の――カメラ固有のポイントについて解説します。

1 標準のカメラ機能を起動する

　標準のカメラ機能を起動するのは、暗黙的インテント（08-03-01項）の役割です。カメラを起動するには、IntentコンストラクターにMediaStore.ACTION_IMAGE_CAPTUREを渡してください。

2～3 画像を識別するためのURIを生成する

　Androidでは、ストレージに保存された画像、音声などが他のアプリにも公開されています。そして、それらのファイルを特定するためのキーとなるのがURI（Uriオブジェクト）です。
　あとで撮影した画像を識別できるよう、あらかじめUriオブジェクトを生成しておきましょう。Uriオブジェクトを管理するのは、ContentResolverオブジェクトの役割です。Activity#getContentResolverメソッドから取得できます（2）。
　あとは、そのinsertメソッドで具体的な識別情報を指定していきます。

構文　insertメソッド

```
public Uri insert(Uri url, ContentValues values)
    url    ：データの格納先
    values ：コンテンツの情報
```

引数urlは、データの格納先を表す情報です。画像ファイルであれば「MediaStore.**Images**.Media.EXTERNAL_CONTENT_URI」を指定します[*6]。

*6）音声であれば太字部分はAudioになりますし、動画であればVideoになります。

引数valuesはデータの詳細情報です。ContentValuesオブジェクトとして表します。ContentValues#putメソッドでタイトル（TITLE）／コンテンツの種類（MIME_TYPE）を設定しておきましょう。タイトルはタイムスタンプから生成するものとし、コンテンツの種類は「jpeg/image」（JPEG画像）固定です。

insertメソッドで生成されたUriオブジェクトは、最後にIntent#putExtraメソッドでインテントにセットしておきます（**3**）。この際、キーはMediaStore.EXTRA_OUTPUTとします。これでカメラアプリは撮影した画像を、指定されたUriに保存します。

4 撮影した画像をImageViewに反映させる

ここまでで撮影した画像（のキー）は、変数uriに格納されているので、これをImageViewに反映させるのはカンタンです。setImageURIメソッドにURI情報を設定するだけです。

Camera2 API

Android 5以降では、新たにパフォーマンス、機能ともに向上したCamera2 API（android.hardware.camara2）が追加されています。Camera2 APIではフル解像度の撮影、連写機能（バーストモード）、露光時間／フレームデュレーション／ ISO感度などへのアクセスなどをサポートしており、より高度なカメラ制御が可能になります。

ただし、高度がゆえに、コードは冗長になりがちです。アプリの中でカメラで撮影した画像を使用したいなど、限定的な利用の場合には、本文でも触れたインテント経由での利用でも十分でしょう。高度にカメラ連携のアプリを開発したい場合には、Camera2 APIの利用を検討してみてください。

Camera2 APIについては、以下のページなどを参照してください。

https://developer.android.com/training/camera2

10-03-06　音声ファイルを再生する

Androidでは、MediaPlayerクラスを利用することで、音声ファイルをごくカンタンな手順で再生できます。

たとえば以下では、アプリにあらかじめ登録しておいた音声ファイル（.mp3ファイル）を再生する簡易プレイヤーの例です。この内容をきちんと理解できれば、（たとえば）アプリの操作に応じて効果音を付与したり、ゲームアプリであればBGMを鳴らしたりするのにも応用できるでしょう。

図10-29 [再生][停止]ボタンで指定された音楽を開始/終了

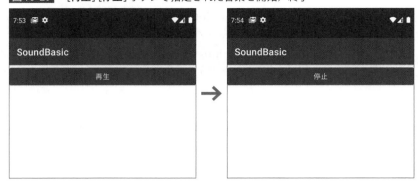

[1] アプリに音声ファイルを登録する

音声ファイルは/res/rawフォルダーにあらかじめインポートしておく必要があります。プロジェクトウィンドウからフォルダーを作成した上で、ダウンロードサンプルの/samples/audiosフォルダーの内容をインポートしてください。インポートの手順は、P.126を参照してください。

[2] レイアウトファイルを準備する

レイアウトファイルには、音声の再生を開始/終了するためのボタンを配置しておきます。ボタンキャプションは、あとからプログラム側で動的に変更しますので、まずは [再生] としておきます。

リスト10-24 activity_main.xml（SoundBasicプロジェクト）

```xml
<?xml version="1.0" encoding="utf-8"?>
<androidx.constraintlayout.widget.ConstraintLayout ...>
  <Button
    android:id="@+id/btnPlay"
    android:layout_width="0dp"
    android:layout_height="wrap_content"
    android:text="再生"
    app:layout_constraintEnd_toEndOf="parent"
    app:layout_constraintStart_toStartOf="parent"
    app:layout_constraintTop_toTopOf="parent" />
</androidx.constraintlayout.widget.ConstraintLayout>
```

図10-30 レイアウト完成図

[3] アクティビティを準備する

アクティビティで [再生] / [停止] ボタンをクリックした時の処理を実装します。

リスト10-25 MainActivity.java（SoundBasic プロジェクト）

```java
package to.msn.wings.soundbasic;

import androidx.appcompat.app.AppCompatActivity;
import android.media.MediaPlayer;
import android.os.Bundle;
import android.widget.Button;
import java.io.IOException;

public class MainActivity extends AppCompatActivity {
  private Button btn;
  private MediaPlayer mp;

  @Override
  protected void onCreate(Bundle savedInstanceState) {
    super.onCreate(savedInstanceState);
    setContentView(R.layout.activity_main);

    // 音楽プレイヤーの準備
    mp = MediaPlayer.create(this, R.raw.sound); ──────────────────1
    // 音楽が完了した時の処理
    mp.setOnCompletionListener(mp -> btn.setText("再生")); ────────3

    // ［再生］／［停止］ボタンがクリックされた時の処理
    btn = findViewById(R.id.btnPlay); ──────────
    btn.setOnClickListener(v -> {
      // プレイヤーが停止中の場合
      if (!mp.isPlaying()) {
        mp.start();
        btn.setText("停止");
      // プレイヤーが再生中の場合
      } else {
        try {
          mp.stop();
          mp.prepare();
        } catch (IllegalStateException | IOException e) {      ──2
          e.printStackTrace();
        }
        // ［再生］ボタンに切り替え
        btn.setText("再生");
      }
    }); ──────────────────
  }
}
```

冒頭述べたように、音声ファイルを再生するのは、MediaPlayerクラスの役割です。MediaPlayerオブジェクトは、createメソッドで生成できます（**1**）。

構文 createメソッド

```
public static MediaPlayer create(Context context, int resid)
    context：コンテキスト
    resid   ：音声ファイル（id値）
```

アプリに登録した音声ファイルは「R.raw.ファイル名」の形式で指定できます。
　MediaPlayerオブジェクトを取得できてしまえば、あとはstartメソッド、stopメソッドで音声の再生を開始／終了できます。stopメソッドを呼び出した後は、prepareメソッドでMediaPlayerオブジェクトを準備済みの状態に戻さないと、再度開始することができないので注意してください。

参考

MediaPlayerの状態遷移図

　MediaPlayerクラスは状態（ステート）を持っており、状態に応じて呼び出せるメソッドも変化します*7。以下の図で、メソッドの呼び出しと、それによる状態の変化を確認しておきましょう。

*7）このようなしくみのことをステートマシンと言います。

図10-31　MediaPlayerの状態遷移図

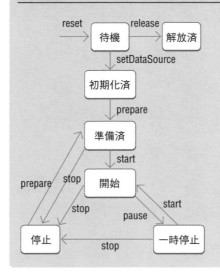

サンプルでは、MediaPlayer#isPlayingメソッドで再生中であるかどうかを判定し、状態に応じてstartメソッド、またはstop／prepareメソッドを呼び出しています（**2**）。また、このタイミングでボタンキャプションの「再生⇔停止」を切り替えておきます。

❸のOnCompletionListenerは、再生の終了を検知し、処理を行うイベントリスナーです。ここでは再生終了時にボタンキャプションを[**再生**]に戻しています。さもないと、次に再生開始する時に[**停止**]ボタンで開始することになってしまうからです。

10-03-07 音量を調整する

続いて、簡易プレイヤーに音量調節のツマミを追加してみましょう。ツマミを左に寄せれば音量を落とし、右に寄せれば音量を上げることができます。

図10-32　ツマミ（シークバー）で音量を調整できる

[1] レイアウトファイルを修正する

先ほど用意したレイアウトファイルに対して、音量調節のツマミを表すSeekBarを追加します。現在値（progress）を5、最大値（max）を10で、それぞれ指定します。追記部分は太字で表しています。

リスト10-26　activity_main.xml（SoundVolumeプロジェクト）

```
<?xml version="1.0" encoding="utf-8"?>
<androidx.constraintlayout.widget.ConstraintLayout ...>
  <Button
    android:id="@+id/btnPlay"
    android:layout_width="0dp"
    android:layout_height="wrap_content"
    android:text="再生"
    app:layout_constraintEnd_toEndOf="parent"
    app:layout_constraintStart_toStartOf="parent"
    app:layout_constraintTop_toTopOf="parent" />
  <!--音声調整のツマミ（0～10。既定は5）-->
  <SeekBar
    android:id="@+id/seek"
    android:layout_width="0dp"
    android:layout_height="wrap_content"
```

```
    android:max="10"
    android:progress="5"
    app:layout_constraintEnd_toEndOf="parent"
    app:layout_constraintStart_toStartOf="parent"
    app:layout_constraintTop_toBottomOf="@+id/btnPlay" />
</androidx.constraintlayout.widget.ConstraintLayout>
```

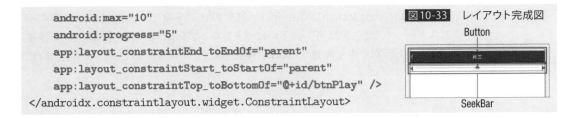

図10-33 レイアウト完成図

[2] アクティビティを修正する

シークバーの値を変更した時の処理を追加します。追記部分は太字で表しています。

リスト10-27 MainActivity.java（SoundVolumeプロジェクト）

```java
package to.msn.wings.soundvolume;

import androidx.appcompat.app.AppCompatActivity;
import android.content.Context;
import android.media.AudioManager;
import android.media.MediaPlayer;
import android.os.Bundle;
import android.widget.Button;
import android.widget.SeekBar;
import java.io.IOException;

public class MainActivity extends AppCompatActivity {
  private Button btn;
  private AudioManager am;
  private MediaPlayer mp;

  @Override
  protected void onCreate(Bundle savedInstanceState) {
    super.onCreate(savedInstanceState);
    setContentView(R.layout.activity_main);

    mp = MediaPlayer.create(this, R.raw.sound);
    mp.setOnCompletionListener(mp -> btn.setText("再生"));

    // AudioManagerを取得
    am = (AudioManager) getSystemService(Context.AUDIO_SERVICE);  ─────────────1
    // 既定の音量を設定
    am.setStreamVolume(AudioManager.STREAM_MUSIC, 5, 0);  ─────────────2

    // シークバー（音量ツマミ）を変更した時の処理
    SeekBar sb = findViewById(R.id.seek);
```

```
sb.setOnSeekBarChangeListener(
  new SeekBar.OnSeekBarChangeListener() {
    // シークバーの現在値を音楽の音量としてセット
    public void onProgressChanged(SeekBar sb, int progress,
                                      boolean fromUser) {
      am.setStreamVolume(AudioManager.STREAM_MUSIC, progress, 0);
    }
    // 処理は不要なので、空実装
    public void onStartTrackingTouch(SeekBar sb) { }
    public void onStopTrackingTouch(SeekBar sb) { }
  }
);

  btn = findViewById(R.id.btnPlay);
  ...中略...
  }
}
```

getSystemServiceメソッドでオーディオサービス（AudioManagerクラス）を取得してください（**1**）。音量を設定するには、そのsetStreamVolumeメソッドを呼び出します（**2**）。

構文 setStreamVolumeメソッド

```
public void setStreamVolume(int streamType, int index, int flags)
    streamType：音声の種類
    index     ：音量
    flags     ：フラグ
```

引数streamTypeには、変更対象の音声の種類を指定します。指定できる定数は、以下のとおりです。

表10-17 引数streamTypeの設定値（AudioManagerクラスの定数）

設定値	概要
STREAM_MUSIC	音楽
STREAM_VOICE_CALL	通話音
STREAM_RING	着信音
STREAM_NOTIFICATION	通知音
STREAM_ALARM	アラーム音
STREAM_SYSTEM	システムの音量

引数indexには音量を指定します。指定できる最大値は、AudioManager#getStreamMaxVolumeメソッドで取得できます。

引数flagには、音量設定にあたってのフラグを、たとえばAudioManager.FLAG_PLAY_SOUND（音量調整時に音声を鳴らすか）などの定数として指定します。サンプルでは特別に指定はしませんので、0（なにもなし）を指定しておきます。

続いて、ツマミ（シークバー）を動かした時の処理を準備します（**3**）。

OnSeekBarChangeListenerイベントリスナーに関する詳細は、P.151も参照してください。ここでは、onProgressChangedメソッド（シークバーの値が変化したタイミング）でsetStreamVolumeメソッドを呼び出しています。音量には、シークバーの値（引数progress）を渡します。

サービス開発&アプリの公開

本書最後となるこの章では、Android で動作するもうひとつのプログラムの形態「サービス」について学びます。サービスとは画面を持たず、私たちの目に見えないところで常時動き続けるプログラムのことです。アプリとサービスとを組み合わせることで、Android でできることがより拡がります。

また、後半では作成したアプリを Google Play で世間に公開する方法について学びます。

はじめての Android アプリ開発 Java 編

Section 11-01 サービスを開発する

このセクションでは、サービスというしくみを利用して、バックグラウンドで常時動き続けるプログラムを作成する方法を学びます。

このセクションのポイント

■1 サービスは、画面を持たないプログラムである。
■2 サービスを実装するには、Service クラスを継承する。
■3 サービスからアクティビティにデータを渡すには、ブロードキャストを利用する。
■4 サービスの状態をユーザーに通知するには、ノーティフィケーションを利用する。

前章までで学んできたのは、基本的にアプリ開発の手法です。アプリとは、アクティビティ（画面）を持ったプログラムのことで、目に見えることから、エンドユーザーにとってはもっとも身近な存在です。ですが、Androidで動作するプログラムのすべてというわけではありません。

アプリの裏側では、私たちの目が届かないところで、いつも動き続けているプログラムがあるのです。それがサービスと呼ばれるプログラムです。たとえば、Twitterのタイムラインをリスト表示する——いわゆるTwitterクライアントを考えてみましょう。アプリだけで処理しようとしたら、画面を常に開きっぱなしにしておかなければ、リプライやダイレクトメッセージの着信を知ることはできません。そもそもリプライ画面やダイレクトメッセージ画面とアクティビティを切り替えるたびに、タイムラインの読み込みが中断されてしまうのは効率もよくありません。

しかし、サービスを利用することで、こうした状況が改善します。Twitterにアクセスする部分はサービスが賄い、アクティビティ側ではサービスによって取得したタイムライン情報を表示するだけの役割を分担すれば良いのです。

図11-01　サービス

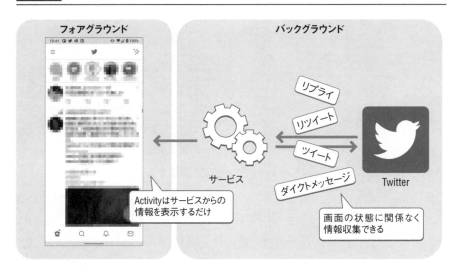

　これによって、画面の表示／非表示に関わらず、リプライやメッセージの着信を知ることができますし、画面を表示した時に最新のタイムラインを即座に表示することも可能になります。

11-01-01　サービスの基本

　サービスの概念を理解できたところで、さっそく具体的なサービスを作成してみましょう。以下で作成するのは、起動・終了時にLogcatにログを出力する、もっともシンプルなサービスです。

　サービスは、アプリと違って目に見えない分、なかなか動作のイメージを掴みにくいところもありますが、誤解のしようもないシンプルなサンプルで、サービスの定義から起動の方法まで、基本的な構造を理解してみましょう。

[1] サービスを用意する

　サービスは、Serviceクラス（android.appパッケージ）を継承して作成するのが基本です。

リスト11-01　SimpleService.java（ServiceBasicプロジェクト）

```java
package to.msn.wings.servicebasic;

import android.app.Service;
import android.content.Intent;
import android.os.IBinder;
import android.util.Log;

public class SimpleService extends Service {
  // ログに付与するタグ
  private final String TAG = "SimpleService";

  // サービスの初回起動時に実行
  @Override
  public void onCreate() {
    super.onCreate();
    Log.i(TAG, "onCreate");
  }

  // サービスの起動都度に実行
  @Override
  public int onStartCommand(Intent intent, int flags, int startId) {
    Log.i(TAG, "onStartCommand");
    return START_STICKY;
  }
```

```
// サービスをバインド時に実行
@Override
public IBinder onBind(Intent intent) {
  return null;
}

// サービスの停止時に実行
@Override
public void onDestroy() {
  super.onDestroy();
  Log.i(TAG, "onDestroy");
}
}
```
3

アクティビティと同じく、サービスにもライフサイクルがあります。もっとも、サービスはアクティビティのように途中で一時停止／復帰などの段階を踏むことなく、いったん起動したあとは停止するまで実行中となるので、ライフサイクルもシンプルです。

図11-02　サービスのライフサイクル

サービスを初回起動したタイミングで呼び出されるのがonCreateメソッドです（**1**）。同じサービスを複数回起動したとしても、このメソッドは最初の1回しか呼び出されません。

似たようなメソッドとして、サービス開始のタイミングで呼び出されるonStartCommandメソッドがあります（**2**）。ただし、こちらは起動[*1]の都度に何度でも呼び出されます。一般的には、サービスそのものの初期化はonCreateメソッドで、実処理はonStartCommandメソッドで、という使い分けになるでしょう。

*1) 具体的には、startServiceメソッドを呼び出したタイミングです。あとから詳説します。

onStartCommandメソッドの戻り値は、サービスがシステムによって強制終了された時に、どのように振る舞うかを表します。サービスはいったん起動すると、そのままシステム上に居続けます。そして、システムリソースが不足した時には強制的に終了させられてしまうので、その際の挙動をあらかじめ決めておく必要があるのです。戻り値には、以下の定数のいずれかを指定できます。

表11-01 onStartCommandメソッドの戻り値

定数	概要
START_NOT_STICKY	サービスを再起動しない
START_STICKY	サービスを再起動する
START_REDELIVER_INTENT	終了前と同じインテントを使って再起動する
START_STICKY_COMPATIBILITY	再起動は保障されない（START_STICKYとの互換用）

そして、サービスが停止されるタイミングで呼び出されるメソッドが、onDestroyメソッドです（**3**）。

ここでは、それぞれのメソッドでLog#iメソッドを呼び出し、Logcatにログを書きだしています。

> **注意**
>
> リスト11-01では、もうひとつonBindメソッドもありますが、こちらはサービス－アクティビティ間で通信する時に利用するメソッドです。抽象メソッドなので最低限オーバーライドしていますが、今回は特に使用しません。戻り値としてnullだけを返しておきます。

[2] アクティビティ／レイアウトを用意する

SimpleServiceサービスを起動するためのアクティビティ／レイアウトを準備します。レイアウトには [**サービス開始**] [**サービス停止**] ボタンを配置し、アクティビティ側にはそれぞれのクリックタイミングで呼び出されるイベントリスナーを用意しておきます。

リスト11-02 activity_main.xml（ServiceBasic プロジェクト）

```xml
<?xml version="1.0" encoding="utf-8"?>
<androidx.constraintlayout.widget.ConstraintLayout ...>
  <Button
    android:id="@+id/btnStart"
    android:layout_width="0dp"
    android:layout_height="wrap_content"
    android:text="サービス開始"
    app:layout_constraintEnd_toEndOf="parent"
    app:layout_constraintStart_toStartOf="parent"
```

```
        app:layout_constraintTop_toTopOf="parent" />
    <Button
        android:id="@+id/btnStop"
        android:layout_width="0dp"
        android:layout_height="wrap_content"
        android:text="サービス停止"
        app:layout_constraintEnd_toEndOf="parent"
        app:layout_constraintStart_toStartOf="parent"
        app:layout_constraintTop_toBottomOf="@+id/btnStart" />
</androidx.constraintlayout.widget.ConstraintLayout>
```

図 11-03　レイアウト完成図

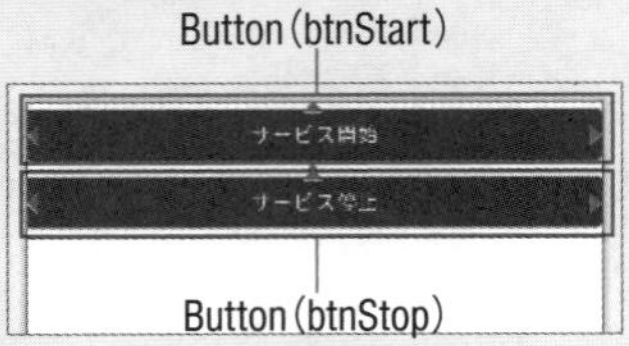

Button (btnStart)

| サービス開始 |
| サービス停止 |

Button (btnStop)

リスト11-03　MainActivity.java（ServiceBasic プロジェクト）

```java
package to.msn.wings.servicebasic;

import androidx.appcompat.app.AppCompatActivity;
import android.content.Intent;
import android.os.Bundle;
import android.widget.Button;

public class MainActivity extends AppCompatActivity {
  @Override
  protected void onCreate(Bundle savedInstanceState) {
    super.onCreate(savedInstanceState);
    setContentView(R.layout.activity_main);

    // ［サービス開始］ボタンクリック時にSimpleServiceを起動
    Button btnStart = findViewById(R.id.btnStart);
    Intent i = new Intent(this, to.msn.wings.servicebasic.SimpleService.class); ─1
    btnStart.setOnClickListener(view -> startService(i)); ─1

    // ［サービス停止］ボタンクリック時にSimpleServiceを停止
    Button btnStop = findViewById(R.id.btnStop);
    btnStop.setOnClickListener(view -> stopService(i)); ─2
  }
}
```

　　サービスは、startServiceメソッドにインテントを渡すことで開始できます（**1**）。08-01-02項の明示的インテントでも見たように、Intentコンストラクターには起動する対象（ここではSimpleService）を表すClassオブジェクトを渡しておきましょう。

　　同じく、サービスを停止するには、stopServiceメソッドにインテントを渡します（**2**）。

構文 startService／stopServiceメソッド

```
public abstract ComponentName startService(Intent service)
public abstract boolean stopService(Intent service)
    service：開始／停止するサービス
```

startServiceメソッドは、開始した（または稼働中の）サービスをComponent
Nameオブジェクト（android.contentパッケージ）として返します。stopService
メソッドは、停止するサービスがあり、停止できた場合にtrueを、それ以外の場合
はfalseを返します。

[3] マニフェストファイルを編集する

サービスもまた、アクティビティと同じく、あらかじめマニフェストファイルに登録
しておく必要があります。

リスト11-04 AndroidManifest.xml（ServiceBasicプロジェクト）

```
<manifest ...>
  <application ...>
    ...中略...
    <service android:name=".SimpleService" />
  </application>
</manifest>
```

サービスは、<application>要素の配下に<activity>要素と同列に<service>
要素として定義します。リストでいえば太字の部分です。android:name属性で
Service派生クラスの名前を指定してください。

[4] サンプルを実行する

以上で、サービスそのものの定義と、サービスを起動するためのアクティビティ
が準備できました。サンプルを実行し、**[サービス開始]** ボタンをクリックしてみま
しょう。

[Logcat] ビューを確認すると、以下のようにログが記録されているはずです。続
けて **[サービス開始]** ボタンをクリックすると、「onStartCommand」という文字
列だけが繰り返し書き出され、「onCreate」は表示されないことも確認してくださ
い*2。

また、**[サービス停止]** ボタンをクリックすると、「onDestroy」という文字列がロ
グ出力されます。

> *2）onCreateメソッ
> ドは、あくまで初回
> 起動時に一度だけ呼
> び出されるのでした。

図11-04　ボタンクリックでログが出力される

11-01-02 サービスで定期的なタスクを実行する

サービスでは、バックグラウンドで動作するというその性質上、定期的にタスクを実行するようなケースはよくあります。以下では、その基本的な例として、1000ミリ秒間隔でログ出力するサービスを作成してみましょう。

リスト11-05　SimpleService.java（ServiceTimerプロジェクト[3]）

＊3）サービス呼び出しのアクティビティは、P.599のリスト11-02と同じものを利用します。

```java
package to.msn.wings.servicetimer;

import android.app.Service;
import android.content.Intent;
import android.os.IBinder;
import android.util.Log;
import java.util.concurrent.Executors;
import java.util.concurrent.ScheduledExecutorService;
import java.util.concurrent.TimeUnit;

public class SimpleService extends Service {
  private final String TAG = "SimpleService";
  private ScheduledExecutorService schedule;

  @Override
  public void onCreate() {
    super.onCreate();
    Log.i(TAG, "onCreate");
  }

  @Override
  public int onStartCommand(Intent intent, int flags, int startId) {
    schedule = Executors.newSingleThreadScheduledExecutor();
    // 1000ミリ秒ごとに処理を実行
    schedule.scheduleAtFixedRate(() ->
        Log.i(TAG, "onStartCommand"),0, 1000, TimeUnit.MILLISECONDS);    1
    return START_STICKY;
  }
```

```
@Override
public IBinder onBind(Intent intent) {
  return null;
}

@Override
public void onDestroy() {
  super.onDestroy();
  Log.i(TAG, "onDestroy");
  // サービス終了時にスケジュール実行も終了
  schedule.shutdown();
}
}
```

　　onStartCommandメソッドで処理を記述する場合の基本的なルールとして、まず覚えておいて頂きたいことがあります。それは、

onStartCommandメソッドでは時間のかかる処理を記述してはいけない

という点です。というのも、onStartCommandメソッドは、サービスを開始したスレッドで実行されます。そのため、onStartCommandメソッドで時間のかかる処理を実装してしまうと、呼び出し側の処理が待ち状態になってしまうのです[*4]。

*4) この例であれば、呼び出し元の画面がフリーズしてしまいます。

　　よって、onStartCommandメソッドはあくまで処理の起動役に徹して、時間のかかる処理そのものは非同期に（＝別スレッドで）行うようにしなければなりません。

　　非同期に処理を実行する方法はさまざまありますが、定期的に行うべき処理を実装するにはScheduledExecutorService#scheduleAtFixedRateメソッドを利用するのが便利です（**1**）。scheduleAtFixedRateメソッドは、指定された時間間隔でRunnable#runメソッド（ラムダ式）の内容を実行します。

　　ここではログを出力しているだけですが、一般的にはここでデータベースや外部サービスへのアクセスなどを行うことになるでしょう。

構文　scheduleAtFixedRateメソッド

```
public abstract ScheduledFuture<?> scheduleAtFixedRate(Runnable command,
  long initialDelay, long period, TimeUnit unit)
    command      ：実行すべき処理
    initialDelay：実行までの遅延時間
    period       ：実行間隔
    unit         ：引数init／periodの時間単位
```

引数periodには、サンプルを確認しやすくするために1000ミリ秒と比較的短い時間間隔を指定していますが、システムに負荷をかけないよう、一般的にはできるだけ長めの時間を指定するようにしてください。

サンプルを実行すると、確かにRunnable#runメソッドに従って、「onStartCommand」という文字列が1000ミリ秒間隔でログに書き込まれていくことが確認できます。

図11-05 ログが定期的に書き込まれる

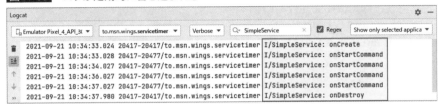

なお、ScheduledExecutorServiceオブジェクトによる定期的な処理を停止するには、shutdownメソッドを呼び出します（**2**）。shutdownメソッドは、サービスを破棄するonDestroyメソッドの中で呼び出します。

11-01-03　ブロードキャストでアクティビティにデータを引き渡す

サービスは、単にバックグラウンドでなんらかの処理をして終わりというだけではありません。処理した結果をアクティビティにフィードバックしたいということもあるでしょう。

そのような場合に利用するのがブロードキャストです。ブロードキャストとは、英語で「放送」という意味で、情報をシステム全体に対して一斉配信することを言います。

もっとも、実際には動作しているすべてのアクティビティに対して配信を試みるのは現実的ではないので、情報はまずAndroidシステムに送られます。

個々のアクティビティは、システムに対してブロードキャストレシーバー（以降、レシーバー）をあらかじめ登録しておくことで、この一斉配信を受け取ることができます。レシーバー（受信機）とは、「受け取った情報をどのように処理するのか」を決めるしくみです。

図11-06　ブロードキャストのしくみ

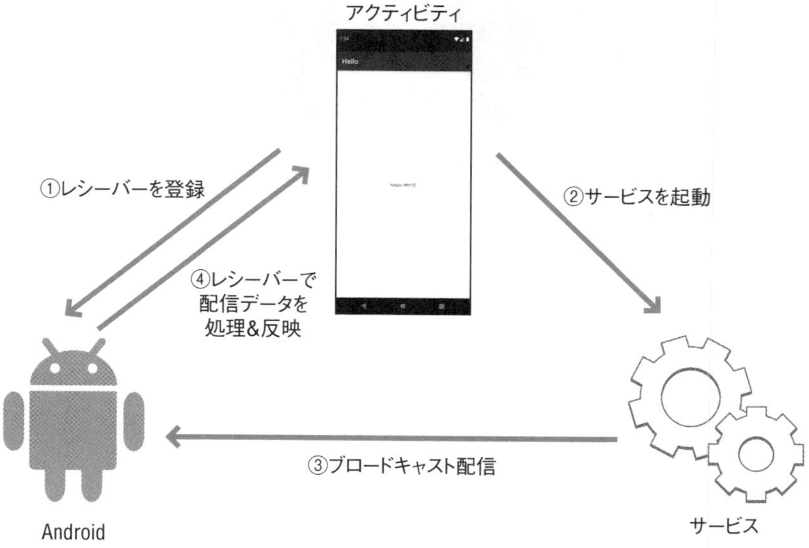

それでは、具体的な例を見ていきましょう。以下は、サービスから現在時刻を5000ミリ秒おきにブロードキャスト配信し、アクティビティ側でトースト表示するサンプルです。

図11-07　サービスから受け取った現在時刻をトースト表示

ServiceBroadcast
サービス開始
サービス停止

現在時刻：Tue Sep 21 01:57:21 GMT 2021

[1] 現在時刻をブロードキャスト配信する

サービスを、現在時刻を定期的に配信するよう修正してみましょう。P.602のリスト11-05をベースに、変更箇所のみを掲載しています。

リスト11-06　SimpleService.java（ServiceBroadcast プロジェクト）

```
...中略...
public class SimpleService extends Service {
  private final String TAG = "SimpleService";
  private ScheduledExecutorService schedule;
  public static final String ACTION = "SimpleService Action";
  ...中略...
  @Override
  public int onStartCommand(Intent intent, int flags, int startId) {
    schedule = Executors.newSingleThreadScheduledExecutor();
    schedule.scheduleAtFixedRate(() -> {
      Intent i = new Intent(ACTION);
      i.putExtra("message", (new Date()).toString());
```

1

```
      sendBroadcast(i);  ──────────────────────────────────────  2
   },0, 5000, TimeUnit.MILLISECONDS);
   return START_STICKY;
  }
  ...中略...
}
```

　　ブロードキャスト配信するには、まず、アクティビティ通信でもおなじみのインテントを作成します（**1**）。Intentコンストラクターには、インテントを識別するための名前（ここでは定数ACTION）を指定します。また、putExtraメソッドでmessageキーに現在日付をセットしておきましょう。

　　インテントの用意ができたら、あとはsendBroadcastメソッドで送信するだけです（**2**）。

構文 sendBroadcastメソッド

```
public abstract void sendBroadcast(Intent intent)
    intent：インテント
```

［2］レシーバーを用意する

　　続いて、ブロードキャストを受け取るレシーバーを定義します。レシーバーを作成するには、BroadcastReceiverクラス（android.contentパッケージ）を継承します。

リスト11-07 SimpleReceiver.java（ServiceBroadcastプロジェクト）

```java
package to.msn.wings.servicebroadcast;

import android.content.BroadcastReceiver;
import android.content.Context;
import android.content.Intent;
import android.widget.Toast;

public class SimpleReceiver extends BroadcastReceiver {
  // ブロードキャスト受信のタイミングで実行されるメソッド
  @Override
  public void onReceive(Context context, Intent intent) {
    // インテントからmessageキーを取得＆トースト表示
    String msg = intent.getStringExtra("message");
    Toast.makeText(context, "現在時刻：" + msg,
        Toast.LENGTH_SHORT).show();
  }
}
```

BroadcastReceiver派生クラスでオーバーライドすべきメソッドはひとつだけ、onReceiveメソッドです。onReceiveメソッドは、レシーバーがブロードキャストを受信したタイミングで呼び出されるメソッドです。

構文 onReceiveメソッド

```
public abstract void onReceive(Context context, @NonNull Intent intent)
    context：コンテキスト
    intent ：インテント
```

メソッドの内容は、セクション08-02などで説明したアクティビティ間通信のそれとほぼ同じです。ブロードキャストで配信されたデータには、引数intentからgetStringExtraメソッドでアクセスできます。

アクティビティ側にデータを反映させるならば、引数contextを「MainActivity act = (MainActivity)context;」のように型キャストした上で、findViewByIdメソッドなどおなじみのメソッドを呼び出してください。

[3] レシーバーをシステムに登録する

作成したレシーバーは、あらかじめシステムに登録しておく必要があります。それには、アクティビティに以下のようなコードを書いてください。

リスト11-08 MainActivity.java（ServiceBroadcastプロジェクト）

```
@Override
protected void onCreate(Bundle savedInstanceState) {
  super.onCreate(savedInstanceState);
  setContentView(R.layout.activity_main);

  // レシーバーの登録
  SimpleReceiver receiver = new SimpleReceiver();────────────1
  IntentFilter filter = new IntentFilter(); ─────────────
  filter.addAction(SimpleService.ACTION);────────────────2
  registerReceiver(receiver, filter); ──────────────────3
  ...中略...
}
```

レシーバーは、レシーバーそのものと、インテントを識別するためのフィルターとの組み合わせで登録します。これによって、「あるアクションを表すインテントが配信された時にのみ、レシーバーはデータを受信できる」ようになるのです。

図11-08　レシーバーとフィルター

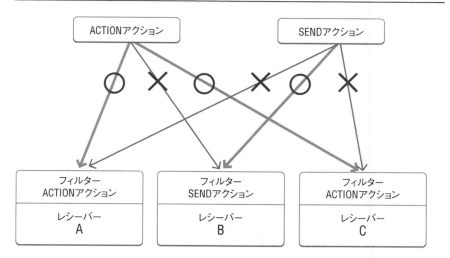

レシーバー本体は、■のようにインスタンス化しておきます。

　フィルターは、IntentFilterオブジェクトとして表します。対応するアクション
は、IntentFilter#addActionメソッドとして登録します（■）。この例であれば、
SimpleService.ACTIONアクションが配信された場合のみ反応するフィルターを
作成しているわけです。SimpleService.ACTIONは、手順[1]でインテントに指
定したものです。

　レシーバーとフィルターを用意できたら、あとはregisterReceiverメソッドで、
この組み合わせをシステムに登録します（■）。

構文　registerReceiverメソッド

```
public abstract Intent registerReceiver(BroadcastReceiver receiver,
  IntentFilter filter)
    receiver：レシーバー
    filter　：フィルター
```

　これでSimpleService.ACTIONアクションをブロードキャスト配信で受け取っ
たら、SimpleReceiverレシーバーで処理しなさい、という意味になります。

[4] サンプルを実行する

　アプリを起動し、[サービス開始]ボタンをクリックしてください。本項冒頭の図
11-07のように、5000ミリ秒おきに現在時刻がトースト表示されることを確認して
みましょう。

11-01-04 サービスの状態をステータスバーに通知する

サービスは、画面という見かけを持たないその性質上、ユーザーに対して現在の状態を示す方法がありません。そこでサービスの状態をユーザーに対して通知するには、ノーティフィケーションという機能を利用するのが一般的です。

ノーティフィケーションとは、ステータスバー[5]に対してメッセージを表示するための機能です。メッセージをタップすることで、あらかじめ決められたアプリを起動できます。

*5) 画面上部のバー。下側にスライドすることで引き出すことができます。

たとえば以下は、アプリケーションががお知らせを受信したことをノーティフィケーションで通知している例です。

図11-09 ノーティフィケーションの例

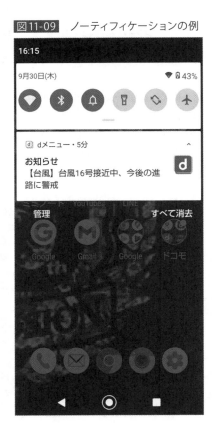

サービスでの用途に特化したしくみではありませんが（アクティビティからも利用できます）、その性質上、バックグラウンドで動作しているサービスがなんらかの状況をユーザーに通知する際によく利用します。

ステータスバーは、フルスクリーンモードなどの特別な状況を除いては、画面上に常に表示されており、すぐにノーティフィケーションにアクセスできるのも特長です。

それでは早速、サービスからノーティフィケーションを発行してみましょう。サー

ビスを起動すると、「サービスは起動中です。」というノーティフィケーションを発行
し、ノーティフィケーションをクリックすると、サービス終了のためのアクティビティ
を起動できるようにします[6]。

図11-10　サービス起動時に表示される通知

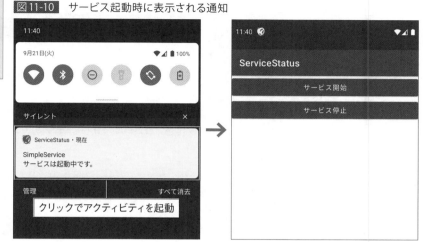

　　以下は、その具体的なコードです。なお、アクティビティは11-01-01項のものと
ほぼ同じなので差分のみを示します（レイアウトファイルは同じなので紙面上は割愛
します）。

リスト11-09　SimpleService.java（ServiceStatusプロジェクト）

```java
package to.msn.wings.servicestatus;

import android.app.Notification;
import android.app.NotificationChannel;
import android.app.NotificationManager;
import android.app.PendingIntent;
import android.app.Service;
import android.content.Intent;
import android.os.IBinder;
import android.util.Log;
import androidx.core.app.NotificationCompat;
import java.util.concurrent.Executors;
import java.util.concurrent.ScheduledExecutorService;
import java.util.concurrent.TimeUnit;

public class SimpleService extends Service {
  private final String TAG = "SimpleService";
  private static final int NOTIFY_ID = 0;
```

```java
private NotificationManager manager;
private NotificationChannel channel;
private ScheduledExecutorService schedule;

@Override
public void onCreate() {
  super.onCreate();
  // チャネルを生成
  channel = new NotificationChannel(
      "service_status", "サービス状況",
      NotificationManager.IMPORTANCE_DEFAULT
  );
  channel.setVibrationPattern(new long[]{1000, 500, 1000, 500, 2000, 500});
}


@Override
public int onStartCommand(Intent intent, int flags, int startId) {
  // ノーティフィケーションを定義
  Notification notif = new NotificationCompat.Builder(this, "service_status")
      .setContentTitle("SimpleService")
      .setContentText("サービスは起動中です。")
      .setSmallIcon(R.drawable.wings_logo)
      .setWhen(System.currentTimeMillis())
      .setContentIntent(
      PendingIntent.getActivity(this, MainActivity.ACTIVITY_ID,
          new Intent(this, MainActivity.class),
          PendingIntent.FLAG_CANCEL_CURRENT)
      )
      .build();

  // ノーティフィケーションを登録
  manager = (NotificationManager) getSystemService(NOTIFICATION_SERVICE);
  manager.createNotificationChannel(channel);
  manager.notify(NOTIFY_ID, notif);

  schedule = Executors.newSingleThreadScheduledExecutor();
  schedule.scheduleAtFixedRate(() ->
      Log.i(TAG, "onStartCommand"),0, 5000, TimeUnit.MILLISECONDS);
  return START_STICKY;
}


@Override
public IBinder onBind(Intent intent) {
  return null;
```

1

2

3

4

```
  }

  @Override
  public void onDestroy() {
    super.onDestroy();
    manager.cancel(NOTIFY_ID);                                          5
    Log.i(TAG, "onDestroy");
    schedule.shutdown();
  }
}
```

リスト11-10 MainActivity.java（ServiceStatusプロジェクト）

```
package to.msn.wings.servicestatus;

import androidx.appcompat.app.AppCompatActivity;
import android.content.Intent;
import android.os.Bundle;
import android.widget.Button;

public class MainActivity extends AppCompatActivity {
  // アクティビティを識別するためのid値
  public final static int ACTIVITY_ID = 1;
  ...中略...
}
```

ノーティフィケーションでは、大きく以下のオブジェクトが登場します。

- NotificationManager
- NotificationChannel
- Notification
- PendingIntent

Notificationはノーティフィケーションそのものを表すオブジェクト、そのノーティフィケーションの重要度、通知音/バイブレーションを定義するのがNotificationChannelです。NotificationManagerでは、Notification／NotificationChannelでの設定に従って、ノーティフィケーションを発行します。

PendingIntentは、ノーティフィケーションからアクティビティを起動する際などに利用するオブジェクトです。アクティビティの起動などが不要の場合は、PendingIntentは必須ではありません。

■チャネルを生成する

これらオブジェクトのうち、NotificationChannelを生成しているのが■です。

構文　NotificationChannel コンストラクター

```
public NotificationChannel(String id, CharSequence name, int importance)
    id        ：チャネルID（アプリ内で一意であること）
    name      ：チャネルの表示名
    importance：重要度（IMPORTANCE_UNSPECIFIED／IMPORTANCE_NONE／IMPORTANCE_MIN／
                IMPORTANCE_LOW／IMPORTANCE_DEFAULT／IMPORTANCE_HIGH）
```

また、以下のようなメソッドで、チャネルを細かく設定することも可能です。

表11-02　NotificationChannelクラスの主なメソッド

メンバー	概要
enableLights(boolean *lights*)	ライトを点灯するか
enableVibration(boolean *vibration*)	バイブレーションを有効にするか
setShowBadge(boolean *showBadge*)	アイコンバッジを表示するか
setVibrationPattern(long[] *pattern*)	バイブレーションのパターン（long型配列）
setLockscreenVisibility(int *lock*)	ロックスクリーンに表示するか
setLightColor(int *argb*)	ライトの表示色

■ノーティフィケーションの本体を準備する

続いて、送信すべきノーティフィケーションを準備します。Notificationオブジェクトは、NotificationCompat.Builderオブジェクトから生成できます。

構文　NotificationCompat.Builderクラス（コンストラクター）

```
public NotificationCompat.Builder(@NonNull Context context,
  @NonNull String channelId)
    context  ：コンテキスト
    channelId：チャネルID
```

NotificationCompat.Builderオブジェクトには、ノーティフィケーションを設定するためのさまざまなセッターメソッドが用意されています。以下に、主なものを挙げておきます。

表11-03 NotificationCompat.Builderオブジェクトの主なセッターメソッド

メソッド	設定内容
setAutoCancel(boolean *autoCancel*)	クリック時に自動で通知を削除
setContentTitle(CharSequence *title*)	通知タイトル
setContentText(CharSequence *text*)	表示メッセージ
setSmallIcon(int *icon*)	表示アイコン
setLights(int *argb*, int *onMs*, int *offMs*)	LED表示（引数は先頭からARGB色、点灯時間、消灯時間。時間の単位はミリ秒[7]）
setContentIntent(PendingIntent *intent*)	通知クリック時の挙動
setSound(Uri *sound*)	再生するサウンド
setPriority(int *pri*)	ノーティフィケーションの優先順位
setWhen(long *when*)	通知時刻

[7] ARGBは透明度を加えたRGBで、それぞれの要素を2桁の16進数、合計8桁で表現します。たとえば、#FFFF0000は赤を表します。

　セッターメソッドは戻り値として自分自身（NortificationCompat.Builderオブジェクト）を返すので、「setXxxxx(...).setXxxxx(....)」のようにメソッドを連結して呼び出せる点にも注目です（参考を参照）。

　最後に、buildメソッドを呼び出すことで、それまでの設定に基づいてNotificationオブジェクトが生成されます。

参考

メソッドチェーン

　あるメソッドの戻り値が自分自身である場合、その戻り値を使って別のメソッドを呼び出すということを続けることができます。これをメソッドチェーンといいます。メソッドチェーンを使うと、オブジェクト変数をいちいち記述せずとも複数のメソッドを連続して呼び出すことができ、記述を簡潔にできます。たとえば、リスト11-09の❷をメソッドチェーンを使わずに記述すると以下のようになります。

```
Notification notif = new NotificationCompat.Builder(this,
"service_status");
notif.setContentTitle("SimpleService");
notif.setContentText("サービスは起動中です。");
notif.setSmallIcon(R.drawable.wings_logo);
notif.setWhen(System.currentTimeMillis());
notif.setContentIntent(
...中略...
);
notif.build();
```

　記述がくどくなっていることに気付くでしょう。なお、Android SDKに限らずGoogleの提供するAPIでは、メソッドチェーンを使うことを前提として戻り値が自分自身となっているメソッドが多数ありますから、そのような場合に積極的に活用していくと良いでしょう。

❸ PendingIntentオブジェクトを用意する

一般的なIntentオブジェクトがその場でアクティビティやサービス起動に利用されるのに対して、PendingIntentオブジェクトとはその場ではいったん保留しておき、あとでなんらかのイベントが発生した時に初めて利用されるインテントを表します。

この例であれば、Notificationを登録する現在ではなく、登録されたNotification（通知）をクリックしたタイミングでアクティビティを起動したいので、そのための情報はPendingIntentオブジェクトで表す必要があるわけです。

PendingIntentオブジェクトは、PendingIntent#getActivityメソッドで取得できます[8]。

| 構文 | getActivityメソッド |

```
public static PendingIntent getActivity(Context context, int requestCode,
  Intent intent, int flags)
    context    ：コンテキスト
    requestCode：リクエストコード
    intent     ：インテント
    flags      ：動作モード
```

引数intentには、自分で用意した明示的インテントをセットしてください。

引数requestCodeは、リクエストを識別するためのコードです。ここでは、特に利用していないのでなんでも構わないのですが、便宜的にMainActivityクラスであらかじめ定義しておいた定数ACTIVITY_IDをセットしておきます。

引数flags（動作モード）のFLAG_CANCEL_CURRENTは、現在設定されているインテントがあれば、キャンセルして新しいものを使うことを意味します。

用意したPendingIntentオブジェクトは、NotificationCompat.Builder#setContentIntentメソッドでセットします。これによって、通知情報をクリックすることで指定のアクティビティ（ここではMainActivityアクティビティ）を起動できるようになります。

❹ NotificationManagerにNotificationを登録する

NotificationManagerは、ノーティフィケーションを管理するためのクラスです。getSystemServiceメソッドで取得できます。既に何度か触れていますが、getSystemServiceメソッドの戻り値はObject型なので、取得したサービスに応じて型キャストするのを忘れないようにしてください。

NotificationManagerオブジェクトを取得できたら、あとは、createNotificationChannelメソッドでチャネルを登録した上で、notifyメソッドで先ほど作成した通知情報（Notificationオブジェクト）を登録するだけです。

構文 createNotificationChannel メソッド

```
public void createNotificationChannel(NotificationChannel channel)
    channel：チャネル
```

構文 notify メソッド

```
public void notify(int id, Notification notification)
    id          ：ノーティフィケーションID
    notification：登録するノーティフィケーション
```

　　引数idには、ノーティフィケーションを識別するためのid値を指定します。この値は、あとからノーティフィケーションを削除する際にも利用するので、それぞれで一意となるよう、値を設定してください。

5 ノーティフィケーションを削除する

　　サービスを終了するタイミングで、ノーティフィケーションも破棄しておきましょう。cancel メソッドを利用します。

構文 cancel メソッド

```
public void cancel(int id)
    id：ノーティフィケーションID
```

Google Play

Section

11-02

自作のアプリを公開する

このセクションでは、自分で作成したアプリをGoogle Playで公開・配布する手順を紹介します。

このセクションのポイント

1作成したアプリはGoogle Play経由で公開＆配布できる。
2Google Playに登録するには、デベロッパーアカウントが必要である。
3アプリを公開するには、あらかじめ公開用のファイルや証明書、アイコン画像／スクリーンショットなどを用意しておく必要がある。

　自分で作成したAndroidアプリは、Google Playで公開＆配布できます。Google Playとは、Googleが提供するアプリケーションストアの名称です。Google Playでアプリを公開するには、大まかに以下のような手続きが必要となります。

・Googleアカウント＆デベロッパーアカウントを取得する
・デジタル署名した公開用のファイルを準備する
・Google Playにアプリをアップロード＆タイトル／キャプチャなどを登録する

　以下でも、この流れに沿って、挨拶アプリをGoogle Playに登録してみましょう。

11-02-01　Googleアカウント＆デベロッパーアカウントの作成

　Google Playにアプリを登録するには、デベロッパーアカウントが必要となります。そして、デベロッパーアカウントを取得するには、Googleアカウントの取得が必要となります。アカウントを既に所有している場合には、以下の手順はスキップしても構いません。

■ Googleアカウントの取得

　Googleアカウントを取得するには、ブラウザーから以下のページにアクセスしてください。

　　https://accounts.google.com/SignUp

図11-11 ［Googleアカウントの作成］ページ (1)

［**Googleアカウントの作成**］ページが開くので、名前、ユーザー名、パスワードなどを入力します。［**次へ**］ボタンをクリックして、表示された画面にしたがって生年月日や性別を入力します。

図11-12 ［Googleアカウントの作成］ページ (2)

[**次へ**] ボタンをクリックすると [**プライバシーポリシーと利用規約**] ダイアログが表示されるので、規約を確認した上で [**同意する**] ボタンをクリックしてください。

図11-13 ［プライバシーポリシーと利用規約］ダイアログ

図11-14 ［ようこそ **XX** さん！］ページ

上のような [**ようこそ**] ページが表示されれば、Googleアカウントの登録は終了です。

■ デベロッパーアカウントの作成

　続いて、Google Playで利用するデベロッパーアカウントを作成します。アカウント作成には、ブラウザーから以下のページにアクセスしてください。

　なお、アカウント作成には登録料が25米$が必要となります。あらかじめ支払い可能なクレジットカードを用意しておいてください。

```
https://play.google.com/apps/publish/signup
```

　ログインしていない場合には、ここでログイン画面が表示されるので、先ほど取得したGoogleアカウントでログインしてください。デベロッパーアカウントを作成するためのページが表示されます。

図11-15 ［新しいデベロッパー アカウントを作成］

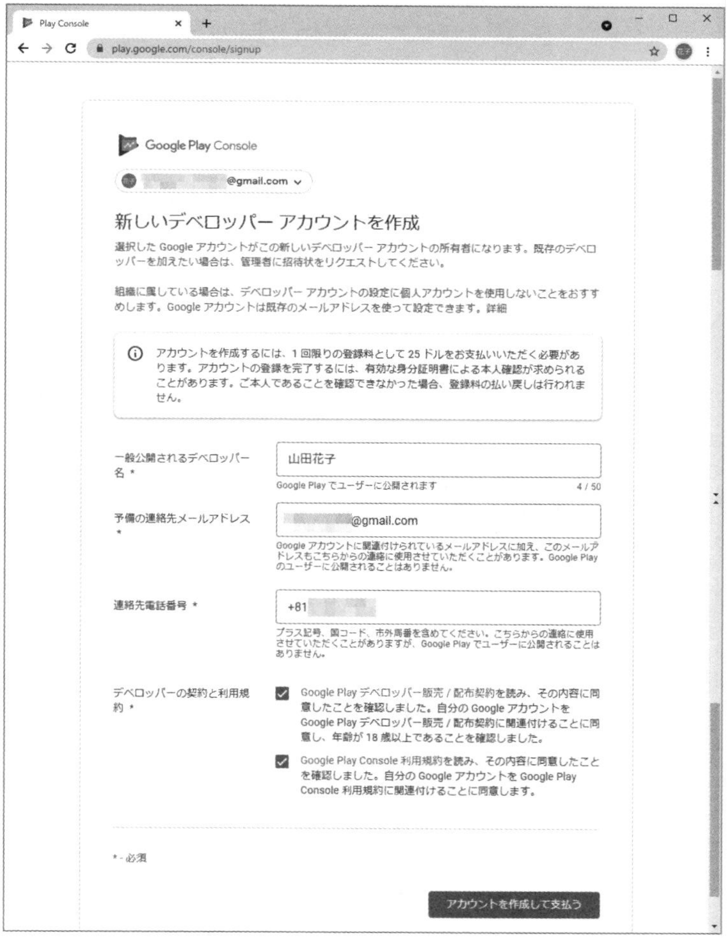

[新しいデベロッパー アカウントを作成] ページが表示されたら、情報を入力します。[一般公開されるデベロッパー名] は、アプリ公開の際に表示される開発者名です。また、[連絡先電話番号] は、国番号（日本であれば+81）から入力しなければなりません。また、市外局番の0と途中のハイフンは省略します。よって、たとえば「03-xxxx-xxxx」であれば、「+813xxxxxxxx」と入力してください。

[デベロッパーの契約と利用規約] の2つのチェックボックスにチェックをつけて [アカウントを作成して支払う] ボタンをクリックします。

図11-16 ［購入手続きの完了］ダイアログ

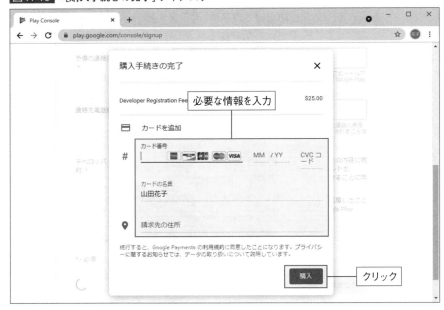

[購入手続きの完了] ダイアログが表示されるので、カード情報、名義、住所などを入力後、[購入] ボタンをクリックします。決済処理が完了後に [デベロッパーアカウントを作成しました] ページが表示されれば、デベロッパーアカウントの作成は終了です。

11-02-02 公開用ファイルの作成

＊1）2021年8月から Google Playで新規アプリを公開するには、.aabファイルでの登録が必須となりました。以前の.apkファイルは利用できないので注意してください。

Google Playに登録するために、アプリを公開用の.aabファイル（Android App Bundle形式）に変換します。.aabファイル[1]は、アプリの本体コードはもちろん、画像リソースなども含んだ公開形式のファイルになっています。

.aabファイルを作成するには、Android Studioのメニューバーから [Build] ー [Generate Signed Bundle / APK...] を選択します。

図11-17 [Generated Signed APK] ダイアログ (1)

Generate Signed Bundle or APK
Android App Bundle
Generate a signed app bundle for upload to app stores for the following benefits:
Smaller download size
On-demand app features
Asset-only modules
Learn more
APK
クリック
Build a signed APK that you can deploy to a device
Previous
Next
Cancel
Help

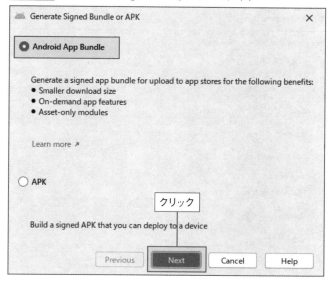

[Generated Signed Bundle or APK] ダイアログが表示されるので、[Android App Bundle] を選択して、[Next] ボタンをクリックしてください。次の入力画面が表示されたら、[Create New] ボタンをクリックします。

図11-18 [Generated Signed APK] ダイアログ (2)

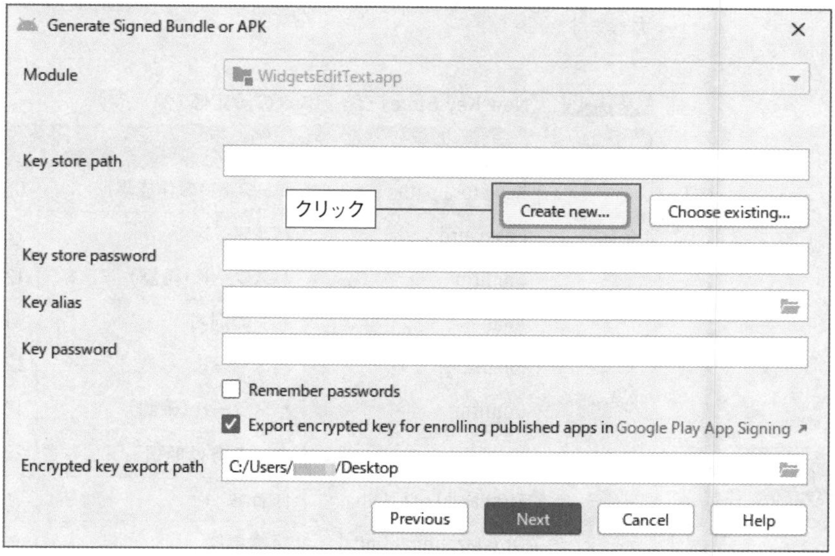

Generate Signed Bundle or APK
Module
WidgetsEditText.app
Key store path
クリック
Create new...
Choose existing...
Key store password
Key alias
Key password
Remember passwords
Export encrypted key for enrolling published apps in Google Play App Signing
Encrypted key export path
C:/Users/ /Desktop
Previous
Next
Cancel
Help

図 11-19　［New Key Store］ダイアログ

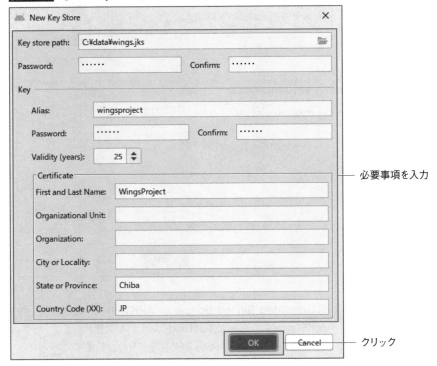

必要事項を入力

クリック

　［New Key Store］ダイアログが表示されたら、以下の表のように必要な項目を入力します。

表 11-04　［New Key Store］ダイアログの設定値（例）

分類	項目	概要	入力値（例）
全体	Key store path	キーストアの作成場所	C:\data\wings.jks
	Password	パスワード	123456
	Confirm	パスワード（確認）	123456
Key	Alias	キーの別名	wingsproject
	Password	パスワード	123456
	Confirm	パスワード（確認）	123456
	Validity（years）	キーの有効期限[2]	25
Cirtificate	First and Last Name	作者名	WingsProject
	Organizational Unit	組織単位	―
	Organization	組織名	―
	City or Locality	市町村名	―
	State or Province	都道府県名	Chiba
	Country Code（XX）	国コード	JP

＊2）25年以上が推奨されています。

*3）鍵が本人のものであることを証明するしくみです。一般的にはベリサイン社のような認証局によって発行されますが、Androidアプリではそこまで不要です。自分で作成した証明書で構いません。

　キーストアとは、アプリにデジタル署名するための鍵と証明書*3をまとめたデータファイルです。同一の証明書で署名されていないアプリは、アップグレードできなくなりますし、そもそもキーストアとパスワードを漏洩してしまうと、第3者によるアプリの改竄が可能になってしまいます。厳重に管理してください。

　キーストアを作成する上で、[First and Last Name]～[Country Code]はすべて任意項目ですが、最低でもひとつは入力する必要があります。

　[OK]ボタンをクリックすると、入力したキー情報が元の[Generated Signed Bundle or APK]ダイアログにも反映されています。2つのチェックボックスのチェックを外して[Next]ボタンを押してください。

図11-20　[Generated Signed Bundle or APK]ダイアログ（3）

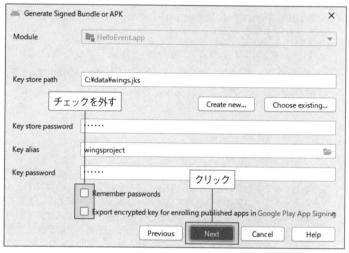

図11-21　[Generated Signed Bundle or APK]ダイアログ（4）

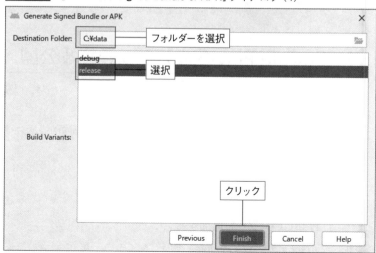

続いて、図11-21のようなダイアログが表示されるので、[Destination Folder]に.aabファイルを出力すべきフォルダー（ここでは「c:¥data」）を指定します。また、[Build variants]から「release」を選択して、[Finish]ボタンをクリックします。

図11-22 .aabファイルの生成に成功

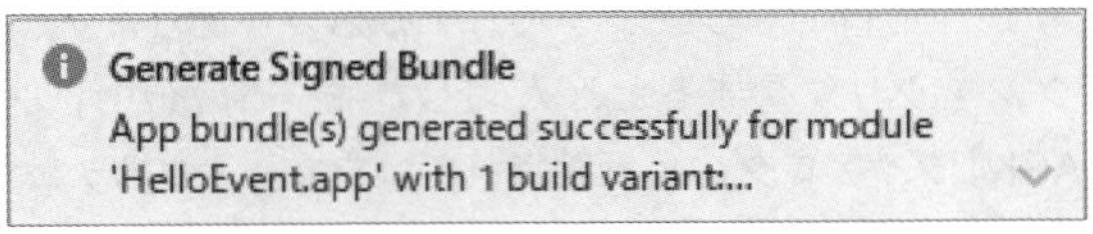

> ⓘ **Generate Signed Bundle**
> App bundle(s) generated successfully for module
> 'HelloEvent.app' with 1 build variant:...

Android Studioの右下に上のような通知が表示されれば、.aabファイルの生成は成功です。エクスプローラーで「C:¥data」フォルダーを開いて公開用のファイル（/release/app-release.aab）とキーストア（wings.jks）が作成されていることを確認してみましょう。

なお、本書ではキーストアを一から作成しましたが、公開用のファイルを再作成（または更新）する際には、図11-18で [Choose existing...] ボタンをクリックし、作成済みのキーストアを選択してください。

参考

デジタル署名とは？

　デジタル署名とは、アプリが改竄されていないか（＝作成元は確かであるか）を確認するためのしくみです。署名がないアプリは、そもそもインストールすることすらできません。

　Androidでは、アプリを更新する際に、デジタル署名に利用した証明書を確認します。インストール済みのアプリと新しいアプリとで証明書が一致すれば、アプリが同じ開発者によって提供されていると見なすのです。これによって、悪意ある第3者が改竄したアプリを勝手に配布できてしまうことを防げます。

　ちなみに、これまでローカルで実行する際に、署名を意識する必要がなかったのは、Android Studioが自動的に開発用の証明書を作成してくれていたからです。Google Playでアプリを公開する際には、新たな証明書の作成が必須です。

11-02-03　Google Playへのアプリ登録＆公開

　以上で、アプリを登録するための準備が完了したので、Google Playから実際にアプリをアップロード＆公開してみましょう。

　ログインしていない場合には、ここでログイン画面が表示されるので、ログインしてください。

```
https://play.google.com/console/
```

[1] 新しいアプリを追加する

＊4）図では、既に3つアプリが登録されています。

　[Google Play Console] 画面が開くので、🔡 すべてのアプリ を選択した後、アプリを作成 ボタンをクリックします＊4。

図11-23 ［すべてのアプリ］画面

　［**アプリを作成**］画面が表示されるので、以下の図を参考にアプリ名を入力し、［**デフォルトの言語**］を日本語にして、［**アプリ**］［**無料**］を選択します。また、申告欄の3つのチェックボックスすべてにチェックを付けて、［**アプリを作成**］ボタンをクリックします。

図11-24 ［アプリを作成］画面

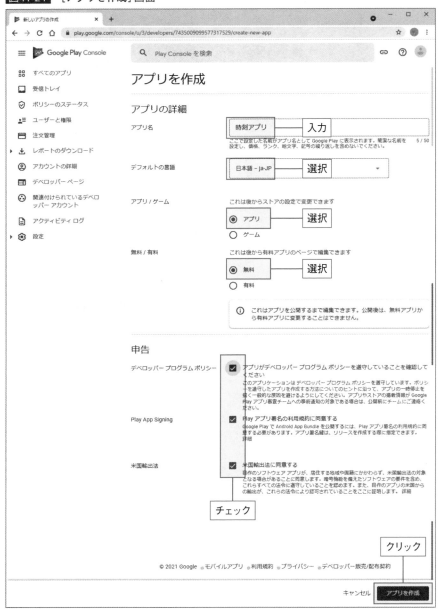

［ダッシュボード］画面が表示されて、右上にアプリ名が表示されます。

図11-25　［ダッシュボード］画面

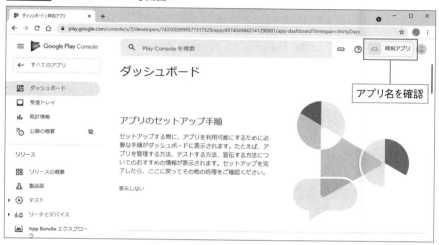

[2] ストアへの掲載情報を登録する

　［ダッシュボード］画面の中央付近にある［アプリのセットアップ］の
タスクを表示する ∨ をクリックします。設定が必要な各項目のリンクが表示されるので、順
に設定していきます。

図11-26　［ダッシュボード］画面（アプリのセットアップ）

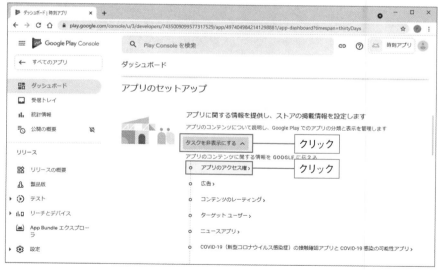

　［アプリのアクセス権］リンクをクリックして、［アプリのアクセス権］画面を開き
ます。

図11-27 ［アプリのアクセス権］画面

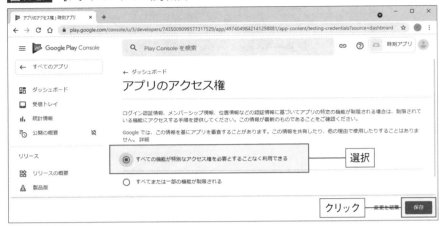

［すべての機能が特別なアクセス権を必要とすることなく利用できる］を選択して、［保存］ボタンをクリックします。画面下に ⊘ 変更を保存しました が表示されたら、画面上部の ← ダッシュボード をクリックして、［ダッシュボード］画面に戻ってください。

設定が終了した箇所には、以下の図のように文字列に取り消し線が引かれます。

図11-28 ［ダッシュボード］画面（［アプリのアクセス権］設定後）

同様に［広告］、［コンテンツのレーティング］、［ターゲットユーザー］、［ニュースアプリ］、［COVID-19］、［アプリのカテゴリを選択し、連絡先情報を提供する］の項目についても、アプリの内容に合わせて設定してください。

図11-29 ［ダッシュボード］画面（上記の設定項目を設定後）

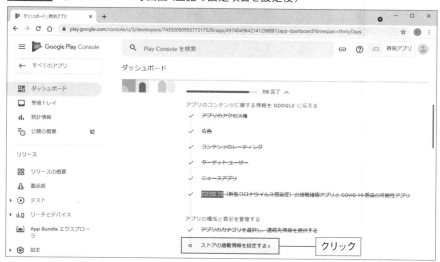

　［ダッシュボード］画面から［ストアの掲載情報を設定する］リンクをクリックして、
［メインのストアの掲載情報］を表示します。以下の表を参考に各項目にアプリの
情報を入力します。

図11-30 ［メインのストアの掲載情報］画面（1）

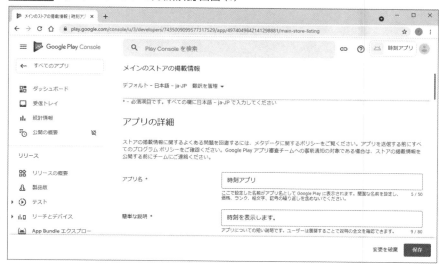

表11-05 ［メインのストアの掲載情報］画面の主な設定例

カテゴリ	項目	設定例
アプリの詳細	アプリ名	時刻アプリ
	簡単な説明	時刻を表示します。
	詳しい説明	ボタンをクリックすると、時刻を表示します。
グラフィック	アプリのアイコン	（画像をドロップ）
	フィーチャー グラフィック	（画像をドロップ）
電話	携帯電話版のスクリーンショット	（画像をドロップ）
タブレット	7インチタブレット版のスクリーンショット	（画像をドロップ）
	10インチタブレット版のスクリーンショット	（画像をドロップ）

　［グラフィック］［電話］［タブレット］の各項目に画像ファイルをドロップすると、アップロードした画像が表示されます。

図11-31 ［メインのストアの掲載情報］画面 (2)

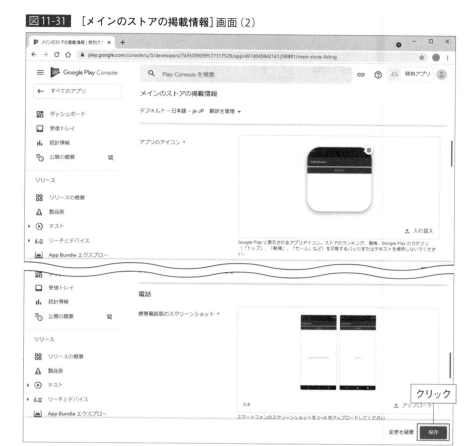

アップロードが必須の画像は以下の表の通りです。

表11-06 アップロード必須の画像

項目名	画像
［スクリーンショット］	320 ～ 3840 ピクセルで、PNG か JPEG 形式。複数ファイル必要
［アプリのアイコン］	512×512 で、PNG か JPEG 形式
［フィーチャーグラフィック］	1024×500 で、PNG か JPEG 形式

入力し終えたら、画面右下の［**保存**］ボタンをクリックします。

［3］公開用のファイルをアップロードする

画面左側のメニューから ![ダッシュボード] をクリックして［ダッシュボード］画面に戻ります。

画面最下部の［**Google Play にアプリを公開する**］の タスクを表示する ∨ をクリックしま

す。設定が必要な各項目のリンクが表示されるので、順に設定していきます。

図11-32 ［ダッシュボード］画面（Google Play にアプリを公開する）

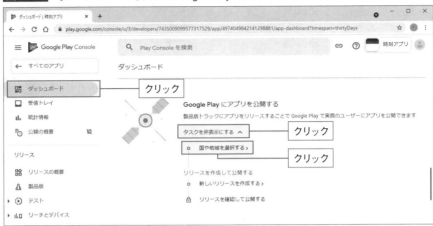

［**国や地域を選択する**］リンクをクリックすると、［**製品版（国／地域）**］画面が開くので、［**国／地域を追加**］リンクをクリックします。

図11-33 ［製品版］画面（国／地域）(1)

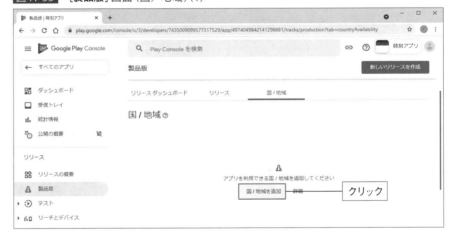

［**製品版への国／地域の追加**］画面が表示されるので、［**日本**］を選択して、［**国／地域を追加**］ボタンをクリックします。

図11-34 ［製品版への国／地域の追加］画面

［製品版（国／地域）］画面に戻り、［日本］が追加されていることが確認できます。

図11-35 ［製品版］画面（国／地域）(2)

［リリース］タブを選択して、［新しいリリースを作成］リンクをクリックします。

図11-36 ［製品版（リリース）］画面

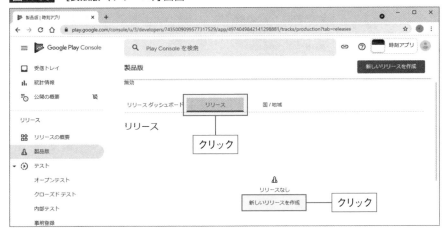

［製品版リリースの作成］画面が表示されるので、［App Bundle］の欄に先ほど作成した.aabファイル（C:¥data¥release¥app-release.aab）をドラッグ＆ドロップします。

図11-37 ［製品版リリースの作成］画面（1）

ファイルがアップロードされると［App Bundle］欄の下にファイルの情報が表示されます。［リリースの詳細］欄については、必要に応じて編集してください。問題なければ画面下部の［保存］ボタンをクリックします。

図11-38 ［**製品版リリースの作成**］画面（2）

設定が保存され、画面下部に［**変更を保存しました。公開前にリリースを確認
できます。**］と表示されたら、［**リリースのレビュー**］ボタンをクリックして、内容の
最終確認を行います。

図11-39 ［**製品版リリースの作成**］画面（3）

＊5）「このApp
Bundleに関連付け
られている難読化解除
ファイルはありませ
ん。」という警告が
表示されますが、こ
ちらは無視して構い
ません。

エラーが表示されなければ、［**製品版としての公開を開始**］ボタンをクリックしま
す＊5。

図11-40 [製品版リリースの作成]画面（4）

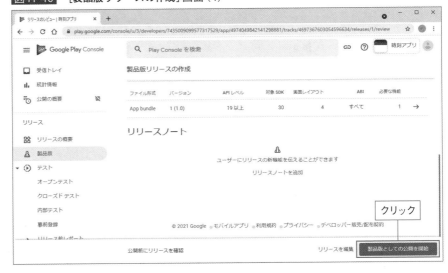

[製品版として公開しますか？] ダイアログが表示されるので、[公開] ボタンをクリックしてください。

図11-41 [製品版として公開しますか？] ダイアログ

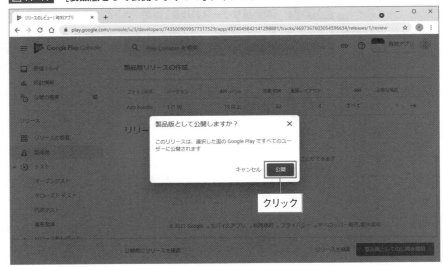

以下の画面が表示され、Google Play で審査が行われます。

図11-42 ［製品版］画面（審査中）

　審査が通り、アプリが公開されると以下のようにステータスが［審査中］から
［Google Playで公開］に変わります。

図11-43 ［製品版］画面（公開後）

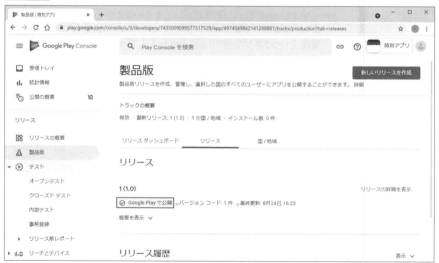

参考

アプリを更新／削除するには？

　アプリを更新するには、［すべてのアプリ］画面から該当のアプリを選択し、遷移先の
［ダッシュボード］画面から必要な情報を変更してください。公開用のファイルを更新する

際には、.aabファイルを作成する前にbuild.gradle（Module:app）のdefaultConfigブロックから versionCode／versionNameの値をそれぞれ修正してください。versionCodeはバージョン番号を整数値で表したもの、versionNameはユーザーに表示するバージョン番号で1.0のような形式で表します。

リスト11-11 build.gradle（Module:HelloEvent.app）

```
plugins {
  id 'com.android.application'
}

android {
  compileSdk 31
  defaultConfig {
    applicationId "to.msn.wings.helloevent"
    minSdk 19
    targetSdk 31
    versionCode 2
    versionName "1.1"
    ...中略...
  }
  ...中略...
}
```

　アプリの削除は、現時点ではできないようです。アプリを非公開にするには、[ダッシュボード]画面左側のメニューから[リリース]−[設定]−[詳細設定]を開いて、[アプリの公開状況]タブをクリックして表示された画面から[非公開]を選択して、[変更を保存]ボタンをクリックしてください。

図11-44 [詳細設定]画面（アプリの公開状況）

TECHNICAL MASTER

Index 索 引

記号

<action> ·································· 429

<activity> ································ 399

<application> ···························· 390

<attr> ··································· 350

<category> ······························· 429

<data> ··································· 429

<declare-styleable> ······················ 350

<fragment> ······························· 531

<intent-filter> ····················· 399, 428

<PreferenceScreen> ······················ 515

<requestFocus> ·························· 140

<resources> ····························· 73

<selector> ·························· 132, 261

<service> ································ 601

<string> ································· 73

<string-array> ······················ 154, 170

<style> ·································· 386

<uses-permission> ··················· 546, 554

.aab ファイル ···························· 622

A

Activity ·································· 65

ActivityResult ···························· 416

ActivityResultCallback ···················· 416

ActivityResultLauncher ··············· 415, 479

addArc ·································· 343

addCallback ····························· 362

addCircle ······························· 343

addLocationRequest ····················· 545

addMarker ······························· 533

addOnFailureListener ···················· 546

addOnSuccessListener····················· 546

addOval ································· 343

addPreferencesFromResource ·············· 517

addRect ································· 344

addSubMenu ····························· 314

addView ································· 239

add ····································· 314

AlertDialog.Builder ······················· 273

alpha ······························ 129, 376

Android ··································· 2

Android App Bundle 形式 ················· 622

AndroidManifest.xml ····················· 163

Android Runtime ························· 7

Android SDK ····························· 11

Android Studio ························ 9, 12

android.support libraries ················· 55

Android Virtual Device ···················· 27

AppBarConfiguration ····················· 468

App Inspection ·························· 497

ArrayAdapter ························ 159, 173

ART ····································· 7

attach ·································· 265

AudioManager ··························· 593

autoLink ································ 122

autoTransition ·························· 380

AVD ···································· 27

B

BaseAdapter ····························· 199

beginTransaction ··················· 437, 494

bindXxxxx ······························ 492

BluePrint ································ 43

BroadcastReceiver ······················· 607

bufferedReader ·························· 476

bufferedWriter ·························· 473

Bundle ······························ 106, 282

M

N

O

01
02
03
04
05
06
07
08
09
10
11

WINGS プロジェクト紹介

有限会社 WINGS プロジェクトが運営する、テクニカル執筆コミュニティ（代表：山田祥寛）。主に Web 開発分野の書籍／記事執筆、翻訳、講演などを幅広く手がける。2021 年12 月時点での登録メンバーは約55 名で、現在も執筆メンバーを募集中。興味のある方は、どしどし応募頂きたい。著書、記事多数。

RSS：https://wings.msn.to/contents/rss.php
Facebook：facebook.com/WINGSProject
Twitter：@yyamada（公式）

● 著者略歴

山内 直 (やまうち なお)

千葉県船橋市出身、横浜市在住。薬園台高校物理部にて 8080 搭載のワンボードマイコンに出会い、それ以来公私ともにコンピュータ漬けの生活を送っている。電気通信大学在学中から執筆活動を開始、秀和システムでの開発者・編集者業務を経て、現在は個人事業「たまデジ。」にて執筆・編集・Web サイト構築に従事するほか、大学や企業研修の講師として Web デザイン・プログラミングを教えるなど、幅広く活動している。近年の主な著書には、「CentOS 8 で作るネットワークサーバ構築ガイド」（共著、秀和システム、2020 年）、「Raspberry Pi はじめてガイド」（共著、技術評論社、2021 年）、「Bootstrap 5 フロントエンド開発の教科書」（技術評論社、2022 年）がある。WINGS プロジェクト所属。
Web サイト：https://www.naosan.jp/
メール：nao@naosan.jp

● 監修者略歴

山田 祥寛 (やまだ よしひろ)

静岡県榛原町生まれ。一橋大学経済学部卒業後、NEC にてシステム企画業務に携わるが、2003 年4 月に念願かなってフリーライターに転身。Microsoft MVP for Visual Studio and Development Technologies. 執筆コミュニティ「WINGS プロジェクト」の代表でもある。主な著書に「はじめての Android アプリ開発 Kotlin 編」(秀和システム)、「改訂新版 JavaScript 本格入門」「Angular アプリケーションプログラミング」「Ruby on Rails 5 アプリケーションプログラミング」(以上、技術評論社)、「独習シリーズ（Python・Java・C#・PHP・ASP.NET）」「JavaScript 逆引きレシピ 第 2 版」(以上、翔泳社)、「書き込み式 SQL のドリル 改訂新版」(日経 BP 社)、「これからはじめる Vue.js 実践入門」(SB クリエイティブ) など。最近の活動内容は、監修者サイト（https://wings.msn.to/）にて。

TECHNICAL MASTER
はじめてのAndroidアプリ開発
Java編

発行日	2022年 2月 7日	第1版第1刷
	2024年 2月19日	第1版第2刷

著 者　WINGSプロジェクト 山内 直
監 修　山田 祥寛

発行者　斉藤 和邦
発行所　株式会社 秀和システム
　　　　〒135-0016
　　　　東京都江東区東陽2-4-2　新宮ビル2F
　　　　Tel 03-6264-3105（販売）　Fax 03-6264-3094
印刷所　三松堂印刷株式会社

©2022 WINGS Project　　　　　　　　　Printed in Japan

ISBN978-4-7980-6511-3 C3055